21 世纪交通版高等学校教材

工程机械运用技术

许　安　主编

人民交通出版社

内 容 提 要

本书共分十一章，对国内外工程机械及工程机械运用技术进行了综述，介绍了工程机械使用过程中技术状况的变化、工程机械技术状态检测与诊断、工程机械维护技术、柴油机的使用技术、工程机械的合理运用、工程机械油料运用技术、工程机械传动装置与液压系统的运用技术、土方工程机械的运用技术、压实机械及沥青路面施工主导机械的运用技术。

本书将现代工程机械运用技术的新知识、新技术贯穿于其中，对工程实际有一定的参考与指导价值，适用于交通建设与装备专业、机械设计制造及自动化专业以及相关专业的课程教学，也可作为工程单位技术人员的参考资料及其他人员培训的教材。

图书在版编目(CIP)数据

工程机械运用技术 / 许安主编. —北京：人民交通出版社，2009. 2

ISBN 978 - 7 - 114 - 07562 - 9

Ⅰ. 工… Ⅱ. 许… Ⅲ. 工程机械 - 基本知识 Ⅳ. TU6

中国版本图书馆 CIP 数据核字 (2009) 第 006806 号

21 世纪交通版高等学校教材

书　　名：工程机械运用技术
著 作 者：许　安
责任编辑：戴慧莉
出版发行：人民交通出版社
地　　址：(100011)北京市朝阳区安定门外外馆斜街 3 号
网　　址：http://www.ccpress.com.cn
销售电话：(010)59757973
总 经 销：人民交通出版社发行部
经　　销：各地新华书店
印　　刷：北京盈盛恒通印刷有限公司
开　　本：787 × 1092　1/16
印　　张：20
字　　数：502 千
版　　次：2009 年 2 月　第 1 版
印　　次：2015 年 12 月　第 3 次印刷
书　　号：ISBN 978 - 7 - 114 - 07562 - 9
印　　数：4501 - 5500 册
定　　价：40.00 元

前　　言

施工机械保持良好的技术状态和正确合理地使用机械，是在各项建设工程机械化施工中保障施工质量、施工进度和提高经济效益的关键。随着功能的不断完善，现代工程机械的结构越来越复杂，购置成本也越来越高，掌握工程机械的运用技术，使机械始终处在良好的技术状态，提高施工的经济效益，延长机械的使用寿命，是十分迫切的问题。使用工程机械要达到技术和经济效果的相辅相成，就必须采用计算机等先进手段，提高机械技术状况和性能的检测，合理运用和配套机械，注重机械设备的实物运动形态和价值运动形态，加强运用技术的研究。

本书内容包含国内外工程机械运用的现状与发展，工程机械运用技术的任务和要求，工程机械运用的内容及其重要性，工程机械使用过程中技术状况的变化，工程机械技术状况检测与诊断，工程机械维护技术运用，柴油机的运用技术，工程机械的合理运用，工程机械用油料（燃油、内燃机润滑油、齿轮油、液体传动油、特殊油液包括制动液、导热油、防冻液等）的运用技术等，还包括土方机械、压实机械、沥青混凝土拌和设备、沥青混凝土摊铺机等机械的基本知识和运用技术。

编写过程中遵循的原则是：重点突出，具有鲜明的专业特色；理论与实践相结合，注重实用性；吸取国内外近年来的最新研究成果及最新技术；以教学为主，力求拓宽适用范围，对工程实际有一定的参考与指导价值；将现代工程机械运用技术的新知识、新技术贯穿于其中，开拓视野，启发思维能力与创造能力；编写人员必须具有丰富的教学经验和工程实践经验，具有编写其他专业教材的经历。

本书编写的目的是：读者通过学习，可从机械技术状况的变化规律着手，根据所学知识结合具体机械的结构特性，掌握制订机械使用规范及规程的方法和相关知识，并能制订相应使用规范和规程；了解和掌握各种工程机械的工作适用范围、基本作业方式，能合理运用机械；掌握工程机械的维护技术、合理运用技术，工程机械用油品的运用技术，液力传动装置与液压系统的合理运用技术。

本书适用于交通建设与装备专业、机械设计制造及自动化专业（工程机械、设备工程与管理、高速公路机械化养护等专业方向）的课程教学，也可作为工程单位技术人员的参考资料及培训教材。

本书由长安大学许安任主编。参加编写的人员及分工为：第一章、第七章、第九章至第十一章由许安编写，第二章由解放军徐州工程兵指挥学院付香如编写，第三章由长安大学陈新轩编写，第四章、第五章由长安大学阎学文编写，第六章由长安大学展朝勇编写，第八章由长安大学任征编写。全书由许安统稿。

在编写过程中，长安大学教务处、长安大学工程机械学院等给予了大力支持，在此表示诚挚的感谢！

尽管我们做了很大努力，但错误和疏漏肯定难免，欢迎提出宝贵意见，以便完善。编写过程中参阅了大量的书籍和资料，在此无法全部列出，对此特向作者表示歉意！感谢你们！

编　者

2008 年 9 月

目　　录

第一章　综　　述

第一节　国内外工程机械发展现状与趋势

工程机械是指为公路、铁路、建筑、矿山，水利、港口、机场等建筑施工服务的各种机械，包括铲土运输机械、挖掘机械、起重机械、桩工机械、路面机械、凿岩机械、钢筋混凝土机械、风动机械和工程车辆等类型，每一大类型工程机械又包括许多品种，如，铲土运输机械又分为推土机、装载机、铲运机和平地机等。

一、工程机械的发展

20 世纪 30 年代世界上就有了工程机械。20 世纪 40 年代工程机械的品种就大量增加，特别是第二次世界大战以后，有些工程机械由单一功能向多功能发展。20 世纪 60 年代到 70 年代，随着高等级公路的建设，一些新品种机械应运而生。20 世纪 70 年代末、80 年代初至今，随着电子计算机的广泛应用，又使工程机械向着自动化、大型化、连续化方向发展，机电液一体化、自动控制无人驾驶、激光找平及导向、超声波搅拌等技术得到广泛运用。

工程机械经历了三次飞跃和更新换代。第一次是动力革命，体积小、重量轻、强有力的内燃机的出现，解决了工程机械的动力源难题，促使了工程机械的诞生和发展。第二次是传动革命，解决了工程机械如何有效地传递动力去完成作业。工程机械作业形式多种多样，工作装置的种类繁多，要求实现各种各样的复杂运动，一个动力装置要驱动多种装置，而且传动距离往往比较长。20 世纪 50 年代出现的液体传动（液压和液力）技术，为工程机械提供了良好的传动装置，推动了工程机械的飞速发展，迎来了工程机械的多样化时代，出现了多种完成各种施工作业的工程机械。第三次是操纵和控制革命，即近年来对工程机械的操纵和控制机构的改进，集中体现在：对发动机和传动系统进行控制，合理分配功率，使其处于最佳工况，提高工程机械高效节能；减轻驾驶员劳动强度和改善操纵性能，采用自动控制，实现省力化、自动化和智能化完成高技能作业；进行运行状态监视，故障自动报警；提高安全性实现安全控制，采用远距离操纵和无人驾驶，避免操作人员到无法接近和作业环境十分恶劣的地方去作业。

二、工程机械的发展现状

工程机械采用的柴油机已采用微机控制、电子喷射和电子调速器。发动机制造技术的不断完善，使发动机的动力性能得到很大提高。工程机械上配置的发动机广泛采用负荷反馈电子控制装置，使发动机处于最佳功率和耗油状态，大大降低了能耗。挖掘机、推土机和装载机都采用了发动机工况控制，根据作业工况通过电子控制，发动机输出不同的功率。通过有效利用液压传动和电子控制，实现输出功率和能耗的最佳匹配。

工程机械的变速器采用了电操纵、微机控制自动换挡和换挡品质控制等。

工程机械的工作装置采用刀板自动调节（推土机、平地机），铣刨机和摊铺机自动找平，挖掘机轨迹控制、自动掘削等。

工程机械的液压系统采用节能控制，全功率控制，泵、阀和液压马达联合控制等。

当前工程机械的先进技术大部分集中在操纵与控制上。操纵系统从先导操纵到先导比例操纵，再发展到电操纵杆操纵，机械的操纵杆数正在减少，操纵越来越方便。控制系统的集成化使系统的整体结构趋于模块化，使各种形式的系统构成更容易，而可靠性进一步提高。

机电液一体化技术在工程机械上的应用范围越来越广泛。如机械工作状态的监控、局部操作控制的自动化及在操作者可以控制下的完全自动化；以微处理器为核心的各种控制系统已非常普及，过去由分立元件构成的系统，现在可以集成到一起，无论是性能还是大小，都在发生着根本变化；液压控制技术近年来亦发生着巨大的变化，各种精巧的控制方案与实施方法使液压系统进一步完善而性能更佳；采用电子控制与液压控制相结合的方法，来提高整机的性能。

通用性工程机械具有多种功能，需要完成复合性作业操作，工作环境复杂，难以分解成简单的模式动作，实现自动化很困难，需要由人来操纵和掌握。目前，电子控制技术正在不断地向这类机械渗透和普及，向机电信一体化方向发展，出现了新一代所谓的电子挖掘机、电子推土机等，且已经实用化、商品化，并在市场上销售。

三、工程机械的发展趋势

进入21世纪以后，国内外工程机械进入了一个新的发展时期，新结构和新产品不断涌现。工程机械的结构、部件、性能的优化以及机电液一体化、机电信一体化，成为目前研究的主要任务。工程机械的研究与发展主要致力于解决改善操作者的劳动条件、提高机器的生产率和降低工作损耗，在对工程机械各功能部件进一步完善的前提下，广泛采用新技术、新工艺、新方法来提高机器的性能，特别是采用电子控制技术、液压控制技术及各相关领域的技术。现代工程机械技术发展的重点在于增加产品的电子信息技术含量，努力完善产品的标准化、系列化和通用化，向节能、环保方向发展。在各类工程机械上将会逐步采用电子监测技术、虚拟现实技术和卫星控制技术，使装置实现全部自动化，进行遥控操作，达到全部中央控制。

目前工程机械发展总的趋势是：发展快，水平高，工程机械产品向着系列化、模块化、大型化和微型化方向发展；电子化、信息化 、智能化水平不断提高，而且这几个方面高度交叉融合，彼此间的界限越来越模糊；环保节能新技术将得到推广；可靠性、安全性、舒适性得到高度重视；面向工程机械产品生命周期的系统设计将广泛采用，面向施工工艺的研究不断加强。工程机械发展正由动力革命变成控制革命，由液压手动控制发展为机群集中控制，电气设计由仪表检测、断电器控制发展到现场总线控制系统；工程机械机电一体化发展到机器人化。工程机械机器人是21世纪各类工程机械发展的总趋势。

1. 产品系列化、小型化、微型化、特大型化

各类工程机械已有了从微型到特大型（装备的发动机额定功率超过746kW）不同规格的产品，产品系列化是工程机械发展的重要趋势，且产品更新换代的周期明显缩短。

当前世界工程机械向两极方向发展，开发小型的工程机械与大型化的工程机械，以方便不同层次用户的需求，体现出凡能用机器代替人力的设备均为工程机械的开发方向。近年来，中型工程机械（发动机功率74.6～298kW）基本上没有大的发展且还有下降趋势。工程机械向小型化（功率在74.6kW以下）及微型化方向发展的趋势特别明显，呈快速发展之势，特别是在欧美、日本。微型化是尽可能地用机械作业替代人力劳动，提高生产效率，适应城市狭窄施工

场所及在货栈、码头、仓库、舱位、农舍、建筑物层内和地下工程作业环境的使用要求。特大型工程机械主要用于大型露天矿山或大型水电工程工地。产品特点是科技含量高,研制与生产周期较长,投资大,市场容量有限,市场竞争主要集中在少数几家公司。

2. 一机多用、作业功能多样化

一机多用、作业功能多样化是近年来工程机械装备出现的一个新技术特点。为完成更多的作业功能,工程机械主机作业功能尽可能扩大,从单一功能向多功能转化。液压技术的发展通过对液压系统的合理设计实现工作装置完成多种作业功能,快速可更换连接装置的诞生,使得能在作业现场完成各种附属作业装置的快速装卸(在驾驶室通过操纵手柄即可快速完成)及液压软管的自动连接,改变了工程机械单一作业功能。一机多用、作业功能多样化扩大了工程机械的应用领域,使用户在不增加投资的前提下充分发挥设备本身的效能,完成更多的工作。如液压挖掘机作业机具的多样化,同一主机可完成挖掘、装载、破碎、剪切和压实等作业。高速公路的施工和养护综合作业车,具有清扫、除雪、挖掘、破碎及压实功能,提高了机械的通用性。

3. 专业化、区域化

近年来,工程机械专业化、区域化程度逐步提高,越来越多的企业成为组装厂,零部件全部专业化生产,关键零部件(如发动机、传动系统、液压系统)基本上是包给专业厂生产。区域化是为了缩短订货和交货时间,让生产接近客户,同时利用当地的廉价人力资源,降低生产成本。

4. 电子化、智能化、信息化互动

工程机械控制技术的电子化已代表当今技术的发展趋势,国外大多数工程机械的产品采用微机控制技术。全电子控制就是将机械的各项控制通过电子系统完成包括行走、工作装置、转向等以完成整机的集中操作和集中监控。这样可以大大地简化现有的电路系统,提高机械的可靠性,更便于操作和集中故障诊断。

智能化控制是采用分散控制系统多 CPU 控制器加上以专家系统为基础的控制软件,以实现机械各部分的智能链接和协调,使工程机械向全自动(傻瓜型)、机群控制和远程控制方向发展。智能化主要表现在:

(1)自动判断、控制发动机的功率输出,通过重量自动称量、自动换挡等措施,进行功率优化匹配,实现各种工况下机械的动力输出状态始终自动处于最优,提高燃料的利用率,确保发动机排出的废气符合环境控制法规要求;

(2)实现自动驾驶或遥控与无人驾驶功能,让驾驶员把更多的精力放在工作机构的操作和控制上或远离有害及危险环境下的施工作业。如在垃圾填埋场的压实推土作业机械中,采用无线遥控技术及卫星定位系统,控制机械设备的作业;断崖体上作业的挖掘机,采用遥控驾驶技术,可彻底避免人身伤害,提高作业效率;

(3)用专家系统建立行走和工作机构的合理控制算法。很多工程机械的行走和工作机构之间有着某种关系,例如摊铺机如果通过专家系统建立行走和工作机构的合理控制算法,就能去除人为的误操作,实现两者间的优化匹配,在提高机械作业效率的基础上,提高作业的质量;

(4)根据各种传感器的检测信号,结合专家知识库对机器的运行状态进行评估,预测可能出现的故障,在出现故障时发出故障信息或指导驾驶员查找和排除故障,实现工程机械工作过程的在线状态监测和自动故障诊断。

工程机械信息化就是利用计算机网络技术对工程机械的运行状态、工作位置进行远程监控,其主要有车载计算机及机械工作状态检测系统、卫星定位模块(GPS)、无线数据通信系统、监控中心和用户接EI等组成。信息化主要表现在：

（1）远程多机种集群控制，在当前的机载计算、厘米级GPS微波定位和高速无线电通信技术的基础上，未来的计算机辅助作业控制系统将实现不同机种协同作业下的最优调度；

（2）故障预测及在线自维护，通过完善现有的计算机辅助驾驶系统、信息管理系统及故障诊断系统，结合未来的传感器技术，可将模块化结构设计技术应用到故障预测及在线主动维护环节，以全新的产品生命周期管理（PLM）理念从根本上改善整机使用维护条件；

（3）"机—电—信"一体化，随着未来机械装备业技术水准的提高，与工程机械相关的基础元器件也将极大地推陈出新；无污染、经济型、环保型的（超）大功率密度的动力装置，高可靠性与灵敏度的新型液压元件、传感元件和控制元件的问世，将带来高度"机—电—信"一体化的工程机械；

（4）对机械设备的信息化管理，可以通过计算机网络技术建立功能强大的工程机械维修服务体系，包括保修服务机构、产品技术数据库、用户档案等；通过网络进行双向交流，及时对设备故障现象及状态检测参数做出判断，指出故障的起因、排除方法、具体拆装及调整步骤、所需的配件及应用工具等。

5. 不断创新的结构设计

采用完全自动化的变速器和液力制动器，提高工程机械的使用效率，提高生产率，改善操作者的劳动条件。以装载机为例，工作装置已不再采用单一的"Z"形连杆机构，继出现了八杆平行结构和TP连杆机构之后，矿用大型装载机上采用了单动臂铸钢结构的特殊工作装置，替代综合多用机上的八杆平行举升机构和传统的"Z"形连杆机构，可承受极大的扭矩载荷和高的可靠性（耐用性），驾驶室前端视野开阔。轮式装载机高卸位可折叠式创新连杆机构工作装置，进一步增加了轮式装载机的工作装置的种类。

6. 安全、舒适和可靠

驾驶室将逐步实施ROPS和FOPS设计方法。采用防紫外线辐射玻璃的整体全密封及降噪、减振处理的安全环保型驾驶室；人机工程学设计的驾驶员座椅，可全方位调节、功能集成的操纵手柄、全自动换挡装置及电子监控与故障自诊断系统，另配装冷暖空调，大大改善驾驶员的工作环境，缓解疲劳，提高作业效率。外观美学设计改善传统的工程机械产品外形粗放、笨重的形象，而注重外观美学和车身的流线型设计，达到机器与环境的和谐，给人以视觉上的美感。人性化设计，采用省力便捷的电子化控制技术，注重驾驶员与操作界面的协调，讲求操作的舒适性。大型工程机械安装有闭路监视系统以及超声波后障碍探测系统，为驾驶员的安全作业提供音频和视频信号。微机监控和自动报警的集中润滑系统，大大简化了机器的维修程序，缩短了维修时间。目前，大型工程机械的使用寿命达2.05×10^4h，最高可达2.5×10^4h。

7. 采用绿色环保技术

绿色环保技术主要包括环保型材料的利用和环保型工程机械产品设计。工程机械采用绿色环保技术包括：尽量采用能再生利用的材料和资源，特别是结构件的设计应尽可能采用比较容易装配和分解的大模块化结构和无毒材料，提高工程机械材料的再生率；采用长寿命、低能耗及减轻重量的设计原则，延长产品寿命，减少机械的生产量和降低其报废量；降低产品能耗，可减少对环境的污染；轻量化和高效率，减少材料和资源的消耗；尽量采用低环境污染材料，尽可能不使用氟利昂（空调）、含氯橡胶、树脂及石棉等有害材料；使废弃零部件的污染最小化及综合成本最优化，工程机械产品在设计初始阶段就要考虑报废件处理简单、费用低和污染小，零部件解体方便、破碎容易，可焚烧处理或可作为燃料回收等问题。

环保型工程机械产品设计包括:选用低公害发动机,通过采用一系列新的技术手段、措施或应用新型的环保燃料来进一步降低排放、噪声等;降低整机振动与噪声;保持液压系统的清洁,延长换油间隔时间,防止液压系统的渗漏,减少对周边作业环境的污染;减少液压元件故障与磨损、延长常用液压元件的使用寿命,液压管路采用耐腐蚀、防老化、具备优良密封性能优质管路;系统高效节能的设计,选用电控高性能长寿命节能型发动机;设计时采用双泵分合流技术、液压负荷传感技术、静液驱动技术等达到节能降耗的目的;运用高可靠性的成熟技术和借用经市场考验后的成熟系列零部件,延长各关键系统或零件的使用寿命,减少更换次数,减轻对周围环境的破坏与污染。

我国目前在工地上使用的小型混凝土搅拌机正在被商品混凝土取代,液压锤逐步替代柴油锤,湿式取土钻孔灌注桩正在被干式取土钻孔灌注桩所代替,埋设管线正在由大开挖向非开挖埋设方向发展等。

8. 面向产品生命周期的系统设计

工程机械制造实现产品规划、设计、采购、制造、营销和服务的整个产品生命周期跨部门、跨企业的协同设计。开放产品开发设计协作过程,可以充分挖掘并利用客户、供应商、生产伙伴、采购及销售和市场开拓等各职能部门所拥有的专门技术,从而在产品开发过程中就基本锁定产品的成本和竞争力。现代设计软件可以保证所有供应商、合作伙伴和客户都在第一时间得到所需的、一致的产品信息,并利用这些信息展开实时的协同工作,从而减少设计变更,降低设计成本,缩短上市时间,并推出高质量、系列化、模块化、标准化的产品。

第二节　工程机械运用的现状及发展趋势

工程机械是建设施工必不可少的物质基础,在现代化施工中起着举足轻重的作用,并在很大程度上影响着工程项目的进度、质量和成本。因此,保证工程机械在施工生产中充分发挥效能已经是关系到建设企业整体生产效益的重要因素之一。

随着我国建设工程的快速发展,施工所用的机械也不断增多,其种类和数量大大增加。保证工程机械充分地发挥效能,对工程机械合理选用、合理使用、合理维修,延长其经济寿命,已具有相当的迫切性和重要性。

一、工程机械运用的特点

1. 使用集约化、数量规模化、管理专业化

随着施工规模巨型化及建筑物的超高、大、重(大型水利工程、超深地下工程、超长隧道、大跨度桥梁等),建设工程高级化(高级精美的建筑物、高级公路、高速列车),工程施工高速化和低成本化及施工新工艺、新工法的不断涌现,施工的机械化程度越来越高,工程机械担负的生产使命越来越重。高空、地下、海洋等一些难以作业的地域和超高的建筑物、超深的地基工程、大跨度的桥梁构筑、复杂的隧道等工程建设,越来越离不开高精度、高效率和智能化的工程机械。把分散的工程机械及其维修力量、库存配件等资源集约化,在短时间内完成大型工程已成为现代施工的特点,拥有工程机械数量的多少、性能的优劣已成为衡量施工企业技术、经济实力的重要标志,用现代化管理手段实现专业化管理已成为现代企业必须具备的条件。

2. 所有权和使用权分离,资源合理配置

近年来,随着工程机械租赁市场和业务的迅猛发展,实现了工程机械的所有权与使用权相

分离，解决了机械使用与维修的矛盾，机械的技术性能要求更容易得到满足，既能保证工程顺利进行，又能避免拼用设备，使工程机械使用与维修两不误，提高了机械的利用率。机械所有者的机械设备多，专业人员集中，综合技术力量强，对操作手和修理工举办各类技术培训相对容易，可以较好地解决工程机械在使用和维修中的技术问题，及时处理各类故障，能最大限度地减少停机时间，保证使用。特别是工程机械老化问题可得以妥善解决，保证老化设备得到及时修理，不至于因维修的延误而加速报废。较强的维修力量，可以保证以最经济、最合理的方案修复机械，避免维修中的浪费。

3. 机械维修市场化

现代化的设备集机械、电子、液压、计算机、传感技术于一体，现代新技术、新材料、新工艺在工程机械上广泛的应用，使机械的整体性能得到了很大的提高，给维修工作提出了更高的要求。

工程机械维修业从专业分立向资源共享方向发展。工程机械维修的市场化，灵活多样的管理形式，逐步形成了合资、独资、集体和私营多家竞争和互为补充的局面，使有强大的技术力量、雄厚的物力和财力的维修企业进行规模化经营，由精干的专业人员实行集中、高效的管理，通过切实可行的培训计划使维修人员的质量意识和维修技能能够尽快适应现代化的维修要求，推动了以"计划预修制"为主的工程机械维修制度向"预防检修制"的转变。状态监测和故障诊断的技术已有了较大的发展，建立智能网络维修服务系统将成为工程机械维修业的重点发展方向，恢复性修理将更多地被改善性修理所取代，传统的定点维修方式转变为定点维修与机动维修相结合的方式，实现现场维修服务。

4. 机械施工实行监理制

机械施工监理是工程监理的重要部分，其主要工作是对工程机械的使用质量管理进行全面监督，消除影响正确使用、维护等的各种不利因素，使机械从进场到工程结束各个环节均符合规定标准要求，保持设备良好运转，满足工程需要。

5. 进行设备寿命周期费用最经济和设备综合效能最高为目标的研究

为了体现工程机械精确化管理的思想，确保技术检查与评价时的准确性，优化工程机械在储备和使用时的配置结构，使机械设备寿命周期费用最经济和设备综合效能最高，近年来，国内外对工程机械的合理配套、更新最佳时机的选择及经济性分析、效益评价、机械管理评估与决策、机械技术状况综合评价等方面的研究逐步深入，并取得了较大的进步。现有的评价方法主要有专家评估法、层次分析法以及模糊综合评判法等。

6. 机群智能化工程机械

机群智能化工程机械是指为完成某一工程施工项目，以实现最优资源配置、最优工作效率、最佳工作质量为目标的同步施工智能化工程机械的组合。它是通过对各智能化工程机械单机的状态、位置、性能、工作质量和施工进度的在线检测及智能故障诊断，由主控站根据施工任务完成机群动态组织、施工动态优化调度和集团管理，来实现最佳资源利用和最优施工效果。它是以高适用性、高可靠性的单机及能对各单机实时监控、动态调度的智能控制系统为基础，以最大作业效率为目标，将施工对象视同车间流水线上的加工零件，实现高质量、高效率生产，以其灵活机动的策略和协调应变能力适应瞬息万变的形势。

机群智能化工程机械的提出改变了工程机械制造企业单纯以追求单机高性能为目标的传统思路，而代之以智能化机械联合作业能力、最佳施工质量和施工企业的最大综合经济效益为目标的新理念。

二、发展趋势

随着机械化水平的提高，工程机械在施工中所起的作用不断增强，工程机械已成为施工企业投标和完成施工任务的必备机具和条件，工程要靠机械设备来完成，机械设备要靠工程来发展，二者相辅相成。

工程机械运用技术的发展趋势是：以先进的技术为依托，提高机械的使用水平、效率，减少故障和事故的发生；以计算机、监测仪表等先进手段，提高机械技术状况和性能的检测；合理运用和配套机械；除注重机械设备的实物运动形态和价值运动形态的管理外，加强运用技术的研究，做到技术和经济效果的相辅相成，追求设备寿命周期费用最经济和设备综合效能最高为目标。

我国工程机械的运用技术开始以系统工程为思想方法的设备综合工程学来指导机械的运用。工程机械技术经济指标方面，国内以完好率、利用率、装备生产率等为主要内容，国外以费用率、故障率、综合效率为主要内容；在运用管理方面，采用概率论，线性规划、关键线路等科学方法和电子计算机，监测仪表等先进手段，并利用图表、曲线等找出机务工作的规律性；机械更新换代方面，不仅考虑有形磨损，而且还考虑无形磨损，折旧方法采用加速折旧法；在机械维护修理方面，实行“按需维修”。

三、工程机械运用中存在的问题

(1)机械配套不合理，出现设备配备不足、闲置或不足与设备闲置同时存在的现象。

(2)对机械技术规范变化及技术性能的变化注重不够，对机械技术状况变化规律没有系统化的研究和科学的认识，不按机械设备的维护规程使用，机械设备不足或工期紧张时“拼设备”、“只用不修”破坏性使用机械的情况时有发生。

(3)选用机械不当，常见“大材小用”、“精机粗用”的现象，机械配套性差。如用起吊几百吨的大型起重机吊重几吨的小设备。

(4)“重效益轻管理、重使用轻维修”的思想严重，只注意产值与效益挂钩，在设备管理使用上表现为“重用轻管”，为了赶工期、抢进度，而不惜拼设备，造成机械设备常常处于超负荷状况工作或带“病”作业，甚至违章操作。

目前大多数施工企业虽然都实行定人、定机制度，但却忽略了定人维护制度。正因为如此，操作人员往往只是“包用不包修”，维修人员也是应付了事。每当机械设备出现故障时，操作人员与维修人员往往互相推卸责任。这样不但影响了产量、质量，也增加了维修费用、运转费用，降低了设备的使用寿命。

施工企业机械设备“浪费维修”的现象也十分严重，个别维修人员为了贪图方便，对一些仍有很大修复价值的旧件不加以修复利用，任凭其主观随意地报废，更有甚者，不考虑其他设备的整体性能，采取“拆东墙补西墙”的做法，只要机械能动就交差了事，结果也只会是事倍功半。

(5)操作人员技术水平低，综合素质不高，对机械的性能了解不深，对现代化科技知识了解很少，野蛮操作，不合理操作，不合理维护，不会排除电液系统故障这类现象普遍存在。

机械使用、维修等相关人员的素质与机械本身的要求有不同程度的差距，严重影响了工程机械的正常使用及其效能的发挥。维修是保证工程机械在实际使用中保持连续性和高效性的重要环节。相关技术人员素质的高低决定了维修的效率和质量。维修人员不足和技术水平偏低是带有普遍性的。由于技术和经验有限，加上人手紧缺，更因设备本身的复杂性，维修工往往在实际问题，尤其是在一些新设备的新问题面前束手无策，延误维修的事也就在所难免。

(6)选用和使用运行材料不当。加强油料的使用管理，是提高工程机械的生产效率、延长机械寿命的重要途径。据统计，工程机械柴油发动机在使用过程中，80%的故障是由于柴油污染和使用不当造成的。目前普遍存在不会选油、用油及使用不当、乱混油的现象。

(7)重视业务培训不够，人员素质需进一步提高。操作手文化水平低，学校毕业生没有实践经验，队伍不稳定，加之不注意业务培训，造成机械运用水平很低。

(8)设备规划需科学。要做好规划工作就应广泛收集新设备使用的技术鉴定参数，国内外设备市场信息、设备价格、有关科技成就，现有设备的已使用年限、利用率、故障率、已大修次数、维修费用及维修部门信息反馈等综合数据，经过整理、分析处理，建立起设备信息管理反馈系统。设备规划方案应通过调研、制订、论证、决策、设备市场货源调查和信息收集、整理、分析、设备采购、订货、合同管理，设备安装、调试运转等步骤，制订装备发展规划及技术装备标准，视资金及需求有计划地逐步配套齐全，提高市场竞争力。有些施工企业对设备规划处于盲目的状态，不认真调研，临时决策。

(9)采用先进的监测技术远远不够，只凭经验下结论较普遍。对于技术先进复杂的重要施工设备，应采用定期、经常的运转情况"状态监测"，制订合理的预防性修理计划，配备先进维修设备、监测仪器，引入计算机管理系统，采用设备状态监测，故障分析诊断等技术，推行选择预防性维修、预知维修、改善性维修、计划维修、事后维修等检修方式。

(10)设备更新简单化。设备更新要运用机械最佳更新时机论证法、投资回收期法、最小年费用法等进行技术经济审查论证，按照轻重缓急进行，并充分考虑当前施工能力情况、社会供应能力等诸多因素的影响。设备更新时，将老机械设备当包袱甩，盲目购买新设备的现象普遍存在。

第三节　工程机械运用技术的任务和要求

机械使用是产生有形损耗的主要过程，机械使用不当不仅直接缩短机械寿命，增加机械运行成本、修理次数和费用，还会造成修理工作及配件供应的紧张，并常常影响施工任务的完成。特别是进口的关键设备，如果使用管理工作做的不细致，一旦发生事故不仅难以修复，还会严重影响施工生产，其损失是巨大的。合理使用机械设备有以下标准：按照施工特点的实际需要配备适量的机械设备，并使之成龙配套、互相协调和合理调度；机械设备的性能和生产能力与工程的性质和任务一致，能取得较高的经济效果；制订并切实贯彻执行了一整套操作、安全、维护、修理等规章制度；建立能充分发挥机械效能的环境条件等。

在实际使用机械时应贯彻以下原则：合理组合；强化调度；科学使用；文明使用；正确使用能源和油料。

现代工程机械的特点是结构复杂，技术先进，既是现代科学的高度集中，也是资金密集的装置。要用好、维护好机械，充分利用其工作性能，发挥其应有的经济效益和社会效果，就必须研究相关技术，合理运用和维护机械，建立健全机械运用的相关制度，实行科学的、现代化的管理。

一、工程机械运用技术的基本任务

(1)按照"技术和经济相结合"，"修理、改造和更新相结合"和"以预防为主，维护与计划检修并重”的原则,合理配套、配备机械,不断改造更新,使机械成龙配套,并充分发挥其经济效益。

(2)明确各种机械的使用范围,合理运用机械,保证施工质量。

(3)努力学习先进运用技术,不断提高机械化施工水平。

(4)加强技术业务培训,努力培养技术精、纪律严、作风好的机械专业队伍。工程机械性能越先进,结构就越复杂,其维修活动就越依赖于状态监测和故障诊断技术,需要具有高素质的人员完成任务。因此,必须加强对管理、操作人员的业务培训,重视业务培训,提高全员素质。要有计划、有步骤地举办各级人员培训班,加大培训力度。同时,还要学习现代化的运用理论,掌握先进的运用方法和手段,建设一支技术化、专业化的机械设备“用、管、维、修”的队伍。

要制订完善的维修管理措施和方法,培养一支业务熟练、技术精湛的维修队伍,与企业规模、经营方式、机械化程度及设备能力相一致,有一个合理的配备比例,做好维修工作,提高机械设备的完好率。要组织有丰富工作经验、知识水平较高、有一定技术专长和业务能力的专业队伍,当设备发生问题时,能及时会诊,作到较准确的判断,当配件到达后,会合岗上人员尽快抢修设备使设备能够在短时间内恢复工作,同时岗上人员要做好详细的维修记录,以备存档。对现代化的机械设备,必须采用现代化的技术管理,才能保证工程建设的顺利进行,并取得良好的效果。施工企业工程机械运用水平落后于现代施工的要求,既影响工程质量、工程进度,也影响企业的经济效益。

现代工程机械发展迅速,高科技、高技术成分越来越多,因此要加强技术培训。机械操作人员不再是单纯重复某种机械性操作,不仅要求达到“四懂四会”还要既懂工程机械技术操作,又懂施工技术要求。大型路面机械设备机械操作人员,除了有一定的体能消耗外,还要根据信号反馈下达新的指令,不通过系统教育和专业业务培训,很难胜任操作工作,必须进行新型机械的“四懂四会”和基本要求、质量意识、工程基本知识和要求、施工规范、特殊条件与特殊环境下的处理等方面的培训和教育。

(5)不断完善技术检验和技术安全规章制度,制订各类机械使用和维修规程,使机械在使用过程中能经常保持其完好的技术状况。

现代工程机械集液压、气路、电路、机械自动控制于一体,元件众多、品种繁杂,在使用过程中必然发生磨损疲劳、变形、腐蚀等现象,如不及时处理就会成为隐患,使机械设备无法正常工作。因此,要做好不断完善技术检验和技术安全规章制度,制订各类机械使用和保修规程,做好定期及日常的维修工作,解决重使用轻维护问题。

(6)预防和快速消除机械在使用过程中可能发生的故障和事故。随着生产和科学技术的发展,现代化的施工机械向大型化,多功能,高精度,机 、电、液一体化发展 ,一些重大型施工机械,其技术状况直接关系到整体工程建设的质量和进度,任何大型设备的停工,都会给工程建设造成无法估量的损失。因此必须切实加强设备维修管理,推行项修制。如果维修管理工作不规范,维修技术不过关,出现故障不能及时排除,直接影响到工程建设。工程建设的机械化程度越来越高,工程施工机械的维修管理也成为施工企业不容忽视的课题。

(7)研究延长机械的使用寿命的方法,以及提高机械生产率的相关技术。

(8)降低施工成本,正确处理管、用、维、修、供五个方面的关系,改变重用轻管,“只用不维护”、“不坏不修理”的做法,做到科学管理,合理使用,定期维护,计划修理,及时供应。

二、对机械运用的基本要求

工程机械种类繁多，而各类机械又有不同的规格型号，每种型号的机械都具有不同的技术性能和技术要求。另外工程机械的工作环境、工作条件差，机械容易损坏，加之忙闲不均（施工高峰时需用机械多，低峰时闲置机械多），这就给机械的运用工作带来一定的难度和复杂性。对机械运用的基本要求如下。

（1）提供技术状况完好的机械。要求在用和闲置的机械应台台完好，其动力性、经济性、安全可靠性能达到使用要求；要求无失修失维护，无丢失损坏，无乱拆乱卸零部件现象。

（2）充分发挥机械的最大效能，即机械的利用率要高，效率要高，装备生产率要高。

（3）取得最优的经济效益，要求机械的运行成本要低，维护成本、修理成本要低，产值要高，利润要大。

（4）机械使用与管理制度健全，责任明确，机械使用资料完整准确。

（5）根据工程的具体要求和市场情况，科学地购买、租赁和管理各种机械设备，并能合理使用、维修。技术人员不但要懂机械，还要懂工程。

第四节　工程机械运用的内容及其重要性

工程机械机务管理包括两大方面，五个内容。两大方面包括管好机械和管好机务人员；五个内容包括机械的管理、使用、维护、修理和配件供应等。机务工作中的管、用、维、修、供五个方面的内容是一个有机的整体，必须全面考虑，统筹安排。在执行中要注意做到：管字当头，使用是核心，维、修要并重，供应要保障。

一、工程机械运用的内容

工程机械运用技术的主要内容包括：机械设备改造和更新；机械设备的选购、安装、调试与技术验收；机械设备的合理使用技术；维修技术等多方面。这些技术贯穿于从机械的选购，使用、改装、直至报废的全过程，目的是提高机械的完好率，利用率和机械效率。工程机械运用技术的主要任务，是使机械在使用过程中能经常保持其完好的技术状况，预防和消除在运用过程中可能发生的故障和事故，延长机械的使用寿命，达到提高机械生产率、不断降低施工成本，保证施工质量的目的。

工程机械运用内容广泛，涉及面大，技术复杂，科学性强，要求在机械设备运用工作中一方面要加强技术建设，克服只靠直观判断，凭经验办事的管理方式，学会运用可靠性技术、网络计划技术、质量管理技术、全寿命费用分析技术、故障诊断技术等先进技术提高运用工作的主动性和科学性，实现最优控制；另一方面完善管理体系，使设备调配使用、维修、改造报废等均在管理机制内高效运行，适应工程建设和技术进步的需要。

现代设备的合理运用，应按设备综合工程学的观点，从设计、制造、购置、安装、投产以及设备在生产过程中的使用、维修，更新改造，直到设备报废的全过程实行科学使用与管理。机械设备在使用过程中存在着设备的实物运动形态（包括设备的选购验收、安装、调试、使用、维修和更新改造等）和价值运动形态（包括设备的最初投资、运行费用、维修费用、折旧、更新改造费用等），对于实物运动形态要实行技术管理，对于价值运动形态应实行经济管理，最终要取得技术和经济效果，即一方面要求设备经常保持良好的技术状态，另一方面要求节约设备维修与管理费的支出，优质、高效、低消耗地去完成各项施工任务。

机械的使用简称“用”，包括机械使用的全过程，即包括作业、空驶和运输等过程。“用”是目的，是完成生产任务、创造产值的过程，管、维、修、供都是为使用服务的。使用的管理包括：机械使用的“三定”制度、对操作人员的技术考核和颁发操作证、机械的交接班制度、机械技术试验、走合期的规定、各种条件下使用机械的要求和正确使用机械的消耗材料和替换设备的要求等。机械的使用必须做到管用结合、人机固定、合理使用、安全操作、正确指挥、保证完成好施工任务。

合理使用包括技术上和经济上的合理性。技术上的合理性，就是按照机械的技术性能和安全操作规程，正确使用机械，既要充分发挥机械效能，又不盲目蛮干。经济上的合理性，就是要做到不大机小用，减少空驶，不断提高机械的利用率，充分发挥机械的效能，对消耗材料和替换设备的管理，要加强经济核算，不断降低运行成本。

机械的维护简称“维”，包括停用和在机械使用期间的各种类别的维护。维护是经常保持机械技术状况良好的主要手段，是机械技术管理的关键。维护工作的管理包括制订维护制度和维护计划，组织的实施及维护质量和维护成本的管理。

机械维护必须贯彻“维修并重，预防为主”的原则，做到定期维护，强制进行，保障机械经常处于良好的技术状况。正确处理使用、维护、修理之间的关系，不允许只用不维护，以修理代维护的现象。

二、工程机械运用技术的重要性

工程机械运用技术就是按照机械使用的固有规律及客观的经济规律，提高机械设备生产率和利用率，延长机械设备使用寿命，降低使用成本，尽量发挥机械设备的高效、高质效能。使机械设备经常处于完好状态。

一台机械由选购到报废全过程的管理，按机械的运动形态要进行技术管理，按价值运动形态要进行经济管理。在过去，技术管理由机务部门承担，经济管理由财务部门承担，这种办法已经不能适应市场经济的需要了，必须一切按自然和经济两大规律办事。因此我们一定要树立两种观点，既要尊重科学，又要讲究经济效益，不断提高运用及管理能力。

技术和管理是发展经济的两个轮子，三分技术七分管理。我们要加强管理，不断提高设备管理的水平，才能管好机械设备，发挥其应有的作用。但不能因此轻视运用技术，现代先进的机械，都是科学技术的高度集中，都是资金密集的设备，机械运用技术滞后，既不能充分发挥机械的效能，又不能保证施工质量。

机械的机、电、液一体化和控制自动化的快速发展，工程任务的多变性、施工的特殊性及工程机械的差异性，工程中各种机械的动态合理配套等都给工程机械运用技术不断提出新问题，这些要求我们掌握先进的工程机械运用技术。

第二章　工程机械使用过程中技术状况的变化

第一节　工程机械的使用性能

工程机械的使用性能，除一般机械均应具备的技术性能，如工作的可靠性和耐久性，操纵的轻便性和舒适性，工作的安全性，维修的方便性等外，还有直接与机械施工作业的能力、生产效率和经济效益有关的使用性能，其中包括：牵引性能和燃料经济性、作业性能、通过性、稳定性、速度性能和转向性能。

一、牵引性能和燃料经济性

机械依靠其行走机构与地面的相互作用所产生的牵引力来完成作业过程（例如铲掘土方）的能力，称为机械的牵引性能。牵引性能反映了工程机械在牵引工况下的工作能力，是工程机械最基本的使用性能。

机械的燃料经济性则表示了机器在完成作业过程中单位工作量消耗燃料的多少。牵引性能和燃料经济性通常用机器的牵引特性和牵引特性上的一系列特征性数值（例如最大牵引功率，额定牵引力，最大牵引效率，最低比油耗等）作为评价的指标。

二、作业性能

工程机械的作业性能是它在单位时间内完成作业量的能力。作业性能的主要指标是机器的生产率，亦即在单位时间内所完成的作业量，例如每小时完成的土方量（m^3/h）。

三、通过性

机械的通过性表示了机器在越野条件下，例如在松软潮湿的土地上，泥泞的道路、沼泽地带，以及在坡道和多障碍物的地段上的通过能力（运动和工作的能力）。工程机械的通过性通常可以用以下指标来评价。

1. 最小离地间隙

最小离地间隙是机械下部轮廓的最低点离支承面的距离，它反映了工程机械在多障碍物地段行驶和作业的能力。

2. 最大爬坡角

它反映了工程机械的爬坡性能，也就是在坡道上行驶和作业的能力。

工程机械的最大爬坡角取决于以下几方面的因素：

（1）由机械稳定性决定的爬坡角，即机械在坡道行驶和作业不发生倾翻和侧滑；

（2）由机械最大牵引力决定的爬坡角，即行走装置与地面能发挥出足够的牵引力来克服坡道阻力；

（3）在设计考虑不周的情况下，有时当机械在斜坡上作业时，发动机的机油泵会由于曲轴箱的倾斜吸不到机油，从而破坏了润滑系的正常工作，此时机械的最大爬坡角将取决于机油泵正常工作所允许的机械倾角。

3. 行走机械的平均接地压力

平均接地压力是机械重量与接地面积之比，它表示了工程机械在松软土壤上的通过能力。

四、稳定性

工程机械的稳定性表示了机械在行驶和作业时不发生倾翻和侧滑的能力，反映了工程机械的爬坡性能和行驶、工作的安全性。

工程机械的稳定性可分为静稳定性和动稳定性两种情况。静稳定性的评价指标是机械的纵向和横向静止坡角以及在静工作阻力作用下支承面压力中心的偏移量。动稳定性则还需考虑在行驶和作业过程中作用在机械上的各种动载荷。机械动稳定性是否良好，应根据各个具体场合下所导出的稳定性判别式来加以衡量。

五、速度性能

速度性能表示机械高速行驶的能力，它是铲土运输机械在运输工况下的主要性能。速度性能通常以机械的最高行驶速度和在一定的路面条件下的平均行驶速度作为评价的指标。速度性能还和通过性、转向性能一起反映了机械以自身的行走装置迅速地从一个工作地点转移至另一工作地点的能力，称为铲土运输机械的能动性。

六、转向性能

转向性能表示了机械改变行驶方向的能力，它反映了工程机械在地位受到限制的情况下转弯和掉头的能力。例如：在很深的挖方和很高的填方上转弯和掉头。转向性能是决定机械机动性的主要因素，通常以最小转弯半径（机械纵向对称平面到回转中心的距离）作为评价的指标。

机械的使用性能是把实际的使用要求和地面—机械系统的理论研究联系在一起的一条重要纽带，它不仅对机械的设计起着指导作用，而且对机械的使用也起着重要作用。

第二节　工程机械的使用特点

一、工作环境差

工程施工受自然因素的影响较大，如公路施工时，由于公路线路往往要越过各种各样的自然地带，其地形起伏不定，江河或湖泊纵横交错，有些还要经过沙漠、草原或原始森林等特殊的环境和地区。同时公路施工也要受自然气候和季节的影响，高山严寒，低湿炎热，甚至在施工过程中会遭到山洪、雪崩或塌陷等危险。这些错综复杂的自然因素给机械的正常使用和运行带来了许多困难，使机械在生产过程中不能充分发挥其原有的技术性能，降低了生产率，加速了机械的磨损与损坏。有些施工现场没有道路，只能依靠机械本身来创造施工条件。在土石方的开挖和清方、回填过程中，空气中含有尘埃和沙石，这些微粒是加速机械零件磨损的磨料（对发动机和液压系统更加有害）。

二、气候条件及润滑条件差

野外施工气候条件差，气温过高而使发动机过热，工作粗暴，功率下降，磨损加剧；气温过低，不仅易冻裂某些机件，而且因冷却水难以保持正常工作温度而加剧了磨损。日晒雨淋使得机械锈蚀老化加剧。

气温过高使润滑油黏度下降，油压下降，润滑不可靠。气温过低使润滑油黏度增加，油液不易到达润滑点，润滑同样不可靠。空气粉尘量大，使油液杂质增加，机械颠簸使油液中杂质不能沉淀，气温过高加速油液的氧化，这些都使得润滑油品质变差。机械表面布满灰尘和泥土，增加了润滑工作的困难。施工现场空气含粉尘量大，机械分散点多，因此燃润油料、工作油液和其他运行材料的供应、运输、管理和储存比较困难。特别是机械的燃料容易因施工条件差而引起污染变质或得不到良好的过滤和沉淀，是引起机械技术状况恶化的重要因素。

三、施工条件复杂

公路工程比较复杂，除道路土方、路面和沿线小型构筑物外，还有桥梁、隧道等集中的大中型工程，而这些工程对施工的技术标准和机械化程度要求较高。公路施工工程还包括与主体工程相协调并为全线工程服务的某些附属生产企业，这些企业分布于线路上某些点，如采石场、预制件加工厂、混凝土拌和场等。这些生产单位也需要许多专业机械和设备。由于公路施工线路长，布点多的特点，就会使机械在施工生产中过于分散，流动性大。机械化施工水平越高，要求机械在生产过程中的专业性越强，所以为完成多工序的公路施工工程就必须具备多种类和多类型的机械和设备。

在工程建设的机械化施工过程中，随着机械化程度的发展，给机械的技术管理工作和机械的合理运用提出了许多新的课题，具体表现在以下方面：

(1)机械流动性大，过于分散，很难掌握机械在运行时技术状况的变化及其规律性，无法采取及时合理的技术措施以保证机械经常处于完好的技术状况；

(2)给机械的预防性维护和按需修理工作增加了困难，容易引起机械失保或以高一级维护代替一级维护，使机械在运行中故障率增高、磨损加剧；有时也会因得不到及时的维护，长期“带病”运转，形成以修理代维护的局面，使施工成本增高，机械的使用寿命缩短；

(3)由于施工条件较差，机械在生产运行时容易发生事故性的损伤和损坏；

(4)某些机械和设备在施工时流动性较大，工段和工点转移时须进行拆卸和安装，某些机械必须经铁路和公路运送，在转移和运输过程中也容易造成机械损伤。

四、工程机械负荷变化剧烈，经常处于大负荷或接近大负荷

工程机械在施工运行中，多数机械特别是土石方机械在挖掘和切削土方时，工作装置必须克服强大的工作阻力，而这一阻力又因土质变化的不均质性、切削厚度的变化、土壤性质的变化和工作现场地质结构的复杂性而变化，这些变化就会引起机械在运行过程中负荷的突然变化，对机械本身产生一种冲击载荷和交变载荷，加速了机械的传动系统、发动机和工作装置等部分技术状况的恶化。

机械经常处于大负荷工况下工作，机械的零部件和发动机的工作温度高，润滑和冷却条件变差，也同样引起机械技术状况恶化。

机械过载也是工程机械在运行中经常发生的，虽然许多机械本身结构上都具有防止过载

的装置，但是经常的过载都难免对机械带来巨大的损害和机械故障。

五、工作装置和行走机构磨损严重

工程机械的作业对象大多为泥土、砂石或其他工程建筑材料，这些都使得工程机械的工作装置磨损加剧。机械在沼泽地和盐碱地区施工时，其机件还要遭受严重的腐蚀。对于某些艰巨的工点，如隧道和傍山沿溪线路，其施工现场狭窄、地形复杂，机械在这样的条件下无法正常作业，在每个作业循环中的空驶增加，作业时机械转向和迴转频繁，会加速机械的磨损和损坏。

工程机械的行走部分，大多都在施工现场的工作面上运行，施工工地尘土飞扬或泥浆遍地没有特定的道路和良好的路面。地面不平导致机械行驶颠簸、振动剧烈、行驶机构严重打滑。所以机械（尤其是铲土运输类的机械）在作业时其行走部分的附着条件是千变万化的，虽然某些机械行走部分采用了特殊结构（如特殊形状的履带或带滑纹的轮胎），但行走部分的滑转是某些机械在施工作业时经常发生的现象。

行走部分的滑转不但降低了机械的牵引力，更重要的是加速了行走部分（如履带、轮胎）的磨损和损伤。行走部分的严重磨损，使机械工作过程中的滑转率增大，牵引功率减小，机械克服工作阻力的能力降低。若地形复杂，作业时机械转向和回转频繁，加速了机械磨损和损坏。

行走部分的滑转与机械的工作负荷、工作速度也有关系，所以工程机械（特别是土石方基础工程中的施工机械）行走部分在生产运行中易磨损出现故障，影响生产效率。

第三节　机械技术状况变化的基本规律

一、机械的磨损与技术状况变化的关系

工程机械在运行过程中，机械内部零件相对运动的表面在载荷与相对运动的作用下由于摩擦而产生磨损，这种现象即为自然磨损。自然磨损是机械在运行中不可避免的，也是机械技术状况发生变化的主要原因。此外，机械零件的腐蚀和金属零件的疲劳损坏（特别是工程机械的工作装置与动力传动系统的零部件），都是引起机械技术状况变化的因素。

工程机械随着使用时间的增长，技术状况也逐渐恶化，机械的动力性能降低，燃润料的消耗增加，各部机件工作的可靠性变差甚至不断发生机械故障，使机械不能投入正常的使用。

机械技术状况的变化主要与机械的磨损有关，机械零件的严重磨损和过早的磨损是机械技本状况恶化和使用寿命受到影响的主要原因。因此，要做好机械的技术管理工作，合理正确地使用机械，做好预防维护和计划修理等工作，就必须研究和掌握机械磨损的原因及其规律，并正确的运用这一规律来做好机械化施工过程中机械的技术运用工作。

二、机械的磨损规律

机械在正常使用情况下，机械的自然磨损是有其规律性的。这一规律的基本特性是机械零件表面的磨损随机械运转时间的增长而增加，其变化和发展过程可分三个阶段，如图 2-1 所示。

1. 机械的磨合阶段（图 2-1 中的曲线 OB）

该阶段包括机械在正式投入使用前的运用磨合与在生产过程中的磨合，即图 2-1 中的 OA

和 AB。

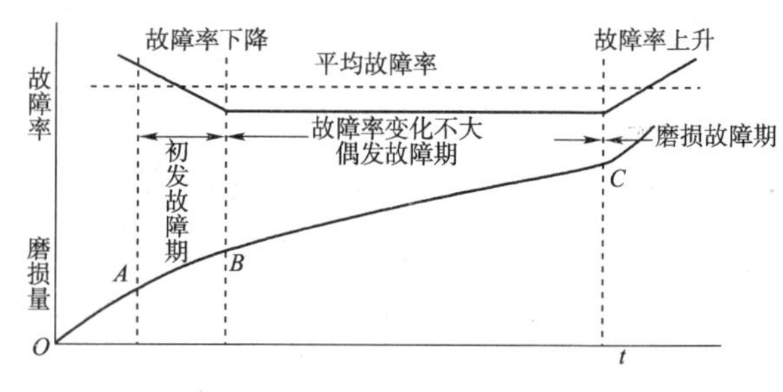

图 2-1 机械的磨损规律

经过加工的零件,无论如何精密,其加工表面都留有加工印痕,它们的微观精度甚至很粗糙,所以在机械磨合阶段,零件相对运动配合表面的磨损量比较大,磨损速度也很快,零件相互配合间隙很快增大。当机械磨合到一定程度后,各类机件的配合也达到了一定的精度,则机械的磨损趋向稳定,而配合件由装配间隙达到初配间隙,使机械各零件的配合达到或接近机械正常使用的技术规范。

从上述情况,就可以看出为什么新购置的机械或大修竣工的机械在正式使用之前都必须经过磨合期,其目的是依据机械在 OB 区间的磨损量和磨损速度的变化规律,采取相应的技术措施,来减轻第一阶段的磨损。

在磨合期,应减少机械的初期负荷,加强机械各部的润滑,以消除过热并及时排除金属磨削和清洗零件的摩擦表面,采取这些技术措施的全过程也称机械的试运转。

2. 机械正常运转阶段(图 2-1 中的线段 BC)

机械的配合件经磨合后,其表面的配合已达到一定的精度,润滑条件也得到改善,磨损量增长缓慢,机械的技术性能得以很好的发挥。所以磨损的第二阶段也是机械正常运转和施工生产中最有利的时期。在此期间合理的使用机械,有计划的对机械进行强制性和预防性的维护就能降低磨损量的增长率,延长机械的使用寿命,使机械在施工生产过程中能经常保持良好的技术状况。

3. 事故性的损坏阶段(图 2-1 中 C 点和 C 点以后的线段)

机械零件的磨损量已增长到接近或超过“极限磨损”点 C,此时零件的磨损速度急剧增加,零件的配合间隙超过“许可磨损”的范围,冲击负荷增大,润滑条件恶化,机械故障经常发生,并导致零件的损坏。机械虽然仍可继续运转,但因技术状况的恶化,其技术性能也明显变差,表现在:

(1)生产率明显下降;

(2)工作性能和工作质量降低到允许限度以下;

(3)燃料、润滑油料和动力消耗过大;

(4)操纵性能明显变坏。

研究和掌握机械这一阶段磨损规律的变化,其目的是在机械零件的磨损量达到“极限磨损”点 C 之前,就必须对机械各机构、各系统进行检查、调整和修理,以恢复机械零件原来的配合间隙,使它们的磨损量仍然保持在第二阶段,以保持机械在良好的技术状况下运转。

根据工程机械的使用特点,还必须研究和掌握机械在特殊条件下其零件的磨损规律和变化,如工作温度与磨损的关系,工作负荷和转速与磨损的关系,机械的操作与磨损的关系,燃料、润滑油料的品质与磨损的关系等,以便全面地、科学地、正确地采取各项技术措施,防止机械发生早期磨损。

机械技术运用,特别是机械技术管理的基本理论就是以机械磨损规律为基础的,其原因如下:

(1)工程机械技术运用的基本任务就是最大限度地发挥机械的效能,延长机械的使用寿命,降低机械在运转时各种材料的消耗,为此必须掌握和运用机械的磨损规律,采取各种相应的技术措施,最大限度地减少机械的磨损;

(2)磨损规律是制订机械技术管理各项制度的理论依据，例如：机械走合期的规定、规范和内容要求；机械的操作规程和使用规定；机械维修的分类、周期、范围和作业内容，零件的使用极限和机械维修的技术要求；机械零件的分类、供应、储备周期和消耗定额等。

第四节　机械的故障规律和预防

一、机械的故障规律和理论

机械在使用过程中随着运转时间的增长，将会发生各种故障，所以说故障是机械技术状况发生变化的具体表现。我国长期以机械的磨损规律作为机械技术状况的变化规律，来指导工程机械的管理、使用、维修及机械的技术管理等方面的工作。然而，在施工生产运行过程中引起机械技术状况变化的因素很多，其作用和变化过程也是相当复杂的，所以说机械故障和故障规律并不完全遵循机械磨损规律演变。

工程机械种类繁多、结构各异，其工作环境和使用条件也大不相同，所以这些机械的磨损规律既有共同性也有个性。就整台机械而言，组成机械的各机构、总成和系统的工作与作用原理也具有各式各样的形式，如曲柄连杆机构的机械运动过程，蓄电池的电化学反应过程，发动机汽缸和活塞涉及气体动力学与热力学，液压系统涉及流体力学等。而组成这些机构、总成和系统的零部件也不完全是金属制品。因此，引起机械各系统内各元件技术状况变化的原因和过程也是有差别的，也并不完全是由机械的磨损引起的，例如，疲劳、变形、腐蚀、老化和脏污。

工程机械技术状况的变化及其规律表明，机械技术状况变化的过程，是一个逐步积累的过程，在此过程中零件的物理、化学性质逐渐变化，强度（耐磨性）逐渐降低，使机械的技术状况由正常的状态转为异常状态，在这个逐渐变化的过程中机械故障也随之形成和发生。如果该过程加速演变到一定程度就会成为突变而引发机械零件的损坏或事故，这种现象是我们力求避免和预防的。

所以说，机械故障的轻重程度（故障的性质）就具体表明了机械技术状况变化的程度。因此掌握机械故障的规律和研究引起机械故障的各种原因，并利用先进的科学技术手段来测定和诊断引起机械技术状况变化的各种潜在症状，及时有效地采取各项技术措施，恢复和保持机械良好的技术状况，预防故障的产生，是现代机械技术运用的重要研究课题。

我国建设施工中最为突出的问题，就是机械在施工运行中，机械故障率较高，许多机械"带病"运转，使机械设备在机械化施工生产中不能充分发挥它们的作用。某些大型先进设备，由于在技术上不能很快"消化"，在施工生产中不能被合理地使用，不能迅速和可靠地判定机械发生故障的部位、特点和原因，也就无法使机械故障得到彻底排除，也不能迅速恢复机械良好的技术状况，所以故障率高，影响施工质量和进程，加大了施工成本。

目前，世界上一些先进的国家是以机械的故障规律作为机械技术状况变化的基本规律，而以故障规律的理论作为机械技术运用和机械管理工作基础的。故障规律和理论，包含了磨损规律和理论，而且范围更广泛，更切合实际，从而也更科学。

二、工程机械故障的预防

由于材料、工艺、零件老化和人为因素等的影响，工程机械在使用中不可避免地会出现各种各样的故障。但是，如果能够正确地分析各种故障原因，采取有效的、针对性强的防范措施，尽量减慢机械零部件的损伤速度，就可以有效地防止机械故障，延长机械使用寿命。

1. 尽量减少有害因素的影响

尽量减少有害因素对工程机械车辆影响的方法有以下几种。

（1）减少机械杂质的影响。机械杂质一般指的是灰尘、土壤等非金属物质和工程机械在使用过程中自身产生的一些金属屑、磨损产物等。这些杂质一旦进入机械内部，到达机械的配合表面之间，其危害是很大的，不但阻滞相对运动，加速零件的磨损，而且会擦伤配合表面，破坏润滑油膜，使零件温度升高、润滑油变质。据测定，润滑中机械杂质增加到0.15%时，发动机第一道活塞环的磨损速度将比正常值大2.5倍。因此，对于工作在环境恶劣、条件复杂场所的工程机械来说，一要使用优质、配套的零部件及润滑油、润滑脂，堵住有害杂质的源头；二要做好工作现场的机械防护工作，保证相应机构能正常工作，防止各种杂质进入机械内部。出现故障的机械，尽量到正规的修理场所进行修理。现场修理时，也要做好防护措施，防止现场修理时更换的零部件在装入机械前受到灰尘等杂质的污染。

（2）减少温度的影响。在工作中，各个零部件的温度都有各自的正常范围。如一般冷却水的温度为80～90℃，液压传动系统液压油的温度为30～60℃，低于或超过此范围就会加速零件的磨损，引起润滑油变质，造成材料性能变化等。试验表明，各种工程机械的主传动齿轮和轴承在－5℃的润滑油中运转比在3℃的润滑油中运转，磨损要增大10～12倍。但当温度过高时，又会加速润滑油的变质，如机油温度超过60℃时，油温每升高5℃，机油的氧化速度将提高1倍。为此，工程机械在使用过程中，一要防止低温下进行超负荷运转，保证低速预温阶段的正常运行，使机械达到规定温度后再进行工作，不要因为当时不出现问题而忽视其重要作用；二要防止机械在高温下运转，机械运行过程中要经常检查各种温度表上的数值，发现问题立即停机进行检查，发现故障及时排除。对于一时找不到原因的，绝不能不经处理而仍使机械“带病”工作。在平时的工作中，要注意检查冷却系统的工作状况。对水冷式机械，每日工作前必须检查，加添冷却水；对风冷式机械，也要定期清理风冷系统上的灰尘，保证散热风道畅通。

（3）减少各种腐蚀作用。金属表面与周围介质发生化学或电化学作用而遭受破坏的现象称腐蚀。这种腐蚀作用不但会影响机械外表设备的正常工作，而且会腐蚀到机械内部的零部件。如雨水、空气中的化学物质等，通过机械零部件的对外通道、缝隙等进入内部机械，腐蚀机械内部零件，加速机械磨损，增加机械故障。由于这种腐蚀作用有时是看不见、摸不着的，容易被人忽视，因而其危害性更大。在使用中，管理和操作人员要根据当时当地天气情况、空气污染情况，采取有效的措施，减小化学腐蚀对机械的影响，重点是防止雨水及空气中化学成分对机械的入侵。

2. 保证正常的工作载荷

工程机械工作载荷的大小和性质对机械的损耗过程有着重要的影响。一般来说，零件的磨损随负荷的增加而成比例地增加。当零件承受的载荷高于平均设计载荷时，其磨损将会加剧。另外，在其他条件相同时，稳定的载荷比动载荷磨损小，机械的故障少、寿命长。试验表明，发动机在不稳定载荷下工作与稳定载荷下工作比较，其汽缸的磨损将增大2倍。在正常负荷下工作的发动机，其故障发生率较低，且寿命延长。相反，超负荷运转的发动机，故障发生率明显增多，寿命也会比设计指标减少。经常处于大范围负荷变动的机械磨损量大于连续稳定工作的机械。一般情况下，发电机使用的发动机要比推土机、挖掘机等使用的发动机寿命要长。

保证正常的工作载荷主要取决于操作人员对工程机械的使用。一要注意不能在超过机械所能承受的最大负荷下进行工作，要在力所能及的情况下使用机械。二要尽量保证机械负荷的均匀加减，使机械处于较为平缓的负荷变动。具体地说，就是要较为均匀地加减速，防止发动机转速的急剧变化和工作装置动作的大起大落。

3. 保证对机械的合理润滑

零件工作面的磨损、零件表面的腐蚀和材料的老化是正常使用条件下的机械零部件的三种主要失效形式，而零件工作面的磨损引起的失效所占的比例最大，是各种零部件发展到极限技术状态的主要原因之一。解决机械零部件的磨损问题，除了采用优良的材料、选择先进的制造工艺、设计合理的机械结构外，保证对机械的合理润滑是使用过程中要做的一项重要工作。由于工程机械各零部件配合的精密性，良好的润滑可以使其保持正常的工作间隙和合适的工作温度，从而降低零件的磨损程度，减少机械故障。工程机械的故障有一半以上是由润滑不良引起的，正常合理的润滑是减少机械故障的有效措施。正常合理的润滑，首先应根据机械的种类、应用场合和工作环境及不同季节，选用合适的润滑剂类别与牌号，既不可使用低等级的润滑剂，也不可用其他种类的润滑剂代替，更不可使用劣质产品；二是要经常检查润滑剂的数量和质量，数量不足要及时补充，质量不佳要及时更换。机械在应急条件下使用不同种类及牌号润滑剂，事后一定对润滑系统进行清洗并及时地更换正常的润滑剂。

4. 适时维修

机械在使用过程中必然会出现各种各样的故障。在这些故障中，有些故障对机械设备的影响可能是很微小的，有些是比较严重的，甚至会造成机毁人亡的大事故。经验表明，严重机械故障往往是由一些较小的故障引发的。究其原因，就在于忽视了对小故障的及时处置。因此，对于机械故障，无论大小都应及时地进行排除，这样才能保持机械的正常性能，减少引发更大故障的可能性。从某种意义上来说，对出现的故障及时进行处理，就是减少和防止故障的一种有效措施。所谓适时进行处理：一是要按照维修规程，对机械进行定期的维护与修理，各种等级的维护与修理必须按要求进行。现有的各种维护与修理规格是多年实践经验的总结，是有其科学性与合理性的，在没有重大的技术进步与革新的情况下，这些规程对工程机械维修与维护的指导是绝对性的，必须遵照执行；二是在使用过程中要加强对工程机械的定期与不定期检查，及时了解机械的运行情况，对临时出现的故障，要及时进行处理，不要因故障小、不影响使用而延误维修时机，酿成更大故障。

5. 采取正确的技术措施和组织管理措施

随着材料科学及设计制造技术的发展，工程机械上采用了许多新技术、新材料、新结构，要求机械的技术保障与管理工作更科学、更完善。为此，作为工程机械的组织管理人员及操作人员，一要注意保证机械在运输及保管过程中防止机械的损伤、变形、腐蚀等；二要严格机械的日常维护工作，使机械处于良好的技术状态；三是要教育操作人员正确的使用和操作各种工程机械，减少和防止人为失误引起的机械故障；四要精心维护机械，要做到正确合理地进行定期与不定期维护，保持机械的清洁、干净，定期检查机械的技术状态，发现异常及时处理，对于松动和失调的零部件及时紧固和调整，对易损件进行预防性的更换等。

第五节　机械在使用过程中技术性能的变化

一、机械在使用过程中各种技术规范的变化

1. 机械零件配合间隙的变化

金属零件的自然磨损，使其形状和尺寸发生变化，它们之间的配合间隙增大，当间隙增大

到一定程度时，零件所承受的冲击载荷增加，滑润条件被破坏，机械的磨损将迅速增加。此时，机械各配合件和总成在工作时也将产生各种异常的声响（特别是各种机械运动的传动机件，如曲柄连杆机构的轴承，变速器齿轮，传动轴的滑键等配合间隙过大），这些异常的声响就是零件配合间隙增大到一定程度时引起的机械故障。

零件配合间隙的变化引起机械技术性能的恶化，发动机汽缸壁与活塞，活塞环的严重磨损，不但使其功率下降，燃料和润滑油耗量增加，也会造成发动机难于起动的故障。汽缸壁严重磨损又导致润滑系统的污染和润滑条件变差，加速了发动机零件的磨损。

齿轮啮合、键与键槽配合间隙的变化会引起机械传动效率降低和这些零件的断裂，弯扭等损坏性的故障。

液压系统中柱塞套筒副、泵、执行元件（如液压缸和液压马达等）、阀与阀座等配合间隙或密封件的磨损会增加系统内泄、引起系统工作压力下降，流量不足，使液压系统技术状况恶化（如操纵机构失灵，工作装置的功率减小等）。

2. 操纵装置行程的变化

工程机械除基础车外，还设有转向、变速、制动等装置的操纵机构，还必须设置工作装置的操纵机构。这些机构中某些零件的磨损、变形都能引起机构行程（自由行程和工作行程）的变化，这样的变化会使机械操纵性能降低，生产效率下降，更甚者会导致机械发生事故。

几乎所有操纵装置的传动件和执行件在结构上都设置有调整自由行程和工作行程的调整机构，用以恢复到行程变化前的正常状况（这个变化必须在零件的允许磨损范围内）。

制动踏板行程的变化多为制动器摩擦材料的磨损和制动间隙变化引起的，其结果使制动力减小（液压或气力制动系统则属制动液压缸或制动气室推杆行程的变化）。

离合器在使用过程中其主、被动元件因磨损（主要因被动部分摩擦材料磨损后厚度变薄）引起其分离结合时自由行程与工作行程变化，导致离合器不能可靠结合，主动部分与被动部分产生相对运动（即“打滑”）降低了传动效率，摩擦热量增加，此时自由行程减小甚至消失，工作行程增大，离合器的分离踏板或操纵杆的位置也有所变化。

对于双作用式的操纵杆（如多位多通的液压方向控制阀的操纵杆，换向装置的操纵杆等），必须调整并保持其正确的中间位置，以保证工作装置可靠地工作。

操纵机构传动杆件之间连接部位的松旷也会引起操纵杆或踏板行程的变化，如球绞，轴销与孔的磨损。

机械操纵机构操纵行程的变化是随该机构或受控装置技术状况发生变化而变化的，尤其是各种操纵杆或操纵踏板自由行程的改变，会直接或间接地引起机械操纵性能变化（也说明该操纵机构或受控装置的技术状况发生了变化）。所以，机械在正常的使用过程中，要保持操纵机构经常处于良好的技术状态，就必须定期检查和调整它们的自由行程。

自由行程也是保证机械的操纵杆或操纵踏板处于中间或原始位置时，解除机械操纵动作并使该机构可靠工作的重要标志。例如：

（1）常接合式离合器分离杠杆端面与分离轴承端面的自由间隙，反映了离合器踏板的自由行程（传动部分无磨损、松旷），若自由行程过大，离合器不能彻底分离；自由行程过小甚至消失，踏板处于原始位置时，离合器不能完全结合；

（2）机械式推土机转向离合器操纵杆的自由行程，实际上是反映了转向增力器活塞顶端与转臂之间，当转向离合器完全结合时所保持的间隙。转向离合器的摩擦片磨损后，操纵杆的自由行程会逐渐减小，已至消失。该行程消失时，即使操纵杆处于原始位置却因转臂被活塞顶端相抵触,而无法使转向离合器完全接合。转向时拉动操纵杆也有沉重的感觉。

工程机械各种操纵装置的伺服机构中,都设有上述相似的自由行程和专门的调整装置,以便在机械磨损后,进行调整来恢复其原有的技术性能。

3. 工作系统压力的变化

机械技术状况的变化也会引起各工作系统(发动机润滑系统、液压操纵系统、气压控制系统等)工作压力和流量的变化。工作压力高出或低于正常的规定范围,就表明工作系统内产生了故障。工作压力实质上是反映了系统内传递能量或动力的流体介质(如工作油液和压缩空气)克服工作阻力或承受载荷的能力,若工作压力保持在正常范围,也就表明了机械技术状况处于完好状态。

(1)发动机润滑系统内润滑油压力过低,说明该系统发生了机械故障。曲柄连杆机构主轴承和连杆轴承与轴颈严重磨损、润滑油滤清器脏污堵塞、油泵的故障及润滑油黏度过低均会引起工作压力发生变化,使发动机润滑条件变差,加速发动机的磨损。

(2)液压系统内,密封元件的磨损、老化、阀件密封性的破坏,均会引起工作系统的内泄,使功率降低(即流量损失和压力损失增大)。液压系统工作压力是评定系统技术状况好坏的重要参数,工作压力的变化多为液压系统内部元件的磨损、老化和腐蚀或工作油液的变质、脏污、滤清装置堵塞,调节压力、流量的阀件有故障,液压系统内部渗透入空气等原因引起。

4. 工作系统温度的变化

机械在运转时,各种相对运动零件的表面产生摩擦,流体在管道内的运动和急剧压缩,发动机汽缸内混合气的燃烧等过程,都会把一部分能量转化为热能,使这些机件、总成在工作时具有一定的温度。在正常状况下,由于机械冷却系统和润滑系统的作用以及零件、总成在材料结构上的合理性(具有良好的通风散热性能),均能可靠的使机械各部的工作温度保持在一定的范围内,使机械正常的运转。

如果机械的技术状况发生了变化,某个工作部位的工作温度也会引起变化,因此机械各部分的工作温度也是评定其技术状况的重要数据。

例如,机械零件的相对运动表面,因润滑条件变差或配合状况的破坏,引起干摩擦或半干摩擦,使其温度升高;机械发动机燃料燃烧过程和条件变差,使发动机冷却水温度增高,引起发动机过热;液压系统过载或内泄严重会引起工作油液的温度升高。这些现象说明,机械即将产生故障或故障已经发生。

机械各系统、各总成的工作温度,在机械出厂时其使用说明书中都有明确的规定,其目的是使驾驶操作人员在机械使用过程中,采取各种技术措施,防止机械各部的工作温度超出它们的规范,以保持机械良好的技术状况。

温度的升高,使得润滑油的工作性能发生变化,加速零部件的磨损。

5. 机械在运转时产生噪声(异常的声响)和振动

机械的噪声和振动,是机械技术状况发生变化和产生故障时最为明显的特征,多半是因齿轮、轴承、键与键槽的严重磨损、配合间隙增大引起的。发动机活塞敲击汽缸的声音和曲轴主轴承的敲击声也是此类原因引起的。机械零件连接件的松动(如螺钉、螺母松动)、转动轴的弯曲变形、运动平衡状态的破坏也同样引起机械噪声和振动。液压系统进入空气或发生"气蚀"现象也会引起噪声和振动。

有些异常的声响是较为严重的机械故障引起的,这些故障造成机械零件的损坏,甚至发生机械事故。例如连杆轴承螺栓松脱,滑动轴承烧损等故障。

6. 发动机正时变化

发动机的正时,主要指发动机点火正时(汽油机)和供油正时(柴油机)、配气相位等随着机械技术状况变化的现象。发动机正时变化,会引起发动机的动力性能和经济性能降低,使发动机工作粗暴或机温过高,零件的磨损加剧。

发动机正时,实质上是点火提前角,供油提前角和进、排气门开启时间与关闭时间之总称,是与发动机活塞行程和曲轴转角相关联的时空概念。点火和供油提前角是可以调节的,它们随着发动机负荷和转速的变化而自动调整其提前时刻。

但是随着这些装置元件的磨损(例如:正时齿轮副的磨损,驱动凸轮的磨损等)和技术状况的变化(例如:喷油压力降低,柱塞—套筒副的磨损,断电触点间隙的增大等)也会引起发动机正时发生变化。

7. 润滑油、润滑脂和工作油液的污染

机械在运行过程中,各总成、系统和各机构装置的润滑油、润滑脂及工作油液随着使用时间的增长,油液和油脂中杂质的含量逐渐增多。这些杂质主要是金属零件磨损时产生的金属磨粒,其次还包含燃油和润滑油燃烧后产生的积炭,随空气进入系统内的灰尘等微粒,这些微粒又形成加速金属零件磨损的磨料。

润滑油和工作油液,在机械运行时温度升高,并与空气接触时,氧化变质,生成有机酸,胶质等杂质,容易腐蚀机件。润滑油或工作油液中也会混入水分,水分容易使润滑油和工作油液中的添加剂失效,使油的品质降低。

黏度是润滑油和工作油液的主要性能指标,在使用中,油的黏度也随着品质的降低而变稀,使油的润滑性变差,液压系统内漏增大。

从上述现象可以看出,机械润滑油和工作油液中杂质的含量和变质污染的程度,也能反映机械技术状况变化的程度。

机械技术状况的变化,除引起上述规范的变化外,还导致机械技术性能发生明显变化,如机械(包括发动机)的加速性、燃油消耗率、制动性能都会有不同程度变化,使机械的动力性和经济性降低。

二、使用过程中机械技术性能的变化

1. 发动机功率下降,加速性能变差

发动机技术状况恶化而导致其动力性能下降的原因有许多,如燃料系统的故障,使发动机在各种工况下空气与燃油的最佳混合比和混合气形成的条件发生了变化;汽缸与活塞、活塞环的磨损;进、排气门的磨损与烧蚀等原因引起发动机压缩终了压力明显降低;供油和点火最佳提前角的改变,使混合气的燃烧状况变差等。

2. 燃料和润滑油的消耗增大

发动机各系统和机构的技术状况发生变化,都会影响混合气的形成条件与燃烧状况,使燃料不能完全燃烧,从而降低了发动机的热效率,使燃料的消耗增加。

发动机汽缸的磨损,造成润滑油“上蹿”到活塞顶部的燃烧室内与燃料一起燃烧,使润滑油的耗量增加。

3. 牵引力和牵引功率降低

发动机有效功率降低是影响机械牵引力的主要因素。除此之外,机械传动系统技术状况的变化也会导致机械牵引力下降,使机械在运行中减小了克服工作阻力的能力,生产效率下降，如离合器滑转，变速器和主传动齿轮严重磨损等原因使机械传动效率降低，也会使机械的牵引力降低。

行走机构各部零件的磨损（如轨链与链节、轮胎花纹、轮轴和轴承等）使机械运行时滚动阻力增大，附着力减小，同样使机械的牵引力降低。

液力传动系统中发生“内泄”是采用液压传动的机械牵引力降低的主要原因。

4. 机械的操纵性能变差

机械技术状况变化时，也同时反映在机械操纵性能有所变化。例如：直线行驶的稳定性变差，转向沉重；制动力减小，制动距离增大，轮式机械或车辆在高速行驶制动时发生横向侧滑；变速困难，发生“脱挡”，“乱挡”等故障；工作装置操纵的灵敏性降低，使工作装置各机件的运动状态，运动速度失控等。

5. 机械的生产效率降低，工作可靠性变差

机械各项技术性能的变化，势必影响机械的生产效率和机械的施工质量。此时机械在运行过程中故障发生的次数也随之增多，机械在每个平均台班中的有效生产时间也减少了。

有些故障会引起机械的零件损坏或重大生产事故发生，使机械在生产运行中经常停机维修，不能正常工作。

从上述现象，说明机械在使用过程中随着机械技术状况的变化会引起机械的各项技术性能发生变化。这些变化使机械的维修费用增加，燃料、润滑油料和其他运行材料的消耗上升，生产率下降。因此，保持机械在施工生产中经常处于良好的技术状态，并延缓技术状况的变化，使机械的各项技术性能都得以充分的发挥，就成为工程机械技术运用的重大任务。

三、影响工程机械技术状况变化的因素

机械在使用过程中，由于磨损、疲劳、腐蚀等产生的损伤，使零件原有的几何形状、尺寸、表面粗糙度、硬度、强度以及弹性等发生变化，破坏了零件间的配合特性和合理位置，造成零件技术性能的变坏或失效，引起机械技术状况发生变化。

工程机械零件的磨损是影响工程机械技术状况变化的主要因素，而影响零件磨损的因素很多，必须全面分析，采取降低零件磨损速度的技术措施。由于零件的自然磨损是不可避免的，它随机械工作的时间增加而增大，因此，应改善零件接触表面的加工质量和配合要求，以及改善润滑条件并抓好维护检查等措施，以降低零件的自然磨损。

1. 零件的结构、材料和加工的影响

为了延长零件的使用寿命，现代工程机械在零部件结构设计合理性问题上作了周密的考虑。在制造工艺方面采用了新技术，努力提高加工质量。选用材料方面考虑了材料的硬度、强度及耐磨性，对相互配合的零件除了考虑选择正确的几何形状和尺寸、最适宜的配合间隙外，还探讨了工作时如何确保具有可靠的润滑条件和性能。

现代工程机械上不断采用新工艺、新技术、新材料，如用组合式活塞结构来代替整体式活塞，延长了活塞的使用寿命，提高了发动机的功率；研制了一些具有自润滑性能无需维护的工程塑料衬套，来取代原来的铜套。随着科学技术的发展，工程机械结构设计日臻完善，使其可靠性不断提高。工程机械的材料、配件无论从质量上还是数量上都应该得到很好的保证，避免因为材料的质量不合格、尺寸不一致和数量不够等因素造成设备的停机、设备的工作异常、某些总成和零部件的损坏，甚至更加严重的后果，造成不必要的经济损失。

2. 燃料、润滑油料品质的影响

1）柴油品质的影响

如柴油的十六烷值是表示柴油的抗暴性和发火性好坏的。十六烷值低，着火延迟期长，着火时具备燃烧条件的柴油就多，汽缸内压力升高也就越快，柴油机工作粗暴，加速传动件的磨损。十六烷值适中发火性好的柴油，不仅工作比较柔和，而且在较低温度下容易着火，有利于发动机的起动。

柴油的含硫量对发动机的腐蚀及空气污染影响很大，柴油中的各种硫化物在燃烧中生成二氧化硫，当缸壁温度较低时，废气中的水蒸气在缸壁上凝结成水，与二氧化硫溶解生成亚硫酸，从而加剧了发动机的磨损。

2）润滑油品质的影响

如润滑油黏度的高低直接影响润滑油的流动性，黏度越大，润滑油流动越困难，特别在低温条件下起动发动机时，润滑油不易快速到达摩擦表面，使机械润滑恶化，加速了发动机的磨损。若润滑油黏度过低，又会使润滑系的油压过低，润滑油供给不足，容易出现边界摩擦或半干摩擦，同样会加剧发动机的磨损。

3. 运行条件与环境的影响

1）运行条件的影响

运行与施工条件对工程机械的生产率，燃料的消耗量以及磨损均有很大的影响。

工程机械不仅没有特定的道路和良好的运行路面，而且一般施工条件都很差，如有些公路要经过江、河、沙漠、草原和高山等特殊环境地段，不仅增加了施工难度，而且会加剧机械传动系中离合器摩擦片的磨耗和压盘弹簧的疲劳、变速器齿轮的磨损，加剧制动鼓与制动蹄的磨损。施工地面的高低不平，特别是土石方作业，会加剧机械行走部分（履带或轮胎）及工作装置的磨损和损坏。施工场地要尽可能平整、密实，避免工程机械在使用过程中的非正常损坏。

2）所处位置的自然环境的影响

自然环境中的酷热、严寒、雨雪、风力和海拔高度等因素都会对工程机械的正常使用产生很大的影响。工程机械在酷热、严寒等条件下使用时，都应该采取必要的措施对工程机械进行保护，并根据实际情况对设备的一些参数进行必要的调整。风力的大小对工程机械的正常工作有很重要的影响，风力过大时设备的输料传送带就会发生跑偏，严重时会发生输料传送带扯裂或输料皮带架倾斜、倒塌等现象。气温过低时，会使发动机起动困难，润滑不可靠，不仅易冻裂某些机件，而且因冷却水难以保持正常工作温度而加剧了磨损。试验证明：发动机在 -15℃起动时，润滑油需 2min 才能到达主轴承；若机油滤清器由于胶状物黏度增加 500 ~ 1000 倍，则需 6min 才能出油。

4. 工程机械使用的合理程度

工程机械的使用寿命的长短，不仅仅取决于设计上的先进性和结构上的合理性，更重要的是使用的合理程度，与使用者的操作技术水平有很大关系。使用条件及其合理程度对工程机械基本状况的影响是多方面的，主要是驾驶员的操作方法、载荷的大小、工作速度和新机的走合质量。

1）驾驶操作的影响

工程机械结构的复杂化，对工程机械操作人员的要求也有新的提高。操作人员不仅要懂得工程机械的结构组成、原理、性能、掌握操作技巧，而且还要有工程机械的故障快速诊断和维修能力。操作人员良好的技术水平可以在很大程度上提高工程机械的利用率和完好率，避免因人为因素造成工程机械的损坏,缩短工程机械的维修时间和维修周期。如果驾驶员能严格执行安全操作规程,如冷机慢转、预热升温、轻踏缓抬,严格执行“三定”和“操作证”制度,严格防止机械“带病”运转和超负荷作业等,正确合理地操作机械,则工程机械的使用寿命就会延长。因此,在驾驶操作中必须注意机械的最佳状态,保持良好的润滑条件,随时注意减轻机械可能承受的冲击载荷,不许突然起步、加速、制动,因为这样会使机械产生冲击载荷,增加零件磨损。

2)工程机械工作速度的影响

为了减少机件的磨损,必须控制机械的工作速度,正确选用挡位。若机械工作速度过高(或选择挡位不合适),一方面机械可能会超负荷,另一方面会因速度过高而增大所受的冲击载荷,从而加剧了机件的磨损。

不严格遵守操作规程,野蛮作业,不但会加速机械磨损,而且容易造成人为机械事故。

5.维修质量的影响

工程机械在长期的使用过程中,内部零部件的磨损、间隙的增大、配合的改变,都会使工程机械应有的静平衡和动平衡被破坏,工作稳定性、可靠性和机械的工作效率显著下降,甚至会造成某些总成和零部件的永久性伤害。

工程机械在使用过程中,如果能按照维护的周期、作业项目、技术要求,定期按照“清洁、检查、润滑、调整、紧固”十字方针,及时消除故障和隐患,不但能保证机械完好的技术状况,减少零件的磨损,而且能延长机械的使用寿命。定期清洗三滤(空滤、机油和柴油滤清器)和更换机油是减少发动机件磨损的重要措施。

机械在使用中,只有严格执行维修计划,提高维修质量,才能保证机械安全运行和延长机械的使用寿命。

第三章 工程机械技术状态检测与故障诊断

工程机械技术状态检测与故障诊断是一门了解和掌握机械运行过程中的状态,进而确定其整体或局部是否正常,以便早期发现故障、查明原因,并掌握故障发展趋势的技术。其目的是避免故障的发生,最大限度地提高工程机械的使用效率。其中技术状态检测是指对机械的某些特征参数(如振动、噪声和温度等)进行测取,将测定值与正常值进行比较,从而判断机械工作是否正常及预测寿命长短。故障诊断对机械发生故障的原因、部位及程度等做出判断,从而确定维修方案。技术状态检测是基础,故障诊断是在检测的基础上实现的,工作过程如图 3-1 所示。

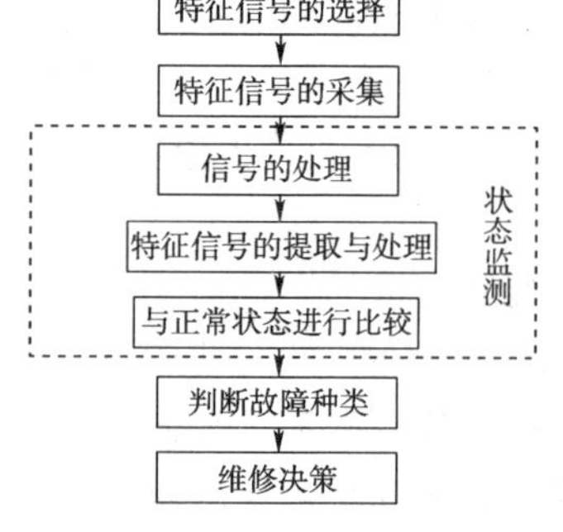

图 3-1 技术状态检测与故障诊断工作过程示意图

第一节 工程机械技术状态检测

工程机械技术状态检测是运用各种仪器测量机械运转时的性能参数,判断机械性能状态及是否满足使用要求,通过机械设备性能参数下降程度可以决定修理类别及修理时机。

发动机功率的大小直接关系到工程机械能否正常工作,当一台机械工作无力而人工诊断难以确定是动力不足还是底盘性能不佳或液压系统功率不足时,可进行发动机功率测试。通常采用功率检验设备测量发动机的功率,常用功率检测设备分为有负荷测试设备(如水力测功仪、电涡流测功仪等)及无负荷测试设备(无负荷加速测试仪)。

常用液压系统检测设备为动态压力检测系统,通过安装在液压系统中的若干压力传感器,将系统工作时的压力脉冲信息及时准确地传输到信号采集系统中,经调制、放大、滤波、传输与诊断,得出关键回路元件以及整个液压系统的运行状态和性能状况,并通过计算机存储和输出。检测系统通过对波形的诊断比较,可以较准确地判断液压系统中液压泵吸空、溢流阀卡滞等故障,结合压力表、流量计和辅助诊断,可以判断液压泵输出功率和液压系统的泄漏等故障。

工程机械底盘的检测、诊断常用的检测仪器有光学测量仪、五轮仪等。

检测的信息既可以用来判断机械设备的技术性能状态,也可以用来决策机械设备的维修。传统的维修观念是按机械工作的时间或里程来决定机械的大、中修周期的,经常会出现两种情况:一种是机械未能及时维修造成了更深程度的损坏,增加了维修难度和维修成本;另一种是机械在大修时,发现各运动部件还处在正常工作状态,还能继续使用一段时期,此时大修不仅浪费了设备资源,影响了机械设备施工,也提高了机械维修成本。机械设备状态检测是运用现代分析手段,在原始的一看、二听、三检查的基础上,不需要拆卸机械,对机械运转状况进行检测和预测,从而实现机械设备的动态维修。对每台工程机械建立设备检测档案,监测工程机械设备工作状态,对存在的隐患提前预测,可避免许多机械事故的发生,对降低生产成本起不可低估的作用。

一、状态检测与故障诊断技术的研究方向

状态检测与故障诊断技术的研究主要集中在以下几个方面。

(1)传感技术研究。传感技术是反映机械状态参数的仪表技术。国内先后开发了电涡流传感器、速度传感器、加速度传感器和温度传感器等,最近开发的传感技术有光导纤维、激光、声发射等。

(2)信号分析与处理技术的研究。从传统的频谱分析、时序分析和时域分析,到引入一些更新的信号分析手段,如短时傅立叶分析、Wigner 谱分析和小波变换等,弥补了传统分析方法的不足。

(3)人工智能和专家系统的研究。这已成为诊断技术的发展主流,目前已有“工程机械故障诊断专家系统”。

(4)神经网络的研究。旋转机械神经网络分类系统等的研究已经得到应用,并取得了满意的效果。

(5)诊断系统的开发与研究。从单机巡检与诊断到上下位机式的主从结构,直至网络为基础的分布式结构,系统的结构越来越复杂,实时性越来越高。

(6)专门化与便携式诊断仪器和设备的研制与开发。

二、现代检测诊断技术

随着计算机技术、信号处理技术和测试技术的迅速发展,在机械诊断工程领域中引进了人工智能的理论和方法,形成诊断工程中的现代检测诊断技术。

1. 计算机辅助检测诊断技术

该技术是在机械状态检测与诊断过程中建立一种以计算机辅助诊断为基础的多功能自动化诊断系统,通过配备的自动诊断软件,实现状态信号的采集、特征提取和状态识别的自动化。当故障超过允许值,即发出警报指令,通过计算机自动完成故障性质、程度、类别、原因及趋势的诊断和预报,并能将大量的机械或机组运行状态资料储存起来,工程技术人员可通过人机对话调出查阅,以帮助做出诊断决策。这种诊断方法特别适用于各类工程机械的在线监测和自诊断。

2. 专家诊断系统

这是一种具有人工智能的软件系统,又称知识库咨询系统,系统简图如图 3-2 所示。它不仅包括从信号监测到状态识别,而且包括从决策形成到干预的全过程。不但具有计算机辅助诊断系统的全部功能,而且将机械诊断专家的宝贵经验、思想方法同计算机巨大的存储、运算与分析能力结合起来,形成人工智能的计算机系统。它事先将有关的专家知识和经验加以总结分类,形成规则存入计算机构成知识库,根据数据库中自动采集或人工输入的原始数据,通过专家系统的推理机,模拟专家推理判断思维过程建立故障档案,解决故障识别和诊断决策中的各种复杂问题,最后给出正确的咨询答案、处理对策和操作指导。其缺点是存在知识获得的“瓶颈”问题。一方面专家知识有一定的局限性,另一方面专家知识表述有相当大的难度。两者造成诊断知识库的不完备。

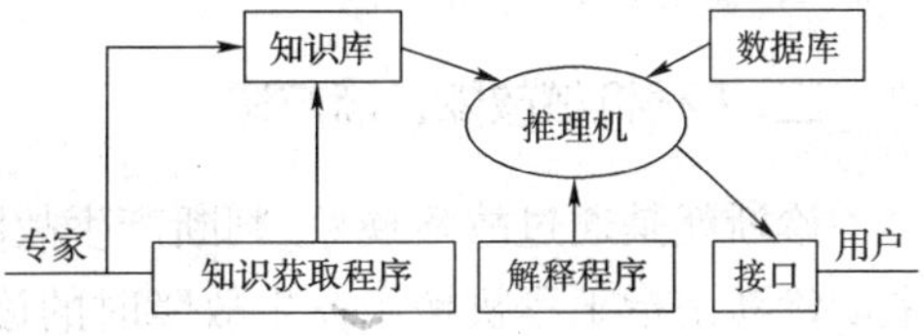

3. 神经网络诊断技术

模拟人脑结构的人工神经网络方法是一种全新的、有前景的故障诊断方法。在知识获取上,神经网络的知识不需要整理、总结消化,避免了专家

图 3-2 专家诊断系统框图

知识的表述难题，只需要领域专家解决问题的实例或范例来训练神经网络。神经网络系统的知识获取与专家系统相比，既具有更高的时间效率，又能保证更好的质量。其缺点是未能充分利用专家积累起来的知识和经验，只利用了一些明确的故障诊断事例，而且没有专家系统的逻辑思维能力，诊断推理过程不能解释，缺乏透明度。

第二节　工程机械故障及诊断方法

工程建设施工的主要特点是时间紧，要求高，工程量大，所以工程机械在施工现场使用的频率极高。许多工程机械进入工地后，一天 24 小时连续作业，在此繁重的作业任务下极易出现故障，因故障而停工的现象屡见不鲜，这样必将严重影响工程的进度，造成工期的延误及一定的经济损失。依据现场经验和科学统计分析可得，在工程机械的故障中，液压系统的故障占总故障率的 75%，其余为机械系统故障。诊断故障时，应注意工程机械故障发生率高低与使用时间的变化规律及其特点，通过了解情况使诊断故障目标明确，避免故障诊断的盲目性，使故障诊断较为准确、快捷。

一、工程机械故障产生的阶段及特点

1. 工程机械使用初期阶段的故障

工程机械在使用初期（相当于走合期）其故障是由高到低（降曲线），使用初期故障率高低与制造或维修质量和走合时期的使用有关。如果工程机械制造或修理质量高，并能正确地使用与维护，初期故障率就低，否则初期故障率会高。初期故障多是连接螺栓松动或松脱，管道接头松动或松脱，残留金属屑或铸造砂易堵塞油道或夹在相对运动摩擦中拉伤机件（如液压系统中的执行机构油缸）造成漏油，调整后的间隙或压力发生变化，使机件不能执行规定能力，有些接合平面因螺栓不紧而漏水、漏油、漏气等。

2. 工程机械正常使用阶段的故障

工程机械走合期结束后，进入正常使用阶段。工程机械在这个阶段内运行，只要按规定要求维护和正确使用，一般不会发生故障，即使发生故障，也是随机性的故障，所以故障率低，曲线平缓微升。如果工程机械在正常使用期内发生故障，多属偶然的或因使用维护不当所致。

3. 工程机械使用接近大修期阶段的故障

当工程机械使用接近大修期时，各部件损耗增大，技术状况恶化。这个阶段的故障特点是故障率高，而且普遍，多数是因磨损过甚和零件老化所造成。

4. 不同季节工程机械的故障特点

工程机械故障率的高低与季节有关。在冬季低温下使用机械时，故障率高于夏季，如燃料供给系统在冬季常因气温低雾化不良，燃油易凝固发生油路堵塞而不易起动；发动机运转时熄火；润滑油流动性差，加速了机件磨损；蓄电池容量下降，造成发动机不易起动；制动不可靠；液体传动不正常等。

二、工程机械故障诊断方法

诊断就是通过故障现象，判断产生故障的原因及部位。诊断可分为主动诊断和被动诊断。主动诊断是指工程机械未发生故障时的诊断，即了解工程机械的过去和现在的技术状况，并能推测未来变化情况。被诊断是指对工程机械已经发生故障后的诊断，是确诊故障产生的原因

和部位。

诊断方法有很多种,常用的有两种:一种是人工直观诊断,另一种是用设备诊断。这两种诊断方法都是在不解体或拆下个别小的零件的条件下,来确定工程机械的技术状况,查明故障的部位及原因。

1. 人工直观诊断

由于工程机械施工时,其施工现场一般远离修理厂所,如在施工现场出现故障,往往不具备利用设备诊断的条件,这就需要维修人员凭借丰富的经验或借助于简单工具、仪器,以“听、看、闻、试、摸、测、问”等方法来检查寻找故障。

“听”:根据响声的特征来判断故障。辨别故障时应注意到异响与转速、温度、载荷以及发出响声位置的关系,同时也应注意异响与伴随现象。这样判断故障准确率较高。例如,发动机连杆轴承响(俗称小瓦响),它与听诊位置、转速、负荷有关,伴随有机油压力下降,但与温度变化关系不大;发动机活塞敲缸与转速、负荷、温度有关,转速、温度均低时,响声清晰,负荷大时,响声明显;气门敲击声与温度、负载无关,与转速关系很大。异响表征着工程机械技术状况变化的情况,异响声越大,机械技术状况越差。老化的工程机械往往发出的异响多而嘈杂,一时不易辨出故障。这需要我们平时多听来训练听觉,不断地熟悉工程机械各机件运动规律、零件材料、所在环境,才能较准确地判断出故障。用听觉判断液压系统的工作是否正常,一般有“四听”:一听噪声,听液压泵和系统噪声是否过大,液压阀等元件是否有噪声;二听冲击声,听执行元件换向时冲击声是否过大;三听泄漏声,听油路内部有无细微的连续的声音;四听撞击声,听液压泵和管路中是否有击打声。

“看”:直接观察工程机械的异常现象,如漏油、漏水、发动机排出的烟色,以及机件松脱或断裂等,均可通过察看来判别故障。观察液压系统的工作状态,一般有“六看”:一看速度,看执行元件机械运动、速度有无变化;二看压力,看液压系统各测试点压力有无波动现象;三看油液,油液是否清洁变质,油液是否满足要求,油液的黏度是否满足要求,以及表面是否有泡沫等;四看泄露,看液压系统各接头处是否渗漏、滴漏和出现油垢现象;五看振动,看活塞杆或液压马达等工作元件运动时是否有跳动现象和冲击等;六看生产质量,从生产质量判断运动机构的工作状态,系统压力和流量的稳定性。

“闻”:通过用鼻子闻气味判断故障,如电线烧坏时会发出一种焦煳臭味,从而根据闻到不同的异常气味判别故障。

“试”:试就是试验,有两个含义:一是通过试验使故障再现,以便判别故障;二是通过置换怀疑有故障的零部件(将怀疑有故障的零部件人工拆下换上同型号好的零部件),再进行试验,检查故障是否消除,若故障消除说明被置换的零部件有故障。

应该注意的是,有些部位出现严重的异响时,不应做故障再现试验(如发动机曲轴部分有严重异响时,不应做故障再现试验),以免发生更大的机械事故。

“摸”:用手触摸怀疑有故障或与故障相关的部位,以便找出故障所在。如用手触摸制动鼓查看温度是否过高,如果温度过高,烫手难忍,便证明车轮制动器有制动拖滞故障。再如,通过用手摸柴油机燃料供给系的高压油管脉动情况,以判别喷油泵或喷油器故障。用手摸运动部件的温度和工作状态,一般有“四摸”:一摸温升,用手摸泵、油箱和阀体等温度是否过高;二摸振动,用手摸运动部件和管子是否有振动;三摸爬行,当工作部件慢速行驶时,用手摸其有无爬行现象;四摸松紧度,用手摸液压元件及限位开关等的松紧程度。查阅技术资料及有关故障分析和维修记录。

"测":是用简单仪器测量,根据测得结果来判别故障。如用万用表测量电路中的电阻、电压值等,以此来判断电路或电气元件的故障;用汽缸表测量气缸压力来判断气缸的故障。

"问":通过询问驾驶员来了解工程机械使用条件和时间,以及故障发生时的现象和病史等,以便判断故障或为判断故障提供参考信息。例如,发动机机油压力过低,判断此类故障时应先了解出现机油压力过低是渐变还是突变,同时还应了解发动机的使用时间、维护情况以及机油压力随温度变化情况等。如果维护正常,但发动机使用过久,并伴随有异响,说明是曲柄连杆机构磨损过大,各部配合间隙过大而使机油的泄漏量增大,引起机油压力过低。如果平时维护不善,说明机油滤清器堵塞的可能性很大。如果机油压力突然降低,说明发动机润滑系统油路出现了大量的漏油现象。液压系统的故障排除需询问机械操作者,了解机械平时的工作状况时,一般有"六问":一问液压系统工作时泵的异常现象;二问液压油更换日期,滤网的清洗更换情况;三问故障出现前调压阀或调速阀是否调节过,有无不正常现象;四问出故障前液压件或密封件是否更换过;五问故障前后液压系统的工作差别;六问过去常出现哪类故障及排除经过。

2. 仪器检测法

仪器检测法即采用专门的故障检测仪来诊断系统故障,能对故障做定量的检测。

如国内外有许多专用的便携液压系统故障检测仪,这些仪器一般具有的功能是:能够测量流量,压力和温度;测量泵和液压马达的转数;具有加载装置,可以调整压力;适用于各种机械的液压系统,能在室内和户外操作使用;结构简单,工作可靠,成本适中,易于操作。

在实际工作中,用便携式液压测试仪对工程机械如挖掘机、装载机、压路机、拌和机、摊铺机、混凝土输送机等机械的液压系统进行了检查诊断,效果好,准确率高,为缩短维修时间,减少停机损失起了十分重要的作用。

3. 逻辑分析

对于复杂的系统故障,常采用逻辑分析法,即根据故障产生的现象,采用逻辑分析与推理方法,渐渐接近故障的部位,最终找出产生故障的原因。

如采用逻辑分析法诊断液压系统故障通常有两个出发点。一是从主机出发,主要故障也就是指液压系统执行机构工作不正常;二是从系统本身故障出发,有时系统故障在短时间内并不影响主机,只有油温的变化、噪声增大等,当然这两种故障会同时发生。逻辑分析法也只是定性分析,如将逻辑分析与专用检测仪器相结合,这就可显著提高故障论断效率及准确性。

4. 计算机辅助测试

计算机辅助测试是采用计算机采集、存储、显示、处理被测信号的一种技术。计算机辅助测试以其高效,准确易于存储分析的特点广泛应用于工程测试领域中,成为当今一门重要技术。

计算机辅助测试的组成主要有信号采集、信号处理、I/O 接口、数据采样处理、结果输出五部分组成。在工程机械液压测试软件中,测试采样数据处理,打印输出等各个功能模板作为子程序调用。采用模块化程序,使用时可根据不同产品的需要调用所需要的子程序,从而使测试系统应用工程机械液压产品的特点。

5. 智能诊断技术法

当前研究最活跃的智能诊断分支的专家系统以其知识的永久性,共享性和易于编辑等人类专家所不具有的特点,得到普遍重视和利用,并取得了迅猛的发展。

智能诊断系统与先进的信息技术结合起来已成为发展趋势。信息技术与智能诊断的合成技术有多媒体技术应用预测系统、因特网技术和信息融合技术等。故障诊断是多元信息融合过程，为充分利用所提供的信息，可对各检测量进行诊断，再将信息加以综合，此为局部融合。将局部诊断进一步融合，就是全局诊断的综合。

诊断故障时，还应注意工程机械故障发生率高低与使用时间的变化规律及其特点，了解情况，明确诊断故障目标，避免故障诊断的盲目性，使故障诊断较为准确、快捷。

三、几种工程机械常规检测诊断技术与方法

1. 振动检测诊断技术

工程机械应用最普遍的是振动状态检测与故障诊断技术。它利用正常机械与故障机械振动特性（位移、速度、加速度、声响等）的差异来判断故障，根据振动和声响的强度，对振动信号的测量、处理、频谱分析及识别来判断机械运行是否存在问题，探寻故障部位。进而判断故障部位、原因以及劣化程度，并对故障采取相应的措施。工程机械故障约有60% ~70%是通过振动和由振动辐射出的噪声反映出来。振动检测用于监测转轴组件的平衡性能和滚动轴承、传动齿轮的冲击和噪声，具有方便、准确、灵敏的特点，是比较有效的检测手段。振动检测诊断包括以下几个步骤。

（1）对诊断对象进行必要的机理分析。如机械的结构和动态特性（齿轮与轴承规格、特征频率等），相关机件连接情况（如动力源、基座等）；掌握机械的运行条件（如温度、压力、转速等）及维修技术档案（如故障、维修、润滑、改造等）；掌握异常振动的形态和特性。

（2）对可能的异常振动部位进行检测。包括设计测点位置和测试工况，确定检测参数（位移、速度、加速度）、辨别振动方向等，通过对测点振动信号的分析，来检查机械运行状态是否正常，以超过允许值的大小来确定故障的严重程度。经过定期检测或连续监测，即可获得机械状态变化的规律，从而掌握故障可能的发展趋势。

（3）故障诊断。对故障部位、原因和严重程度进行深入的分析，包括振动波形识别、相关时差定位、包络分析、频响特性与相干分析、瞬时频率变化与相位分析、模糊与神经网络方法诊断、诊断专家系统，然后做出判断，针对故障采取相应的措施。如内燃机工作时出现不正常响声，机理分析表明，大多为配合间隙增大或工作不正常引起的零件间撞击声。通过对内燃机异响部位表面振动的检测，并与标准状态下的振动特征比较，从而分析出异响产生的部位、确定故障的严重程度。所用设备有振动加速度传感器或频谱分析仪等。

2. 油样分析

随着检测水平及检测精度的日益提高，对油液实行定期抽样检验分析和状态监测已成为一种行之有效的方法。通过对机械设备润滑油或液压油性能衰减及污染变质程度的检测，可以为正确使用或更换油液以及进行维修或更换零部件提供可靠的科学依据。这种方法是通过从机械各部位中取出用过的油样进行一系列的诊断试验并加以分析，经过测量和比较油中机件磨损材料的含量，依据这些数据，来判断发动机、变速器、终传动、液压系统及齿轮箱的磨损趋势，及时了解机械的运转情况。通过监测磨损趋势来判断零件达到使用极限的程度，在重要零部件损坏之前及早发现潜在的问题，预防与正常磨损相关的故障，并在故障发生前适时修理，以降低机械维修成本和误工时间，最大限度地提高机械的利用率。

目前应用较多的有光谱分析和铁谱分析。对油液中金属杂质的检测设备有发射光谱测定仪、原子吸收光谱测定仪、铁谱仪等。

光谱分析是利用元素的原子在基态和激发态之间跃迁时要吸收或发射特点频率光量子的

特性，分析油样中金属磨粒的种类、数量和增长率，从而判断配合副磨损程度和磨损趋势，光谱分析只能从磨损产物的数量中取得信息。

铁谱检测技术是最重要的油液检测技术之一，它不仅是对油液污染度的检测，更主要的是能根据污染物颗粒的性状与机械设备的磨损状况进行检测。铁谱技术既反映磨损程度及趋势，又能够揭示磨损的形式及部件。铁谱分析是利用磁场将油中金属磨粒分离出来，按序排列用以观察和分析磨粒的种类、数量、尺寸、尺寸分布和形貌，从而判断配合副的磨损程度和磨损性质。铁谱分析除了磨损产物数量之外，还可以通过磨粒形貌取得磨损性质的信息，因而比光谱分析更加敏锐。以内燃机为动力的工程机械，由于内燃机燃烧情况和往复运动对振动的影响很大，通过振动检测以判断故障的难度很大。另外，在机械零件失效的各种原因中，磨损占80%以上，因而以磨损为检测对象的油样分析技术更具有针对性。

两种油样分析技术中，光谱分析只能从磨损产物的数量中取得信息，铁谱分析除了从磨损产物数量取得信息之外，还可以通过磨粒形貌取得磨损性质的信息，因而比光谱分析更加敏锐，但是，由于光谱分析发展历史较长且比较成熟，所以应用更加广泛。

油样状态检测方法的组织管理过程包括油样检测、征兆式特征量提取、工况状态识别及人工诊断推理等环节，其原理如图3-3所示。

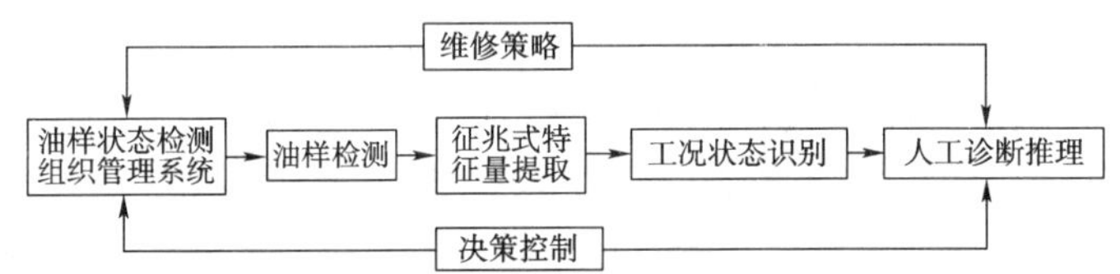

图3-3　油样状态监测方法的组织管理过程原理图

1）油样的获取与维护计划的制订

为了使选用的油样具有一般性和代表性，要认真做好选样的时机、位置、周期和方法，并要保证取样器具的清洁。定期油样分析通常可以用取样阀门；用取油枪伸进油底壳内；换油时，用排放油流取样等方法进行。最好采用前两种方法进行分析，采用排放油流取样时，应采用排放中间的油流，因开始排放和最后流出的油流混合不好，不能代表所取部位循环用的油样，可能带有脏物会导致错误的分析结果。

2）油样检测分析的理化方法

油样常用的理化性能指标有黏度、闪点、酸碱度、水分、机械杂质、残炭和清净分散性等。检测主要包括化学和物理实验、油样状态分析和红外光谱分析等。

化学和物理试验用来测定用过的机油中水、燃油和防冻剂污染情况，以及这些污染物是否超过容许的极限值。

油液状态分析必须与磨损分析和化学物理试验一起配合进行，通过检验油样的物理状况，透过原始油样与使用过的油样对比，证实油液是否可以继续使用，以帮助调节制订机械的换油周期（短期、保持或延长），降低机械的使用成本。

红外光谱分析可测量分子化合物，采用此项技术已成为检测油液老化变质的基本分析手段。利用红外光谱分析技术对所取油样和参照油样的谱线差别进行比较，来测定油液的污染及化学变化，可准确测量出油液氧化、硫化、硝化、积炭、水分、乙二醇及燃油稀释的程度。当发现油质变化时，可进一步采用其他测试项目。

3）油样检测分析的简易方法

由于检查油液质量的理化方法在一般的使用和维修单位不具备条件，对于个人来说，可通过简易检查来实现。即通过观察油液外观和油斑痕迹来确定油液能否继续使用,以及检测控制相关的故障。

以发动机机油为例,检查时若从外观发现机油中有大量呈黄白色的乳化油膜,表明机油中混入了大量水分,使添加剂遭到了破坏,黏度降低,应予更换,否则不能保证良好润滑。判断液压油中混入水分的程度,通常是根据其颜色和气味的变化情况而定,如液压油的颜色呈乳白色,气味没变,则说明混入水分过多;另外,也可取少量液压油滴在灼热的铁板上,如果发出“叭叭”的声音,则说明含有水分,此时应更换新油。液压油在使用中,由于其温度的变化,空气中氧气及太阳光的作用,将会使液压油逐渐被氧化,使其黏度等性能改变。氧化程度,可依据液压油的颜色、气味来判断。如果液压油的颜色呈黑褐色并有恶臭味,说明已被氧化。褐色越深,恶臭味越浓,说明被氧化的程度越厉害,必须更换新油。液压油含杂质的简易检验方法是:在机械工作一段时间后,取数滴液压油放在手上,用手指捻一下,察看是否有金属颗粒,或放在太阳光下观察是否有微小的闪光点,如果有较多的金属颗粒或闪光点,则证明液压油含有机械杂质较多。这时应更换新油,或将液压油放出,进行不少于42 h以上时间的沉淀,并经过滤后再使用。

油斑痕迹检查就是把油样滴落在白色薄滤纸上,观察油滴的扩散情况和油斑核心部分的颜色,以判明油液质量。如油滴扩散的范围较大,且外围的颜色较浅,表明机油已被柴油稀释。如核心部分颜色呈深灰色或褐色,属正常现象。如呈黑褐色或墨黑色,说明油液已变质,应更换。目前柴油机机油均加有多效添加剂,机油的颜色变化较快,这是正常现象,不影响使用。另外还有一种简易对比判断方法,即把附在滤纸上的污染颗粒与美国国家宇航学会NAS1638(100ml油液中所含颗粒数)污染度等级标本进行比较来判断油样的污染度等级。

4)磨损分析

磨损分析法是测定用过的油中磨损元素和杂质的含量来检测零部件磨损的速率,通过检测用过的油液确定零部件正常的磨损速率,当磨损速率及油中所含杂质超标时,就可以诊断出各种故障。

油液中机械杂质主要是尘土、金属屑及其他有机沉淀物和炭渣等。这些杂质(如尘土)有的是随油液的添加进入,有的是机械在高温下工作产生的。机械工作时间越长,油液中所含的机械杂质越多,机械的磨损也日趋严重。

3. 机械性能测试

应用各种仪器测量机械运转时的性能参数,从而判断机械性能降低程度以及机械能否满足使用要求,通过机械设备性能参数下降程度来决定何时修理是最直接、可靠的。如采用功率检验设备测量发动机的功率,用光学测量仪、五轮仪等检测、诊断工程机械底盘等。

4. 液压系统工作状态的参数法诊断

反映液压系统工作状态的参数包括系统的工作压力、温度、流量和泵组功率等。系统工作过程中出现的任何问题都直接或间接地与这几个参数有关。液压系统故障的表现形式多种多样,原因复杂多变,同一故障原因可能导致不同的故障现象,而同一故障现象又可能对应着多种不同的原因。例如:油液的污染可能导致液压系统压力、流量等方面不同类型的故障,这给液压系统的故障诊断带来极大的困难。

1)参数法诊断故障的原理

任何液压系统正常工作时,系统参数都工作在设计和设定值附近,超过范围,可以认为故障已经发生或将要发生。

在液压元件和液压系统的性能测试中，常见的测量指标有压力、温度、流量以及其他响应类型的参数。工作中若这些参数偏离了预定值，则系统就会出故障或有可能出现故障。当液压系统发生故障时，必然是系统中的某个元件或某些元件有了故障，进一步可断定液压回路中的某一点或某几点的参数已偏离了预定值，需维修人员迅速进行处理。这样，在测量这些参数的基础上，结合逻辑分析法，即可快速准确地找出故障所在。参数测量法不仅可以诊断系统故障，而且还能预报可能发生的故障（即液压系统状态的监测），并且这种预报和诊断都是定量的，大大提高了诊断的速度与准确性。

参数法诊断过程的参数测量为直接测量，检测速度快，误差小，设备简单，便于在现场推广使用，适合于任何液压系统的检测。测量进行既不需停机，又不会损坏液压系统，几乎可以对系统的任何部件进行检测，不但可以诊断出已有的故障，而且可以进行在线监测，预报潜在故障，具有很好地应用前景。

2）参数法诊断液压系统故障的步骤

利用参数法诊断液压系统故障，首先要根据故障现象，调查了解现场情况，对照实物仔细分析该机的液压系统原理图，弄清其工作原理及各检测点的位置和相应标准数据。在此基础上，对照故障现象进行分析，初步确定故障范围，撰写检查诊断的逻辑程序，然后借助仪器对可疑故障点进行检测，将实测数据和标准数据进行比较分析，确定故障原因与故障点。

诊断步骤为：

（1）对设备具体工作情况的了解、检查。认真听取驾驶员的情况介绍，亲自上机查看，必要时进行操作检查。然后，一定要检查油量。

（2）判明液压系统的工作条件和外围环境状况。必须搞清楚是机械部分、电器部分，还是液压系统本身的故障，同时查清液压系统的各种工作条件是否符合系统正常运行的要求。

（3）区域判别。根据故障现象、特征确定与该故障有关的区域，逐步缩小发生故障的范围，检测此区域内的元件情况，分析故障发生的原因，以求最终找出故障的具体所在。

（4）掌握故障种类进行综合分析。根据参数检测结果及故障的最终现象，逐步深入地找出多种直接的或间接的可能原因。为避免盲目性，必须根据系统基本原理，进行综合分析、逻辑判断，减少怀疑对象，逐步逼近，最终找出故障部位。

（5）建立系统参数运行记录表。建立液压系统运行状态参数记录表，是预防、发现和处理故障的科学依据。故障记录分析表是使用中经验的高度概括和总结，有助于对故障现象做出准确的定量分析。

（6）验证可能故障的原因时，一般从最可能的故障原因或最易检验的地方开始，这样可降低拆卸的盲目性和二次故障的发生率，减少拆装工作量，提高诊断速度。

四、故障诊断技术需注意的问题

1. 专业化的诊断与简易诊断仪器的推广普及相结合

故障诊断贵在及时，如果诊断周期很长，不能在发生事故性损坏之前做出诊断，并采取相应的预防性措施就失去了意义，所以要推广普及各种价格便宜、容易掌握，而又有一定效果的简易诊断仪器，如无负荷测功仪、液压测试仪、油质分析仪、冲击脉冲仪等。一些价格昂贵，配套设备复杂，技术也不容易掌握的诊断仪器，如光谱分析仪、铁谱仪等，就没有必要普遍配置，应设立专业化的诊断站向社会开放。

2. 制订诊断技术标准

制订标准有以下几种方法。

(1)全寿命跟踪统计法。这是从机械投入运行开始,在全寿命过程中坚持定期进行检测,同时严格地做好运行情况和维护修理情况的统计,对这些资料认真分析,可得到比较准确的标准值。这种方法的周期太长,至少要一个大修期(3 年左右),最好是一个寿命周期(9 年以上)。

(2)试验室强化试验法。就是把机械放在试验室内,在经过强化的工况下运转,并按一定周期进行检测,把检测结果与运行数据相对照,能够在较短的期限内取得标准值。这种方法虽然可以缩短周期,但成本太高。

(3)生产统计法。这是对一批在用机械进行检测,同时对其使用情况和性能参数进行测试和统计,然后对照比较并做出分析。这种方法能够很快地取得数据也不必太多投资。从统计原理看,其数据具有一定价值。对于一般单位,以生产统计法为切实可行。

(4)采用相对标准。采用相对标准有三种方式:一是对一台机械,同一参数坚持长期连续检测,以正常情况下的检测值为原始值,当实测值是原始值的 2 倍时就需要注意,当实测值是原始值的 4 ~6 倍时,机械将发生危险;二是数台相同的机械同时检测,当某一机械的实测值是其他相同机械的 1 倍以上时,应视为异常;三是某种机械已经有诊断标准则结构与之类似的机械可引作参数。

3. 选用可靠设备

在选购仪器时要仔细调查,认真比选,不要片面追求仪器的功能齐全,记住可靠性理论中的一条原则,越简单的仪器越可靠。推广故障诊断是需要投入大量人力和经费,往往先进设备不一定短期内能得到好的经济效益。

4. 确定合理的诊断周期

从理论上讲,诊断周期 T 可以下面的公式很方便地确定:

$$T = (0.75 \sim 0.9) MTBF \tag{3-1}$$

式中:$MTBF$——故障间隔平均时间;

T——诊断周期。

即对于可修复的机械,在它平均 2 次故障间的工作时间的 0.75 ~0.9 倍时,进行故障诊断是合理的。要注意的是对于可靠性研究刚刚接触实用,可靠性数据库还不完整时,T 的确定需进行认真研究。

第三节 工程机械技术状况诊断的仪器与设备简介

状态检测用的仪器很多,一般有压力传感器、流量传感器、位移传感器和油温检测仪等。可以把测试到的数据输入到计算机系统,计算机根据输入的数据提供各种信息及技术参数,由此判别出机械某个部位的工作状况,并可发生报警或自动停机等信号。

一、机械设备运行状态参数检测仪

机械设备运行状态参数一般包括:温度、压力、流量、转速、噪声、振动、油质等,相应的有单项测试仪和综合性测试仪。正确地选用这些仪器,能有效地收集、记录有关机械技术状态的信息,尽早发现或预测机械的功能故障,适时地采取对策,以保证机械处于良好的技术状态。表 3-1 列出有代表性的几种类型,以供参考。

机械设备运转参数检测仪器仪表 表 3-1

检测项目	仪器仪表名称	型号	适用范围	主要技术参数
温度	热敏电阻温度检测器	CW6－8	固、液、气体	测量范围－55～300℃
	红外热像仪	FC8241	热成像	测量范围 0～3000℃
压力	弹簧管中压压力表	Y－150T	液体、气体、压力	测量范围 0～60MPa 精度 1.5 级
	压电式压力传感器	JY－600	测量压力	测量范围 0～900MPa 精度 1 级
流量	涡轮流量变送器	LW 系列	测量流体的瞬时流量和总量	测量范围:0.04～6000m^3/h 通径:4～500mm 量程比:6:1 温度:－20～120℃ 精度:0.5%～1%
流量	液压综合测试仪	IU8761	用于液压系统温度、压力、流量、转速的测试便携式	压力表量程:0～42MPa 流量表量程:0～400L/min 温度表量程:10～120℃ 转速表量程:0～5000r/min
转速	手持式数字转速表	SZG－20	测量转速	测量范围:25～2500r/min 精度:±1 脉冲
	转矩转速功率测量仪	JSGS－1	转速、转矩测量	采样时间:1s 显示方式:5 位数字液晶显示 转速测定范围:10000r/min 精度:±1 字(标定 0.1%)
噪声	普通声计	HY－103	现场噪声测量	测量范围:50－125dB(A) 符合国标 GB 3785—831 I 型声级计标准
	精密声计	2232	精密噪声测量	测量范围:34～130 dB(A) 动态范围:70dB
油质	分析式铁谱仪	FTP－1	制备铁谱片	
	直读式铁谱仪	ZTP－1	磨损粒子浓度和尺寸分布	

二、发动机定期检测内容及仪器

发动机定期检测内容及仪器见表 3-2。

发动机定期检测内容及仪器 表 3-2

项目内容	方法	项目内容	方法
柴油机的转速测试	转速表(电子计数器式)	机油压力的测量	压力表
气门间隙的检查及调整	厚薄规	油质的污染和劣化检查	快速分析仪
漏气压力的检测	漏气测试仪	机油中混入燃油的检查	机油检验器
汽缸压缩压力的测量	汽缸压力表	机油中混入水的检查	机油检验器
排气烟色的测量	烟度计	机油中含有金属粉末的检查	光谱仪
PT 泵燃油压力的检测	专用试验台	水温的测量	热敏温度计
PT 泵真空压力的测量	真空表	防冻液冰点的测试	防冻液比重计
燃油喷射器正时的检查和调整	专用正时工具	水质的测试	水质分析仪

第四章 工程机械维护技术

第一节 机械维护的意义、目的和作用

一、工程机械技术维护的意义

工程机械在作业中，不仅负荷变化频繁，而且常在无路或路况很差的场合工作，还要野外停放，这使机械各部件经常受到摩擦、冲击、扭转、振动及剪切等力的作用，并遭受自然环境较严重的侵蚀。随着使用时间的推移，会产生活动部件磨损；连接部件松动；零部件疲劳破坏；表面锈蚀和非金属材料老化；润滑油品质变差；滤网、油道堵塞因而润滑条件恶化。若继续使用，将发生更严重的磨损，生产效率下降，甚至出现严重机械或人身事故。因此，必须对工程机械进行有计划的维护，包括清洁、润滑、紧固、调整、防腐以及更换一些不能再用的磨损零件等工作，使工程机械经常在完好的技术状态下运转，保证正常使用，这对于提高工程机械使用的经济效益、降低成本、保障安全和延长使用寿命都有重要意义。

工程机械在使用过程中其性能不可避免地逐渐低劣化。若日常维护不良，则会加速机械性能恶化。图 4-1 中虚线所示之性能低劣变化曲线在 B_1 点出现故障，被迫停机修理或更换零件，使机械性能恢复到 B_2 点，然后继续使用。$T_{B2} \sim T_{B1}$ 称为事后修理时间。若注意日常维护，则性能恶化速度减慢，性能劣化曲线如实线所示，在越过 T_{B2} 很长时间直至 M_2 点才出现故障。如能采用状态监测技术，事先在 T_{M1} 时预报故障及故障位置，则可利用施工间隙作定项修理，更换或恢复零部件，使工程机械的性能及早恢复到 M_1 点，从而防止了故障的发生，减少停修时间，使施工少受影响，从而提高工程机械寿命周期等综合效益。

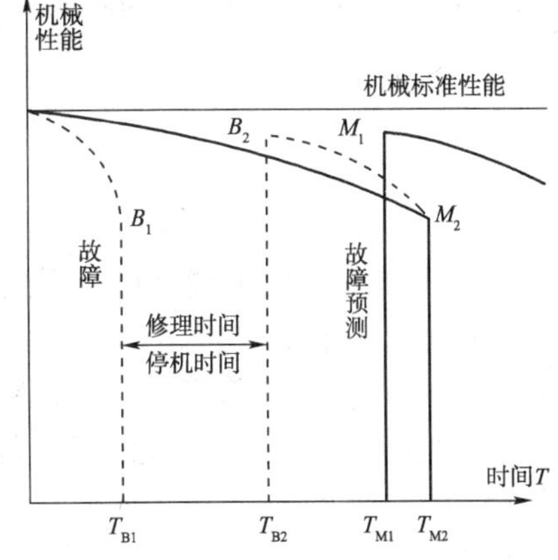

图 4-1 机械性能低劣化过程示意图

二、工程机械技术维护的目的

减少和防止机械零件磨损的主要办法是及时进行技术维护。所谓技术维护，就是定期地对机械各部分进行清洁、润滑、紧固、检查、调整或更换某些零件，因此，技术维护可以理解为保证工程机械的技术完好状况而进行的各种技术作业的总称。对工程机械进行技术维护的目的在于保证：

（1）使工程机械经常保持完好状态，以便随时可以起动运转或出车，提高机械的完好率和利用率；

（2）在合理运用的条件下，不致因中途损坏机件而停歇；

（3）在施工过程或行驶中不致因机件事故而影响安全施工或行车，减少故障停机日，在运

行中不致因机械事故而影响安全；

(4)使整个工程机械及其各个总成的技术状态保持均衡，减少机械磨损，增大两次修理之间的间隔期，以达到最高的大修间隔期，延长机械使用寿命；

(5)降低机械运行和维修成本，使机械的动力、燃料、润滑油料、零件及各种消耗材料降到最低限度。

三、工程机械技术维护的作用

1. 工程机械的典型磨损曲线

图 4-2 是以配合间隙为纵坐标，以运转时间(或与时间相对应的工作量)为横坐标的滑动轴承磨损量与时间的关系曲线(与图 2-1 相似)，称为典型磨损特性曲线，图中：

S_0——滑动轴承副在工厂(制造厂或大修厂)装配完成后未经任何运行的初始装配间隙；

S_1——磨合期终了时的间隙，也称为初期磨损；磨合期由两部分组成：前期为工厂磨合期，后期为用户的生产磨合期，也称走合期；

S_2——保证安全使用的极限磨损间隙；

T_g——工厂磨合期，轴承副在工厂装配完成后，在出厂以前进行的磨合时间；

T_s——生产磨合期(走合期)，用户在接到新出厂的机械后，必须按照规定的走合规程使用机械的运行时间；

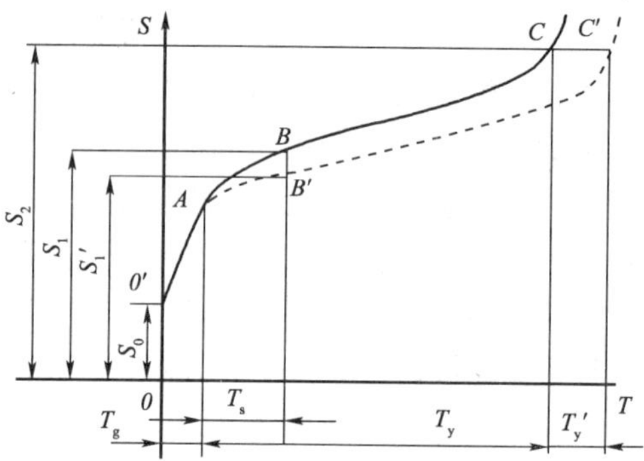

图 4-2 典型磨损特性曲线图

T_y——配合件的有效使用时间，也就是从投入生产使用算起，一直到配合件尚能保证安全使用的有效极限时间；如果超过这个时间，就可能引发事故性破坏或不经济的效果(例如消耗、泄漏的增加、生产率降低等)。

从图中 $O'ABC$ 曲线上可以看到：曲线 $O'B$ 段的走向大致可分为两部分。最初 $O'A$ 段最陡，这是因为新加工出来的摩擦表面具有较大的微观不平度，在磨合过程中，表面的凸峰部分被较快地研磨掉，所以间隙的增长率较快，形成一小段很陡的斜线。当到达 A 点时，基本趋向稳定，磨损速度随之下降。曲线渐渐向右弯曲并变得平缓，到达 B 点后，走合期终了，配合件已得到充分的磨合，摩擦表面的凸峰部分已被磨掉，凹下部分也由于微量的塑性变形而填平，零件的工作表面达到了相当的光洁度，这时油膜稳定，润滑条件良好，滑动轴承副的工作状态进入正常阶段，磨损量的增长缓慢而又均匀，磨损率基本保持不变，曲线自 B 点以后接近于一条平缓的直线。运行一段时间后，缓慢增长的磨损量终将导致间隙 S 逐渐增大，使轴承副的配合条件逐步变坏，于是在后期磨损率又渐渐变大，曲线向上弯曲，慢慢变陡，一直到 C 点。这时间隙 S 已达到允许的极大值 S_2。若超过此值，间隙过分增大，润滑油泄漏量增加，油膜厚度增大，承载能力减小，油楔作用变劣，润滑条件恶化，容易产生振动而使冲击性载荷增加。运转质量下降，使磨损量急剧增加，快速增长的磨损量又进一步使润滑情况变坏，形成一个恶性循环，使机械不能保证安全运行，甚至导致零件的事故性破坏，所以零件到达 C 点时的磨损量称为极限磨损量，在此以前的运行时间称为零件的有效使用时间。零件使用到极限磨损量以后就应予更新或调整修理，恢复原有的配合质量，重新开始下一个使用周期。

由以上分析，可以得出以下几点结论。

(1) B 点的高度——即配合件的初期磨损量是一个关键。若能设法将 B 点降低，降至 B'

点，那么由于 S_2 是一个固定值，曲线上 C' 点必将右移，从而增加了零件的有效使用寿命，增加量为 T'_y。这充分说明了认真执行磨合期规定的重要性。

磨合由工厂磨合与生产磨合（走合）两部分组成。A 点高度的降低取决于两个因素——即零件的加工和装配质量及出厂前的磨合质量。首先在加工与装配时，采取适当的工艺使零件的几何形状正确程度、表面光洁度及初始装配间隙都符合标准，然后再严格执行工厂磨合，就可能使 A 点的高度得到降低。但在一般情况下，工厂的生产条件及质量检验程序都比较稳定，而且工厂磨合通常都是不带负荷的空运转，或是由其他动力机械拖动的冷磨，磨合工况也非常稳定，在工厂条件下磨合规定的执行也比较好，所以 A 点降低的潜力不大。关键在于用户的生产磨合阶段，如果能在走合期内认真执行走合规程，严格减载减速，仔细操作和维护，可以使 B 点降至最低限度，从而收到延长机械使用时间的效果。在实际工作中，常常发生忽视走合期规定的现象，所以本书把执行走合规定列为合理使用机械的要求之一。

（2）当 B 点的高度确定以后，在 X 轴上 C 点的距离取决于曲线 BC 段坡度平缓及接近于直线的程度；BC 段越平直，C 点的位置越往右移，零件的使用寿命也就越长。要达到上述目的，需要在机械的使用期间仔细操作及精心维护；严格执行操作规定，使机械设备尽量避免超负荷及冲击性负荷；严格执行维护规定，经常保持良好的润滑条件，密封良好，适时调整，就能促使曲线 BC 段趋向理想的合理状态。

（3）零件磨损量的增长，虽然有一段相对稳定的时间，但并不始终以同一速度进行，到了一定时间后（相当于略前于 C 点的位置），就会进入一个恶性循环的快速阶段。机械设备中某些零件技术状况的恶化，又可能波及其他零件的劣化进程，所以机械设备的检修要及时，不到时间而提前检修固然是一种浪费，但超过了极限容许的范围仍不予修理，勉强“带病”运转，不仅在技术上是不合理的，而且在经济上也是得不偿失的。

（4）极限磨损间隙 S_2 的确定具有重大的技术意义。如果规定得太小，使零件在尚可使用前就被更换，不能充分发挥作用，造成浪费。若规定得太大，则不能保证机械设备的有效安全运行，甚至会引起事故，造成更大的损失。

（5）从曲线的 BC 段可以看到，零件的失效不仅反映在磨损量的数值上，而且也反映在磨损率的异常变化上，在接近 C 点以前，在正常情况下磨损率基本是均匀的，也就是说存在着一个基本稳定的磨损率值。在 C 点以后，磨损率呈现越来越高的增长趋势。所以，通过试验或生产实践，求得各类零件的磨损率，就可以据此测算零件的有效使用时间，计算公式为：

$$T_2 - T_1 \approx (S_2 - S_1)/\tan x \tag{4-1}$$

这就是计划预期检修中制订维修间隔周期的主要理论依据。

2. 技术维护与修理的区别

1）维护和修理的概念

机械的维护和修理是两种性质不同的技术措施。维护是降低零件的磨损速度，预防故障发生，为延长机械设备寿命而采取的预防性维护措施，是保持机械设备处于完好状态的基本技术措施。修理是机械设备达到极限磨损后，修正出现的故障或失去工作能力的零件总成，为恢复机械设备良好技术状况而采取的技术措施。由于它们的目的不同，因此执行的条件也不同，前者是强制执行的预防性措施；后者是按计划或视需要的恢复性措施。

2）维护与修理的区别

机械的维护和修理，从表面上看来都是维护机械技术状况的措施，在实际工作中容易产生以修理代维护或以维护代修理的现象，特别是高级维护和小修更容易混淆，这对保障机械经常处于良好技术状况带来极为不利的后果。因此，必须明确维护和修理的区别。正确处理维护和修理的关系。

机械维护和修理是有本质区别的，主要表现在：

①性质不同。机械维护是在机械零件没有达到极限磨损前进行的预防性的作业，以保持机械经常处于正常工作状况。而机械修理是在机械零件达到极限磨损后不能正常工作时进行的恢复性作业，以使机械重新达到正常技术状况。

②内容不同。机械维护的作业内容是不改变零件几何尺寸和物理化学性能的清洁、紧固、润滑、调整、防腐等作业。而机械修理的主要作业内容是改变零件的几何尺寸、理化性能和装配间隙。定期维护是对机械进行规定的全面范围的作业，而机械修理只对规定的局部范围（如小修部位和中修项目）进行作业。

③工艺不同。机械维护工艺只是进行局部的解体，并不进行零件的鉴定和修复。机械修理工艺是将机械或总成全部进行解体，对所有零件进行鉴定，并按规定进行修复或更换。

④实施原则不同。机械维护实行定期、强制进行的原则。机械修理实行计划修理或按需修理的原则。

3）正确处理维护和修理的关系

正确处理维护和修理的关系，做到维护和修理并重，相互结合。反对维护和修理不分，互相混淆，这是保障机械良好技术状况的需要。

小修只是对零件损坏部位进行局部修理和维护，不能代替全面范围的等级维护。以修理代维护的结果是使机械的一些部位甚至重要的部位得不到应有的维护，而增加机械的磨损和事故性损坏。同时，也应反对以维护代修理，对应该大、中修的部位不按规定的作业内容鉴定和恢复零件的几何尺寸，只是对零件进行清洗和维护，其结果是降低了修理质量，缩短了机械大、中修后的使用寿命。

虽然维护和修理不能互相代替和互相混淆，但是必须做到护修结合。应根据实际情况，在维护作业中对需要修理的部件进行附加小修作业或在小修时可以结合进行接近一级的维护，这样可以缩短停机时间。

3. 工程机械技术维护的作用

工程机械在长期施工过程中，随着机械的运转时间或行驶里程的增加，其技术使用性能不可避免地要发生变化，这是由于机械各机件和零件间的自然磨损，以及某些由于未遵守机械的技术使用和维护规程而引起的。如果不对这些机械的各机件进行及时润滑、调整、检查以及进行其他的技术维护作业，各机构零件的磨损将会急剧增加，从而导致工程机械的动力性能恶化，燃料消耗量增加，工作可靠性降低，甚至因故障和损伤而使整个机械失去工作能力，影响工程机械的正常使用。

工程机械进行有计划的维护，可以保证工程机械经常在完好的技术状态下运转，顺利使用。结合实际条件，认真制订维护计划并强制实施，可保证设备的正常运转，防止零件早期磨损，延长修理周期，缩短停修时间，提高完好率和利用率。对于技术先进复杂的重要施工设备，除应有专人做常规检查维护外，还应采用定期、经常的运转情况“状态检测”。

严格执行机械技术维护工艺，是实现规范化作业要求、安全生产、避免零件损坏、确保维护质量、延长机械使用寿命的重要保证。所以维护人员必须严格遵守执行维护工艺。

第二节　工程机械维护的作业内容

机械维护的作业内容主要是清洁、紧固、调整、润滑、防腐(称为“十字作业”)以及更换一些不能再用的磨损零件等工作,此外,还有检查、加添等辅助作业内容。

一、清洁

机械在工作中,必然引起机械内外及各系统、各部位的脏污,有些关键部位脏污将使机械不能正常工作。为此,进行清洁作业不仅是保持机容整洁卫生的需要,更重要的是保证机械安全和正常工作的需要。

清洁作业中要特别注意做好发动机“三滤”和电气部分的清洁作业。发动机“三滤”的清洁对发动机的工作和寿命都有很大影响。

1. 空气滤清器的清洁

机械在不同道路和地形情况下工作时,进入汽缸内的空气含尘量是不同的。森林地、沥青路和水泥路的含尘量小于0.001g/m^3,土路为0.5~1 g/m^3;土路扬起灰尘的情况下为1.5~3 g/m^3,大风和车队行驶时可高达7 g/m^3。以含尘量1.5~3 g/m^3为例,如6135发动机不装空气滤清器,在1600r/min的情况下工作一小时就吸入汽缸1.5~1.8kg尘土。

尘土中主要成分是二氧化硅(SiO_2),又名石英,其特点是多、硬、小。石英在尘土中的含量很多(约为65%~98%);石英的硬度仅次于金刚石(金刚石的摩氏硬度为10,石英为7,汽缸壁是5.2,活塞环是2.6),比一般金属硬度大,且具有棱角;石英的颗粒一般在1~300μm范围内,能进入发动机任何部位,以1~100μm的居多,而且其中大多数是50μm以下的颗粒。据试验资料证明,20~30μm的灰尘所造成的磨损最大。

进入汽缸的部分尘土被汽缸壁上的机油粘住,当活塞上下运动时成为磨料,使汽缸壁和活塞环很快磨损。如不装空气滤清器则磨损增加一百倍,在含尘量3g/m^3的情况下工作20h就达到极限磨损。尘土进入汽缸不仅使汽缸壁、活塞、活塞环加速磨损,而且被机油清洗下来进入机油,使受机油润滑的部位都加速磨损。

空气滤清器的作用主要是滤清进入汽缸的空气中的尘土。空气滤清器在工作中,随着脏污程度的增加,滤清效率不断下降(完好滤清器的滤清效率为99.97%,不得低于98%),滤清阻力增加(6 000~8 000Pa,不得超12 500Pa),造成发动机磨损加剧和功率下降,因此必须及时清洗。清洗空气滤清器时,特别要注意空气滤清器及其到进气歧管之间进气管路的密闭,如有孔隙将使空气不经滤清进入汽缸,磨损会急剧增大。

工程机械用发动机(包括车用发动机)大多采用干式纸质滤芯。清洁空气滤清器时,打开空气滤清器后,仔细观察并记住滤芯的安装位置、方向和密封方式。将滤芯取出,放倒在木板上轻磕,并不断转动滤芯,使灰尘脱落。然后用压缩空气由内向外喷吹滤芯,清除未脱落的灰尘。装配空气滤清器时,先将空气滤清器壳体擦拭干净,检查密封装置是否齐全可靠,再将滤芯按原来的位置和方向安装牢固。滤芯若脏污严重,应更换。有些机械、车辆的发动机进气有多级空气滤清,应一并将其清洁。

2. 机油滤清器的清洁

机油在使用过程中,不可避免地要被磨损产生的金属屑、自外界落入的尘土、杂质和燃烧产物所污染,同时,机油本身由于受热氧化也会产生酸性物质和胶状沉积物。如不加以滤清,就会加速发动机零件的磨损，堵塞油路，甚至使活塞与活塞环、气门与气门导管等零件之间发生胶结，使发动机不能正常运转，并使机油的使用期缩短。机油中机械杂质的含量超过0.3%就需要更换。

机油滤清器的作用就是及时滤清机油中的机械杂质和胶状物质，保证机油和发动机润滑系正常地工作。机油滤清器使用一定时间后，滤芯表面脏污越来越多，尽管滤清质量有所提高，但滤清阻力增大，油压下降，循环量减少，供油不足，不能保证发动机正常工作而加速磨损，甚至会有一部分机油通过旁通阀，不经滤清就进入发动机，形成磨料磨损。为此，必须及时清洗机油滤清器，以恢复机油滤清器的正常工作。

清洁机油滤清器的作用是：

(1)恢复机油滤清器的正常工作；

(2)检查机油黏度及杂质含量：如黏度下降，油沫增多，说明含水量大，应加温脱水后再用；观察滤芯上的金属颗粒的种类、大小和多少，判断各部位磨损程度。

柴油机一般同时装有机油粗滤器和机油细滤器。粗滤器一般为过滤式，细滤器一般为离心式。过滤式粗滤器滤芯分为缝隙式和孔隙式，孔隙式滤芯一般为一次性的，脏污后予以更换，缝隙式滤芯清洗脏污后可重复使用。清洗时可先用毛刷蘸煤油或柴油将其刷净，再用机油冲洗，并将粗滤器壳体清洗干净。与空气滤清器装配时一样，要确保其方向、位置正确，密封可靠。清洗离心式细滤器时，其转子内壁应有一层较硬的脏污层，可用竹片或木片将其刮除，再用毛刷清洗干净。若离心式细滤器转子内壁未附着脏污层，说明细滤器已丧失滤清功能，应予以修理或更换。

3. 柴油滤清器的清洁

柴油发动机供油系统主要零件的加工精度很高，配合间隙非常精密。如高压泵的泵油柱塞及柱塞筒之间，喷油嘴的喷针和喷油嘴之间的间隙都是0.002～0.004mm，有的小到0.0015mm。供油系工作是否可靠和耐用，主要决定于柴油的纯净程度。使用清洁的柴油可使精密零件的寿命延长30%～40%。柴油中含有杂质还可能加速汽缸的磨损。为此，除在加油时必须保持清洁外，还要定期放出柴油箱内沉淀的杂质，特别是要定期洗清柴油滤清器。如不及时清洗柴油滤清器会造成滤清效率下降或供油不足，使发动机不能正常工作。

柴油滤清器有整体一次性的和可更换滤芯的两种。整体一次性柴油滤清器使用到一定工作时数或判断其已经脏污时，用滤清器拆装钳拆下予以更换。可更换滤芯的柴油滤清器的滤芯一般也是一次性的，更换滤芯时，同时将会积聚水和脏污的滤清器壳体彻底清洗。

4. 冷却系的清洁

发动机水温经常过高时，应查明原因，如确系冷却系中生成水垢，就必须清洗冷却系，否则使发动机水温过高，功率下降，磨损加剧。水道形状复杂，无法用机械办法消除水垢，只能用化学方法进行清洗。清洗冷却系的工作通常结合进入夏季使用的维护进行。

清洗剂由洗衣碱(即粗制碳酸钠，白色粉末)1kg加水10L的比例组成，另准备好一定数量的煤油(每10L水配0.5L)。清洗剂不能用烧碱(俗称火碱，即NaOH，腐蚀性很强)。

清洗方法是：先将煤油加入冷却系，不要与碱水混合在一起，否则起不到清洗油垢的作用。然后将配好的清洗剂加入冷却系，停放8～10h后，发动发动机5～10min，放出清洗剂，加入清洁水，发动发动机数分钟后放出。如冷却系内还不干净，再加清水清洗并发动发动机后放出。一定要把碱水清洗干净，如有碱水成分留在冷却系内会造成腐蚀。

5. 电气设备的清洁

为保证电气设备正常工作，应经常保持电动机、发电机、起动电动机、蓄电池、调节器以及电气操作和电气控制部分等电气设备的清洁，定期清除整流子和碳刷上的碳粉，并按规定擦拭整流子，保持各电气触点的清洁，对机械的安全正常工作是十分重要的。

6. 对例行维护中机械外部的清洁、擦拭要给予特别强调

这项工作不仅体现了操作人员责任心和卫生习惯，而且能通过机械外部的清洁、擦拭及时观察、发现螺纹连接的松动、脱落，机件的裂纹、变形，局部磨蹭、渗漏，皮带松弛、断裂等。反之，机械外部的脏污往往会掩盖这些隐患而造成重大机械事故。

二、紧固

机械上有很多用螺丝固定的部位，由于机械工作时不断振动和交变负荷等影响，有些螺栓可能松动，必须及时检查，予以紧固。如不及时紧固不仅可能发生漏油、漏汽、漏水、漏电等现象，有些关键部位的螺栓松动，还可能改变该部位设计的受力分布情况，轻者造成零件变形，重者造成断裂。螺栓松动还可能导致操纵失灵，零件或总成移动或掉落，甚至造成机械事故损坏。如有的单位就曾发生过行驶中掉落轮胎，传动轴等事故。

在内燃机为动力的机械上，有些关键部位的螺栓必须经常检查，定期紧固。如发动机机座固定螺栓、风扇固定螺栓和各连接件的螺栓、传动轴连接螺栓、轮胎钢圈固定螺栓等，以及其他需紧固的各部位都应按规定进行检查和紧固。

有些用铆钉连接的部位，也应定期进行检查，发现松动及时处理。

三、调整

机械上有很多零件的相对关系和工作参数需要及时进行检查调整，才能保证机械正常工作。如不及时调整，轻者造成工作不经济，重者导致机械工作不安全，甚至发生事故。调整的内容和部位有以下方面。

(1)间隙方面。如各齿轮间隙、气门间隙、制动带间隙等。

(2)行程方面。如离合器踏板、制动踏板行程等。离合器的工作是通过分离、滑磨、结合三种工况完成的，要求分离彻底、结合牢靠。这一方面要靠正确的组装来实现，另一方面要通过对离合器及其操纵装置的正确调整来实现。离合器在工作中，行程不断发生变化，影响离合器正常工作，就必须及时检查调整。

(3)角度方面。如柴油机的提前供油角度，随着使用时间的增长而自然减小(原调整位置没变)，各种发动机减小的幅度不等，如使用400h后，有的减小$5^\circ \sim 6^\circ$曲轴转角，有的甚至减小$12^\circ \sim 14^\circ$。提前供油角减小，喷油推迟，使燃烧不及时，形成后燃。其征状是发动机负荷较大时连续排黑烟，严重时甚至排火，行驶无力，水温容易升高，其后果是发动机功率下降，燃料消耗量增加，发动机容易过热。因此在三级维护时应对柴油机的提前供油角进行检查调整。

(4)压力方面。如燃料喷油压力、机油压力、空压机压力、液压装置工作压力、蒸汽压力等。

另外流量方面如供油量等，松紧方面如风扇皮带、履带松紧等，轮胎换位，还有电压、电流、发动机怠速等很多内容，都需要及时检查调整。

四、润滑

机械上凡活动的部位，包括转动的和往复运动的零件，绝大部分需要保持良好的润滑，才

能保证机械正常工作。机械在使用过程中,技术状况变化的主要原因是磨损,而润滑是减轻磨损最有效的措施。

1. 发动机的润滑

发动机上有很多相对运动的零件,大部分处于滑动摩擦,只有少部分采用滚动摩擦。润滑系要保证把一定数量、一定温度的清洁润滑油(俗称机油)不断地供给发动机的各摩擦表面,以保证发动机正常工作。其中最重要的是曲轴和轴承的润滑。发动机的轴和轴瓦,在机油泵通常供油情况下,由于轴和轴瓦的相对运动、机油的压力和黏附能力,使轴和轴瓦中间形成一定厚度的环状油层(如曲轴和轴瓦一般最小油层厚度为0.015 ~0.020mm)。从而保证轴和轴瓦处于湿滑状态下正常工作。机油泵供油量不足,机油黏度过低都会破坏润滑油层,使轴和轴瓦处于半干摩擦,因而加速了磨损。机油黏度过大时会使各轴旋转阻力增大,有时还会形成供油不足。机油中含有杂质或酸性物质,会引起磨料性的磨损或腐蚀性的磨损。因此,必须及时检查,加添或更换黏度适当、质量合格的润滑油。

2. 润滑对保持传动部分各齿轮的正常工作也是很重要的

传动效率主要损失在搅动润滑油、齿轮啮合及轴承摩擦上。润滑油量过少,会造成润滑不良,摩擦部分消耗功率大,致使传动效率下降,同时加速齿轮磨损。油量过多,也会使搅动润滑油时消耗的功率增加,同样使传动效率降低。因此,油量必须适当。润滑油黏度小,不易形成油膜,会使磨损增大。黏度太大,会使润滑油不易飞溅,造成润滑不良,还会使搅动润滑油损失的功率增大,传动效率降低。因此润滑油黏度也必须适当。润滑油含尘土或金属屑过多、氧化变质,也会增加齿轮的磨损和腐蚀。因此,必须及时检查、加添和更换。

3. 其他零部件润滑

各部滚动轴承工作时也需要良好的润滑,还有一些拉杆、滑轮、销子等活动部位以及钢丝绳等都需要润滑,维护中也必须按规定进行检查、补充和更换润滑油脂。

4. 润滑的重要性

工程机械作业环境恶劣,润滑条件差、润滑点多,检查、加添和更换润滑油脂的时间也不相同,因此,润滑是维护作业中一项重要、繁重和细致的工作。有些国家甚至把机械的润滑划为维护以外的一项单独的作业,可见润滑的重要性。

五、防腐

防腐主要是指防止机械上的金属零件和橡胶制品的锈蚀、老化等。机械在使用中,不可避免地造成一些金属制品的保护层脱落,为此必须进行补漆或涂上油脂等防腐涂料。对一些非金属制品也应采取必要的防腐措施,如洗净橡胶制品上的油污等,加以保护。

1. 防金属零件锈蚀

机械的零、部件和总成,长期与空气接触,表面失去光泽,出现斑点或粉状氧化物,这种现象叫锈蚀(生锈)。生锈的零件断面缩小,其强度、尤其是疲劳强度降低,缩短了使用寿命,甚至完全失效。金属零件产生锈蚀的原因是空气中的CO_2、SO_2、O_2等气体或酸、碱、盐的水溶液作用于金属零件的结果。防止金属零件生锈的最常用办法是涂油、喷漆,使油或漆在金属表面形成一层保护膜。

2. 防橡胶制品老化变质

轮胎、液压油管、风扇皮带、防尘套等橡胶制品,在空气中氧气的作用下产生过氧化合物,使橡胶制品性能减退,即产生老化。另外,加速橡胶制品老化的因素还有高温和阳光。一般气温每升高 7 ~ 15℃，老化速度将增快 1.5 倍。防止橡胶老化变质的方法是：尽量避免阳光照射、高温和沾上油污，防止和腐蚀性气体接触以及解除停驶轮胎的负荷等。

第三节　技术维护的分类、制度及组织实施

机械维护制度的内容包括：维护分类，作业范围和项目，技术要求和质量要求，间隔期，停机日以及工时、消耗材料、费用定额等。

一、机械技术维护分类及主要作业

1. 机械技术维护的分类

一般机械的维护分为例行维护，定期维护和特殊维护三类。

例行维护指在机械开工前，班内工作暂停时间以及一班工作结束后进行的检查维护。

定期维护是根据机械的使用保养说明书的规定和实际工作情况制订相应的维护周期，并按其构造的复杂程度和特性来划分维护等级和内容的技术维护。

特殊维护包括走合维护、换季维护、特殊气候条件下的维护、转移前维护、停用和封存维护等六类。

2. 例行维护

例行维护指在机械开工前，班内工作暂停时期以及一般工作结束后进行的检查维护。例行维护是在机械出车前，工作中及收车后由机械操作人员按规定进行的维护工作。例行维护是维持机械正常运转最重要的技术措施。实践证明：不重视例行维护，将使机械技术状况得不到保障或使用寿命大大缩短，从而使许多计划指标和生产任务落空。

例行维护的中心内容是检查，主要检查要害部位和易损部位。如机械和部件的完整情况，油、水数量，操纵和安全装置（如转向、制动等）的完好和工作情况，关键部位的紧固情况，以及有无漏油、水、气、电等情况，必要时加添燃料、润滑油脂和冷却水，以确保机械的正常运行和安全生产。例行维护由操作人员按规定进行。

每种机械的使用说明中对每班例行维护都有详细规定和要求。一般性的例行维护的主要作业内容如下。

1）起动前的检查

（1）发动机燃油、润滑油和冷却水是否在规定范围内，必要时进行添加（软水）；

（2）油管、水管、气管、导线和各连接件是否连接固定牢靠；

（3）风扇皮带的松紧度是否在规定的范围内：皮带的中部用手指以 30 ~ 50N 的力下压，垂度为 10 ~ 20mm 为正常；

（4）蓄电池及其桩柱、导线是否固定牢靠，电解液液面是否在规定高度；

（5）各操纵杆应扳动灵活，连接可靠，并注意置于规定位置或空挡；

（6）液压油和各传动件的润滑油是否足够，各管路附件是否连接良好及密封可靠，是否有漏油现象；

（7）检查各部件的连接螺钉、钢丝绳缠绕和固定牢固情况，特别是汽缸盖、排气管、前后桥、传动轴和行驶装置等固定连接部位不能有松动现象；

（8）检查工作装置的固定连接情况和润滑情况；特别要注意检查制动，转向系统和安全装置；

(9)检查工作装置的操纵系统如绞盘、油泵、油缸、电动机、操纵阀等的固定连接情况和密封情况；

(10)检查轮胎气压是否符合要求，检查随机工具、备品、附件是否齐全。

2)起动后和作业中的检查

(1)各仪表的指示是否在规定范围内；

(2)发动机在各种转速下是否运转平稳，排烟正常、动力充足，无敲击、振动、摩擦等异常响声，无焦臭味、无渗漏；

(3)转向系、制动系、工作装置及操纵系统是否操纵灵活，工作可靠；

(4)各传动部件连接固定是否可靠，无异常响声、无渗漏、无发热(烫手)现象，有无过热、裂纹及其损坏现象；

(5)照明灯、喇叭等电气设备是否工作良好。

3)作业后的检查和维护

(1)排除故障，妥善停放，并将各操纵杆放在安全位置；

(2)清除机械外部泥土、油水和污物，在灰尘多的地区作业时，应清洁空气滤清器；

(3)按起动前、起动后和作业中的有关检查内容进行仔细检查，根据需要加添燃油、润滑油、液压油，并按照润滑表实施润滑；

(4)清洁蓄电池，电量不足应充电，严寒季节应将蓄电池放在保暖处；

(5)检查整理随机工具，各种附件，关好门窗，必要时盖好绞盘和排气管；

(6)冬季气温在5℃以下时，应将冷却水放尽。

3. 定期维护制度和定期维护

在用的机械使用到规定的台班、工作小时或里程后所要求进行的维护，称为定期维护。定期维护按间隔时间长短、工作内容和要求不同，可分为一级维护、二级维护、三级维护等各级维护。

一年中机械施工任务均衡、连续时，也可采用周保、月保、季保、半年保、年保等五级维护制(周保间隔时间约50工作小时，月保200工作小时，季保500工作小时，半年保1 200工作小时，一年维护2 400工作小时)。采用周、月、季、半年、一年的维护制，更接近机件的磨损规律，但对维护工作要求较多，维护的组织也较困难一些。

我国根据工程机械使用单位开展维护工作的实际条件与可能出发规定：对大中型机械一般应采用三级维护制。即一级维护(国产机械间隔200工作小时，进口机械间隔250工作小时)，二级维护(国产机械间隔600工作小时，进口机械间隔1 000工作小时)和三级维护(国产机械间隔1 800工作小时，进口机械间隔2 000工作小时)；至于一些小型机械，如小型水泥混凝土搅拌机、振动器、夯实机、钢盘弯曲机和校直机等，可采用二级维护制(一级维护间隔600工作小时，二级维护间隔1 200工作小时)；对关键、技术密集、稀有的进口设备，参照厂家维护手册要求进行维护。

1)一级维护

主要在于维护机械完好技术状况，确保两次一级维护间隔期中的正常运行。

一级维护时普遍进行清洁、紧固和润滑作业并部分地进行调整作业，但以清洁、紧固、润滑为中心，突出解决“三滤”清洁。主要内容是：检查紧固各部螺钉，按规定检查和加添润滑油脂，清洗各滤清器。一级维护主要作用是维护机械完好状况，确保两次一级维护间隔期中机械能正常运行。一级维护由操作人员按规定时间、作业项目进行。

2）二级维护

主要在于保持机械各个总成、机构、零件具有良好的工作性能，确保两次二级维护间隔期的正常运行。

二级维护以检查调整为中心，除进行一级维护的全部内容外，还要从外部检查发动机、燃料系、润滑系、离合器、变速器、传动轴、驱动桥、主减速器、转向和制动机构、液压和工作装置、电动机、发电机等工作情况，必要时进行调整，并排除所发现的故障。

二级维护一般要求由专职的维修人员负责进行，但操作人员须随机参加维护。

3）三级维护

主要在机械经过较长时间的运行后，除进行必要的维护外，重点进行较彻底的检查，发现和消除隐患，平衡各部件的磨损程度，确保机械在两次三级维护间隔期的正常运行。

三级维护以解体检查、消除隐患为中心。除进行二级维护的全部作业内容外，还应对主要部位进行解体检查，发现隐患及时消除，但是，三级维护的解体与大、中修的解体不同，三级维护时只打开有关总成的箱盖，检查内部零件的紧固、间隙和磨损等情况，以发现和消除隐患为目的，按维护范围的作业内容进行，不像大修或中修那样对零件全面鉴定、拆换和修理。

三级维护除要进行二级维护的全部作业内容，三级维护要求进厂由专职的维修人员负责进行。机械的操作人员也必须随机进厂配合维护，提供有关情况，了解和掌握机械的技术状况及其变化规律，正确使用机械。

一般工程机械技术维护规程规定的操作项目，内容及顺序大致相同，而且高号维护总是包括低号维护作业项目的全部内容。当然，由于工程机械构造上的特点，在个别项目及内容中是有差别的。各种工程机械各级技术维护的详细内容可参考有关的技术维护规程或机械出厂使用说明书。

对机械定期分级维护应做到：

按时——按照规定时间进行维护，一般延后或提前的时间不应超过维护周期的10%；

按级——按规定运转小时（或运行公里）间隔进行分级维护，不应跨越维护级别；

按项——各级维护必须按规定的项目逐条进行，维护结束前应认真检查，以防遗漏；

按质——必须按规定的维护要求与程序进行维护，保证维护质量，杜绝维护事故。

此外，对每台机械应进行日常维护（例行维护）。做好例行维护和一级维护是使机械经常处于完好状态的重要保证，必须严格要求，认真做好。

机械的各级维护计划，应以维护间隔周期为主要依据编制，计划一经批准下达，使用单位和维护单位必须按计划执行，不得漏维。

4. 特殊维护

特殊维护包括换季维护、走合期维护、停放和封存维护和转移前维护等，是在特定情况下进行的维护。

1）换季维护

换季维护指冬季最低气温在摄氏零度以下的地区，进入夏季或冬季前对机械进行的特殊维护，主要内容包括检查节温器、更换燃料、润滑油料、调整蓄电池电解液比重、采取降温或防寒措施、清洗冷却系等。

检查节温器时，将节温阀从节温器中取出，放在可调温的水中，观察其是否能在规定的水温下启闭主阀和侧阀（启闭主阀和侧阀的水温对柴油机和汽油机有所不同，可参考发动机使用维护说明书）。

调节蓄电池电解液比重时，先用比重计检查电解液比重，再视具体情况添加蒸馏水或酸液。夏季电解液的比重为1.23，冬季为1.28。

2）走合期维护

新机械或经过大修的机械需进行走合（磨合）后，才能投入正常使用，走合期一般为100h左右。走合前和走合结束后都要进行维护，走合前的维护包括外部检查（特别是操纵系统的检查）、清洁、选用优质润滑油对润滑点的润滑和充油、充水、充气等。走合期结束时，又要进行一次全面维护，内容包括解除最大供油限制，更换润滑油和润滑油滤芯、清洗润滑系，并对外部各连接和紧固部位进行一次全面检查与紧固。

3）停放及封存维护

对季节性停用和封存等较长期或长期不动用的机械进行的技术维护称为停放及封存维护。重点是清洁、防腐，每月最少一次，内燃机应定期发动，在特别潮湿的情况下，每半月发动一次。停放维护由操作或保管人员进行，库存机械由机务部门指定维护人员进行维护。对停用和封存机械进行有效的维护，是防止机械产生不正常有形和无形损耗、延长机械使用寿命的重要措施。其要求较具体，可归纳为10个要点。

（1）季节性停用和封存的机械，尽可能停放在专门的库房或露天的场地，不与在用机械混在一处，以防零件部件丢失等。库房或场地应保证安全、通风、易于排水和尽可能干燥，一般机械应尽可能入库存放。只能露天存放的要求场地平整干燥，地面坚实。对不具备防雨、防潮、防晒的条件，要保证上有盖，下有垫。露天存放的机械要求停放整齐，并留有足够的通道，以便出入方便。

（2）应就近设置随机工具、附属装置的存放库房。对存放的附属装置及工具，应仔细清洁，涂油包好，并写上主机编号。存放这些附属装置、工具时尽可能就近放置。避免主机入库、附件散置各处，用时不便或日久丢失、拿错。

（3）凡新机或大修出厂后未经磨合的机械封存时，应在封存前完成磨合程序进行走合维护，以便使机械处于磨合后的正常待用的状态。防止因停放日久，致使启用时发生磨合遗漏的情况。如果由于客观条件所限达不到上述要求，则应以明显标志标明。

（4）机械设备在入库时要对机内外进行彻底清洗，放净发动机的冷却水及燃油，工作油液应按制造厂规定添加或放净。机械的各调整孔、加油孔、加水孔和进排气孔等应用帽、塞或其他方法严加密封、以防尘土或杂物侵入。发电机、调节器等各种电气元件以及无驾驶室机械上裸露的仪表均应用防水纸、塑料薄膜、密封胶等包封。凡外露的具有精密加工的高光洁度金属表面，例如液压油缸的活塞杆等，均应涂抹防锈油脂，并以防潮纸塑料薄膜覆盖，然后捆扎牢固。精密零件和换装零件等均应在涂防腐剂后放到包装箱内。推荐选用的防腐剂材料见表4-1。

推荐选用的防腐材料 表4-1

适用场合	材　料
外表面用	3号浓缩型防锈油，907冷涂脂，BM—16防锈油663防锈油，201防锈油，903防锈油
内表面用	薄层防锈油，201防锈油，3号浓缩型防锈油，901、902、661防锈油

（5）润滑发动机汽缸，向每个汽缸内注入适量经过加热处理（>150℃）的脱水机油；汽油发动机为30～150g，在不供油的情况下，使曲轴转动5～10转，以使汽缸均匀润滑。

（6）为防止橡胶管件受日光照射的影响，应用黑色的中性蜡纸包装。在轮胎表面上涂一层白粉，可以有效地防止橡胶老化现象，如预计放置时间很长，应在内胎表面涂滑石粉以防止粘连，轮胎装复后重新充气使轮胎保持正确几何形状。每三个月将轮胎转移一个部位，防止轮胎的着地点在一个位置静置过久产生变形或压裂。

(7)蓄电池应断路,电解液的比重和液面高度应符合制造厂的规定。当机械存放期限超过2个月时,应将蓄电池拆下,送入专用仓库保存。若预计存放时间不超过6个月,可采用湿式保管法,即每月检查一次液面,并进行例行充电,每3~4个月进行一次全充全放。若预计存放时间超过6个月,最好采用干式保管法。即先将蓄电池按通常充电操作规程充足电,然后用10h放电率放电,直至单个电池的电压降至1.75V为止。倾出电解液,灌入蒸馏水,过3h后再倾再灌,重复数次,一直到灌进去的蒸馏水浸不出酸为止。倒干蒸馏水,旋紧加液孔塞,封闭通气孔,即可入库长期保存。

(8)一切机械的工作装置均不得悬空放置,如铲斗、刀片、装载斗等均应以方木垫起,履带下部也要以木方、水泥预制块、碎石或石渣等垫起,避免与泥土地面直接接触,造成锈蚀。各操作手柄、踏板置于使机械不能自行运转的位置。机械的驾驶室、机房等均应门窗紧闭上锁,掉漆部分应补漆,合页、门锁、玻璃升降器等活动部位应用机油润滑。入库后机械要稳妥垫放,以防机身扭曲和变形。有轮胎的机械应用支架把轮胎架空,使车轮和支承面的间隙不小于8cm。若在冬季或旱季入库,地面由于冻结或过度干燥显得比较坚硬,这种情况下要注意日后地面变软后的实际承重能力的变化,必须确保不使机械发生下沉、歪斜等现象。

(9)对保管中的机械应定期进行维护。潮湿情况下每半月一次;干燥情况下每月一次。其内容为:

①清除机件上的尘土和水分;

②检查零件、机身有无锈蚀现象,油料是否变质,干燥剂是否失效,必要时进行烘干;

③检查有无漏水、漏油现象;

④对短期保管的机械进行原地发动和行驶,并使工作装置运行,以清除相对运动零部件配合表面的锈蚀,重新进行润滑和改变受压位置;

⑤对各电气设备进行通电检查;

⑥电动机械根据情况进行通电,使全机或电气部分工作。

进行以上维护,应选择干燥无尘条件下进行,并打开机械库和机械的门窗进行通风。

对长期存放的机械,每半年起动一次发动机。如不能起动时,也应移动回转,使其内部润滑,防止生锈。

(10)库房或露天停机场地要有足够的消防器材。不准存放燃料、润滑油料等易燃品,另外,露天场地四周一定范围内不准有杂草,以防止发生火灾。

对机械设备说明书上有特殊保管要求的应按说明书要求办理。

对季节性停用和封存机械,应有专人负责,制订必要的保安及出入库制度,防止丢失。如季节性停用和封存的机械数量较大,可以考虑组建专门的长期停用机械维护班组,负责维护工作,以确保用时随时能启用。

4)转移前维护

流动性比较大的施工单位,在一项工程使用完设备后,机械虽未到规定的维护周期,但为使机械能实现从一个施工点到另一施工点的顺利调运并迅速投入新的施工生产而进行的维护,称为转移前维护。维护作业项目除按二级或三级维护进行检查、紧固、调整等工作外,并可根据需要增加防腐、喷漆等项目。

二、工程机械维护的实施

机械维护必须贯彻"维修并重、预防为主"的原则,做到"定期维护,强制进行",保障机械经常处于良好的技术状况。

1. 维护计划的制订和实施

机械维护计划分为年度计划、季度计划和月份计划三种。

制订年度维护计划的主要目的在于计算各级维护次数，按季平衡高级维护项目和维护次数，协调施工生产计划，安排维修力量，制订年度配件和材料计划。

制订季度维护计划的主要目的在于准确地计算各级维护项目和一般维护次数，进一步协调施工生产计划，调整维修力量，准备好配件和材料，并检查和督促高级维护的进行。

制订月份维护计划的主要目的在于确定各级维护进行的日期和停机日，以便调整机械施工生产计划，落实配件材料供应，落实维修人员，保证施工计划的完成。月份机械维护计划是贯彻定期维护制度和完成施工生产任务的关键，应尽可能提高计划的准确性。由于维护中可能发生附加小修作业，在安排工时和停机日时应留有余地，以免计划落空造成工作的被动。

各级维护次数的计算方法可分机型、维护种类按下列公式分别计算：

$$\text{机型某级维护年台次} = \frac{\text{该机型年工作总台日(或公里)}}{\text{某级维护间隔期定额}} - \text{高于本级维护台次之和} - \text{大中修次数。}$$

在维护工作和施工生产发生矛盾时，应积极进行平衡。既要坚持定期维护的原则，又要千方百计满足施工生产的需要。必要时可以采取缩短停保时间或在允许的范围内延期进行等办法处理。

制订维护计划的依据有：各种机械的年度、季度（或阶段）、月份施工任务工程量或台班数；每台机械上次大（中）修后累计工作小时数（或公里数）；各种机械的维护间隔期；机械的技术状况和维护情况；保修力量；配件储备和供应情况。

维护计划和施工生产计划发生矛盾时，应本着既要坚持定期维护制度，又要满足施工生产需要的原则处理。延期进行维护时，延长时间不得超过规定间隔期的10%。机械的技术状况不能延期维护时，可利用机械的空闲时间分段进行维护，即将规定的维护项目分几次进行，既完成了规定维护内容，又可不停机。

维护力量应按比例配备。各种运输、土方、起重机械及其他大型机械、平均每台配备维修人员1~1.2人，其他各种机械平均每台配备维修人员0.2~0.3人。上述人员中的60%为维护小修人员（包括辅助工种）。

机械技术维护按照不同的组织形式分为就车维护法和总成分工维护法。就车维护法一般以施工现场为工作地点，根据维护等级和需维护部位，按拆卸、清洗检查、装配三个基本工序进行。每个拆卸维护项目都要重复这种工序，因而，作业时间较长、功效较低，但需要维护人员少，占用的维修工具也比较简单，适用于分散使用机械的单位。特别是要求工期较紧的建设工程，派驻在现场的维修小组，主要应采用这种维护方法。事先配备好专用工具及一些快速维护工具、材料及配件齐全也能改善功效低的状况。

将所维护的机械分为若干总成进行维护的方法称为总成分工维护法。如将机械分为发动机总成、离合器总成、变速器总成、后桥总成、液压系统、电气系统等，维护人员按专业分组，同时进行。这种方法应以车间作业为主，并具有相应的维护条件，如专业维修人员、维修设备及工具等。

一般情况下机械维护可采用就机维护综合作业的方式，规模较大的单位可采用定位维护专业分工的方式。有条件的单位还可采用总成互换的维护方法。采用专业分工的方式时，可实行定部位、定人员、定机具、定进度、定质量的五定为内容的责任制度。采用综合作业方式时,也应根据情况实行必要的责任制度。

维护工作完成后,应进行检验。并将维护的主要技术资料、维护类别,起止时间、维修单位、主保人、维修主要内容和质量检验情况登记在履历书和维护登记簿内。操作人员应随机参加维护,配合维护工搞好维护工作。一般情况下,操作工应完成一级维护的项目。

机械维护必须坚持"预防为主,质量第一"的原则。严格按照规定的维护范围,作业内容,指定的附加小修项目和技术要事进行维护,确保维护质量。不得漏项、失修,也不得随意扩大拆卸零件范围。

2. 机械维护质量的检验

必须建立专职检验和群众检验相结合的体制,坚持自检、互检和专职检验相结合的检验制度。专职检验机构或人员负责维护、修理质量的检验工作。独立的维护机构(如维护车间)应设专职的检验人员负责维护质量检验工作。必须凡由操作人员进行的维护(如例行维护、一级维护)应由承修人自检,班组长复检,专职人员抽检。凡由专业维护机构进行的维护(如二级维护,三级维护)应实行承修人自检、互检、班组长复检,专职人员逐台检验和操作人员验收的制度。

贯彻维护前检查、过程检验和维护后验收的三检制度。二级维护以下的进行维护前检查和维护后验收应进行原地检查和原地发动检查,必要时进行短途行驶检查。二级维护应进行原地检查、原地发动检查和短途行驶检查,必要时进行空负荷工作检查,一般情况下不得进行解体检查。通过维护后和进行维护前对维护项目的对比检查,结合工程检验可以较准确地判断维护质量。

应逐步实现检验仪表化,采用先进的检测诊断技术,使质量检验工作建立在科学的基础上,达到准确、可靠。

第四节　工程机械典型维护技术

施工单位的施工机械种类繁多,结构性能差别很大,其维护项目和技术要求往往大不相同。为帮助理解和掌握维护工作主要技能,本节重点介绍工程机械典型维护技术。

一、发动机配气机构的检查调整

1. 气门间隙的检查与调整

气门间隙是指当气门处于完全关闭状态时,气门杆尾端与摇臂头之间的间隙。柴油机工作时,配气机构零件(特别是排气门)受热而伸长,如果传动件之间没有间隙或间隙过小,受热后气门被传动件顶住,使气门与气门座不能紧密配合,这样便会造成气门漏气,使燃烧过程变坏,功率下降,排气管出现冒烟冒火现象,造成气门烧损。反之,如果气门间隙过大,传动件之间会产生互相冲击,摇臂像小锤一样频繁地敲击气门杆顶端,造成气门弹簧振动,甚至断裂,并使各接触面磨损加剧,使气门开启高度和开启延续时间缩短,降低了进排气过程的质量。合理的间隙应该是在保证气门关严的情况下尽可能小些。

由于排气门的工作温度较高,通常要比进气门间隙大。气门间隙在冷车和热车时也是不一样的。冷机气门间隙是指发动机未工作或未走热时的气门间隙。柴油发动机冷机气门间隙一般为:进气门间隙 0.25 ~ 0.30mm,排气门间隙 0.30 ~ 0.35mm。汽油发动机的气门间隙略小一些。热机气门间隙是指发动机已达到正常工作温度后停车检查的气门间隙。一般热机气门间隙要比冷机气门间隙小0.05mm左右。气门间隙用厚薄规检查,间隙不符合要求时应进行调整。

调整气门间隙时,松开摇臂上调整螺钉的锁母,将厚薄规中与所调气门间隙相同厚度的厚薄规片插入摇臂压头与气门脚之间,用螺丝刀旋转调整螺钉,并来回拉动厚薄规,当感到拉动厚薄规略有阻力时,将调整螺钉锁紧即可,如图4-3所示。

图4-3 气门间隙的调整

气门间隙必须在气门完全关闭状态才允许调整。查找关闭状态的气门并予以调整的方法可采用逐缸检查调整和两次检查调整两种方法。

1)逐缸检查调整法

对于四行程的发动机,当某缸活塞处于压缩上止点附近时,其进、排气门都处于完全关闭状态,即进、排气门均可以调整。所以根据发动机汽缸的工作顺序,依次找到各缸的压缩上止点,并将其气门间隙调整到规定的要求,这种方法叫气门间隙的逐缸检查调整法。

查找压缩上止点时,转动曲轴,使飞轮外圆柱面上的刻度"0"对准壳体上的记号,此时表示第一、六缸(六缸发动机)或第一、四缸(四缸发动机)活塞处于上止点。但究竟是第一缸还是第六缸(或第四缸)处于压缩上止点,则须进一步判断;转动飞轮,如果第一缸的进、排气门摇臂不动,而第六缸(或第四缸)的进、排气门摇臂都动,则表明第一缸活塞处于压缩上止点,该缸的进、排气门均关闭,所以气门摇臂不动;第六缸(或第四缸)处于排气上止点,排气未结束,进气门已开启,进、排气门叠开,所以进、排气门摇臂都动。相反则为第六缸(或第四缸)处于压缩上止点。如果确认找到的是某缸压缩上止点,即对其进、排气门进行检查调整。然后将曲轴顺发动机转向转动120°(四缸发动机转180°),即可对按工作顺序排列的下一缸的进、排气门进行检查调整。依次类推,直至将所有的气门检查调整完毕。

逐缸调整方法简单,但曲轴的转动次数多,工作效率低。

2)两次检查调整法

曲轴只需转动两次就可将全部气门检查调整完毕。这种方法叫两次检查调整法。

采用两次检查调整法时,确定每次可调气门的具体方法很多,下面介绍按工作循环表确定每次可调气门。

根据发动机的作功顺序及各缸作功间隔相对应的曲轴转角，制成如表 4-2 所示的表格，从而准确地确定每次可以调整的气门。表 4-2 为四缸发动机 1-3-4-2 的工作顺序表，相邻两缸作功的间隔角为 180°。

四缸发动机的工作循环表

表 4-2

第一缸	第二缸	第三缸	第四缸	第一缸	第二缸	第三缸	第四缸
作功	排气	压缩	进气	进气	压缩	排气	作功
排气	进气	作功	压缩	压缩	作功	进气	排气

从表 4-2 中可以看出，当第一缸处于压缩上止点（曲轴转角为 0°）时：

第一缸的进排气门处于关闭状态，均可调整；第二缸排气门开启，只能检查调整进气门；第三缸压缩行程开始，进气门还未完全关闭，所以只能检查调整排气门；第四缸进气行程开始，排气还未结束，即进排气门叠开，故都不能调整。

将曲轴转动一周，使第四缸处于压缩上止点（曲轴转角为 360°）时：第一缸排气行程即将结束，进气行程开始，进排气门叠开，都不能调整；第二缸进气行程即将结束，进气门还未完全关闭，只能调整排气门；第三缸作功行程即将结束，排气门提前开启，只能调整进气门；第四缸处于压缩上止点，进排气门均处于关闭状态，故都可调整。

综上所述，第一缸处于压缩上止点时，除可以检查调整该缸的进排气门外，还可调整第二缸的进气门和第三缸的排气门；曲轴转动一周，第四缸到达压缩上止点，除可调整第四缸的进排气门外，还可调第二缸的排气门和第三缸的进气门。即曲轴转动两次可将全部气门检查调整完毕。

2. 配气相位的检查与调整

柴油机实际工作过程中，进排气门开启与关闭，并不是在活塞位于上止点或下止点位置时开始的，而要提前开启和延迟关闭（通常所说的早开晚闭）并要求有一定的适宜时间，以使换气过程更加完善。通常用曲轴转角来表示进排气门开闭时刻，称为配气相位。各种发动机根据它的结构特点和工作性能不同，配气相位也不相同。气门开闭提前或推迟所延续的曲轴转角大小都是通过试验和根据生产实践经验确定的，每种型号发动机都有不同要求，在使用过程中应严格按照使用说明书的要求进行调整，不得任意变动。

配气偏早或偏晚都会引起进气不充分，排气不彻底，从而减小充气效率，降低发动机的功率和扭矩，增加燃油消耗，加重环境污染。因此，在发动机的维护、修理中，对配气相位的检查与调整日益引起人们的重视，并已成为发动机维修的主要内容之一。

引起配气相位变化的原因是多方面的。对于长期使用的发动机，正时齿轮、凸轮轴及凸轮等零件的磨损、变形，无疑会造成配气相位的变化。对于新的或大修后的发动机，由于零件的制造、修理误差过大、装配不当等原因，同样会造成配气相位改变。因此，维修发动机时不论是采用旧件还是更换新件，都应检查配气相位，不符合要求时须进行调整。

1）活塞上止点的检查与校准

一般发动机在出厂时，在飞轮上或曲轴前端皮带轮上打有准确的上止点记号。但在使用和维修过程中，可能使飞轮定位螺栓及定位孔磨损而使上止点记号失准。尤其是与上述记号相对应的指针可能位置错动。所以在检查调整配气相位时，应先对上止点位置进行认真的检查与校准。

检查上止点位置时，将汽缸盖拆掉，用磁性表座将百分表固定，并使百分表的测量触头顶在第一缸活塞顶上。转动曲轴，观察百分表指针摆动情况。反复几次，准确地找到活塞刚刚到达最高点的位置，然后观察飞轮上的上止点记号是否准确。如果有误差，可用点铳重新打一准确的上止点记号。130 系列发动机曲轴前端皮带轮处设有专供检查配气相位和喷油正时的分度盘。分度盘上的上止点刻线与正时齿轮室盖上的记号有误差时，可在正时齿轮室盖与分度盘上止点刻线对正的地方重打记号。

2）配气相位的检查

配气相位的检查有静态检查和动态检查两种。无论哪一种方法，其原理是相同的。

动态检查需要用专用仪器检测，工程机械的发动机一般采用静态检验法测量其配气相位，即用百分表检验各气门的开启、关闭时刻，在飞轮或曲轴前端皮带轮上测其相应的曲轴转角。

检查配气相位时，应将气门间隙调到比规定值小 0.05mm。转动曲轴，使第一缸活塞接近排气上止点（以第一缸进气门为例），且进气门仍处于关闭状态。把装有百分表的磁性表座牢固地吸附在汽缸盖上，并使百分表的测量触头垂直地顶在要测量的气门弹簧座上，如图 4-4 所示，转动表盘，使百分表的大指针对“0”。缓慢顺转曲轴，仔细观察百分表状态。当百分表指针开始摆动时，微量转动曲轴，使百分表的大指针逆时针转动 5 格（0.05mm）时停止转动曲轴。因为检查配气相位时气门间隙比标准值小 0.05mm，所以百分表大指针逆时针转到 0.05mm 处，是正常工作时气门的开启时刻。此时观察飞轮刻度或分度盘刻度，即可得知该气门的提前开启相对应的曲轴转角。135 系列发动机，进气门提前开启角为（上止点前）20° ±6°，滞后关闭角为（下止点后）48° ±6°；排气门提前开启角为（下止点前）48° ±6°，滞后关闭角（上止点后）为 20° ±6°。

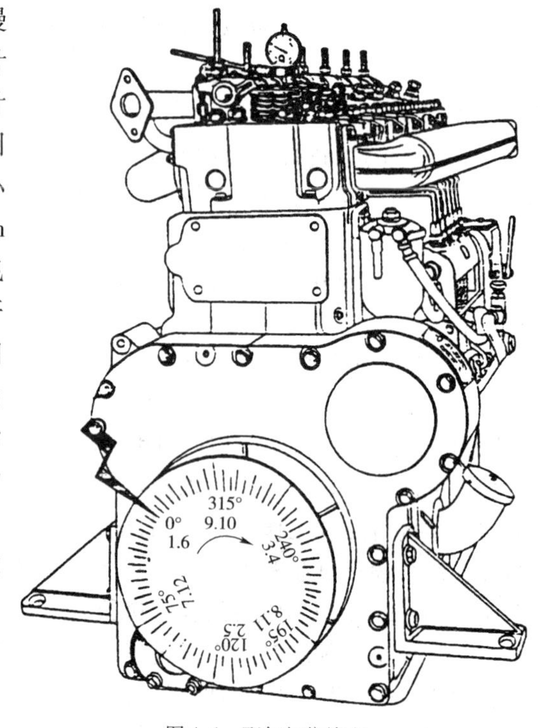

图 4-4　配气相位检查

为了减少检测误差，应反复测量几次。测量误差应不大于 0.5°。

检验气门关闭时刻时，继续顺工作转向转动曲轴（原百分表固定不动）。当气门接近关闭时，微量转动曲轴，使百分表压缩到距离“0”刻度 0.05mm 时，停止转动曲轴，并观察飞轮刻度或分度盘刻度，即可得知气门滞后关闭角。

配气相位一般只检查第一缸进、排气门即可，其他各缸配气间隔由凸轮轴予以保证。如果怀疑配气间隔不准确时，可用同样的方法检查。

如果有些发动机飞轮上只有上止点刻线（前端也没有分度盘），没有点火提前角和气门启闭角度刻线时，可用“数齿法”或“弧长法”计算出气门的提前开启角和滞后关闭角。

3）配气相位的调整

经检查，配气相位与原厂规定值不符时应进行调整。常用调整方法有 3 种。

（1）正时齿轮轴向位移法。如果轴向移动斜齿正时齿轮时，凸轮轴必将转动一个相应的角度（直齿轮则无此功能），从而改变了配气相位。正时齿轮靠凸轮轴上的轴肩限位。在正时齿轮与轴肩处增加一垫片时，正时齿轮前移；将正时齿轮轮毂端面车去一个量时，正时齿轮后移，从而改变了配气相位，垫片的厚度和车削量可通过计算得到。

(2)偏位键法。将正时齿轮与凸轮轴的连接键做成阶梯形,使正时齿轮与凸轮轴的配合位置相对变动一个角度,从而使配气相位得到修正。这种方法叫偏位键法,如图 4-5 所示。

偏位键的偏移量 S 可按式(4-2)计算。

$$s=\frac{\pi d}{360}\varphi \tag{4-2}$$

式中:d——凸轮轴安装键处的直径,mm;

φ——凸轮轴所需调整的配气相位角度,°。

由图 4-5 可知,正时齿轮与凸轮轴的连接键有 3 种形式。正键不改变配气相位,顺键使配气相位变迟,逆键使配气相位变早。安装时应仔细分析,按需要选用。

如果配气相位误差很大时,根据凸轮轴转向及配气相位误差大小先调整正时齿轮的啮合位置。顺着凸轮轴转动方向错齿(曲轴正时齿轮不动),配气相位提前,反之则滞后。调整后检查配气相位,然后再用轴向位移法或偏位键法微量调整到规定值。

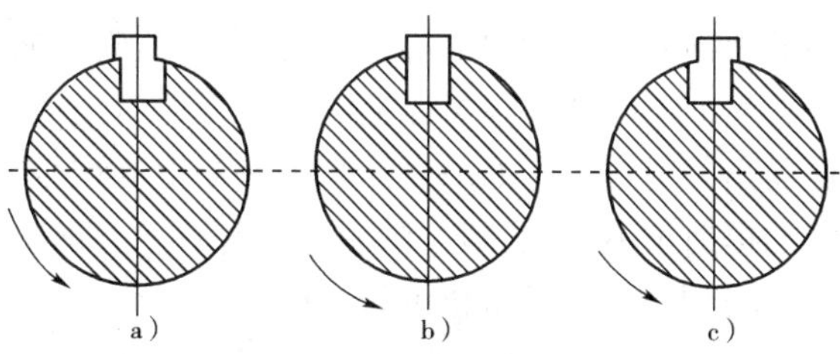

图 4-5 偏位键的安装方向

a)由早调迟;b)配气正时;c)由迟调早

(3)气门间隙补偿调整法。配气相位误差很小或个别缸气门开闭时刻少量超限时,在允许范围内通过调整气门间隙的办法,使配气相位得到补偿。气门间隙调小时气门提前开启,滞后关闭;相反则滞后开启,提前关闭。135 系列发动机气门间隙改变 0.02mm,配气相位变化 1°左右。为了补偿配气相位,气门间隙允许调大或调小 0.05mm(配气相位可改变 2°~3°)。

二、柴油机喷油正时的调整

1. 喷油泵的机上安装

喷油泵往柴油机上安装的核心问题是准确地找到供油时刻,并使供油时刻与发动机的工作循环要求协调一致。

1)寻找第一缸压缩上止点位置

寻找第一缸压缩上止点时,先将所有的气门间隙调整到规定的要求,然后旋转发动机曲轴,使飞轮上的上止点记号与飞轮壳上的记号对正。打开气门罩盖,观察气门启闭情况:第一缸进排气门均应关闭(均有气门间隙),否则应再将曲轴旋转 360°。

2)寻找第一缸分泵供油起始位置

沿工作转向旋转喷油泵凸轮轴,使喷油泵凸轮轴联轴器接盘上的记号与喷油泵壳体上的记号对正(图 4-6),即为第一缸分泵处于供油起始位置。对联轴器接盘上无记号的喷油泵,应打开喷油泵侧盖,旋转凸轮轴时观察各缸柱塞运动情况,当第一缸柱塞上行到旋转喷油泵凸轮轴阻力突然增大时停止旋转喷油泵凸轮轴,此时第一缸分泵柱塞处于供油起始位置。

3)固定喷油泵

将上述已找正第一缸分泵供油起始位置的喷油泵放置在喷油泵托架上,轴向推动喷油泵,使喷油泵凸轮轴联轴器的接盘与发动机正时齿轮轴联轴器上的接盘相接触。然后将喷油泵固定在托架上,最后用联轴器螺栓将联轴器的两个接盘连接在一起。

2. 供油正时的检查与调整

从理论上讲,喷油泵的供油起始时刻和喷油器的开始喷油时刻是不相同的。实际上供油起始时刻和喷油起始时刻的时间差极小，可忽略不计。但在概念上不能混淆。

一般喷油泵出厂时，在联轴器和泵壳上各打一记号，如图 4-6 所示。当记号对正时第一缸分泵柱塞开始供油，飞轮上指示相应的供油提前角。但是，有些喷油泵无此记号；对于工作时间较长的旧喷油泵，记号已经不准确，对这些喷油泵可用下列方法检查供油时刻。

1）用测时管检查供油起始时刻

测时管是用玻璃做成中心有细孔，外面设有刻度的透明管。其结构如图 4-7 所示。检查时将喷油泵上的第一缸高压油管拧下，并把测时管安装在该接头上。顺工作转向摇转发动机曲轴，使喷油泵供油，直到测时管中无气泡出现为止。拧松测时管接头，使柴油漏泄，液面降至某一刻度时拧紧。然后缓慢顺工作转向转动曲轴，并注意观察测时管的液面变化。当测时管中的液面刚刚开始向上移动时，立即停止转动曲轴，此时就是第一缸分泵开始供油时刻。然后检查喷油泵联轴器与泵体上的刻线是否对正或检查飞轮壳上的记号是否与飞轮上相应的供油提前角刻度对正。如果喷油泵联轴器上的记号未对正，说明记号已不准确；如果飞轮上指示的供油提前角不正确，则为供油不正时。

2）用观察法检查供油起始时刻

在没有测时管的情况下，拧下第一缸的高压油管后，用嘴吹去出油管接头处的柴油。缓慢顺工作转向转动曲轴，并仔细观察出油管接头处“油亮点”的情况。当发现“油亮点”动，即为第一缸分泵供油起始时刻，立即停止转动曲轴（第一缸分泵供油开始）。此时飞轮壳上的标记与飞轮刻度所对应的数值就是喷油提前角度数，如图 4-8 所示。

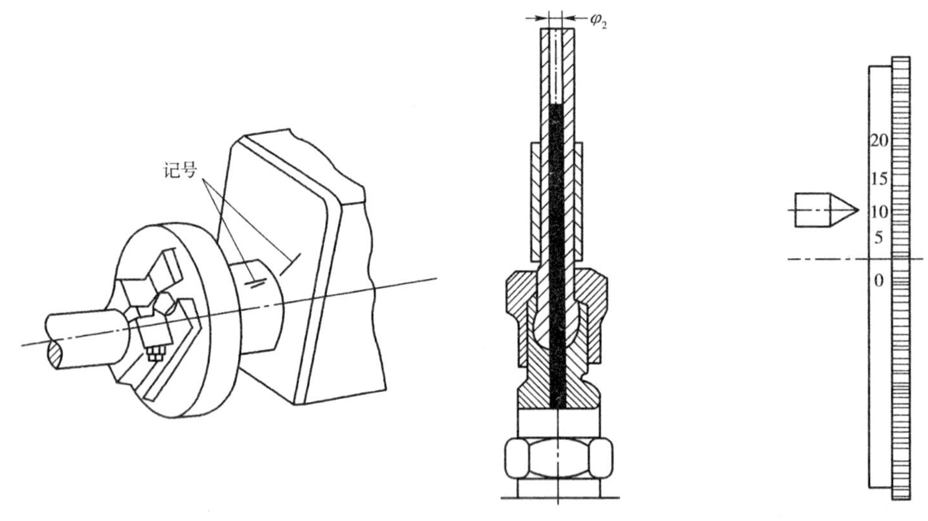

图 4-6　供油正时记号　　图 4-7　测时管　　图 4-8　飞轮上喷油提前角的刻度

如果观察飞轮记号困难时，可先按前述配气相位检查中压缩上止点的查找方法找到发动机的第一缸的压缩上止点，在曲轴皮带轮和正时齿轮室盖处各画一条相互对正的直线，以作为上止点记号。然后使发动机曲轴倒转约 90°后缓慢正转，观察出油阀处的“油亮点”。当“油亮点”刚刚动时，停止转动曲轴，检查皮带轮上的刻线与正时齿轮室盖刻线之间的弧长。该弧长即反映了供油提前角。弧长 L 与供油提前角 φ 之间的关系可用式（4-3）计算。

$$\varphi = \frac{360}{\pi D}L \tag{4-3}$$

式中：L——测量弧长，mm；

D——皮带轮直径,mm。

将计算出的供油提前角 φ 与标准数值比较,即可得知供油是否正时。

3. 用喷射法检查喷油起始时刻

用一根较长的高压油管代替第一缸高压油管。将第一缸喷油器移至飞轮处(距离飞轮5mm),使第一缸喷油器对着飞轮喷油。当第一缸喷油器喷油后,停止转动发动机,并测量喷油痕迹中心距离上止点刻线的弧长。该弧长可按式(4-3)换算成喷油提前角,然后和标准值比较。

经检查喷油时刻不正确时应进行调整。用联轴器驱动的喷油泵,松开联轴器弧形孔上的紧固螺钉。沿"+"方向转动喷油泵凸轮轴时,喷油提前角增大,反之则减小。调整后扭紧紧固螺钉,并按前述方法检查,不合适时再调整,直到符合要求为止。其他形式的喷油泵的喷油时间的调整原理与上述喷油泵基本相似,只是结构上、部位上有些差异。

发动机结构不同致使喷油正时调整方法也多种多样,如有接盘调整法,插孔调整法等。

三、典型紧固技术

1. 螺纹连接件的防松锁紧措施

在振动条件下工作的螺纹连接必须采取防松的保险装置,尤其对危及安全的螺纹连接,更要注意防止松脱和由此造成的重大事故。

1)用弹簧垫圈防松

弹簧垫圈防松应用较为普遍,但只宜用于与安全关系不大的部位。装配时应检查弹簧垫圈是否还具有弹力,其标志是在自由状态下开口处的相对端面轴向位移量不小于垫圈厚度的1/2;另外其开口处的尖角必须锋利,否则应予更换。弹簧垫圈拧紧以后,在其整个圆周内应与螺母端面及零件支承面紧密贴合。

2)采用镀铜螺杆或螺母

镀铜螺杆或螺母即在螺杆或螺母(主要是螺纹部分)的表层镀上一层较薄的铜层,由于铜的塑性变形能力很好,在拧紧力的作用下,产生塑性变形,将螺纹的空隙挤紧,形成很大的挤压力,同时经挤压变形后,螺纹接触面接触紧密,形成分子吸引力。这些力不随机械振动而减弱,因此能在任何情况下都保持一定的摩擦力而不致使其结合松脱。这种螺纹连接用于重要部位,当螺纹部分的铜镀层已不可靠时,应予以更换。

3)用双螺母锁紧

螺母按照正常情况拧紧后,再在外面拧上一个薄型螺母。拧紧薄型螺母时,用两只扳手将薄型螺母与原螺母相对地拧紧到不小于该螺纹的拧紧力矩。

4)用开口销锁定

在重要的螺纹连接中,配用槽形螺母,用开口销锁定。

5)用保险垫片锁定

采用如图4-9a)中的垫片,待将螺母拧紧后,将垫片外爪分别上下弯曲,使其向下弯曲的爪贴紧被连接的工件,向上弯曲的爪贴紧螺母侧平面,从而使螺母不能与被锁定的工件作相对运动。其锁定情况如图4-9b)。

6)用止退垫圈锁定

圆形螺母是用止退垫圈来防止螺纹回松的。止退垫圈的结构如图4-10,使用止退垫圈是将其内爪嵌入螺杆的槽中,将螺母拧紧后,将外爪弯曲压入圆形螺母的槽中,从而使螺杆与螺母不能相对运动。

7)用钢丝联锁

成对或成组的固定螺钉,可以在螺钉头上的每一个面上钻上通孔,当螺钉拧紧后,用钢丝穿过螺钉头的孔,使互相联锁。钢丝穿绕的方法参见图4-11。

8)用密封黏合剂固定

对不经常拆卸的螺钉、螺母及双头螺栓的紧固防松,可用密封黏合剂固定,国产的适用于螺纹防松的黏合剂现以Y-150厌氧胶较为普遍。近年来在国外某些内燃机的连杆螺栓中采用提高螺纹加工精度并结合使用黏合剂,被证明是可靠的。

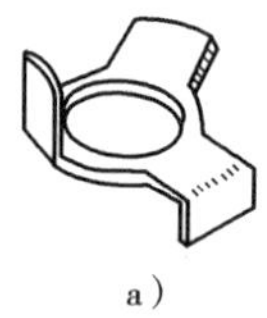

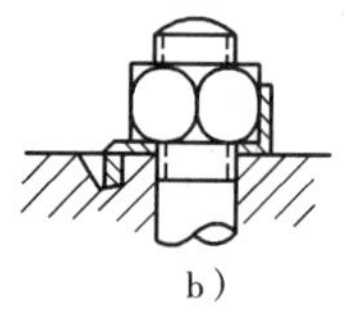

图4-9 用保险垫片防止螺栓回松
a)垫片形状;b)锁定方法

图4-10 止退垫圈结构

图4-11 螺钉组的连锁

2. 多螺纹紧固机件的拧紧过程

由多个螺纹紧固的机件,螺纹的拧紧过程应分多次并由中间向两边对称进行之,以6135发动机汽缸盖为例,拧紧顺序如图4-12所示。

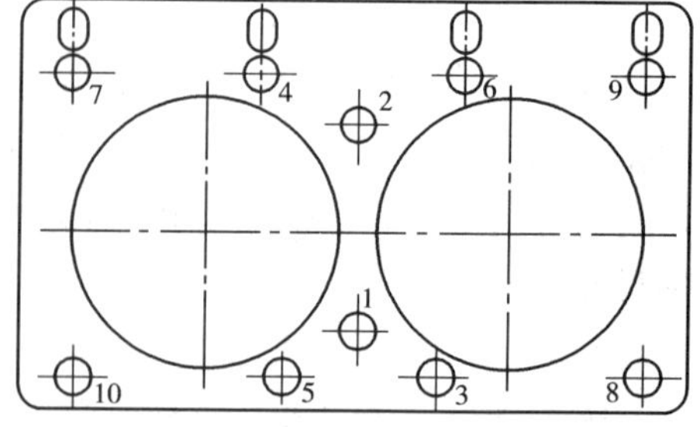

图4-12 6135柴油机汽缸盖螺纹紧固顺序

3. 螺纹连接件的装配及注意事项

(1)螺纹的配合松紧度要符合精度要求,一般在不受力情况下,应能用手拧动而又无松旷现象为主。重要部位的螺纹连接件,其螺纹、螺杆不得有任何损伤。

(2)承受工作负荷的螺纹连接,在装配时应达到规定的拧紧力矩,以满足预紧力的要求。拧紧力矩的大小以35号钢螺栓为例,如表4-3所示。对不同的材料,其数值应进行修正。例如8号钢的修正系数为0.75,45号钢为1.1。

螺纹装配的拧紧力矩

表4-3

公称直径(mm)	6	8	10	12	16	20	24
拧紧力矩(N·m)	4	10	18	32	80	160	280

(3)有些重要螺纹连接件在维修手册中有更具体、更严格的要求。如康明斯NT/NTA855柴油机维修手册规定:主轴承盖螺栓须分7次拧紧,前3次依次拧紧到108.5 N·m、217 N·m、339 N·m,第4次完全拧松,后3次再依次拧紧到108.5 N·m、217 N·m、339 N·m。又如道依兹F6L912柴油机大修时要求连杆螺栓、主轴瓦螺栓、飞轮螺栓全部更换,缸盖螺栓长度若超过212.5mm应更换;缸盖螺栓拧紧时,先预紧至30N·m,然后分3次拧紧,每次拧紧45°,且第3次拧紧45°后的拧紧力矩应为70~110N·m;飞轮螺栓拧紧时,先预紧至30N·m,然后分2次拧紧,每次拧紧30°,且第2次拧紧30°后的拧紧力矩应不小于70N·m。

四、PT燃油系在发动机上的调整

1. 调整前的准备

(1)喷油器各零件符合技术要求,并经试验台调试。

(2)柴油机技术状况良好,并进入热运转状态。

2. PT 喷油器的构造、传动机构及工作原理。

图 4-13 所示为法兰式 PT 喷油器,喷油器主要由喷油器阀体 2、柱塞 10、回位弹簧 9、喷油器罩 15、垫片 14、平衡量孔 3、回油量孔 12、计量量孔 13 等组成。平衡量孔是螺纹连接,更换方便。

柴油机工作时,凸轮轴 6 的凸起顶推随动轮 5,通过推杆 4、摇臂 1 顶压柱塞杆头 8,克服弹簧 9 的弹力,强制将柱塞 10 压下,使其下端锥形油腔内产生高压,把燃油喷入燃烧室。凸轮轴的凸起转过随动轮,柱塞便在回位弹簧的作用下上升,将 PT 泵输送来的燃油喷入燃烧室。凸轮轴的凸起转过随动轮,使柱塞在回位弹簧的作用下而上升,将 PT 泵输送来的燃油充入锥形油腔。凸轮和回位弹簧对柱塞的交替作用,使柱塞不断往复运动,不断吸油和喷油。图 4-14 所示为凸轮外轮廓曲线结构图。

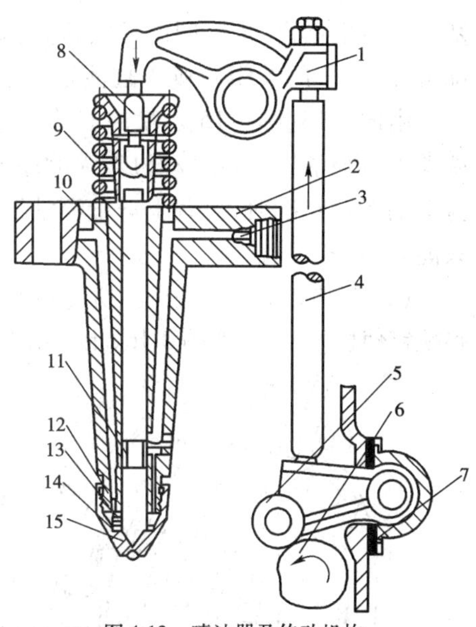

图 4-13 喷油器及传动机构

1-摇臂;2-阀体;3-平衡量孔;4-推杆;5-随动轮;6-凸轮;7-调整垫片;8-柱塞杆头;9-回位弹簧;10-柱塞;11-环槽;12-回油量孔;13-计量量孔;14-垫片;15-喷油器罩

3. PT 喷油器在发动机上调整柱塞对锥形座落座压力

PT 喷油器在发动机上调整的目的是使喷油器柱塞位于工作行程最下端时,对喷油器下端的锥形罩作用一定的压力,以使锥形罩内的燃油完全喷出。但如果此压力过大,会造成推杆弯曲,使柱塞的上止点位置降低,计量行程减小,导致每循环喷油量减少,同时也使燃油喷射时间提前,严重时,会由于此压力过大使锥形罩脱落。如果此压力过小(甚至喷油器柱塞接触不到锥形罩),则计量行程增大,循环喷油量增大,燃油延迟喷射。此外,因喷油器柱塞与锥形罩的接触不良,将使炙热的燃烧气体进入锥形罩内,从而在喷孔和计量孔内产生积炭和胶状物,使孔的尺寸减小,影响对燃油的计量和喷射;严重时会因过热而使锥形罩脱落。因此,在柴油机上装配 PT 喷油器时,必须调整柱塞对锥形座落座压力。

1)扭矩调整法

这种方法是当喷油器柱塞处于工作行程下端时,用小量程扭矩扳手和螺丝刀附件将喷油器调整螺钉拧紧到规定的扭矩值,保证柱塞对锥形座的落座压力,以使喷油器柱塞对锥形罩作用一定的压力。

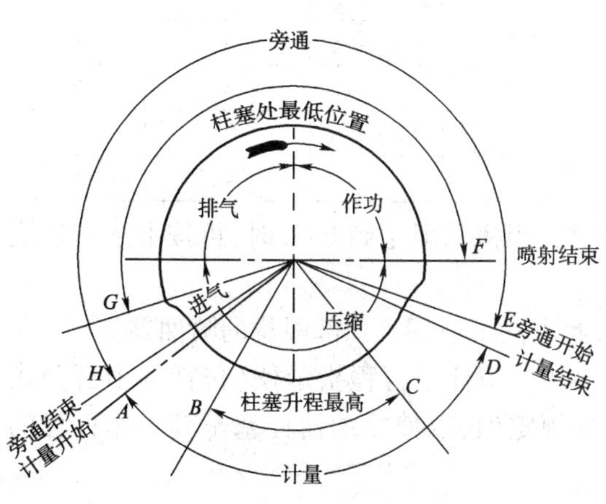

图 4-14 凸轮外轮廓曲线结构图

(1)确定各缸喷油器柱塞调整时的曲轴转角位置。压下减压杆,使汽缸处于减压位置,按曲轴的旋转方向转动正时带轮,使其上的记号与齿轮室盖上的指针(或凸起)对准,见图4-15。带轮记号有 TC 和 VS 等。TC 表示柴油机活塞在上止点位置,VC 表示活塞在上止点后 90°,TC 和 VS 记号前的数字是相应的汽缸号,例如对准 1 ~ 6VS 记号时,1 ~ 6 缸活塞位于上止点后 90°曲轴转角位置,可调整第 1 缸或第 6 缸柱塞。然后根据进、排气门的开闭状态,确定处于压缩状态的汽缸。若此时1缸的进排气门摇臂都可摇动(气门关闭),则1缸活塞位于压缩上止点后90°曲轴转角位置。

由图4-14、图4-15及喷油器的工作过程可知,此时1缸喷油器柱塞位于工作行程下端,可调整1缸喷油器。按发动机着火顺序1-5-3-6-2-4继续转动皮带轮到下一个VS记号与齿轮室盖上的指针对准时,再调下一个喷油器。直到调完所有喷油器,皮带轮需转两圈。对一次记号只能调整一个汽缸。

(2)调整方法。先在柴油机冷机时调整。拧松喷油器摇臂上调整螺钉的锁紧螺母,拧入调整螺钉使柱塞下行,如图4-16所示,在柱塞接触到锥形罩后再拧入15°,将残存的燃油全部挤净。

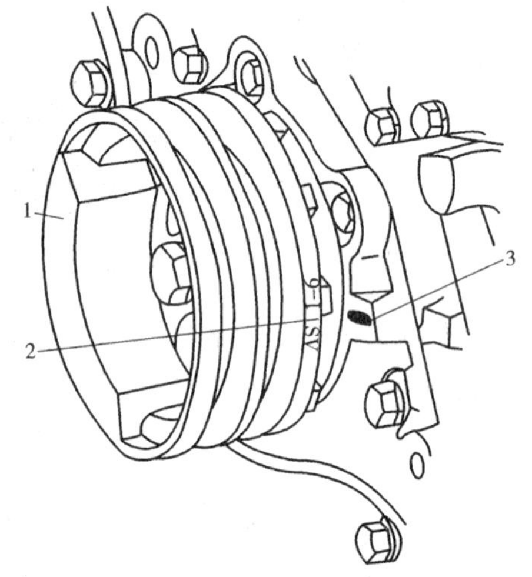

图4-15　柴油机正时带轮上的记号

1-正时齿轮;2-带轮记号;3-齿轮盖记号(凸起)

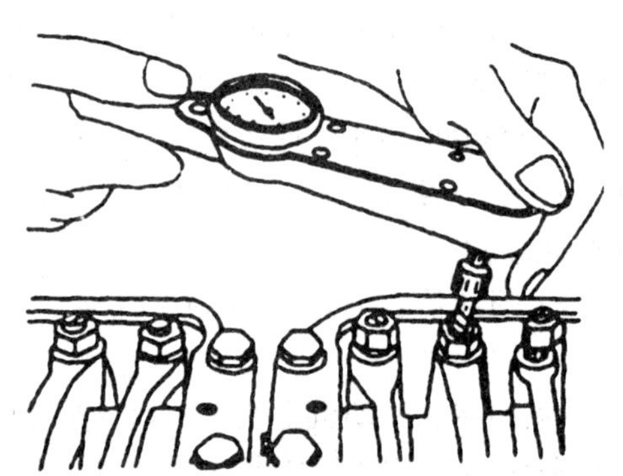
图4-16　调整喷油器柱塞压紧度

将调整螺钉放松一圈,再用带螺丝刀附件的扭矩扳手将调整螺钉拧紧到规定扭矩值(见表4-4)。然后用螺丝刀保持调整螺钉不动,按规定扭矩拧紧锁紧螺母。用扭矩法调整针阀压紧度顺序见表4-5。

NT/NTA855柴油机喷油器调整规范(扭矩法)　表4-4

摇臂室材质	机油(水)温度	力矩(N·m)
铝质	冷态	8.1
铝质	热态	8.1
铸铁	冷态	5.4
铸铁	热态	8.1

针阀压紧度调整顺序表(扭矩法)　表4-5

序号	曲轴旋转位置	喷油器缸号	气门缸号
1	A或1~6VS	1	5
2	B或2~5VS	5	3
3	C或3~4VS	3	6
4	A或1~6VS	6	2
5	B或2~5VS	2	4
6	C或3~4VS	4	1

全部汽缸的喷油器柱调整完毕以后,起动柴油机,当机温渐达到60℃时,再按上述方法进行校正性调整。

2)相同柱塞行程法(简称行程法又称丝表法,此方法不适用于顶部限位的喷油器)

行程调整法是当喷油器柱塞位于工作行程上端时,用柱塞行程指示仪(包括一个百分表和一个摇臂压杆)将喷油器柱塞的下行行程调整到规定值,以使喷油器柱塞至其工作行程的下端时,对锥形罩作用一定的压力。

也可将百分表的专用支架固定在柴油机汽缸盖上,百分表的测杆垂直顶在喷油器柱塞的上法兰面上。在柱塞处于与锥形座座面接触的最低位置时,将百分表读数调到零位。按柴油机旋转方向转动曲轴,使柱塞升到最高位置,此时百分表的读数为柱塞的行程。该行程应符合规定,否则调整摇臂上的调整螺钉,直到百分表读数符合要求。

具体方法和要求如下(以 NH220 为例,其着火顺序为 1-5-3-6-2-4)。

(1)检查柱塞自由行程。为防止喷油器驱动机件过载和可能发生的损坏,应先按如下方法检查喷油器柱塞自由行程:

①从正常工作位置拧松喷油器调整螺钉约 1 圈,再拧紧锁紧螺母;

②将专用百分表的测杆顶在喷油器柱塞上端,转动发动机曲轴,记录每一柱塞总行程,此行程叫做"柱塞的自由行程",发动机每一缸的喷油器柱塞自由行程不应超过 5.23mm。对柱塞自由行程超过 5.23mm 的发动机必须采用扭矩调整法。

(2)顺转曲轴,使附件传动皮带轮(又称调时皮带轮)上的 1 ~6VS 记号与正时齿轮室盖上的指针(标记)对准,若此时 5 缸进排气门均关闭(两气门摇臂可摇动),说明 1 缸活塞位于压缩行程上止点后 90°,5 缸活塞位于压缩行程上止点前 30°,则 3 缸活塞位于压缩行程上止点前 150°。由图 4-14、图 4-15 及喷油器的工作过程可知,此时 3 缸喷油器柱塞位于行程上端,可调 3 缸喷油器。(若此时 2 缸进排气门都关闭,说明 6 缸活塞位于压缩行程上止点后 90°,2 缸活塞位于压缩行程上止点前 30°,则 4 缸活塞位于压缩行程上止点前 150°。此时 4 缸喷油器柱塞位于行程上端,可调 4 缸喷油器。同理,可确定其他缸喷油器柱塞调整时的曲轴转角位置)。

(3)将带测杆的百分表装在 3 缸喷油器柱塞的顶端,确认百分表有 5mm 左右预备行程并且不干扰摇臂。

(4)用摇臂压杆或类似工具压下摇臂直至喷油器柱塞压到底挤净残余燃油,让柱塞升起,再次压到底,将百分表调零,之后放开摇臂压杆。

(5)调拧摇臂上的调节螺钉,检查喷油器柱塞行程,直至百分表读数为所规定的行程值(行程值见表 4-6,其中发动机冷却水温度等于或低于 60℃ 为冷态、油底壳油温至少为 88℃、冷却水温度至少为 85℃ 为热态)。

(6)以 41 ~55 N · m 的扭矩拧紧锁紧螺母。再一次检查喷油器柱塞行程是否保持在所规定的行程值内。

(7)用同样的方法调整其他各缸喷油器。

行程法针阀压紧度调整顺序见表 4-7。

NH220 柴油机喷油器调整规范(行程法)　表 4-6

摇臂室材质	机油(水)温度	喷油器柱塞行程(mm)
铝质	冷态	4.32 ±0.03
铝质	热态	4.32 ±0.03
铸铁	冷态	4.45 ±0.03
铸铁	热态	4.32 ±0.03

针阀压紧度调整顺序表(行程法)　表 4-7

序号	曲轴旋转位置	喷油器缸号	气门缸号
1	A 或 1—6VS	3	5
2	B 或 2—5VS	6	3
3	C 或 3—4VS	2	6
4	A 或 1—6VS	4	2
5	B 或 2—5VS	1	4
6	C 或 3—4VS	5	1

3)两种调整方法的比较

(1)就基本原理而论,行程法是使喷油器柱塞处于工作行程上端时,通过拧进或旋出调整螺钉,使喷油器柱塞在工作中的下行行程符合规定值。从而使喷油器柱塞在工作中位于其行程下端时，对锥形罩形成一定的压力，即可挤净燃油，又不致损坏机件；扭矩法是使喷油器柱塞处于工作行程下端时，通过拧进调整螺钉达到一定的扭矩值，使柱塞对锥形罩作用一定压力。所以，用其中某种方法调整时，喷油器柱塞必须处于相应位置（前者处于工作行程上端，后者处于工作行程下端），不得混淆。

（2）就两种方法的操作而论，行程法要用一些专用工具，调整过程相对复杂，但对调整精度的影响因素较少，一般来说误差较小；扭矩法不需专用工具，调整过程简单，因而多采用扭矩法，但是，用扭矩法调整时，影响调整精度的因素较多，比如：调整螺钉卡滞、喷油器驱动摇臂卡滞、扭矩扳手不准确等。在调整时要多加注意。

4. 喷油正时的检查与调整

喷油正时的检查与调整是根据活塞位置与喷油器推杆位置的相互关系，采用喷油正时仪进行的，如图4-17所示。

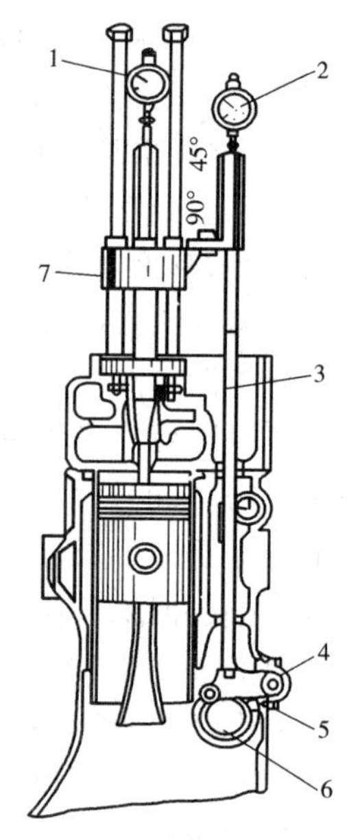

图4-17 喷油正时仪

1-活塞行程百分表；2-推杆行程百分表；3-推杆；4-推杆臂；5-垫片；6-凸轮轴；7-正时仪

安装前先拆下摇臂盖、摇臂总成和喷油器，装上正时仪。正时仪有两个百分表：一个百分表的测杆与活塞接触称为活塞行程百分表；另一个百分表的测杆顶在推杆球座上，称为推杆行程百分表。正时仪的安装位置必须与汽缸中心线平行。

具体检查和调整步骤如下（以一缸为例）：

（1）转动皮带轮对正1～6TC记号，在第一缸活塞处于压缩行程上止点（进、排气门均关闭）时，将活塞行程百分表读数调零（注意百分表要留有一定的后备行程）；

（2）顺时针转动皮带轮，当到达上止点后90°时（活塞行程百分表下的测杆上有相应的刻线），将推杆行程百分表读数调零（使其测量头压缩5mm左右）；

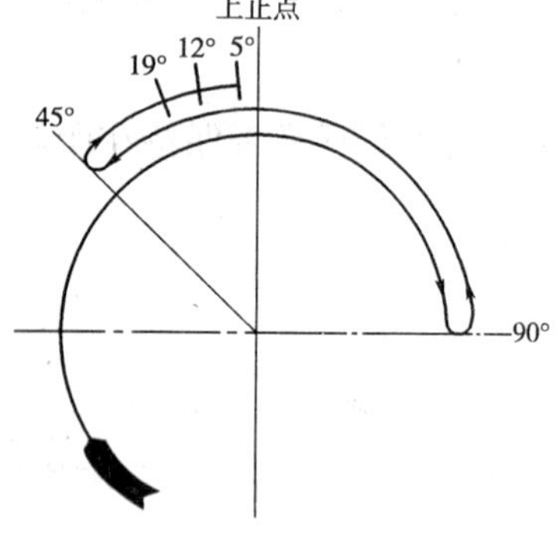

图4-18 喷油正时检查顺序

（3）逆时针转动皮带轮，当活塞行程百分表测量头下面的测杆与标尺45°刻线（相应曲轴位于上止点前45°）对准时，顺时针转动皮带轮，当转至压缩上止点前19°、12°、5°时两个百分表读数应符合百分表读数数据表规定，若不符合规定，根据测量的差值调整随动臂盖垫片厚度，使喷油正时符合规定值。推杆行程百分表的读数较规定值大，说明喷油迟，应更换厚度较大的垫片。反之，则需更换较薄的垫片。

喷油正时检查顺序如图4-18所示。调整数据见表4-8。

喷油正时数据 表4-8

顶规读数和相应的曲轴转角		凸轮升度规的读数范围		
顶规读数	曲轴转角	NHC-C,NH220	NRTO-6	NHE
-5.161	19°	-0.800～-0.699	-1.105～-1.003	-0.050～-0.070
-2.073	12°	-0.419～-0.330	-0.673～-0.584	-0.330～-0.350
-0.363	5°	-0.127～-0.051	-0.330～-0.254	-0.687～-0.713

第五节　技术维护的工艺要求及仪器设备

一、技术维护的工艺要求

严格执行机械技术维护工艺，是实现规范化作业要求，安全生产，避免零件损坏，确保维修质量，延长机械使用寿命的重要保证。所有维修人员必须严格遵守执行维护工艺。

(1)拆装各零件，应使用专用工具，对主要零件的基准面或精加工面，不许敲击、避免碰撞、谨防损伤。如确需敲击，应使用铜质、橡胶类软质工具。

(2)凡铝合金、锌合金、锡合金、电气零件，以及橡胶件、塑料制品、牛皮油封、制动器摩擦件、离合器片等，均不得用碱溶液清洗；液压系统中的密封圈、皮碗等橡胶件，清洗时，不许浸泡在易使其变质的溶液和油中，制动器摩擦片、离合器片、不应接触油类。

(3)凡经碱溶液煮洗的零件，均应用清水冲洗，然后用压缩空气吹干。

(4)拆卸汽缸盖及进排气管，应在发动机冷态条件下进行(热车禁止拆卸)，应避免缸盖变形，拧紧汽缸盖螺栓应按工艺要求进行，不得一次拧紧。

(5)安装汽缸垫时，对于铝制的缸盖，衬垫光滑的一面应朝向缸盖；铸铁的缸盖，衬垫光滑的一面，应朝向缸体。

(6)活塞连杆组合件装复，应采用热装，不许冷态击入，以防损伤变形。

(7)调整曲轴轴承间隙，严禁用锉削主轴承盖和连杆轴承盖的方法进行调整。

(8)更换机械上的各部位滚动轴承时，必须同时更换轴承套。

(9)凡有规定拧紧力矩的螺栓、螺母，装配时，应按规定顺序和规定扭矩，分次均匀拧紧。

(10)对不能互换、有装配规定或装有平衡块的零部件，在拆卸时应做好标记，不得错装。

(11)重要安全机件的螺母锁销，应按规定锁紧，不许用铁丝、铁钉代替。

(12)各部润滑油液，不许掺兑与原机不同的油品。

(13)发动机大修或总成修理后，未行驶到规定走合里程或时间，不许拆去限速装置。

(14)各零部件检验合格方可安装，不许将不合格的产品和不符合机械性能要求材质的配件凑合使用。

以上介绍了机械的一般性的维护工艺要求，由于施工单位的机械种类繁多，结构差别较大，技术密集程度不一，所以，对它们维护的工艺便有不同的要求，可参照原机的维修手册进行。

二、技术维护的仪器与设备

要保证机械维护，尤其是技术维护的质量，除了维护人要有较强的责任心，按技术要求认真工作外，还必须配备一定的维护工具及检测仪器，在一定程度上讲，配备适当的维修工具、检测仪器，对维护及修理质量起着决定性的作用。

工程机械维护所用的设备，基本上分为两种类型：一种是工段设备，即为完成维护工艺而在工段上采用的辅助设备，如维护工作沟，总成拆装运送设备与工作台架等。另一类是工艺设备，即直接用来完成维护工艺所用的设备，如清洗机、拆装工具、检验仪器、试验台等。

1. 维护工艺设备

维护工艺设备是用来完成维护作业的设备。主要维护机具与仪表设备见表4-9。技术维护检查(检测)常用工具与仪器见表4-10。

维护机具与仪表设备见表　表4-9

作业内容	机具与仪器设备
清洗润滑作业	外部清洗机;零件清洗机;积炭清洗设备;滤清器清洗机;润滑油加注器;齿轮油加注器;润滑脂加注器
拆装紧固作业	轮胎螺母拆装机;各型扳手;手提式液压拉压器
检查调整作业	发动机功率测试仪;发动机机油测试仪;气门座修磨机;机油泵修试作业台;空气压缩机修试作业台;磁力探伤仪;仪表、灯具检修作业台;蓄电池修理作业台与充电机;制动阀、气室、气路检修作业台;前轮定位测试仪;转向盘转动量和转矩检测仪;制动试验台
起重运送作业	地沟举升设备;起重机;各种总成运送小车

技术维护检查(检测)常用工具与仪器　表4-10

类别	工具与仪器设备
常用手工工具	开口扳手、梅花扳手、内六方扳手和螺丝刀等
简易量具	游标卡尺、直钢尺、厚薄规和钢卷尺等
起重工具	螺旋千斤顶、液压千斤顶等
专用工具	
①内燃机工具	量缸表、活塞环拆装钳、气门弹簧等
②底盘(或工作机身)专用工具	特大号单头开口扳手,钩形扳手、重型套筒、三爪或四爪拉力器等,一般也不列入成套工具中,视情配发
随机附属品	盖布、防寒保温套、防滑链以及其他物品等

2.维护工段设备

在现代工程机械的维护过程中,各工艺设备固然重要,但也不可忽视工段设备。

对工程机械的底盘维护作业,特别是轮式机械,其工作量很大,若不用举升设备,不仅操作困难,质量也难以保证,而且工作效率低,增加了维护时间。维护工作沟(或称地沟)是目前最简单而行之有效的一种“举升”设备,由于地沟建造费用低,安全可靠,又不需要专门维修,故应用颇多。由于地沟的能见度差、排油水困难,工作空间狭小,劳动条件差等,所以一般还在地沟上设置多种辅助设备,如照明设备,专用油水收集器,千斤顶等。

对于总成拆装运送设备与工作台架等不再琐述。

第五章 柴油机的运用技术

第一节 柴油机使用的一般规定

一、柴油机运行特性参数的选择

1. 选择合理的运行特性参数

柴油机是由多系统联合组成的动力装置，各系统的技术状况及其相互配合情况都会影响柴油机的功能，作为动力装置，还将影响整台机械的运行。因此，在使用柴油机过程中，应经常进行维护，保证各系统的功能良好，配合协调。选择合理的运行特性参数，如最佳供油量、供油时间，最佳压缩比，最适当的气门定时等，以达到燃油充分燃烧，热功能充分发挥，提高柴油机的动力性和经济性的目的。由于柴油机特性参数很多，一些参数是有变化的，各种参数又是相互影响的，应综合观察，全面衡量，采取最佳的调整控制方法。

2. 保持经济负荷下运行

根据柴油机的负荷特性曲线，柴油机在接近全负荷工作时，燃油消耗率最低，负荷过大或过小时，耗油率都增大。从机械的经济性和动力性全面衡量，柴油机的经济负荷范围应为额定功率的75%～100%，最佳负荷应为额定功率的90%。如果柴油机的负荷只有额定功率的50%时，耗油率将增加20%，因此，应尽量使柴油机接近于额定功率的90%状态运行。如果负荷超过额定功率，则应控制运行时间或设法减轻负荷；如果负荷小，则可减小油门，以降低转速（转速较低其经济负荷值也较低），力求在该转速的经济负荷下运行，以节约燃油消耗。转速和负荷的关系比较复杂，要根据柴油机的特性曲线进行选择和调节，尽量使柴油机在最经济范围内工作，即转速适中、负荷较大的工况下运行。

当柴油机的使用环境条件不符合国家标准规定时，应对铭牌额定功率进行修正（如在海拔300m以上，每升高100m，降低功率1%），并按修正值进行负荷操作。

3. 控制转速的范围

柴油机应经常保持在使用转速（即外特性最低有效燃料消耗率的转速附近。铭牌上没有注明时，可保持低于最大功率转速10%～20%的转速）下工作，此时机械效率高，经济性好。

（1）不允许长时间在最高转速、最大空转转速和超负荷（即油门加到底时的最大扭矩转速）情况下工作，这时柴油机容易过热，使磨损加剧，不仅经济性下降，而且容易发生事故。

（2）应尽量避免柴油机在低转速和小负荷的情况下工作，这是不经济的。柴油机也不能长时间在怠速下运转。

（3）应避免柴油机在临界转速（即共振转速）下工作。这时曲轴的自由扭转振动频率与柴油机工作时的强迫振动频率相同（或成倍数），柴油机产生剧烈抖动，增加曲轴连杆装置的负荷及加剧磨损。

（4）应尽量避免急剧改变柴油机转速（即猛轰油门），这会使曲轴负荷突然加大，破坏正常润滑，加剧柴油机磨损，特别是刚起动就急加速对柴油机的磨损更大。也不允许在冒黑烟的情况下长时间运转。

4. 保持适当的工作温度

柴油机应在水温 80 ~ 90℃的情况下工作。水温过高或过低，都会产生不利影响。

1）水温过高（即柴油机过热）对柴油机带来下列危害

（1）进气不足，燃烧不及时、不完全，补燃严重，排黑烟，功率下降；

（2）机油黏度较小，易氧化变质，润滑性能降低，磨损增大；

（3）活塞与汽缸间隙变小，磨损增大，甚至产生拉缸、黏缸；

（4）零件的机械强度降低，易造成活塞断裂，活塞环槽变形或汽缸盖裂纹。

2）水温过低（即柴油机过冷）对柴油机带来的危害

（1）柴油机工作粗暴性增大，使有关零件受力增大，磨损加剧；

（2）燃烧不及时、不完全，功率下降，未燃的燃油流入曲轴箱，稀释机油；

（3）机油黏度增大，流动性差，流动阻力大，局部供油不足，润滑不良。

因此，应该通过柴油机转速、负荷的控制，或利用散热器百叶窗对空气流量的控制，使冷却水温度保持在正常范围内。

柴油发动机目前较多的采用工作性能稳定的蜡式节温器，当冷却的水温度低于 83℃时，节温器阀门关闭，冷却水只能在发动机内进行小循环，而不经水箱进行大循环，加速了冷却水温度的上升，缩短了暖机的时间，减少了发动机在低温下的运行时间。当冷却液温度达到节温器阀门开启温度时（83℃），随着发动机温度的逐渐升高，节温器阀门渐渐开启，冷却液越来越多的参加大循环冷却，散热能力也越来越强。一旦温度达到或超过主阀门全开温度时（95℃），主阀门全开，而副阀门正好关闭全部小循环通道，这时的散热能力将最大限度的发挥，从而保证发动机在最佳温度范围内运转。因此必须指出，拆除冷却系中节温器的做法是错误的。

5. 保持适当的机油温度及压力、冷却水温度的控制

1）机油温度

为保证润滑油膜的建立，以减轻零件间的摩擦磨损、机械损失，提高零部件以至整个柴油机的使用寿命，除使用规定牌号的机油外，用控制机油温度的方法以稳定机油的黏度。如康明斯柴油机的机油温度表的正常读数应在 82 ~ 107℃范围内。在柴油机预热期间应逐步增加转速直到机油温度达到 60℃时为止。若连续地或长时间地让柴油机在机油温度低于 60℃下运转，将引起曲轴箱中的润滑油稀释和产生酸性物质，从而加速柴油机的磨损。

2）机油压力

机油压力是保证供给足够润滑油量，以建立正常厚度油膜的必要条件之一。正常的机油压力一般为 0.20 ~ 0.40MPa 范围内。

3）冷却水温度

控制柴油机冷却水正常温度不仅可保证可燃混合气的形成及其正常燃烧，而且可以使零件得到均匀的膨胀，从而获得最佳油膜间隙。

运行时应根据温度高低，控制负荷或采取保、降温措施，尽量保持发动机机械特性在规定的最佳温度范围内。

二、柴油机操作安全守则

操作人员应了解柴油机的构造，掌握使用、维护技能。不懂得操作技术的人员，不允许开

动柴油机。不允许业务不熟悉的人员对发动机进行维护。维护应按照要求作业。

柴油机运转时,操作人员不要站在风扇的旋转平面内,不要将手放到皮带轮、皮带、风扇和其转动部位附近。操作人员穿着应符合安全和劳动保护要求,不要穿宽松的衣服,不可戴手链和项链,女性操作者应戴安全帽,以防发生人身事故。在进行必要的检查、调整时,须特别注意安全。严禁在柴油机运转时进行拆卸。

操作人员必须身体健康,感觉不适、疲劳或反应迟钝时,不要勉强操作,以免发生事故。

在热机状态下添加冷却液时,以及放油、放水或靠近柴油机高温部位时应特别注意,防止烫伤。维修时应远离排气管和消声器热表面,避免烫伤皮肤。蓄电池电解液具有腐蚀性,不可溅入眼睛及皮肤、衣服上,若溅上硫酸液须立即用清水洗净。要尽量减少皮肤与油料的接触,更不要用嘴吸油,以防止皮肤过敏和中毒。进行添加电瓶酸液、添加防锈剂和防冻剂、更换或添加机油(热机油会烫伤人,所以待机油温度冷却到60℃以下后再放出机油)作业时,始终应戴保护手套或护目镜。

当使用压缩空气清洁零件时,使用的压缩空气最大压力应低于两个大气压(0.2MPa)。

对发动机进行维护时在头顶有悬挂物或在齐头高有其他装置的场地作业时应戴上安全帽。

当在可能带电的场地作业时,应确保手和脚都是干燥的,必要时应在绝缘工作台上作业。

保持发动机清洁,擦净发动机上的机油、柴油和冷却液,选择合适的容器安全存放废旧机油。应将擦拭发动机的棉纱放在安全地方,不要放在发动机上。

在维修完毕后,首次起动发动机时应确保能及时关闭进气道或断油,防止"飞车"的发生。

三、柴油机的操作规程

1. 发动前的准备工作

(1)检查机油油面是否符合规定,不允许油面过高或过低。

(2)检查燃油是否足够,油箱内有无积水。

(3)水冷柴油机要检查冷却水是否足够。

(4)使用蓄电池的要检查电解液是否足够。

(5)检查外部机械是否松动损坏。

(6)对新机或停放数天以上未用的柴油机起动前应先转动曲轴3~5转。

(7)平时停放待用的柴油机,每隔3~5天应起动试运行一次,至水、油温度达到60℃以上为止。

2. 起动和保温

1)柴油机的正确起动

柴油机在起动过程中,工况极不稳定,机件磨损量大,耗油量增加。因此,正确的起动可延长机件的使用寿命和节约燃油。

(1)起动前的检查。柴油机起动前除要做好油、水、气的质和量的检查等发动前的准备工作外,还应检查机械安装是否稳定,各零部件是否紧固,运动机构是否灵活;起动、预热、减压装置是否正常;使柴油机与所驱动的机构或传动系脱开,以便柴油机处于无负荷状态下起动;检查起动电动机与蓄电池连接导线及其他连接点的接触是否良好,连接是否可靠,并应检查蓄电池的充电情况;打开燃油箱开关,并排除燃油系统油路中的空气。

确认一切正常,方可起动。在此特别需强调的是水冷柴油机禁止不加水起动(有防冻液的除外）。

（2）柴油机起动方式有：电起动、汽油机起动和压缩空气起动等，现代柴油机多数采用电起动。起动时，将调速手柄置于中速位置，按下起动按钮使起动机带动曲轴转动，听到柴油机爆发声时立即松开按钮。如装有减压机构时，在按按钮前先将减压机构置于减压位置，并控制供油量，不使燃油进入汽缸。当起动机带动曲轴转动达到一定转速时，将调速手柄放在中速位置并立即解除减压，柴油机即可发动。

（3）当环境温度低于 -5℃时，有预热装置的柴油机，可使用预热器帮助柴油机顺利起动。起动前要将预热塞打开先预热 40 ~ 50s，寒冷地区寒冷季节，应重复预热 2 ~ 3 次再起动。

（4）不允许长时间起动电动机，每次起动不得超过 5s，第一次起动未成功应等 30 ~ 60s 后再起动，连续三次起动仍不成功，应查找原因，不可硬性起动，以免损坏蓄电池和电动机。

（5）不能采取把空气滤清器取下，用棉纱蘸上柴油点燃后置于进气管实行助燃起动的办法。因为这样在起动过程中，外界的含尘空气就会不经过滤而直接吸入汽缸内，造成活塞、汽缸等部件的异常磨损，还会造成柴油机工作粗暴，损害发动机。

（6）忌用明火烘烤油底壳，这样会使油底壳内的机油变质甚至烧焦，润滑性能降低或完全丧失，从而加剧发动机磨损。冬季应选用低凝点的机油，起动时可采用机外水浴加温的方法来提高发动机机油温度。

2）柴油机的保温

柴油机发动后，应怠速运转，不可急加速，有涡轮增压的柴油机更应注意，以防因润滑不足而损坏增压装置。柴油机起动后，应先低速运转几分钟，然后逐渐加速至额定值，待水温至50℃以上，机油温度在 40℃以上，机油压力在要求范围内（一般在 0.15 ~ 0.3MPa 之间），电流表显示已经充电，机械无异常，才能带负荷工作。

禁止柴油机温度在 40℃以下即带负荷工作，柴油机正常工作温度应保持在 60 ~ 90℃之间。

3. 柴油机运行中注意事项

（1）在柴油机运转期间，应密切注意润滑系统中机油和冷却系统中冷却液的工作状况。在任何情况下，柴油机不应在缺少防冻液（冷却液）、机油压力不正常和仪表失灵的状况下工作。

（2）柴油机在运行中，除监视速度、负荷外，还必须注意温度、烟色、油压、振动、声音、电流等工作情况，若有不正常的声音与振动，应迅速判断并及时处理，直至停车检查。

（3）柴油机起动后，依次使柴油机在低速和中速空负荷暖机后，通常在机油和冷却水温度升至 40℃以上时，才允许带负荷工作。在额定功率下连续运转的时间，一般不应超过 12h，不允许在冒黑烟的情况下长期运转。

（4）新的柴油机或大修后的柴油机应进行磨合（降低功率使用，负荷不应超过标定值的75%），不允许一开始就以高速、重负荷工作，提高使用寿命。

（5）应注意传动皮带工作情况，若发现皮带伸长、松弛、工作时跳动厉害，应按要求调整皮带松紧度。

（6）注意油路、水路、气路的密封情况，如有泄漏应立即排除，应保持柴油机及工作环境的清洁。柴油机首次起动或在更换机油及机油滤清器滤芯后起动时，应在柴油机运动几分钟以后，停下柴油机并等 15min 待机油流回底壳中再一次检查机油液面高度，若需要予以添加，使机油液面达到或接近机油尺上的高（H）标记处。

(7)应经常注意柴油机进气管道密封状况,严禁吸入灰尘、杂物。

(8)柴油机经常保持良好的通风散热状况,严禁散热器(水箱)上吸有异物。

(9)必须使用合格的燃润料,防止柴油机发生突爆,保证其正常工作,提高使用寿命。保持柴油机在正常温度和适宜的转速、负荷下工作,可防止或减轻突爆。

(10)防止柴油机发生飞车,应经常检查柴油机高压泵的供油齿杆,防止卡住、咬死。如发生"飞车",应迅速挂低速挡制动使柴油机熄火,或采取停止供油的各种方式(如关闭柴油开关、打开排除空气开关、断开油管等)。

第二节 柴油机的使用技术

为发挥柴油机的动力性、经济性,保证其正常工作,延长其使用寿命,在充分了解柴油机结构与性能特点的基础上,应该十分重视其运用技术。

一、柴油机的走合

使用新柴油机或经过大修的柴油机之前,必须按规定要求进行磨合,不要使柴油机骤然加速和过早加载。

1. 柴油机走合期的特点

柴油期走合期特点是:零件磨损速度快、故障多、油耗量高、润滑油易变质等。

1)零件磨损速度快

由配合件的磨损特性可知,柴油机走合期内的配合件磨损特性曲线较陡,即零件磨损量增加较快。主要原因是:新组装或大修竣工的柴油机,尽管在制造、修理过程中进行了磨合,但零件的加工表面总是存在着微观和宏观的几何形状偏差,尤其是受力的动配合零件的表明粗糙度还不能适应工作要求,在零部件的装配过程中,也有一定的允许误差。因此新配合件摩擦表面的单位压力要比理论计算值大得多。此时,柴油机若以大负荷、全负荷工作,零件摩擦表面的单位压力则很大,润滑油膜被破坏使零件成为半干摩擦或干摩擦;新装配零件间隙较小,表面凹凸部分嵌合紧密,使磨损加剧;由于间隙小、摩擦产生的热量大,进而使润滑油黏度降低,润滑条件变坏。因此走合期使配合件的摩擦表面进行一次走合加工,磨去表面不平的部分,逐渐形成了比较光滑而又耐磨的工作表面,并增大接触面积,使之较好地承受正常的工作负荷。

2)故障多

由于零部件的加工、装配质量欠佳以及紧固件松动,或走合期内柴油机使用不当,或未能正确制定和执行走合规范,从而导致柴油机在走合期内故障较多。例如,走合期内如果柴油机转速过高、装配质量不好、各部间隙过小、润滑条件又差,柴油机很容易产生过热,出现拉缸、烧瓦等故障。

3)油耗量高

由于新组装和大修后的柴油机的机械损失较大,机械效率偏低;供油提前角、气门间隙等调整并非完全合适;活塞环与汽缸壁、轴颈与轴瓦的磨合状态欠佳等原因,往往造成柴油机自身功率消耗较大,可燃混合气燃烧不及时或不完全,使柴油机燃油消耗量增加。

4)润滑油易变质

走合期内的柴油机,因为零件表面还比较粗糙,加工后的形状和装配位置都存在一定的偏差，配合间隙较小，因此柴油机走合期的零件表面温度和润滑油温度都较高，同时金属磨屑起着催化作用，很容易使润滑油氧化变质。

2.柴油机走合期操作规则

根据上述柴油机走合期的特点，遵循减轻柴油机负荷、降低转速、选择优质燃润料、合理操作的原则，按照下列规则正确进行柴油机的走合：

(1)柴油机走合期时间一般为100个工作小时；

(2)柴油机在最初60h的运转中，应降低功率使用，负荷不应超过标定值的75%，以保证良好的磨合，提高使用寿命。可以将柴油机走合期分为三个阶段：第一阶段，数小时内让柴油机低转速无负荷运转；第二阶段，较长时间内让柴油机在常用转速、中等负荷工况下运转；第三阶段，柴油机在较高转速、较大负荷工况下运转，每一次在标定功率工况最长运行时间不得超过5min；

(3)避免柴油机长时间怠速运转；

(4)水温、油温不得超过规定值，否则要降低柴油机负荷；

(5)走合期内每10h要检查一次曲轴箱内机油液面高度。

3.走合期柴油机的维护

走合期柴油机的维护分走合前、走合中和走合后的维护。

1)走合前柴油机的维护

走合前维护是为了防止柴油机出现意外的损伤和事故，保证柴油机顺利地进行走合。其主要内容有：清洁柴油机外部，检查各部位的连接及紧固情况；加注冷却水，并检查冷却系各部位有无漏水现象；检查空气滤清器，按使用说明书要求对柴油机加注燃润料；检查蓄电池电液密度及液面高度，检查仪表工作情况是否正常；检查操纵手柄、按钮等位置是否准确，操作是否灵活。

2)走合中柴油机的维护

走合中柴油机的维护除及时掌握柴油机运转情况外，主要是结合一级维护内容对柴油机各部技术状况开始发生变化的部位进行及时的维护，以保持良好的技术状况，保证后一阶段走合的顺利进行。其主要内容有：检查仪表工作情况；检查燃油、润滑油、冷却水的消耗情况；清洗润滑系，更换润滑油和滤芯；检查并按规定力矩和顺序拧紧汽缸盖及进、排气歧管的螺栓；检查各部位的连接情况及风扇皮带的松紧度；检查发电机发电及蓄电池充电情况。

3)走合后柴油机的维护

走合期结束时应结合二级维护对柴油机进行全面的检查、紧固、调整等作业。其主要内容有：清洗润滑系，更换润滑油及机油滤清器的滤芯；检查并调整气门间隙、供油提前角；检查喷油器的喷油压力及喷雾质量；检查喷油泵体内机油是否变稀；放出燃油箱内积水；检查并紧固汽缸螺栓及各部位的连接件；检查汽缸压力。

二、柴油机寒冷气候下的起动与工作

发动机的起动方法，按其总成温度可分为冷态起动和热态起动。冷态起动是在发动机总成的温度与环境温度相同的条件下进行的起动；热态起动是在发动机起动前进行预热(一般缸体温度高于40℃)，使其接近常温时所进行的起动。

冷态起动可采用以下两种途径：一是提高发动机起动时的转速，二是降低发动机开始起动时的最低起动转速。提高发动机起动转速的措施是：使用容量大的低温蓄电池；使用蓄电池加热保温箱;使用发动机低温润滑油;使用大功率起动电源(电动车)。降低发动机的最低起动转速的措施有:使用起动液;柴油机使用加热、进气预热装置等。

在低气温条件下工作的柴油机,往往由于进气温度、工作温度偏低,造成它起动困难、磨损严重、性能下降并形成过多的积炭、胶质和其他沉积物而使故障增多、维护成本提高。因此,柴油机必须采取预热、保温措施和合理的使用。

为使柴油机可在所能遇到的最低温度下起动和工作,需采取的防寒措施包括:

(1)使用合格的、与环境温度相适应的防冻液,检查节温器及水泵的工作情况,保护冷却系正常工作;

(2)使用合适等级的燃、润料。一般情况下,所用柴油的凝点应低于季节最低温度3~5℃,以保证最低气温时不致因凝固而影响使用,保证柴油机迅速着火,顺利起动;采用与工作环境相适应牌号的润滑油,缩短机油滤芯的更换周期;

(3)进行低温保护措施,如采用百叶窗或挡风帘保温防冻,减少柴油机的热量扩散;

(4)改善混合气的形成条件,如采取进气预热、电热塞、保温措施等以保证柴油机在-32℃的低温下正常起动及工作温度;也可在起动时加注起动液(乙醚),但需掌握其正确使用方法;

(5)检验喷油器的雾化情况和供油时间,检修涡轮增压器、燃油箱及燃油管路,经常清理空气滤清器,及时排放燃油箱内的积水和沉淀物,适当缩短空气滤清器和燃油滤清器的更换周期,必要时检修机油泵及曲柄连杆机构,确保润滑油路的正常工作;适当减轻机器的作业强度;

(6)对蓄电池保温(夹层装毛毡),并使其他电气设备具有在预期的最低温度下工作的能力,配置的蓄电池在寒冷气候条件下的放电功率满足起动机起动的功率需求,注意保持蓄电池电解液的合适密度;

(7)改变风扇参数(叶片数或角度),降低风扇转速或使风扇不转,风扇驱动传动系统中装置自动离合器,根据发动机的工作温度变化自动改变风扇转速,实现自动调节冷却强度;

(8)油底壳最好加装电阻丝预热器,采用双油底壳或外表面封一层玻璃纤维的油底壳;

(9)调整发电机调节器,增大发电机充电电压;

(10)冬季环境温度低于5℃,若柴油机冷却系统不使用防冻液,停车后待水温降到60℃以下,打开所有放水阀放尽冷却系统中的全部积水,以免其结冰膨胀,使机体胀裂。柴油机熄火后马上放冷却水,冷却系统中的冷却水温度很高且有压力,除很容易被冷却液烫伤外,还会因机体在温度较高时突然变冷产生骤缩,造成一些高温零件的变形及出现裂纹。

三、柴油机的正确停机

1. 停机前

停机前应先逐渐减荷,降低转速,卸荷后怠速运转3~5min,待水温降至60~70℃以下时再停机。其目的是使柴油机逐渐均匀地冷却,以避免高温部位因急剧停止冷却而引起一些零部件的变形。停机前,不允许做突然加速等无益的操作。

熄火前使柴油机怠速运转3~5min的目的,是让润滑油和冷却水带走燃烧室、轴承等部位的热量,并使柴油机的整体温度降低,这对废气涡轮增压式柴油机来说尤为重要。如果柴油机突然熄火,增压器温度可能升高56℃以上,过热的结果将会使其轴承咬死或油封失效。

熄火前过长时间的怠速运转对柴油机是不利的,这是因为此时的燃烧室温度过低,使燃油燃烧不完全，这将引起积炭，堵塞喷油器的喷孔和活塞环槽，并可能使气门卡住。此外，如果柴油机冷却水温度变得太低，一些未燃烧的柴油将冲刷汽缸壁上的润滑油，并稀释曲轴箱里的机油，使柴油机的所有运动零件的润滑条件变差。

2. 柴油机熄火

对于装有电动截流阀的柴油机，通过将钥匙开关转到“关”(OFF)的位置或者通过转动手动截流阀均可使柴油机熄火。柴油机熄火时决不能将钥匙开关或控制旋钮处于使截流阀打开的位置或在柴油机运转位置上，否则高位油箱的柴油将流入汽缸，从而引起严重故障。

3. 不要用减压杆使柴油机熄火

减压杆是柴油机起动的辅助手段，在调整喷油器和气门时使用，而不能用来使柴油机熄火。使用减压杆停车会将推杆顶离推杆座，使推杆上球座和球头产生过早的磨损或折断气门弹簧和顶杆。

4. 停机操作后，不能马上断开蓄电池绝缘开关

在进行停机操作后，EDC 控制单元仍然与蓄电池相连。停机操作后应等待至少 3s，然后断开蓄电池绝缘开关。不正确的操作将会造成机械上的电器元件的严重损坏：如使用蓄电池绝缘开关停车(仅在紧急情况下操作)；在发动机正在运行或已给控制单元通电时，断开或插上 EDC 控制单元连接件。

5. 停机后的检查与清洁

停机后，应进行检查、清洁。注意柴油箱燃油应尽量加满(不得放尽)，以免空气进入供油系统。

四、其他使用注意事项

(1)使用柴油机时应按说明书所介绍的使用、维护方法及各项规定进行操作，按规定使用质量合格符合规定的轻柴油。柴油机要注意防火，严禁明火靠近柴油机。

(2)不允许柴油机“带病”工作，当发现润滑系统机油压力过低、无机油压力，冷却水温度过高以及柴油机内部有异常响声时，应及时停车检查并排除故障。

(3)柴油机处于较低温度时，无论在空挡或挂入挡位都不可全速工作，只有在柴油机处于正常的工作温度范围内时，才可全速运转。

(4)柴油机不能平稳运转时应及时减小负荷，以避免柴油机过载。

五、柴油机各系统的合理使用

1. 柴油机的冷却系统

(1)定期检查冷却液面，必要时添加符合要求的冷却液。不可向严重缺水而过热的柴油机加注冷却液。应等到柴油机冷却到常温时，才可添加。若在柴油机热态下拧开冷却水箱加水盖，由于冷却系统内具有一定的压力，热水或蒸汽会溢出，因此在操作时必须用棉纱等遮挡、谨慎缓慢拧开，以防烫伤。

(2)冷却液应保持干净，应使用人工软化水，尽可能不含可产生沉淀和化学腐蚀反应的矿物质。可在冷却液中加入符合发动机制造商要求的防腐防锈剂，起到保护作用。

(3)在寒冷的冬天，应定期测量防冻添加剂的含量，确保发动机具有防冻能力。

(4)定期检查风扇皮带张力和皮带使用期限。及时清除水箱散热片上的污物，确保散热效果。定期检查节温阀。

2. 润滑系统

定期检查油底壳内的机油位置。检查时机械应停在水平地面上，必要时应添加机油。加油后，一定要盖好加油口盖，以避免尘埃、水及其他异物进入油底。按照要求定期更换满足使用要求规定的机油及机油滤清器滤芯。应经常注意查看机油质量，必要时可提前更换机油。

3. 燃油系统

定期排除燃油箱内的水和沉积物。定期更换燃油滤清器，否则燃油供应不畅，引起发动机运转不稳定、输出功率下降等故障，降低发动机的性能。

六、增压柴油机的使用特点

1. 涡轮增压器的结构特点

废气涡轮增压器由单级离心式压气机、单级废气涡轮、轴承装置、密封装置、润滑及冷却系统等构成。轴承装置要保证高速旋转的转子可靠工作、确定转子的准确位置，常采用的轴承为多油楔轴承和浮动轴承。密封装置包括气封和油封，气封用于防止压气机端压缩空气及涡轮端废气泄漏，油封用于防止增压器轴承处润滑油泄漏。如图 5-1 所示。废气涡轮增压器使发动机排出的具有一定能量的废气进入涡轮并膨胀作功，驱动同轴旋转的压气机工作，叶轮将空气压缩后送入汽缸，从而增大发动机进气压力，使柴油机在结构尺寸不变的前提下，明显提高功率、降低油耗，减少排气污染，且柴油机工作较柔和，噪声较低。安装废气涡轮增压器的发动机功率可提高 30% ~50%，比油耗可降低 5%。

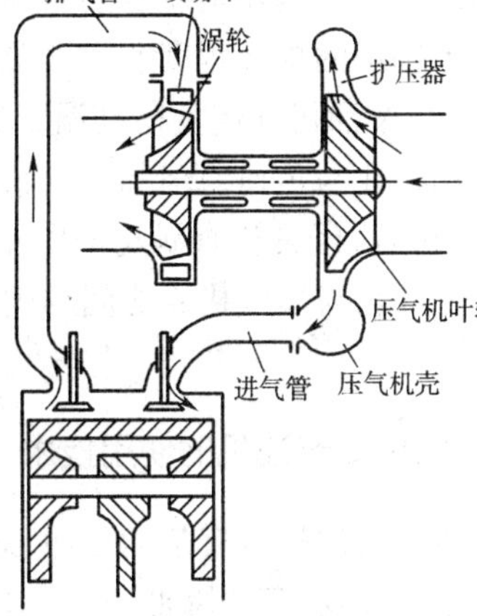

2. 增压柴油机的使用与维护

涡轮增压器的涡轮直接置于发动机 500 ~700℃ 的高温排气中，涡轮机转子的工作转速可达 50 000 ~240 000r/min，应当说其工作环境是极其恶劣的，而它的转轴与轴承间的润滑和冷却靠的是发动机机油泵提供的机油来完成的，润滑和冷却一刻也不能停止，加之涡轮增压器的结构和制造要求高，价格贵，若不能正确有效的使用和维护，往往会引起增压器的非正常损坏，影响整机的工作性能，造成较大的经济损失。

图 5-1 废气涡轮增压器组成与工作原理

(1)柴油机起动后，必须待机油压力升高后才可加速，否则易引起增压器轴承烧坏。柴油机刚起动即以大负荷、高转速工作，机油压力和流量不足，就会出现增压器轴颈和止推轴承的机油供应不足，使转子轴颈和轴承轴颈保持浮动的机油不足。涡轮增压器已处于高速运转但供给轴承的机油不足，运动副间润滑不充分，涡轮增压器的转速很高时，即使是短暂的几秒钟也会造成涡轮增压器轴承的损坏。

(2)对新的柴油机或调换增压器的柴油机，必须卸下增压器上的进油管接头，加注 50 ~60mL的机油，防止起动时因缺油而烧坏增压器轴承。注入机油时，可将转子组件用手转动，使其得到充足的润滑。当柴油机更换润滑油，清洗增压器、滤清器或更换滤芯元件和停车一星期以上者，起动后在怠速状态下，将增压器上的进油接头拧松一些，待有润滑油溢出后拧紧，再怠速几分钟后方可加负荷。

(3)柴油机应避免长时间怠速运转，否则易引起增压器机油漏入压气机而导致排气管喷机油。

(4)柴油机停车前,无负荷怠速运转 2 ~ 3min,待增压器转子轴转速降低和机油温度有所下降后再熄火停车,在非特殊情况下,不允许突然停车,以防因增压器过热而造成增压器轴承咬死。正在高速运转的柴油机,如果突然熄火,涡轮增压器内的机油会因机油泵停转而马上停止循环流动,但增压器的转子轴在惯性作用下仍在高速旋转,这就容易因断油而使其轴承烧死。另外,带负荷运转的柴油机,其排气歧管温度很高,若突然停转,该处热量便传至增压器壳体上,把已经停止流动的机油变成积炭,阻塞进油口,导致轴承缺油。

(5) 熄火后,增压器转子轴仍会继续空转一定时间,有时可听到轻微的“嗡嗡”声。要经常利用柴油机停车后的瞬间监听增压器叶轮与壳体之间是否有碰擦声,如有碰擦声,应立即拆开增压器,检查轴承间隙是否正常。

(6)必须保持增压柴油机进、排气管路的密封性,否则将影响柴油机的性能。应经常检查锁紧螺母或螺栓是否松动,胶管夹箍是否夹紧,必要时应更换密封垫片。

(7)防止外部异物进入柴油机进气或排气系统。涡轮增压器的涡轮和压气机叶轮都是以极高的转速旋转,外部异物侵入柴油机的进、排气系统中,将严重损坏叶轮。细小的杂物(如泥沙)会侵蚀叶轮,使叶片的导风角发生变化;大而硬的杂物则会造成叶轮叶片的破裂或折断。维护涡轮增压器时必须同时更换空气滤清器的滤芯,否则,滤芯内的金属片可能掉出而损坏涡轮增压器。

(8)保持润滑油的干净与清洁。机油粗、细滤清器必须齐全有效,防止外部杂物或泥沙进入润滑系统。涡轮增压器的转速远远高于柴油机转速,含有杂质的机油与过脏的机油对涡轮增压器轴承的损坏程度非常严重。

(9)柴油机在超负荷高温下突然熄火,应及时起动,在怠速状态下运转 3 ~5 min 后,再逐渐增加转速与负荷,直到满负荷状态。

(10)应经常检查涡轮增压器进、回油管处是否漏油,转子组件轴向间隙和径向间隙以及压气机叶轮与压气机壳之间的间隙是否正常,手拨动压气机叶轮检查运转是否正常,有无阻滞或碰擦声。

七、风冷柴油机的使用技术

风冷柴油机具有起动方便、运行经济、对环境适应性强等优点。然而,如果不能正确使用,就会故障频发,工效降低,甚至引发事故。

1. 风冷柴油机加热塞的检查

工程机械上装用的风冷柴油机功率较大,为便于冬季起动,大都设有辅助起动装置。装有加热塞的在起动前应保证蓄电池具有充足的电能,定期检查工作是否正常,严格遵照柴油机使用说明书的规定,掌握好起动时加热时间,以免起动时间过长而引起蓄电池过量放电或烧蚀加热塞。

2. 风冷柴油机冷却系统的检查

对于风冷柴油机来说冷却系统是非常重要的,要定期检查冷却风扇叶,拆下导风挡板,用高压气流沿冷却气流的反方向吹出导风罩内的灰尘,对于缸体,机油散热器也要同时进行除尘清洁,一般以 50 个工作小时为一个循环。要定期检查调整风扇皮带的张紧度,齿形皮带的张紧度为下降量 10 ~15mm 为宜。如发现一条风扇皮带损伤或断裂时,要同时更换其他风扇皮带,避免因一条皮带受力过大。要经常检查风扇皮带报警装置的工作性能,保证报警装置工作可靠有效,具体方法是按下按钮,此时报警器应当报警或发动机应自动停车,否则应当给予修理或更换。

3. 停止作业后待机器温度适当下降后再熄火

停止作业后应使柴油机在中、低速空转一会儿再熄火，待机器温度适当下降后再熄火，不可采用怠速运转的办法来降温。这是因为不少风冷柴油机的风扇转速靠液力耦合器来控制，又由于怠速运转时机油压力低、流量小，因此所调节的风量就明显减少，如此反而会使柴油机的温度上升。当然也不能使柴油机刚停止重负荷作业就立即熄火，因为此时机器温度很高，一熄火风扇立即停止转动，高温机体来不及散热也会使各运动件受损。

4. 保持风扇的正常工作性能

风冷柴油机缸盖的正常工作温度应小于120℃，比水冷柴油机的机温高，风冷柴油机完全依靠风扇产生的强大气流来冷却机体，若不注意就容易发生拉缸事故。采用风扇皮带来驱动风扇旋转的柴油机，需及时检查调整风扇皮带张紧装置，避免出现胶带跳动、打滑导致冷却效率下降的后果。采用液力耦合器驱动风扇的柴油机，是根据机温的高低增减流向耦合器的机油流量，来调节改变风扇的转速，达到自动控制风量的目的。这种冷却系的排气节温器和油压调整螺钉在使用或维护机器时不可随意调整。

5. 保持散热片的清洁与疏通

风冷柴油机的缸盖和缸体外部都铸有大量散热片，机械作业时风扇吹出的强烈气流便顺着散热片急速流动，从而降低机体高温，使之得以冷却。若散热片沾有油污或片间被泥垢堵塞，则冷却效率便大大降低。

6. 防止冷却风量的损失

风冷柴油机的风罩起着控制冷却风方向和减少风量的重要作用，因此务必要保证各接合件的完整与密封。风冷柴油机的风扇前方设有筛罩，如果筛孔沾满杂物，会影响风量，应及时清扫。

7. 润滑必须可靠

由于风冷柴油机的机温比水冷柴油机的高，因而对润滑的要求也高，只有各运动件始终保持可靠的润滑，才能防止拉缸、烧瓦等重大事故的发生。

风冷柴油机的机油除应能满足高负荷条件下的润滑与低温环境中顺利起动外，还应具有防止高温沉积和不致过早氧化变质的能力。必须严格选用符合质量等级和黏度等级的柴油机油，并注意定期更换。如果柴油机缸套活塞组件磨损严重，致使废气窜入曲轴箱或发现柴油渗进机油时，机油的更换期应缩短。

及时更换机油滤芯，以免滤芯过脏而降低主油道的机油压力。由于风冷柴油机的每个气门摇臂都有单独的润滑油道，同水冷柴油机相比其机油泄漏量也多一些，因而在热态下或重负荷作业时，机油压力下降也比较明显。

八、电控柴油机的使用技术

现代电控柴油机大都采用“时间—压力控制”共轨式喷油装置。电控柴油喷射系统由传感器、ECU(计算机)和执行机构三部分组成。其任务是对喷油系统进行电子控制，实现对喷油量以及喷油定时随运行工况的实时控制。采用转速、温度、压力等传感器，将实时检测的参数同步输入计算机，与已储存的参数值进行比较，经过处理计算按照最佳值对喷油泵、废气再循环阀、预热塞等执行机构进行控制，驱动喷油系统，由高压油泵把高压燃油输送到公共供油管，通过对公共供油管内的油压实现精确控制，使高压油管压力大小不在与发动机的转速相关。这样可以大幅度减小柴油机供油压力随发动机转速的变化，因此也就减少了传统柴油机的缺陷。ECU 控制喷油器的喷油量，喷油量大小取决于燃油轨（公共供油管）压力和电磁阀开启时间的长短。共轨式电控燃油喷射技术通过共轨直接或间接地形成恒定的高压燃油，分送到每个喷油器，并借助于集成在每个喷油器上的高速电磁开关阀的开启与闭合，定时、定量地控制喷油器喷射至柴油机燃烧室的油量，从而保证柴油机达到最佳的燃烧比和良好的雾化，以及最佳的点火时间、足够的点火能量和最少的污染排放。电控柴油机具有自动化程度高、系统工况自诊功能及低污染排放等优点。图 5-2 为电控共轨式燃油系统结构简图。

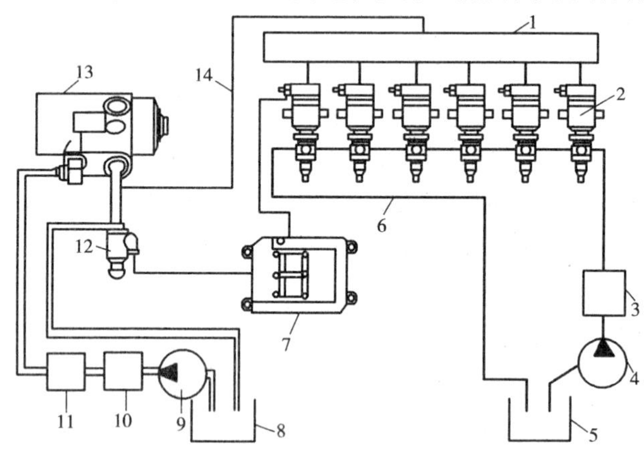

图 5-2　电控共轨系统组成示意图

1-机油共轨；2-泵喷嘴；3-燃油滤清器；4-输油泵；5-燃油箱；6-燃油回油管；7-电控单元；8-机油箱；9-机油泵；10-机油冷却器；11-机油滤清器；12-压力控制阀；13-高压机油泵；14-机油进油管

计算机根据转速传感器和油门位置传感器的输入信号，首先计算出基本喷油量，然后根据水温、进气温度、进气压力等传感器的信号进行修正，再与来自控制套位置传感器的信号进行反馈修正，确定最佳喷油量。所谓“共轨”是指柴油机供油系统由高压油泵、公共供油管、喷油器、电控单元（ECU）和一些管道压力传感器组成，系统中的每一个喷油器通过各自的高压油管与公共供油管相连，公共供油管对喷油器起到液力蓄压作用。工作时，高压油泵以高压将燃油输送到公共供油管并分别产生压力和喷射，喷射压力可高达 250MPa 以上。压力存储器和分配器条轨经导管通往喷嘴，利用控制器上一次脉冲把喷射信号导入电磁阀而引发一次喷射，通过喷嘴存储压力和开启持续时间来调节油量。高压油泵、压力传感器和 ECU 组成闭环工作，将喷射压力的产生和喷射过程彼此完全分开。

电控柴油机与普通柴油机相比，具有喷油压力高，对燃油、机油品质和维护工作要求较高，电子控制元器件比较“娇贵”等特点，使用和维护过程中一定要特别注意。

1. 电控柴油机上电子控制元器件的现场维护注意事项

电控柴油机的微机控制系统是比较复杂的，且对高压电和高温都很敏感，为避免因不正常操作而损坏柴油机的控制电子元器件，对柴油机进行现场维护时应注意以下事项。

（1）电控柴油机上进行焊修，必须拆开蓄电池的电缆，断开控制单元的外部接插件，最好取下精密的电子控制单元（ECU）。因为控制单元、传感器、继电器等都是低压元件，焊接时产生的过电压极易烧坏上述电子元件。一般应使用直流焊接机进行焊接工作，焊接机与焊点的距离尽可能的短，确保焊接电缆不与控制电缆相接触。

（2）在发动机正在运行时或已给控制单元通电后，千万不要断开控制单元的连接或者连接控制单元。

（3）不论发动机是否在运转，只要在点火开关接通时，绝不可断开某些正在工作的电器装置。因为在断开这些装置时，由于任一线圈的自感作用，都会产生很高的瞬间电压，有可能超过7 000V，使电脑与传感器严重受损。

(4)断开蓄电池进行维护工作后，重新连接时，各个连接端子应确保连接牢固。在发动机正在运行时，不要断开蓄电池的连接。不要使用蓄电池充电器起动发动机。

(5)在用充电机给蓄电池进行充电时，应断开蓄电池与机械主控制电缆的连接。跨接起动其他机械或用其他机械跨接起动本机时，须先断开点火开关，才能拆装跨接蓄电池电缆线。

(6)如果某种操作所要求的温度高于80℃时，应从机械上拆下电子控制单元。拆装时，操作人员应先使自己接地(接触车身)，否则，人体身上的静电会损坏电脑电路。

(7)在对电控系统进行任何元件的拆装和检测操作时，应首先断开蓄电池的负极连接电缆，以避免电控系统出现短路。

(8)电喇叭不能装在靠近电脑的地方，因为喇叭中磁铁的磁场会损坏电脑中的线路部件。

(9)除了在测试程序中特别指明的外，不能用指针型欧姆表测试电脑和传感器，可使用高阻抗电表进行测试。不要用测试灯去测试任何和电脑相连的电器装置。为防止微机和传感器受损，除非另有说明，否则都应采用有阻抗数字的测试仪表。人体静电放电的电压可能达到10 000V。因此，对电脑操纵的数字式仪表进行维修作业或靠近这种仪表时，一定要带上搭铁金属带，将其一头缠在手腕上，另一头固定在机身上。

(10)蓄电池的极性不能接反，以防电控系统损坏。寒冷气候对蓄电池影响很大，随着温度下降，蓄电池的容量将下降。应经常检查蓄电池，电力不足的蓄电池常常会因天气寒冷而被冻坏。电子控制系统的工作原理决定了电控柴油机的电控单元(ECU)、传感器和执行器对蓄电池的存电量特别敏感，即使蓄电池稍有亏电，也将影响电子控制系统的正常工作。

(11)电控系统的故障较少，常见故障往往是接线不良引起的，所以要保证各接头、接线柱可靠接触。在打开点火开关、发动机没有起动时，警告灯亮为正常，起动后灯应熄灭。若灯仍亮，表示微机已检测到系统中的故障。

(12)电控柴油机一般装有预热塞指示灯，当发动机处于冷态时，打开点火开关，预热塞指示灯亮起，表示预热塞正在加热，经过一段时间预热后，该指示灯熄灭时，再起动发动机。同时预热指示灯还具有报警功能，在机械作业过程中若该灯闪亮，表示发动机管理系统发生了故障，应当尽快检修。

(13)维修电控柴油机时，不要随便拔下传感器的插接器，因为每拔下一次传感器插接器，自诊断系统将记录一个故障代码，即使这种代码是“虚码”，也会给故障诊断带来麻烦。

(14)绝对不要用水清洗发动机。不要使用高压水冲洗电控柴油机，因为电子控制单元(ECU)、传感器、执行器及其插接器进水后，往往导致接头锈蚀，使电子控制系统产生难以查找的“软故障”。

(15)电控柴油机一般采用涡轮增压器，注意发动机进、排气系统管路的密封及焊接部位管内的处理。

2. 电控柴油机油料使用的注意事项

(1)电喷发动机对油质较敏感，必须使用高标号、低含硫、杂质少的燃油。鉴于目前国内柴油的质量难以完全满足电控柴油机的要求，因此建议使用专用柴油添加剂加入燃油箱，定期清洗燃油系统。

(2)电喷柴油机喷油压力高(最高达250MPa)，对燃油的清洁度要求非常高，燃油不干净会造成高压泵、喷油器等精密件的剧烈磨损、擦伤及损坏，大大降低其使用寿命。对燃油的使用要保证做到：

①经常排放油水分离器和燃油箱中的积水和沉污；

②严格执行维护程序，及时更换燃油滤清器（燃油滤清器包括粗滤器，油水分离器和细滤器）；

③更换燃油滤芯时，要将新滤芯直接安装上去，不得给滤芯灌油后再安装，保证100%的燃油经过滤清器过滤。一定要把安装口附近尘土擦除干净，避免灰尘进入滤芯；

④注意油箱及管路的清洁，注意油箱通风孔及其附近的清洁，避免污物、灰尘和水由此进入油箱。

（3）必须采用性能要求符合规定的发动机机油，使用期间应定期更换机油滤清器。

3. 柴油电控系统故障诊断的基本原则

柴油电控系统是一个精密而复杂的系统，对发动机的运转性能有很大的影响，不论是该系统的ECU、控制线路还是其他任何一个传感器、执行器出现故障，都会在一定程度上影响发动机的起动性、运转稳定性、动力性、经济性等。

造成电喷柴油发动机不工作或工作不正常的原因可能是电子控制系统，也有可能是电子控制系统以外其他部分的问题，还有可能是机械方面的问题。只有遵循电控柴油机故障诊断的一些基本原则，故障的诊断与排除便可迎刃而解。电控柴油机故障诊断排除的基本原则可概括为以下几点。

1）掌握柴油机电控系统的工作原理和构造特点

柴油机电控系统的构造和工作原理比较复杂，在检查与排除电控系统的故障时，必须掌握柴油电控系统的工作原理和构造特点，详细理解掌握技术资料。发动机的某一故障现象可能是以某些总成或部件的故障最为常见，如油门位置传感器、控制器电磁阀、喷油器等，应先对这些常见故障部位进行检查。若未找出故障，再对其他不常见的可能故障部位予以检查。

2）用最简单的方法检查可能出现故障的部位

在发动机出现故障时，先对电子控制系统以外的可能故障部位予以检查，能以简单方法检查的可能故障部位先予以检查。比如直观诊断最为简单，我们可以用“看、摸、听”等直观检查方法将一些较为显露的故障迅速地找出来。如检查电控系统时，先检查各传感器与电脑的连接电线束是否松动或断开，电线是否有磨破或线间短路、断路的现象，电线插接头是否插接就位，有无腐蚀现象，以及各传感器是否有明显的损伤等。直观诊断未找出故障，需借助仪器仪表或其他专用工具来进行诊断时，也应对较容易检查的先予以检查。

3）牢记电喷发动机的故障并非一定出在电控系统

如果发现发动机有故障，而故障警告灯并未点亮（未显示故障代码），大多数情况下，该故障可能与电控系统无关。此时，就应该像没有装电控系统的发动机那样，按照基本诊断程序进行故障检查，如检查发动机有无异响、缸压是否正常等。否则，可能遇到一个本来与柴油电喷系统无关的故障，却检查柴油电控系统的传感器、执行器和电路等，花费了很多时间，而真正的故障反而没有找到。众所周知，乱拆瞎碰，只能将小故障变成大故障，甚至造成无法挽回的损失。因此，必须首先对发动机的故障现象进行故障分析，了解可能的故障原因有哪些，然后再进行有针对性的检查。只有这样才可避免故障检查的盲目性，既不会对与故障现象无关的部位做无效的检查，又可避免对一些有关部位漏检而不能迅速排除故障。

4）当电喷发动机发生故障时，要准确判断故障的部位是非常困难的

当电喷发动机运行时，故障自诊断系统监测到故障后，便以代码的方式将该故障储存到电

脑的存储器内，同时通过警告灯报警。因此，检修时应优先借助于 ECU 的故障诊断接口(插座)，按特定的程序用人工跨接的方法或使用故障诊断仪，将 ECU 存储器中的故障代码调出，并以灯光闪烁的方式或直接由诊断仪显示屏以数字形式显示出来，从而帮助维修人员快速正确地判断故障的类型和范围。待故障代码所指的故障消除后，如果发动机故障现象还未消除，则再对发动机可能的故障部位进行检查。故障排除后，同样按特定的程序，用人工方法或借助于诊断仪，将存储在 ECU 存储器中的故障代码清除掉，以便记录和存储新故障码。

5) 准备好有关检修数据资料

电控系统的一些部件性能好坏，电气线路正常与否，常以其电压或电阻等参数来判断，如果没有这些数据资料，系统的故障检查将会很困难，往往只能采取新件替换的方法，这会造成维修费用猛增且费工费时。除了从维修手册、专业书刊上收集整理这些检修数据资料外，还应利用无故障机械对其系统的有关参数进行测量，并记录下来，作为日后检修同类型机械的检测比较参数。

6) 电控系统中有些传感器对发动机性能的影响不大

电控系统中虽然有几种传感器对喷油量有较大的影响，如油门位置传感器、发动机转速传感器。但还有许多传感器在控制喷油量时只起一个很小的修正作用，如外界大气压力传感器、进气歧管温度传感器等。它们把这些信号传给中央处理器后，中央处理器在计算喷油量和喷油正时时，对这些信号只是取一个很小的修正系数，因而并不会对发动机的运行工况造成很大的影响。因此，在分析故障时，应该把一些影响不是很大的传感器放在其次考虑的位置，尤其对于故障现象明显的机械，不要用过多的时间去研究一些无足轻重的传感器。

4. 故障诊断时应注意的问题

电控系统在提高柴油机性能的同时，也使电控柴油机的故障诊断变得复杂。电控柴油机故障自诊断系统的开发应用，对于及时发现故障以及故障维修提供了方便。

电控柴油机故障自诊断系统，一般由电子控制器(ECU)中的识别故障及故障运行控制软件、故障监测电路和故障运行后备电路等组成。不同厂家生产的电控柴油机，其故障自诊断系统的故障检测项目不尽相同，故障代码储存和显示方式也有所不同。故障代码储存在随机储存器(RAM)中，随机储存器与蓄电池直接相连，故障代码可长期保存，清除故障代码需要断开专门的随机储存器连接电路或者直接断开蓄电池。目前，解读获取电控柴油机故障代码大多是通过三种方式来完成的。一种是靠仪表盘上的故障指示灯间隔闪烁次数来读取；另一种是借助于专用的机型解码仪直接读取故障码；还有一种是国内厂家生产的故障代码分析仪，以汉显的方式读取故障代码的汉语文字说明，是我国电控柴油机维修者普遍青睐的一种方式。前两种电读码方式还需查有关的资料，才能懂得故障代码的含义。无论采用何种方式解读故障代码，一旦电控柴油机的控制电脑出现记录和储存错误的故障代码，就应对电控柴油机进行维修。

电控柴油机喷油系故障诊断方案框图如图 5-3 所示。它主要由传感器模块、执行器模块、控制器模块、实时监控和故障诊断模块、串行通信

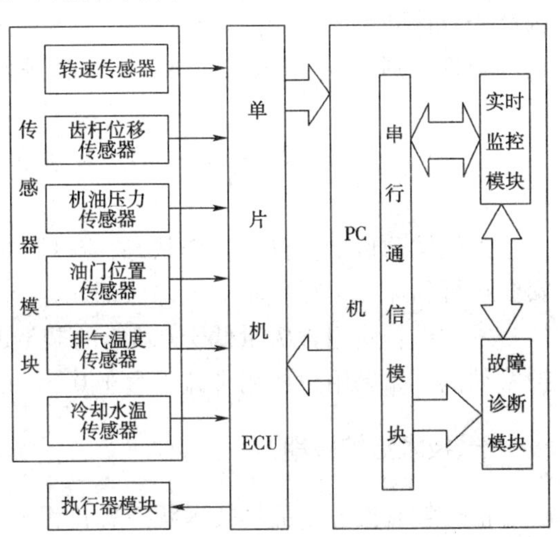

图 5-3　电控柴油机喷油系统故障诊断总体方案图

模块等构成。目前电控柴油机喷油系故障诊断技术研究内容主要有:传感器、执行机构、诊断理论、多功能软硬件开发、系统的建模、仿真和实验等。

维修人员通过解读故障代码,大多数都能判明故障可能发生的原因和部位。然而,在维修电控柴油机时,若仅靠故障代码寻找故障,往往会出现判断上的错误。实际上,故障代码只是电控柴油机电脑(ECU)认可的一个是或否的界定结论,不一定是电控柴油机真正的故障部位。因此,在对电控柴油机进行维修时应综合分析判断,结合电控柴油机故障的现象来寻找真正的故障部位。

电控柴油机故障代码在以下三种情况时,易出现错误信息,维修时应注意。

(1)电控柴油机运行时故障明显,但因传感器有故障而自诊断系统没有监测到。电控柴油机控制电脑(ECU)传感器信号进行检测时,只能接受其设定范围之内的传感器非正常信号,从而判别传感器的好与坏,记录或不记录故障代码。一旦解读故障代码故障后,只要对相应的传感器、导线连接器、导线进行检查,找到并排除短路、断路的故障即可。但是,若因高温、老化等原因致使传感器灵敏度下降、反应迟钝、输出特性偏移等,则自诊断系统就测不出来了。尽管发动机确有故障表现,但是自诊断系统却输出了正常的无故障码(故障指示灯不闪烁)。这时就应该依据发动机的故障征兆,在排除机械故障的基础上,再根据电控系统工作原理进行分析判断,继而对相关传感器单体进行有针对性的检测,以便找到并排除传感器故障。

例如,当发动机转速失准并伴有行驶中发动机怠速不稳,但自诊断系统又没有故障代码输出时,应考虑和怀疑进气压力传感器是否出了故障,这个传感器性能的好坏,直接影响 ECU 所控制的发动机基本的燃油喷射量。尽管此时没有显示相应的故障代码,也应该对它们进行检查。

(2)电控发动机使用维修不当也可能引发错误的故障代码。在对电控柴油机实施维修时,由于维修人员维修不当或者操作失误,会导致故障自诊断系统输出错误的故障代码。例如,在发动机运转过程中,检修人员随意或者无意把传感器插接头拔下,每拔下一次传感器插接头,自诊断系统就会记录一次故障代码。另外,若在上一次维修时,由于操作不当而未能完全清除掉旧的故障代码,那么电脑也同样将原来旧的故障代码保存其内,因此在对电控柴油机维修时也要加以注意,不应造成不必要的人为故障代码,给维修工作带来混乱和困难。

(3)与发动机工况故障现象相似,ECU 监测失误,自诊断系统可能显示错误的故障代码。因此当自诊断系统出现故障代码以后,还应该与发动机的实际故障症状进行分析比较,以得到正确合理的判断,不应该将故障代码当作排除故障的唯一依据。

第三节　柴油机的维护方法及基本要求

为使发动机处于良好工作状态,应按照要求检查并定期维护发动机。定期维护是发动机安全运行和降低运行成本的最好保证。

发动机若使用含硫量低于 0.5% 的柴油时,应按照规定的时间间隔或车辆行驶里程来维护发动机。如果用户使用含硫量大于 0.5% 的柴油,则发动机的维护周期间隔应减半。

一、技术维护周期

根据柴油机各零部件技术状态恶化程度不同的规律,将各项需要定期进行的技术维护操作分为 4 个级别。

(1)每日技术维护:通常在每个工作班 8 ~ 10h 结束时进行。

(2)一级技术维护:柴油机每累计工作 100h 或车辆每行驶 4 000 ~ 5 000km 后进行。

(3)二级技术维护:柴油机每累计工作 500h 或车辆每行驶 20 000 ~ 25 000km 后进行。

(4)三级技术维护:柴油机每累计工作 1 000h 或车辆每行驶 30 000 ~ 40 000km 后进行,或用户根据柴油机工作状况自行决定。

二、技术维护内容

为了保证柴油机的正常工作,在使用过程中应按下述程序进行技术维护工作。

1. 每日技术维护

除完成前面介绍的发动机起动前、起动后和停机后的工作外,还应注意柴油机运转时要随时查看仪表的工作情况,仪表损坏应及时修理或更换。保持柴油机清洁,特别是电气设备不得染有油污,散热器(水箱)上不得附有异物。如果用水冲洗柴油机,注意不能让水从加油口、油尺座孔、进气管进入柴油机内部。

柴油机在灰尘较多的环境下工作,则应每天拆开空气滤清器,清除灰尘,保持空气滤清器良好的工作状态。

清除蓄电池上的灰垢及溅出的电解液,保证通气小孔的畅通。在正常的使用条件下,蓄电池几乎不需要进行维护,在高温条件下则应定期对液面进行检查。液面应位于蓄电池侧面的 Min 和 Max 标记之间。当蓄电池内的电解液不够时,应及时加注蒸馏水。

使用蓄电池时应注意:

(1)绝不能随意向蓄电池添加电解液及其他不干净的水,否则会造成充电不足,影响使用。如蓄电池液面下降很快,应到维修站修理。

(2)蓄电池酸液具有腐蚀性,不可溅到眼睛、皮肤及衣服上,溅到酸液必须立即用清水洗净。

2. 一级技术维护

完成每日技术维护的内容。柴油机累计运转 100h 或车辆累计运行 4 000 ~ 5 000km 后增加下列维护内容:

检查蓄电池的电解液密度或电压;检查风扇皮带松紧度并调整;清洁空气滤清器,输油泵的进油滤网;清洗冷却液散热器(水箱);检查柴油机的紧固状况;A 型喷油泵应向喷油泵皮膜室加 2 ~ 3 滴蓖麻油或缝纫机油;对柴油机张紧轮加润滑脂。

3. 二级技术维护

完成一级技术维护各项维护内容。柴油机累计运转 500h 或车辆累计运行 20 000 ~ 10 000km后应增加下列维护内容:

根据工作状况检查喷油器,校对喷油压力,观察喷雾情况,并进行必要的清洗和调整;根据工作状况检查喷油泵,必要时重新调试;更换油底壳内机油和喷油泵内的机油;更换机油旋装滤芯、柴油旋装滤芯;检查气门间隙,必要时进行调整;检查水泵溢水孔的滴水情况,如发现滴水严重应更换水泵;检查电气设备、各电线接头是否接牢,有烧损的应更换;检查清洗曲轴箱通风装置(呼吸器);清洗燃油箱(燃油箱具有储存油料、沉淀水分和杂质的作用)。

4. 三级技术维护

三级技术维护以总成解体、清洗、拆检、调整、清除隐患为中心,除完成二级技术维护外,柴油机累计运转 1 000h 或车辆累计运行 30 000 ~ 40 000km 后应增加下列维护内容:

拆洗柴油机,清除积炭、油污,清洗全部润滑油管、油道;检查气门、推杆和摇臂接触面的磨损情况，必要时进行修理或更换；检查活塞环、汽缸套、连杆小头衬套及连杆轴承的磨损情况，必要时更换；检查曲轴主轴承、止推片磨损情况；检查传动机构、传动齿轮啮合面磨损情况，并进行啮合间隙的测量，必要时进行修理或更换；检查进、排气门和进、排气门座的磨损情况，进行修复和研磨、试漏，必要时进行更换；检查喷油器喷雾情况，必要时将喷嘴偶件进行研磨或更换；检查机油泵，对易损零件进行拆检或测量，并进行调整；检查汽缸盖衬垫和进、排气管垫片，已损坏或失去作用的应更换；检查发电机和起动机，清洗各机件、轴承，吹干后加注新的润滑脂，检查起动机齿轮磨损情况及传动装置是否灵活。

5. 季节性技术维护

在冬季，柴油机冷却系统应使用防冻液，建议每一年更换防冻液。未使用防冻液长时间停车必须放水。进入冬季润滑系统应及时换用冬季用润滑油。根据环境温度变化情况，选择适用的轻柴油。根据季节不同变更蓄电池电解液的浓度。

三、冷却系统的技术维护

柴油机在运转时，冷却系统内必须有足够的防冻液（冷却液）以保证柴油机的正常工作。每次开机前必须检查，并及时补足防冻液。更换防冻液时，在按要求加入防冻液后，应使柴油机运转5min，以使防冻液充满冷却系统，再停机复查液面高度，不足时应补充。

禁止使用自来水、矿泉水等未经处理的硬水；冷却系统中有水垢时应及时清洗；经常检查节温器的工作状况；禁止使用劣质的防冻液或混用不同型号防冻液，以免腐蚀机件；按规定检查风扇皮带的松紧度。

四、润滑系统的技术维护

1. 应使用符合质量等级和黏度等级的柴油机机油

2. 机油液面的测量

油底壳内的机油油面位置，是用装在柴油机上的油尺来测量的。在测量时，机械应停放在水平位置且柴油机停止运转，待油面静止后抽出油尺，并用清洁棉布拭去油尺上的机油，然后再插入油底壳中，要将油尺插到头为止，再抽出油尺检查油面高度。油尺上刻有两条刻度线，机油油面不得低于下刻线。因为在这种情况下，极易造成机油泵吸不上机油。而机油超过上刻线也是不适当的，因为曲轴的曲柄在这种情况下将会撞击机油表面，使曲轴箱内形成过量的油雾和飞溅的油液，从而造成活塞顶部与燃烧室壁严重积炭。同时，活塞环将被结焦黏住，使柴油机产生冒烟和油封渗油、机油耗量增加等故障。因此，除了要随时注意机油压力外，在开机前还应检查机油油面的高度。

加机油太少会被吸空，油压将下降，机油到不了各润滑表面，这将加快零部件的磨损，甚至发生烧瓦事故。

加机油过多有许多危害：

（1）机油过多容易在曲轴前后端泄漏出来，增加机油的消耗量，也污染环境，增加了维护的难度；

（2）发动机工作时由于曲轴搅动，使机油起泡沫变质，增加曲轴转动阻力，另外油面过高也会阻碍连杆的运动，从而降低机械效率；

（3）机油上窜到燃烧室燃烧增多，容易在活塞环、活塞顶部气门座、喷油嘴处形成积炭，导致活塞环的咬死、喷油嘴堵塞等故障；

(4)过高的油面在连杆大头搅动下容易产生油气，遇高温会着火燃烧，引起曲轴箱的爆炸。

3. 换用新机油

机油经长期使用后，不仅会有杂质、尘垢出现，而且由于一些未燃烧的燃油混入机油，使机油变稀，部分废气的窜入使机油变质而腐蚀机件。因此，机油经一段时间的使用后，应更换新机油。

假如在油底壳内积存有大量的杂质，新柴油机磨合时，应用清洗油（轻质锭子油）清洗润滑系统，绝对禁止使用汽油或煤油清洗。

清洗柴油机内部时，向油底壳内注入清洗油，油面至油尺两刻度线的中部，拆下所有预热塞，并用摇柄转动柴油机曲轴 2 ~ 3min，然后迅速将清洗油放出。

每次更换新机油后，还应将柴油机无负荷短时间运转一会儿，以保证润滑系统及其所需供油部位都能得到足够的机油。在从汽缸盖罩上的加机油口注入机油时，加入的机油须通过汽缸盖上的推杆孔才能流入油底壳内，所以需待 5min 后才能检查机油的油面高度。加机油时各个环节需保证清洁，以防混入杂质和灰尘。加注完毕，应将加油盖盖好。

五、长期存放的技术维护

柴油机使用后，若在一段时间暂不启用，应妥善保管和封存，以防机件锈蚀。柴油机如果连续存放 3 个月以上，应进行以下技术维护：

(1)放尽柴油、机油（包括喷油泵内的机油）和冷却液，因冷态时机油黏度较大，流动性差，故放机油须在热机时进行；

(2)加入脱水机油，摇转柴油机曲轴数转，使机油均匀地附着在各运动部件表面；

(3)擦净柴油机外部油污、尘土及锈迹，在未喷漆的零件表面涂上一薄层防锈油；

(4)用塑料薄膜将柴油机进气口、排气口、加油口处加以包扎，防止异物、尘土或水滴进入；

(5)放松传动皮带，以免皮带长期绷紧变形；

(6)经过封存的柴油机应放置在通风、干燥、清洁的室内，附近不得有腐蚀性气体，若不得不在露天存放时，最好装箱或用塑料罩包裹，并离开地面；

(7)封存的柴油机应同时保存有柴油机型号、出厂日期、累计使用时间，技术状况等档案记录；

(8)长期封存保管的柴油机，保管者至少每半年全面检查一次，并按柴油机起动、运转的要求，低速运转 3 ~ 5min，以保持各运动件表面的油膜，停机后按柴油机的封存要求重新进行封存。

六、技术维护注意事项

(1)使用人员应当遵照技术维护规程，按级、按项、按质地维护柴油机，不得任意削减维护项目或任意延长维护周期。

(2)进行三级维护时应在室内进行，以防灰尘进入机器内部。

(3)对一些技术要求较高及复杂的维护操作或调整，应由专业技术人员完成。

第四节　柴油机典型故障及排除方法

柴油机故障形成的原因是多方面的，故障的表现形式也是多样的。柴油机发生故障后，维修技术人员应从柴油发动机的结构、工作原理为基础,充分运用理论知识和实践经验,根据故障发生的现象或症状进行具体分析,由此及彼,由表及里,按系统分段,采取检查与推理相结合,筛选与综合分析相结合的方法,对故障进行诊断,找出故障原因和部位,迅速准确排查故障,使柴油机保持正常工况状态。

柴油机常见故障的诊断方法一般可分为凭人工经验的直观诊断法、凭仪器设备检测的客观诊断法和综合诊断法。

一、排除柴油机故障的直观诊断法

1. 眼观

用眼观察发现柴油机的"三漏"(漏气、漏水、漏油)现象,机油、柴油的颜色、黏度及清洁程度,判定转速是否稳定等。看发动机排出的烟色,技术状态良好的柴油机,正常负荷下排出的尾气是淡灰色或接近无色透明的气体。当排出的气体不透明或含有颜色时,表示其中含有某种液体微粒或固体微粒,这是有故障现象的反映。造成废气具有颜色的原因很多,并且废气颜色的深浅程度也因其影响因素和程度不同而有所不同。

柴油机过冷,水温过低,喷油器喷油压力低并漏油或燃油雾化不良,燃油中有水,机体、缸盖、缸垫破裂损坏,冷却水漏入汽缸等可使柴油机冒白烟。柴油机冒白烟分灰白色烟和水汽白烟两种。当喷油压力低,喷油器中喷油嘴针阀在开启位置时卡住或供油时间太晚时,致使部分燃油没有燃烧呈灰色白烟排出。柴油中含有水分,或汽缸盖衬垫被冲坏,汽缸或汽缸盖有裂纹及其他原因造成冷却水漏入汽缸则引起排气冒水气白烟。柴油机冷机起动时冒白烟,温度升高后不冒白烟,表明属正常现象。

排气冒蓝烟,一般是润滑油进入汽缸变热蒸发成为蓝色油气随废气一起排出汽缸造成的。润滑油进入汽缸引起冒蓝烟的主要原因是:润滑油沿气门及气门导管过大间隙下漏进汽缸;活塞环磨损、卡死、拆断、走对口、弹力不够或油环刮油不良、气环装反等导致润滑油上蹿进入汽缸;缸套内表面过度磨损而密封不良;油底壳内机油油面、油浴式空气滤滑器的油位高度过高;汽缸垫烧坏等使机油混入燃油中燃烧。

排气冒黑烟是由于燃油在汽缸中燃烧不完全,形成较多的炭粒悬浮在燃烧气体中随同废气一起排出造成的。该故障首先从燃油系统诊断:一是可能喷油泵供油量过大,造成进入汽缸的燃油增多,引起空气不足,燃烧不良导致冒黑烟;二是喷油器雾化不良,易产生油滴,不能和空气很好地混合,使混合气的形成条件恶化,燃烧不完全引起冒黑烟;三是喷油时间过早,汽缸中的压力和温度低,部分燃油燃烧不完全形成炭粒引起冒黑烟。另外可以从压缩压力诊断:如果汽缸压缩压力不足,使汽缸在压缩行程终了时的空气量相应减少,改变了油气正常混合比,造成油多气少,使燃油在缺氧的条件下燃烧而排黑烟。最后从其他方面诊断如喷油泵齿杆行程调整不当、柴油机负荷过重、空气滤清器或进气胶管堵塞、燃油质量低劣等也会使柴油机冒黑烟。若连续排黑烟,说明柴油机各缸工作均不正常。间断排黑烟说明个别缸工作不正常,可能是空气滤清器堵塞、气门间隙不正确、汽缸压缩力下降、供油时间过迟,或是喷油泵、喷油器技术状态不佳,供油压力和喷油压力过低。

若蓝黑烟相间混合排出,鉴别困难,可拆下排气管,做进一步观察和判断。

2. 听噪声

技术状况良好的柴油机,在各种工况下应运转平衡、响声纯正、无明显杂音几乎听不到不正常的噪声和金属敲击声。若运转异常,可凭耳朵听诊或借助金属棒与相应部位接触,根据异响的特征,出现的时机、声音的大小、振动的程度,以及故障异响是连续的还是间断的,是尖锐的还是钝哑的,是加负荷发生的还是减负荷发生的等进行分析判断,捕捉其变化规律,判断故障的大致部位和原因。

主轴承敲击声是一种音调低沉、闷而有力的"当当"声,随着转速升高,声音也增高。猛提转速及加负荷时响声更为强烈。此时机油压力低,可用长柄螺丝刀在机体中下部靠近曲轴主轴承两侧诊听。若要断定是哪一道轴承响,可用停缸法判断。使一个或两个相邻的汽缸停止供油,响声减弱或消失则证明其中一个或两个汽缸相对应轴瓦有毛病。

连杆轴承敲击声是一种比主轴敲击声轻,音调尖而清晰的"当当"声。猛提转速及增加负荷时响声更易察觉。可用长柄螺丝刀在机体中上部的两侧诊听,也可用停缸法判断,若某一缸停止供油,响声消失或减弱,即是此缸。

活塞和缸套敲击声是一种清晰的"当当"声,沿汽缸全身均能听到,转速发生变化及冷机起动时更为明显。温度升高后,响声逐渐消失或减弱,这一点和主轴承的响声显著不同。若此声在柴油机温度正常时存在,则要及时排除,以免发生事故性损坏。

活塞销敲击声是一种非常尖锐、音调很高而明显的金属敲击声,颇似用锤击铁砧的声音。柴油机低速时,响声缓慢而明显,猛提转速或由高速突降到低速时,在汽缸上部可听到尖锐的冲击响声。当柴油机温度升高时,响声不减弱,有时还会增高,这和活塞敲缸明显不同。活塞销响声较大应予检修,以防活塞销折断或衬套严重破裂,引起拉缸甚至捣缸事故。

气门脚敲击声。柴油机低速运转时,发出一种连续不断有节奏的"嗒嗒" 敲击声。转速升高时,声音也增大。若有数只气门响, 则声音杂乱无章。在汽缸盖上听得较清楚。

柴油机调整不当而在燃烧过程中产生的粗暴响声,大致有:喷油时间过早,在汽缸里发出有节奏的"当当"清脆金属敲击声(也可能由于活塞与汽缸间隙过大引起);喷油时间过迟,在汽缸中发出一种低沉不清晰的响声,其外部特征是机身温度升高,消声器及排气管烧红,冷却水温度高。喷油时间过早或过晚均需调整适当。

柴油机起动后产生无规律的振抖响声,且随着发动机转速的增高而加剧。产生此种异响主要原因是支承螺栓松动,柴油机安装位置不当致使曲轴与相连传动轴不同轴等。

3. 手感觉

用手触摸柴油机可以测出柴油机工作温度是否异常。用手掌或手背,触摸物体有热感时,物体温度一般在 40 ±2℃左右;有烫手感觉时,一般在 50 ±2℃ ~60 ±2℃左右;一接触就感到十分烫手,难以忍受,该物体温度至少有 80 ±2℃以上。根据柴油机工作时机构各部分允许达到的技术温度,用手触摸,对照比较,便可粗略得出该部分温度是否正常。

用手指测出高压泵供油状况。柴油机运转时,用拇指和食指捏住高压油管,若感觉振动有力并伴有向前推动的节奏,则说明柱塞、出油阀偶件和喷油器状况良好;若手指感觉空虚无力,且脉动较小,则说明柱塞、柱塞套筒或出油阀减压环带磨损,或者喷油器弹簧折断而喷油压力降低;当手指感到脉冲阻力大且有反冲性振动,则是喷油器压力调整过高或针阀卡死、喷孔堵塞。用起动手柄转动发动机能感知汽缸压缩是否良好;摇动运动件能发觉是否卡滞、碰擦;摇晃紧固件,能感其是否松动。

4. 鼻嗅

正常人的嗅觉可以发现柴油机工作不正常时产生的异常气味,如柴油机过热,机油燃烧排出的糊烟气,导线烧毁、电路短路、电气件烧坏的焦臭味。

5. 其他辅助直观诊断方法

1)松高压油管

在柴油机转速稍高于怠速(约600~700r/min)时,逐个拧松各缸各高压油管一端的紧固螺母,切断喷油泵至喷油器的高压油路,观察柴油机的工作情况有无变化。当拧紧某缸高压油管后,如柴油机转速和声音有变化,即可认为该缸工作良好;如无变化,即可认为工作不良或不工作。

2)拆排气管

当柴油机工作不良时,拆下排气管观察特别容易发现问题所在。拆下排气管,冷车起动,用手快速接近各缸排气口(注意! 切勿灼伤),感受排出废气的温度。如某缸温度比其他缸低时,则该缸喷油量过小;某缸温度过高时,则该缸喷油量过大;某缸排气孔有油迹,甚至流出润滑油,则系该缸窜润滑油,可能是活塞环对口、装反或过度磨损,也可能是缸套、活塞磨损超限。

3)换件对比

当对某缸的零部件有怀疑时,可换上性能良好的同类零部件进行对比。

上述各种方法应根据具体条件灵活应用。当遇到复杂难解的故障时,可同时选用其中几种方法综合判断分析,就能快速准确地找出故障的原因和部位。

二、客观诊断法

客观诊断法,也叫仪器设备检测法,它用各种技术手段在发动机不解体的情况下,迅速准确地检测柴油机各机构、各系统乃至各零件的技术状况,查明故障发生部位,从而针对性地制定故障排除措施。

例如,根据柴油机温度可以作为其不解体诊断故障时的辅助参数。通过水温表指针的变化可诊断柴油机冷却系统的技术状况。柴油机正常的工作温度一般在80~90℃为宜。温度过高将使柴油机的充气系数减少,功率下降,油耗增加,润滑油黏度下降而加剧零件磨损;温度过低,将使燃料雾化不好,柴油机出现工作粗暴、冒黑烟等现象,使动力性、经济性变坏。

三、综合诊断方法

柴油机一般作为动力装置,由于工作环境差和工作条件复杂的影响,出现故障是客观存在的,形成故障原因是多种多样的,或一种原因为主,或同时存在两种及两种以上综合因素,因此必须运用综合诊断方法来分析、研究故障原因,为排除故障提供前提条件。

第六章　工程机械的运用

第一节　工程机械的选型

一、工程机械设备选型原则

正确地选择施工机械,可使有限的投资发挥最大的技术经济效益。工程机械的购置,首先要做好机械的选型工作。购置机械必须遵循技术先进、经济合理和生产适用的原则,对机械的适用性、技术先进性、经济性、可靠性、环保性及维修性等方面进行综合考虑。

二、工程机械设备选型应考虑的因素

1. 适用性好

应需要根据施工特点、生产的具体情况选择适当的机械,选型要符合施工单位装备结构合理化的要求,也要适合施工需要,使设备充分发挥投资效果。选择适用的生产设备要考虑机械的生产能力(单位时间内完成的工作量)和机械适应性,适应施工地区的工作条件和环境,操作灵活,使用方便,能适应多种作业性能,通用性强。

2. 技术先进

机械设备技术上的先进性应以生产适用为前提,以获得最大的经济效益为目的。既不可脱离国情和本单位的实际需要而一味追求技术上的先进,也要防止选择技术上即将落后的机械设备。参与机械设备选型的人员应掌握国内外新技术、新成果的情况,掌握相关的技术发展信息,对技术先进性做出认定。技术先进性不仅指机械设备广泛引用新技术、新工艺、新材料的情况,还应体现在设备具有优良的技术性能、结构紧凑、质量轻、体积小、机动性好等特点。

3. 经济性好

机械设备的经济性评价分析可采用现值法、投资回收期法和年费用法等方法进行。

现值法是对选择的机械设备,在其使用年限相同,性能相同时,把各种不同设备的购置费和维持费通过复利计算,求出设备寿命周期内费用现值,选择现值最小的设备的方法。

投资回收期法是一种根据投资回收期的长短来判断投资方案优劣的方法,即计算使用新机械所获得的年净收益(纯利润)来回收投资的年数。投资回收期主要取决于不同机械的投资额及由于采用新机械所带来劳动生产率的提高、能源和原材料的节约,产品质量得到保证等方面所增加的收益。在其他条件相同的情况下,选择投资回收期最短的设备。

投资收益率是某机械投资所获收益与其投资额的比率,表示该项投资所占用资金创造收益的能力。计算所得的投资收益率必须与标准投资收益比较,只有当计算结果大于标准值时,这项投资才能被接纳,否则应放弃。

年费用法是把各种使用期限不同、购置费及维持费不同,但增益性能相同的设备,用复利

法换算成年费用进行经济评价选择年费用最小的机械的方法。

4. 可靠性高

可靠性是指机械精度和准确度的保持性,零件的耐用性、安全可靠性等。在技术上用可靠度来表示,可靠度是指零件、部件、系统在规定条件下,在预期的时间内实现其预期功能的概率,它是可靠性量化的特征值。

机械购置的选型工作,主要考虑其固有可靠度、平均故障间隔期和故障频率、维修度与可利用率。在机械购置的选型过程中,可靠性的选择,必须进行大量、细致的调查工作,从候选机械中找出可靠性最佳的机械。

5. 环保性好

目前国家对机械设备环保性能的重视,人们日益增强的环保意识,要求设备在生产运行时噪声小,低排放,切实保护环境。在机械选型中,要注意所选机械的噪声、气体排放、粉尘污染等监测数据是否符合环保标准的要求;机械在使用中排放的废气、粉尘、废渣、污水以及有毒、有害物质应配有相应的治理装置;还应考虑为了达到法令所规定的要求而产生附加费用的高低。工程机械中大型机械较多,多数为耐用机械,使用年限较长,因此,要注意制造材料、施工工作噪声、废气和废物排放是否达到国家法规要求。

6. 维修性好

机械的维修性指机械维修的难易程度。现代化机械设备一般具有修理间隔期长,修理时间短,易于维修,费用支出少等特点。机械设备的标准化、通用化程度较高,互换性较强。选择机械设备时,要考虑与本企业修理设施、技术力量的适应程度。

维修性好的机械可延长修理周期,减少维修时间及修理劳动量,降低维修成本。维修性好的机械应具备以下条件:机械的系统设计合理,结构比较简单;零部件组合装配合理,维修时易拆、易装、易检查;零部件的通用性、标准性、互换性好,易于选购维修;润滑性、密封性好,润滑油品易于替代,密封元件易于置换。对大型机械设备,还要考虑供方提供维修资料、备品、配件和其他技术服务的可能性及持续时间。所以在选择机械设备时要尽量选用有实力的大型企业的产品。

7. 厂家对机械的保证程度要高

工程机械市场的竞争日趋激烈,各厂家都对自己的产品为用户提供了许多保证承诺,用户选择机械设备时要认真研究各厂家的保证程度,哪些是实质性的,哪些是通用规则,质保期保证了哪些具体条款等。还要研究厂家的售后服务体系和网络分布及备件供应渠道等。

8. 机械设备的安全性能要好

在选择机械设备时,不能忽视机械设备的安全性。机械设备的故障会带来重大的经济损失和人身事故。机械设备的高速化、大型化使其能量加大,造成事故后的破坏力也就很大。因此,在选择机械设备时,要注意机械设备的材质是否优良,结构是否先进,组装是否合理、牢固,工艺技术性能是否符合本企业的生产技术要求,是否安装有防止事故的自动报警、自动消防、自动停车、自动切断动力等装置。同时要强调防火技术要求和防触电技术要求。

此外还应考虑机械产品的“三化”程度(标准化、通用化、系列化);对操作技术的要求;从人机工程学的角度考虑的操作舒适性等。

三、机械设备选型的步骤与方法

机械设备的选购程序依设备的价格、数量、重要程度的不同,程序也不同。一般机械设备

机械选型综合评分比较表

表 6-1

指标类别	权数	指标内容	单项评分			加权分数 = 权数 × 单项评分		
			A 机	B 机	C 机	A 机	B 机	C 机
经济性	Q_1	年费用或单位产品费用	a_1	b_1	c_1	$Q_1 \times a_1$	$Q_1 \times b_1$	$Q_1 \times c_1$
可靠性	Q_2	可靠度计算值或其他评价资料	a_2	b_2	c_2	$Q_2 \times a_2$	$Q_2 \times b_2$	$Q_2 \times c_2$
维修性	Q_3	零部件标准化程度	a_{3-1}	b_{3-1}	c_{3-1}	$Q_3 \times \sum_{n=1}^{n} a_{3-n} \times \frac{1}{n}$	$Q_3 \times \sum_{n=1}^{n} b_{3-n} \times \frac{1}{n}$	$Q_3 \times \sum_{n=1}^{n} c_{3-n} \times \frac{1}{n}$
		拆装难易程度	a_{3-2}	b_{3-2}	c_{3-2}			
		配件供应情况	a_{3-3}	b_{3-3}	c_{3-3}			
		厂牌统型程度	a_{3-4}	b_{3-4}	c_{3-4}			
		零部件寿命均衡程度	a_{3-5}	b_{3-5}	c_{3-5}			
		至第 n 项分指标	a_{3-n}	b_{3-n}	c_{3-n}			
其他指标								
加权总分合计						$\sum Q_i \times a_i$	$\sum Q_i \times b_i$	$\sum Q_i \times c_i$

说明：(1)表中的加权数是各个指标在综合比较中所占重要性大小的标志，不同的机械设备侧重点不同。权数的选定应广泛吸取各方面的意见，权数的总和宜为 10 或 100。

(2)凡是可通过计算求得具体数值的指标，如经济性、可靠性指标等，不能把计算结果当成分数直接应用，应采取分等给分的方法将其转化为分数。

(3)可把一个大指标再分解成若干个分指标分别评分，以便取得更接近实际的结果。

(4)每一项指标可采取 10 分制或 5 分制评定，除了有确定的数据作依据者外，其他可采用与确定权数相同的方法予以评定。

(5)表中的经济性指标以年费用或投资回收期来表示。

选型应根据施工需要及当地环境特点，综合考虑其他因素后，通过广泛收集市场货源信息（预选），与制造厂或销售代理商联系了解有关情况（筛选），选择厂家具体洽商（洽商），决策后签订合同（实施）等步骤。

预选是在广泛收集机械市场货源情报的基础上进行的。货源情报的来源包括：产品样本、产品目录、广告；机械展销会上收集到的情报；参加展览会和各种讲座；用户厂家提供的情报；制造厂商销售人员上门推销提供的情报；代理商或有关专业人员提供的情报等。把这些情报进行分类汇集，编辑索引，直观地掌握机械设备的外观和形状，从中挑一些可供选择的机型和厂家，就是为机械设备选型提供信息的预选过程。

在收集技术资料的同时，要注意收集价格信息，一般广告不发布价格，可向厂家索要机械设备价格表，对相关设备价格有基本的掌握。

筛选是在第一次预选的基础上进行的。首先要与预选出的机型和厂家进行调查、联系和询问，了解机械设备的有关情况，主要内容包括：设备型号、发动机型号、功率、自重、技术鉴定等级、生产许可证、质量认证、获奖情况、售后服务；详细了解产品的各种技术参数、标准值或规定特性、提供的服务、价格情况；了解该机械国内外发展水平、结构特点及该机械实际能达到的水平、效率、精度、性能；了解制造厂的服务质量、信誉和使用单位对其产品质量情况，备件配件供应的反映、评价；了解货源及供货时间和订货渠道、价格及随机附件等情况。在对多家厂家的产品深入了解的基础上，进行适应性综合评价和分析比较，从中再选出比较理想的机型和厂家。适应性综合评价内容及评分办法见表6-1。

在筛选的基础上与选出的机型厂家提出订货要求（也即询价过程或发招标书），包括施工环境、作业条件（自然条件）、物料种类、订货设备的型号、主要规格、交货期、随机备件及产品资料图纸、人员培训、技术服务、供货范围、质量验收标准等。关键机械设备，要进行专题调查和了解，需到制造厂或这种机械的使用地实地进行深入细致地观察和了解，对有关问题同生产厂家进行商谈，并可与制造厂或代理商草签会谈备忘录或协议等。然后由计划、机务、使用等部门共同评价，选出最理想的机型和厂家作为第一方案（同时也要准备第二、第三方案，以便订货过程中出现新情况时备用）。

如果是采用招标的方式进行机械设备的购置，必须认真准备好招标书。设备的技术参数及性能要求应全面、具体、准确，机械设备的质量要求和验收标准明确，投标单位应提供的备品、备件的数量和价格要求等要明确。

购置设备应做好调研，进行多方选型比较，以技术先进、质量可靠、易于维修、售后服务好、价格合理为主要原则，还可兼顾安全性、灵活性、适应性、节能及环保情况、使用寿命等方面进行全面综合考虑。特别是进口、大型机械设备尤需认真做好必要性、适用性、法规性审查和技术经济论证。如确需购置，要广泛搜集市场货源资料，按照拟定的产品型号先预选，再初选，最后定型。购进后，要严格按照操作规程进行安装、调试，详细做好原始笔录，并进行技术验收和总结，最后交付使用。

第二节　工程机械合理运用

一、工程机械的合理选用

每项工程，在施工任务确定之后，如何选用合适的机械设备来施工，是一个十分重要的问题。机械选用的合理，会收到良好的效果，既可以充分发挥效能，又可提高机械利用工程质量，还可以降低工程成本。

1. 选用施工机械的一般原则

选用施工机械的一般原则有：

(1)与施工工程的土质、地形相适应；

(2)能满足工程设计的质量要求；

(3)不会损坏已完成的工序和降低其质量；

(4)生产效率高，能按期完成工程量；

(5)机械使用费低，施工成本低；

(6)机械配套合理，并有一定比例的储备应急机械；

(7)机械技术状况良好，能保证完成施工任务；

(8)使用安全而不污染环境。

2. 选用机械的经济性分析

使用施工机械是否经济，讨论分析的标准常以机械施工费的高低为基础，再考虑其他因素后做出判断。机械施工的单价可以按下式进行计算：

$$C_u = (R + ut)/qt \tag{6-1}$$

式中：C_u——施工单价；

R——机械消耗费（提取固定费）；

t——机械的实际作业时间；

u——实际作业中单位时间机械运行费；

q——实际作业中单位时间机械施工量。

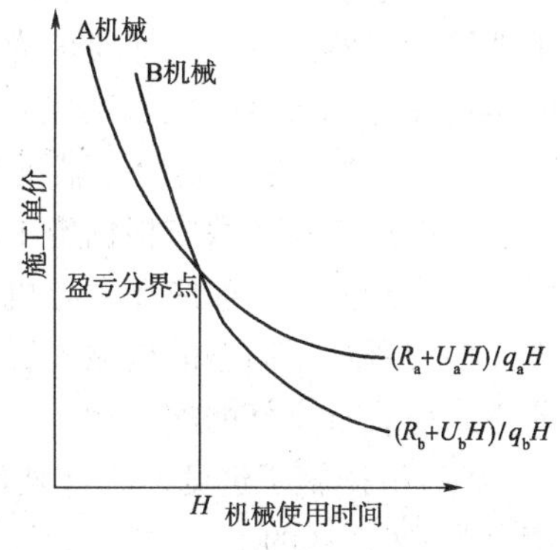

图 6-1 用盈亏分界点选择机械

在比较两种机械中使用哪种机械更经济时，常使用盈亏分界点分析法对施工机械进行经济选择，如图 6-1 所示。

比较两种机械的施工单价，在使用时间达到某一时期时，即盈亏分界点 H 处，两种机械的单价相等。但当使用时间大于 H 时，B 机械施工单价较低，而当使用时间小于 H 时，B 机械施工单价却较高。因此，从经济上选择施工机械应以盈亏分界点为基准。

盈亏分界点使用时间，可按下述方法进行计算。

设施工机械 A 使用一年的机械消耗费为 R_a，一小时的运行费为 U_a，一小时完成的施工量为 q_a，而施工机械 B 则相应的为 R_b、U_b、q_b，当两者运行单价相等时，则：

$$(R_a + U_aH)/q_aH = (R_b + U_bH)/q_bH \tag{6-2}$$

所以

$$H = (R_bq_a - R_aq_b)/(U_aq_b - U_bq_a) \tag{6-3}$$

式中：H——盈亏分界点使用时间。

(1)当 $R_bq_a - R_aq_b > 0$，$U_aq_b > 0$ 时，在每年使用时间低于 H 的情况下，A 机械经济，如超过 H，则 B 机械经济。

(2)当 $R_bq_a - R_aq_b < 0$，$U_aq_b < 0$ 时，在每年使用时间低于 H 的情况下，B 机械经济，但如超过 H，则 A 机械经济。

(3)当 $H < 0$，并无盈亏分界点，在 A 机械和 B 机械中，经常有一种要比另一种经济。

二、工程机械的合理配套

工程机械的配套应当使机械的类型、规格和数量与工程作业内容、作业量及当地自然条件相适应,充分考虑机械之间的配套性,经济性是否合理。

1. 工程机械的合理配套的基本原则

(1)以工程作业系统整体目标最优为目标,以主要工程工序完整、作业效率高为原则。

(2)配套机械的品种、规格、数量,必须符合工程作业内容。

(3)配套机械的性能必须符合工程作业质量要求。

(4)配套机械的生产效率应与所承担的施工任务量相适应。

(5)各个施工环节上所配备的机械设备充分发挥作用,充分发挥机械化作业的优势。

(6)机械配套必须依据科学理论方法对其实施效果进行对比分析和经济评价。

(7)在专项施工工序机械配套上,必须遵循经济、实用、高效的原则。

2. 工程机械的合理配套

(1)掌握工程施工工艺过程、作业量及机械产品规格性能等各方面的信息资料。工程机械是依据所承担的工程量、工程质量标准、施工进度网络计划、施工环境、现有机械的技术状况和新机械的供应情况进行合理配套的。

(2)进行机械配置的关键是选择施工作业的主导机械。应以施工质量、施工进度、符合施工地区的自然条件和环保要求为目标,进行主导机械的选择,充分发挥主导机械的工作能力,应尽可能考虑机械的现代化程度。

(3)围绕主导机械配置辅助机械,在操作上两者相互匹配,并要求双方的生产率协调一致。辅助机械及台数应根据施工环境及要求,结合工程量、工期等求出。在实际操作中,辅助机械的生产能力一般应比主导机械的大10%~20%,以确保主导机械的最大施工能力。同一作业面应避免不同型的机械配置,以利于现场统一管理。相互作业机械设备的技术性能和作业方式应具有良好的配套性。

(4)根据施工进度网络计划计算出分阶段工程的工作强度及高峰工作强度,尽量实现均衡生产,使高峰的工作强度降低,施工低潮的工作强度提高。机械配置按照施工高峰的工作强度、施工条件、工作面参数进行,并根据实际情况的变化进行调整。机械配置主要对机械进行规格型号、数量、生产率等主要技术参数进行确定。

(5)根据工程质量要求确定机械设备的生产质量性能指标。机械设备的生产质量性能指标是机械配置的前提条件,必须满足要求,尤其是混凝土滑模摊铺机、稳定土拌和机、沥青摊铺机、混凝土拌和站等大型设备,必须符合所承担的工程质量的要求,能达到设计标准。

(6)在进行机械配套时,一般都有多种方案及施工方法,在满足工程进度的情况下,要对各种配套方案进行成本分析,选择收益最大的最优方案,实现经济合理、效益最大化。机械配套方案应符合适用、高效、因地制宜、技术上可行等原则。

(7)经过系统的调查研究,分析数据及有关资料,按可行性程序进行优先次序、时间顺序,对工程机械配套进行动态监控。

(8)选择设备时应充分考虑安全、环保、性能、符合人机工程学原理的设备,为文明施工创造条件,在提高基础建设水平的同时,更好地保护环境,保护劳动者的健康。

(9)旧设备与新设备的配套要合理。一般施工企业都有一些技术或经济寿命已经终止的老旧机械,它们利用率低、折旧年限长、更新迟缓,与新机械相比差别悬殊。在配置时,要对所使用的老旧机械的技术性能有一个较完善的鉴定手段,绝对反对只重视数量而忽视完好率,影响流水线作业的整体效率的发挥。

(10)尽量使用国产或自己研制的替代产品,这样更便于运行过程中的维护、改进。非引进不可的机械设备,必须考虑到选型的先进性,是否具有广阔的应用空间。

3. 机械成本的评价

对某项工程的机械成本进行分析时,要确保工期完全按计划执行。如工期已不能履行合同,应重新制订计划,增加要素配置,重新测算机械成本。在施工过程中,要及时分析实际成本数据与计划成本数据之间的差距,分析产生的原因,对后期成本数据进行修正甚至改进施工方案,使后期机械成本计划更切合工程实际,指导施工生产的顺利进行。对于每一项工程,机械设备配置的方案很多,如何优化方案,提高效益,成本分析起着很重要的作用。在施工中,对配套机械设备中的每一台及全部设备进行效率、成本分析,找出配套设备中的薄弱环节,进行修正,达到提高生产效率,降低劳动强度,减少工程作业量的目的,最终实现产品的质优价廉。

1)机械成本要素

建设施工企业的机械成本主要分为两大类,共十种费用。第一类为施工机械不变成本,包括固定资产占用费、基本折旧费、大修预提费、创利费;第二类为可变成本包括动力燃料费、润滑材料费、修理费、人工费、机械设备调遣费、机械设备安装调试费、管理费。

2)机械成本分析指标

在机械成本分析中,有三项综合指标:一是工期和进度分析指标;二是机械成本分析指标;三是机械效率指标。

(1)工期和进度分析指标。

$$时间消耗比率 f_{时} = T_1 / T_{总} \times 100\% \tag{6-4}$$

$$工程完成比率 f_{时} = W_1 / W_{总} \times 100\% \tag{6-5}$$

式中:T_1——已消耗时间;

$T_{总}$——计划总工期;

W_1——实际完成工程量;

$W_{总}$——计划总工程量。

(2)机械成本分析指标。

$$机械成本偏差 \sigma_{机} = A_1 - A_{计划} \tag{6-6}$$

$$机械成本偏差率 \mu = (A_1 - A_{计划}) / A_{计划} \times 100\% \tag{6-7}$$

$$机械利润 \mu_{机} = C_{1机} - A_1 \tag{6-8}$$

式中:A_1——实际机械成本;

$A_{计划}$——计划机械成本;

$C_{1机}$——机械完成的工程价值。

机械成本的偏差率的大小是衡量计划机械成本与实际发生成本之间的偏差以便找出成本节支、超支的原因,指导下步的施工生产,实现预期利润。

(3)机械效率指标

$$机械设备完好率 d_{机} = D_{机} / D_{机总} \times 100\% \tag{6-9}$$

$$机械设备的利用率 L_{机} = T_{机1} / T_{机} \times 100\% \tag{6-10}$$

式中:$D_{机}$——机械完成台数;

$D_{机总}$——机械总台数;

$T_{机1}$——机械设备实际作业时间；

$T_{机}$——机械设备规定作业时间。

机械的完好率及利用率是机械设备比较重要的两个指标。

$$机械设备效率\ \eta = W_{机1}/机_{总} \tag{6-11}$$

式中：$W_{机1}$——规定时间内设备实际完成工作量；

$机_{总}$——规定时间内机械总能力。

$$机械设备能力利用率\ L_{机能力} = W_{机实}/W_{机定} \tag{6-12}$$

式中：$W_{机实}$——规定时间内单台设备实际工作量；

$W_{机定}$——单台设备台班定额工作量。

三、工程机械的合理运用

对于机械设备的使用，应依照使用说明书进行规范作业，不可超负荷、带病运转和拼设备赶任务，选用训练有素的操作人员，统一标志、统一指挥，认真落实规章制度，确保机械设备合理使用。使用原则是保重点工程，兼顾一般工程，统筹合理安排。这就要求建立合理的设备调度系统，优化配置，降低消耗，提高设备的利用率。同时应随时掌握施工现场情况，加强动态调配，确保高效生产，减少窝工浪费。应贯彻安全第一，预防为主原则，根据有关规定，结合实际情况制定切实可行的机械设备安全管理规章制度，定期进行设备安全检查和人员安全教育。对于设备的维修，其主要目的是通过加强维修管理，提高设备完好率；进行技术状态检测，及时掌握设备技术状况；合理筹备配件，缩短停修时间，减少资金占用。

1. 工程机械合理运用的原则

工程机械合理运用的基本原则是：科学管理，合理使用，定期维护，按需修理。

任何机械设备都有规定的一套使用要求，这就是科学。严格按规定使用，就是尊重科学。就能充分发挥机械效率，减少机械的磨损，延长使用寿命，降低使用费。反之违反了科学就要造成早期损坏，缩短使用寿命，造成极大浪费。因为不按规定使用机械设备，盲目蛮干，使机械设备受到损伤，往往不是当时就会暴露的。由于机械设备不能满足施工需要而造成完不成任务的后果是明显的。因此只顾满足目前需要，认识不到或者根本不考虑由此造成的严重后果，这种错误认识在一些领导和施工指挥人员中普遍存在。现在一提到机械完好率不高，总是强调机修力量薄弱和材料配件供应不足，而忽略了由于机械设备使用不当，使机修和配件供应负担加重，例如推土机大修间隔期定额 6 000h，使用得好的能达 8 000 ~ 10 000h，使用得不好的只有3 000h，且后者对机修和配件造成了额外的压力。只有抓好了机械设备的使用，才能提高施工综合水平，才有提高效益的可能。

（1）施工人员要正确选用机械设备，合理组织施工，充分发挥机械效能。在编制施工总平面布置，进行施工准备时，必须为机械施工创造条件，合理安排施工顺序，正确布置预制构件堆放位置、施工工作面、动力供应、机械运行路线、排除障碍物、安装照明设备，向机械操作人员进行技术交底。遵守机械设备合理运用的各项要点。

机械操作人员必须听从施工人员的指挥，正确操作，保证作业质量，作好施工配合，及时完成任务。对于施工人员违反安全操作规程和可能引起危险事故的指挥，操作人员有权拒绝执行，机务人员必须参加施工组织设计的编制和审查，了解施工任务情况，关心施工进度，按照机械使用计划提供机械设备，向施工人员交代机械设备技术状况、性能特点、维修时间等情况。施工前应充分做好机械设备的检查、维修、试车等准备工作，施工中必须经常做好机械设备的检查、调整工作，发生故障必须及时排除，保证施工正常进行。对影响施工的关键设备，要组织力量利用施工间隙昼夜抢修。

组织施工的人员，要对合理运用机械设备负责，要善于协调施工生产和机械使用中的矛盾，要支持合理使用机械设备的正确意见。由于瞎指挥、盲目蛮干造成机械设备损坏时，首先要检查组织施工人员的责任。

(2)机械设备使用单位在编制月度施工生产计划时，机务部门要根据机械设备技术状况和定期维护制度，编制月度机械设备维护作业进度计划表，列出每台机械设备的完好可用日程和停修日程。施工部门根据机务部门提供的计划，安排机械设备的使用计划作为编制施工生产计划的具体内容。双方都要按计划提供机械设备和使用机械设备，月末检查计划执行情况，明确责任。若机械设备不能满足施工需要时，应通过协商，采取措施，缩短停修期或增加班次，必要时向外租借。

(3)施工单位需要租赁机械设备时，必须按规定报送月度机械设备需用计划，经审批后，办理租赁手续。施工单位要合理选用机械设备，防止少用多要，迟用早要，造成机械设备的积压浪费。

(4)要保持和恢复机械完好的技术性能，主要依靠在工作过程中创造良好的工作条件，经常掌握机械内外各部分的技术情况，及时的进行技术维修，更换可能发生故障的机件，防止机件的过早磨损，使机件处于正常磨损状态而不是加速磨损，以保证机械处于完好的技术状况。

2. 工程机械的合理运用

机械设备在运用过程中，由于受到各种力的作用和环境条件、使用方法、工作规范、工作持续时间长短等的影响，其技术状况发生变化而逐渐降低工作能力。要控制这一时期的技术状态变化，延缓机械工作能力下降的进程，最重要的措施就是正确合理地运用机械。正确合理地运用机械必须了解作业对象和施工机械本身的特性。

1)合理安排施工任务

任何一种机械由于自身的性能、结构等特性，都有一定的运用技术要求。如能严格地按规定合理运用机械，就能够充分发挥机械效率，减少机械磨损，延长使用寿命，降低使用成本。因此，在安排施工生产任务时，就要使工程项目与机械设备的使用规范相适应。切勿大机小用，这不仅浪费能源，还难以达到施工工艺的要求。同时还要防止“精机粗作”，影响机械的寿命。另一方面，更要反对“小马拉大车”，超载使用。否则，不但会损坏机械，甚至还会造成机械事故。因此，合理运用机械的问题，决不能等闲视之。

2)建立机械使用责任制

(1)贯彻人机固定的原则，各种机械设备都要严格实行定人、定机、实施操作规程等管理制度，做到台台机械有人管。

(2)大型机械设备和多班作业的机械，必须建立机长责任制，认真执行交接班制度。

(3)机械操作人员必须持有权威机构核发的“机械操作证”，严格按照准驾机种操作机械。无操作证人员，不准操作。

(4)驾驶机动车辆、专业机械以及其他国家规定持证上岗工种的人员，必须办理相应国家相关管理部门核发的驾驶证和操作证，方可操作准驾机械和从事相应的工种工作。

3)严格执行“机械操作规程”

机械驾驶操作人员在机械运用中，必须严格遵守机械操作规程。对违反操作规程的指挥调度和要求，驾驶、操作人员有权拒绝执行。

4)凡投入使用的机械设备，均应符合主要技术条件

(1)机械设备外观整洁、装置齐全，各部连接、紧固件完整可靠。

(2)发动机动力性能良好，运转正常，无漏油、漏水、漏电、漏气等现象，燃油及润滑油消耗正常。

(3)运转机构及工作装置等应符合技术要求，性能良好，无异响，各润滑部位不缺油。

(4)液压分配器及安全阀等应灵敏可靠；调整元件齐全有效；液压油泵、液压马达应工作正常，无异响、过热及渗漏现象。

(5)安全部件可靠、灵敏，性能良好，制动效能符合有关规定；安全装置，消烟、除尘设施和电气设备齐全可靠。

5)机械设备的合理运用

机械设备不得带病运行或超负荷作业，遇有特殊情况需超负荷工作时，必须有可靠的计算论证资料，并采取有效措施，经机械管理部门同意报单位主管领导批准后，方可投入运转；作业中遇有意外情况，应排除不安全因素后，方可继续作业。

6)凡新机或经大修、改造、重新安装的机械设备，在投入使用前，均应按规定进行试运转，并填写运转记录和维护记录。

7)采取保护性或适应性措施

施工机械大部分是露天作业，作业地点经常变动所以其性能受到作业场地的温度、气压、污染、路况及天气等因素的影响很大。不少施工单位由于忽视了环境因素对使用机械的影响，未采取相应的保护性或适应性措施，致使机械使用性能降低，使用寿命缩短，甚至酿成事故。如果在施工现场采取有效措施，如经常使施工便道保持平整，及时养护；雨天将便道上的水坑及时填平，晴天经常洒水，减少灰尘；修施工便道时因地制宜地减少坡度等，都对延长机械寿命有利。

随着材料科学及设计制造技术的发展，工程机械上采用了许多新技术、新材料、新结构，要求机械的技术保障与管理工作更科学、更完善。为此作为工程机械的组织管理人员及操作人员要做到：注意保证机械在运输及保管过程中防止机械的损伤、变形、腐蚀等；严格机械的日常维护工作，使机械处于良好的技术状态；要教育操作人员正确的使用和操作各种工程机械，减少和防止人为失误引起的机械故障；要精心维护机械，要做到正确合理地进行定期与不定期维护，保持机械的清洁、干净，定期检查机械的技术状态，发现异常及时处理，对于松动和失调的零部件及时紧固和调整，对一些易损件进行预防性的更换等。

第三节　工程机械使用与安全的规程、制度

一、机械操作证制度

实行技术考核和操作证制度，是为了正确使用机械，加强机械使用责任制，有效地防止非驾驶操作人员或不熟练人员乱动机械，减少机械的损坏，确保人身和机械安全，提高生产效率。机械操作证由一级管理机构制定，由二级管理机构考核下发。

(1)各种机械驾驶、操作人员，要懂得机械技术性能、机械构造、工作原理、操作规程和维护规程，确实掌握操作技术，经考试、考核合格后，发给操作证，方可操作机械。

(2)机动车驾驶员须有车辆管理部门发给的机动车驾驶证；锅炉工须有劳动部门发给的

司炉工执照;电工、电焊工等经当地主管部门考核合格发证后,方可从事相关工作。

(3)发证考试、考核工作由一级管理机构委托二级管理机构进行。考试、考核合格后,由二级管理机构上报一级管理机构审批发给其操作证。不合格者必须在机长和班(队)长的指导下进行操作实习和培训,力争下次考试、考核合格。经过三次考试、考核不合格者,应分配其他工种。

(4)机械操作证和机动车辆驾驶证一样,是职工技术技能的证明,必须有专人管理,定期检查。考试、考核和发证要严格、认真、细致,防止流于形式。操作证应定期审验,一般应一年审验一次。对于违反操作规程造成机械损坏或生产安全事故者,应在操作证上说明,情节严重者应吊销操作证。

二、定人、定机、定岗位

为了延长施工机械的寿命,在使用方面必须坚持实行“三定三包”制度(定人、定机、定岗位、包使用、包保管、包维护)机械操作人员要做到“四懂”(懂构造、懂原理、懂性能、懂维护),“四会”(会使用、会维护、会检查、会排除故障),正确使用机械,严格执行安全技术操作规程,并对机械设备实行目标成本管理,将操作者经济效益与机械使用费(如燃料电力费、维修费、工具费等)挂钩,并加强对机管人员的职业道德教育与培训。

“三定”制度是机械使用负责制的表现形式,是机械使用管理中应该遵循的重要原则。“三定”就是把人和机的关系固定下来,把机械使用、维护等各个环节都落实到每个人身上,做到台台机械设备有人管,人人有专责。

1.“三定”制度的优点

(1)操作人员熟悉情况,有利于使用、维修。

(2)有利于操作人员的正确操作和安全使用,加强其责任感,减少机械的损坏和机械事故的发生,有利于提高机械完好率和延长其使用寿命。

(3)可以大大提高操作人员操作机械的熟练程度及生产效率。

(4)有利于单机、单车核算。

2.正确理解和完善“三定”制度

(1)“三定”制度具有阶段性。如在某项工程中或某段工程中,操作什么机械应该固定,工程结束后,其他工程需要时,则改做其他工作,不是一成不变“三定”下去。但在该定的时期,就负有所定机械的责任。

(2)在阶段性的“三定”期内,所有责任制度,如操作、维护、记录、交接班制度等,都要严格执行。

(3)大力培养驾驶人员“一专多能”,除熟悉本机操作技术外,还应掌握几种主要机械的操作技术,这样可增强适应性,减少机多人少忙闲不均的矛盾。

(4)对于没有明文规定操作规程的机械,技术人员按照机械的性能和使用要求,参照其他近似机型合理地制定机械的操作规程,并交由上级管理机构批准后执行。

3.“三定”的具体做法

(1)一人管理一台机械,或一人管多台机械,该人即为该机机长或保管人。

(2)多班作业或多人操作的机械设备,任命一人为机长,其余为机组成员。

(3)中小型机械班组,在机械设备和操作人员不能固定的情况下,应由班长指定专人负责。

(4)操作人员的配备应根据国家有关部门规定的人员配备标准执行。

三、机械交接班制度

为了使机械设备在多班作业或多人轮班作业时,能互相了解情况,进行机械技术状况交底,分清责任,防止机械损坏和附件丢失,保证施工的连续进行,必须建立交接班制度,它是贯彻责任制的组成部分。

机械设备交接班时,双方都要全面检查,做到项目不漏,交接清楚,由交接双方填写"交接班记录",接方核对相符验收后,交方才能下班。交接班的内容有:

(1)交清本班生产任务情况、技术要求及注意事项;

(2)交清机械设备运转和使用情况,燃料、润料消耗和准备情况;

(3)交清机械设备技术状况和存在的问题;

(4)交清随机工具、附件情况;

(5)填好原始记录;

(6)交班操作人员负责搞好机械的例行维护及清洁工作。

四、安全操作规程

为了加强工程机械设备的安全使用管理工作,保证施工作业安全及施工质量,提高机械设备的完好率,各级机务管理部门和机械设备操作人员应认真贯彻执行安全操作规程。安全操作规程的制定必须从操作人员、施工条件及机械等安全的角度出发综合进行考虑,并需严格遵守。

1. 对操作人员的要求

机械设备的操作人员必须身体健康,经过专业培训考试合格,获得有关部门颁发的操作证、驾驶执照或特殊工种操作证后,方可独立操作机械设备,不准操作与操作证不相符的机械设备。严格遵守机械操作规程、建设施工安全规程及工程施工规范,确保工程质量和安全生产。

操作人员及配合作业人员在工作中必须按规定穿戴劳动保护用品,长发不得外露。高空作业时,必须系安全带。应熟悉作业环境与施工条件,服从现场施工管理人员的调度指挥,遵守现场施工安全规则。

机械设备作业时,操作人员不得擅自离开工作岗位、不准将机械设备交给非本机人员操作,严禁无关人员进入机械作业区和操作室内。工作时,思想要集中,严禁酒后操作。

操作人员必须严格执行工作前的检查制度、工作中的观察制度和工作后的检查维护制度,认真准确地填写运转记录、交接班记录或工作日志,多班作业要严格执行交接班制度。交接班时要交待清楚机械运转情况、润滑维护情况及施工技术要求和安全情况。

配合作业人员应在机械设备回转半径之外工作,如需进入机械设备回转半径之内时,必须停止机械设备回转,并可靠制动;机上机下人员密切联系。

2. 对使用机械的要求

机械设备上的自动控制机构、力矩限制器等安全装置、监测装置、指示装置、仪表装置、报警装置及警示装置的齐全有效,安全防护装置必须可靠,缺少安全装置或安全装置已失效的机械设备不得使用。

机械作业时,应按其技术性能要求正确使用。机械设备不得靠近架空输电线路作业,如限于现场条件,必须在线路近旁作业时,应采取安全保护措施;机械运行轨道范围与架空导线的安全距离应符合有关规定。

机械设备应按机械维护规程的规定，按时进行维护，严禁机械设备带病运转或超负荷作业。机械设备在施工现场停放时，必须注意选择好停放地点，关闭好驾驶室（操作室），要拉上驻车制动装置，坡道上停车时，要打好掩木或石块，夜间应有专人看管。机械设备及施工车辆在公路和城市道路上行驶时，必须严格遵守交通规则及国家有关规定。

3. 对施工条件的要求

机械设备进入施工现场前，应查明行驶路线上桥梁的承载能力及隧道、跨线桥及电气化铁路的通行净空，确保机械设备安全通行。机械设备在夜间作业时，作业区内应有充足的照明设施。

在有碍机械设备安全及人身健康的场所作业时，机械应采取相应的安全措施；操作人员必须配备适用的安全防护用具。在危险环境下施工，一定要有可靠的安全措施，要注意防火、防冻、防滑、防风、防雷击等，按要求配备经公安消防部门鉴定合格的消防用品。严格执行国家和劳动部门颁发的有关环境保护方面的规定。

4. 其他要求

机械设备在施工作业前，施工技术人员应向操作人员作施工任务及安全技术措施交底。对于违反操作规程、进行危险作业的强行调度和无理要求，操作人员必须立即要求纠正，并有权拒绝执行，任何组织或个人不得强迫操作人员违章作业。

五、机械的安全转移和运输

施工机械在一个工地的工作时间通常比较短，施工工地之间的调动比较频繁。送厂修理或回保管基地时，也存在调动转移的运输问题。

施工机械的运输方式有：自行、拖带、装运、铁路运输和水运等几种。选择何种运输方式，要根据运输距离、机械行走装置的构造、机械的重量，交通路线和季节、气候等因素来综合考虑，在保证机械安全运输和经济性好的前提下最后确定某种运输方案。

自行转移的方法最为简单，同时运费也较低。但这种运输方式适用于短距离。当运距大于20～30km时，仅在特殊情况下，才能采用。特别是履带式机械不宜长距离行驶，因为机械自行运输作长距离转移时，将引起传动装置的损坏及行走机构过早磨损。

拖带运输指用牵引机车拖带被运的机械，而这些被牵引的机械必须具有轮胎行走装置和牵引杆，否则无法拖运。尽管被牵引的轮式机械的行走装置优于履带式，但大部分机械设计时仅考虑做短距离场地转移，没有制动装置，因此必须限速。做长距离拖运的机械，一定要有可靠的制动装置，否则，没有安全保证。拖带运输中应注意的事项：

（1）牵引速度不宜快，一般限制在20～25km/h左右，以确保安全；

（2）拖运机械在被运之前，对轮胎气压、制动系统、转向装置、拖杆、拖钩等，要做详细检查，如发现问题，经排除后才能拖运；

（3）在拖带运输超限时必须事先取得交通管理部门的允许和核发“通行证”后方可进行。

运距在50 km以内时，最好将机械放置在平板拖车上或汽车上运输。因为这样机械不必拆卸可直接运输到工地上。运输时应注意事项有：

（1）机械装车后必须固定牢靠，完全满足安全要求后，方可上路；

（2）为了防止碰上架空输电线，机械装车后，上面要放一根竹竿，万一与电线接触时，可安全通过；

（3）对超高、超宽或重型的机械运输，应先勘察道路，详细检查沿线的桥梁负荷、路面宽度、坡度、弯道、立交桥和电气化铁路以及隧道、架空电线的限高等，如果在哪些方面存在问题，必须采取相应的措施并获得解决后方可装运；

(4)装运前，如被装运机械超宽超高时，要事先取得交通管理部门允许通行的“通行证”后，才可装运。机械设备在转移途中，严格遵守交通规则，服从交通民警的指挥。

铁路运输除按铁路规定办理外，托运单位应做好下列工作：

(1)铁路运输机械时，由于较长时间在露天停放，受到大气的侵蚀，金属表面容易锈蚀，因此，在关键部位，应涂上防锈油脂，在机身上覆盖防水布，并将其绑扎牢固；

(2)在装有发动机的机械上，将水和燃油从冷却系和油箱中放尽，工作部分(如水泵等)有水时也要放尽，以防冻坏机械；

(3)冬季应将蓄电池从机上取下，搬放在温暖的车厢中，以防冻坏蓄电池；

(4)重要附件和工具都应另行装箱或捆扎好，以防丢失；

(5)轮式机械要检查气压，必要时将气压充至标准要求；

(6)机械装上火车后，必须用铁丝将机械捆绑牢固，前后垫上三角楔木，以防在运输途中产生滑移。

水路运输时应根据船舶运输的特点和要求进行。机械和车辆自行上下船舶时，应将船舶紧靠码头或趸船，并将缆绳拉紧系牢，机械装在船舱内或甲板上，左右前后质量要平衡，以防使船舶倾斜。机械装船后，要用绳索固定，以防遇风浪颠簸时产生滑移。

六、停机场的选择和要求

为了加强管理，便于维护，不受各种灾害的侵害，凡施工机械较多的单位应建立停机场。停机场有临时性和永久性两种。设置停机场要从实际出发，因地制宜。其基本要求是：便于管理；不受水灾、火灾侵害；便于维护或加油；便于出进，方便回转和紧急疏散。

各施工单位的基地应设置永久性停机场，要求环境稳定，适宜建设永久性的建筑和设施。根据机械数量的多少，确定规模、建筑、设施和场地等，按设计要求进行。

临时性的停机场地必须根据建设过程的特点建立，其设施应是临时性和简易性的，设备是可移动的，便于展开、撤收和转移。临时性停机场在施工区域内选择适当地点建立。附近施工能自行的机械、车辆，均可集中在这里，以便统一维护和管理。不能自行的机械，单台或多台在一起使用时，可以建立临时停机棚，能够防风、防雨和防其他灾害。在山区停放时，应选择高地，注意防止被洪水淹没冲走，并在轮下加楔固定，以防溜坡。

1. 停机场地的选择

在选择停机场时，应根据停机场的技术要求，贯彻勤俭节约的方针。其基本条件是：

(1)场地平坦，空间足够大，土质坚硬和便于排水；

(2)有良好的场内外道路，便于机械、车辆出进及紧急情况下设备的疏散；

(3)便于开展维护工作；

(4)自然条件好，便于防风、防晒、防潮等；

(5)便于警卫和管理。

2. 停机场的安全管理

停机场内必须采取严格的防火措施，除值班室和指定地点外，禁止吸烟，应采取电气照明，配备必要的消防器材并合理布置。常用油料应存放于加油库内，维护间的洗涤油则必须专门存放，妥善保管。场内应保持清洁，用过的油污棉纱等，应投入专门容器内并及时处理。

停机场内外道路必须畅通，各建筑物的出入口附近，禁止堆放物品和停放机械。停机场要有专人看管，如停用期稍长，四周应设置围栏，防止设备零部件和小型机具丢失及损坏。

七、机械事故的预防

凡由于管理、操作、维修、经营、指挥、施工措施或者其他原因引起的机械非正常损坏或损失，造成机械设备及附件的精度或技术性能降低，使用寿命缩短，不论对生产有无影响均称为机械事故。预防机械事故，把事故消灭在萌芽之中，是保证机械安全运转的重要措施。

1. 安全事故发生的原因

1）制度缺陷

管理制度是保证各项工作正常开展的前提和基础。常见的制度缺陷现象有：不制定相应的安全管理制度；制定的制度不合理、不科学，可操作性不强；口头上强调重视安全，但实际上在安全方面不给予重视，投入的资金太少，无法保证安全管理工作的正常进行；安全管理体系不健全，各级安全管理人员不到位，日常管理工作（制度的制定、实施，安全检查、安全学习、安全培训、安全考核等）没有正常开展。

2）人员缺陷

常见的人员缺陷现象有：管理人员安全意识淡泊或对机械设备管理业务不熟悉，违章指挥；存在重建设、轻设备的现象，缺乏懂设备懂管理的人员；操作人员技能差，对设备的性能不熟悉，缺乏应有的安全技术常识，经常产生误操作，或是经验不足，在紧急关头缺乏应对危险情况的能力；建设工程施工的季节性特点，使操作人员连续工作的时间较长，易产生疲劳；机械操作人员长期在外工作，生活单调，无法照顾家庭，人际关系不畅等诸多原因，造成操作人员情绪不佳，思想不集中；操作人员责任心不强，对设备检查不细致，为抢时间、抢工期，抱着侥幸心理违章作业；操作人员之间、操作人员与辅助工人之间缺乏协调配合。

3）机械设备自身缺陷

常见的机械设备缺陷现象有：设备陈旧，技术状况较差，长期“带病”运转，存在严重的事故隐患；自制机械设备存在先天不安全因素；受施工现场条件的限制，机械维修质量无法得到保证；使用的配件、材料质量不合格。

4）环境缺陷

常见的环境缺陷现象有：在野外进行的建设工程，各种作业环境和气候条件都会碰到，松软或结冰的路面、危险的坡道、强烈的噪声、暗淡的照明、较高的温度等作业环境和气候条件都容易导致事故的发生；设备停放场地的空间、平整度、卫生状况、消防器材的配备情况、夜间的照明情况等条件不佳；特殊的气候条件或自然灾害也容易造成事故，如狂风、地震、暴雨、泥石流、洪水等不可抗拒的自然灾害。

由于机械设备在使用过程中存在着诸多的不安全因素，如果稍有疏忽，轻则机械损坏，重则使机械报废，还有可能发生人身伤亡的重大事故。因此，我们在抓好施工生产的同时，必须重视机械设备的安全，要采取有效的防范措施，确保机械设备的安全运行。

2. 预防机械事故发生的措施

1）抓好安全制度建设，完善安全管理体系

贯彻“安全为了生产，生产必须确保安全”和“合理使用，安全第一”的原则；建立一套包括第一责任人、主管责任人、日常安全业务管理责任人、安全管理员和操作员的安全管理体系；制定安全操作规程、安全责任制、安全考核标准和安全奖罚办法，充分体现“安全生产、人人有责，谁主管，谁负责”的原则。

2)健全安全管理制度

依照“安全第一,预防为主”的安全生产基本方针,依据《劳动法》、《安全生产法》等法规,制定安全管理制度。安全管理制度的建立必须能够保障安全管理体系和安全管理活动的正常运转,约束安全管理者和被管理者,使安全管理规范化、科学化、合理化。根据各岗位职能特点在各自工作范围内制定详细的生产责任制,做到安全生产人人有责,每个职工都必须在自己的岗位上认真履行各自安全职责。

3)制定安全教育培训、安全活动制度,开展技术培训

坚持对操作人员定期和不定期地进行安全教育,定期对操作人员进行安全技术考核。通过技术培训,提高业务素质和操作技能,使管理人员、操作人员掌握更多的业务知识,不断提高业务技能,不断增强安全生产意识,有效地杜绝各类事故的发生。

4)合理配备机械管理人员和操作人员

机械管理人员,必须要求懂技术、懂业务,具备高度的安全意识和责任感,能结合国家安全生产的相关法律、法规和方针政策制定机械设备安全管理的目标、措施,熟知机械设备结构原理、安全操作规程,能对设备管理工作进行细化分解,并负责落实,能对不安全因素或隐患进行排查,提出整改意见并监督落实。

对操作人员,应根据设备的特点、技术含量、结构复杂程度、作业环境等因素进行选择,要选择文化水平高、业务技能强、经验丰富的人员。要求操作人员具备良好的职业道德,心理稳定,身体健康,具有较强的安全和自我保护意识,具有良好的适应性。

5)结合机械设备检查,加大施工现场的安全检查力度

定期对机械的安全操作、安全保护和安全指示装置以及施工现场、使用机械情况和操作工安全操作情况进行检查,发现的问题要责令相关人员立即整改,对于违章操作的予以纠正,坚决把事故苗头消灭在萌芽状态,杜绝事故的发生。

6)改善设备技术状况

对于老旧设备,能维修的进行全方位的维修,确保它的技术状况良好,对于不能维修的或没有维修价值的则要进行淘汰、更新。对于各单位的自制设备,性能优良的予以保留,技术陈旧和存在安全隐患的予以淘汰。选择技术熟练的修理工进行的设备维修,保证设备的维修质量,购置材料及零部件时要确保为正品合格件。

7)尽可能改善设备使用环境

设备进入施工现场前,应充分了解施工现场的地质条件、路面条件、气候条件以及作业环境的照明条件等,提前做好相应的准备和防范工作。

3. 机械的防冻

每年在冬季来临之前,要进行设备越冬维护工作,落实越冬措施。特别对于停置不用的机械设备,要逐台进行检查。

4. 机械的防洪

在河里、水上或低洼地带施工或停放的机械,都要在汛期到来之前采取有效措施,防止机械被洪水冲毁。雨季开始前,对露天存放的停用机械要上盖下垫,防止雨水渗入锈蚀机械。

5. 机械的防火

集中存放机械的场地内,禁止与工作无关人员入内,配备砂箱、灭火机等消防器材,禁止用明火烘烤机械。机械、车辆的停放,必须排列整齐,场内留有足够的通道,禁止乱停乱放,以免发生火灾时堵塞出路。机械在加注燃油时要有适当的防火措施,严禁吸烟及附近有明火。机

械驾驶员必须严格按防火规定进行检查,发现问题,及时解决。

6. 加设安全装置

推土机、装载机、铲运机等设备,为了保护驾驶员在万一发生翻车时的人身安全,可以加装安全装置。

第四节　工程机械在特殊条件下的运用技术

一、走合期的机械运用

对新机械或经过大修的机械进行走合的目的是防止早期磨损,延长机械使用寿命。在走合期内,使用机械必须严格按有关规定执行。

(1)发动机的走合按前述规定执行。

(2)机械在运转和使用中,操作应平稳,严禁骤然提高转速或增加载荷,防止发动机产生突爆,避免各传动机构承受急剧冲击。各系统管路应无泄漏现象。

(3)走合期内,应经常注意机械各部机构的运行情况,检查各部轴承、齿轮和摩擦副的工作温度,对运行中的不正常现象,应及时予以排除。

(4)在发动机前两次运转达到额定温度后,应对汽缸盖螺栓进行检查和紧固。

(5)走合期满后,应根据走合期内运转情况,对机械各部进行检查、调整和润滑工作,同时检查各齿轮箱润滑油的清洁情况,必要时更换。新机械和装用新齿轮的齿轮箱,应更换润滑油,然后方可正式使用。

(6)机械在走合期内,应在明显处悬挂“走合期”字样的标牌,使有关人员能注意走合期使用规定,待走合期满后取下。在走合期内,不得拆除发动机限速装置的铅封,待走合期满后,在机务部门技术人员监督下,方可拆除。

(7)机务部门应加强走合期的管理。在机械走合期前,应把走合期各项要求和注意事项向操作人员交代清楚。走合期中,应检查机械使用运转情况,详细填写机械走合期运转记录于“机械履历书”内。

二、在寒冷气候条件下的机械运用

机械在寒冷气候条件下使用时,由于气温过低,将影响燃油的蒸发,并使发动机热量损失增加,传动机构和行走装置内的润滑油和润滑脂黏度增大,行走装置与地面的附着情况不良,以及蓄电池的工作能力降低等,其结果导致发动机起动困难,机件磨损增加,总成热状态不良,燃油消耗量增大,轮胎强度减弱,工作条件明显变差以及安全性能降低等现象发生。为了保证机械在寒冷气候条件下安全使用,必须采取相应的技术措施。

(1)进入冬季时,应对发动机、变速器、主传动器、最终传动与转向器等,换用冬季润滑油,轮毂换用低凝点润滑脂,并更换冬季制动液。传动系统各总成在低温条件下使用,如不进行预热,传动系统总成升温很慢,齿轮和轴承仍得不到充分的润滑,从而使其磨损增大。此外,传动系统润滑油因低温而黏度增大,运动阻力相应增大,传动系统各总成在起步后的很长一段时间内的负荷较大,使总成中传动零件的磨损加剧。

(2)工程机械在行驶中,要降低速度,尽量放大转弯半径,避免急转弯。在冰雪路面行驶时,应采取有效的防滑措施。在冰雪场地停机时,应该选择朝阳、避风、平坦、干燥处停放,不得紧靠建筑物、电线杆或其他车辆，以防侧滑时碰撞。操作人员在雪地行车或作业时，应佩戴有色防护眼镜，并注意休息，避免患上"雪盲"病。

(3)加强液压系统的使用与维护。

①选择适合低温条件下使用的液压油，同时也要对系统采取保温措施，使液压油在寒冷季节既具有流动性，也具有适当的黏度，以保证系统的传动效率。

②冬季施工时，外界气温较低，而液压油在工作时又具有一定的工作温度，所以，要注意防止空气冷凝水混入储油箱、管道内油中而降低液压油的质量。

③低温条件下，液压系统中主要用橡胶制成的密封元件、高压软管大都会发脆变质，密封性能降低，易发生渗漏。因此，应经常检查维护液压系统，防止密封失效及高压软管的破损和断裂。

④冬季气候较干燥，风沙较大，所以对液压系统的外部清洁工作也应加强，液压系统的滤清器也应经常清洗。

(4)尽量采用库内保温法，即将车库严密封闭，并在库内设置火炉、暖气等热源。

(5)轮胎式工程机械采用气压制动方式的在每次出车前要放出储气筒内的冷凝水，拆洗空压机的空气滤清器，必要时更换滤芯，以免受低温影响引起冰冻而阻塞通路。轮胎的气压应相等，以减少机械制动系的侧滑。

(6)经常检查底盘重要螺栓或螺母的紧固情况，特别是转向、制动系统螺栓的松动或缺失。定期润滑底盘各部分，检查底盘各部分管路情况，查看有无泄露。

三、在高温气候条件下的机械使用

炎热高温季节的特点是气温高、雨量较多、空气潮湿(特别是南方地区)、辐射性强，这些都会给机械使用带来很多困难。如发动机因冷却系散热不良，发动机温度容易过高，影响发动机充气系数，使功率下降；润滑油因受高温影响，会引起黏度降低，机油压力降低，润滑性变差加剧发动机机件的磨损；高温条件下，润滑油抗氧化安全性变坏，易引起润滑油变质，使胶质、沉淀物粘附于活塞组、汽缸壁和其他零件的摩擦表面，致使导热性变坏；润滑油黏度小，易窜入燃烧室内，在高温缺氧的情况下生成积炭，并集附在活塞顶、燃烧室、气门顶、喷油嘴上，使发动机的压缩比变大，易引起自燃和爆震，使缸体和缸盖产生热变形，甚至产生裂纹和翘曲，且易烧坏汽缸垫造成汽缸压缩压力下降；机械离合器与制动装置的摩擦部分因高温而磨损增加；雨量多，施工现场水多、空气潮湿等容易使机械的金属零件生锈；液压系统因工作油液黏度变稀而引起外部渗漏和内部泄漏，使其传动效率降低；发动机工作温度高，燃料在燃烧过程中生成过氧化物，而因高温下过氧化物的活性增强又容易发生爆燃，工作粗暴，使发动机功率降低。机械在高温条件下使用的技术措施如下所述。

1)加强冷却系统的维护

经常检查和调整风扇皮带的紧度，使之松紧适度，防止风扇皮带过松打滑而降低冷却强度和过紧致使水泵轴承过热而烧损。经常检查散热器上水室的水位高度，不够时及时添加。切勿在工作中发现缺水，而发动机又在过热情况下向发动机加注冷水。定期更换冷却水，清洗散热器和水套内的水垢(导热性比铸铁差十几倍，比铝小 100 ~ 300 倍)和沉积物，使冷却系统的管道畅通，加速冷却水的循环。检查节温器和水温表的工作情况，对冷却系统各管道和接头处应经常检查，发现破裂和漏水应及时排除。

2)及时更换夏季润滑油及润滑脂

发动机换用黏度大的润滑油；变速器、主减速器和转向器等换用黏度大的齿轮油；轮毂轴承换用滴点较高的润滑脂。

3)加强对发动机燃料系统的维护

柴油机在高温下工作时,汽缸的充气系数下降,又加夏季空气干燥时,含尘量增加,因此,必须加强对进气系统及燃料供给系统的维护,特别是空气滤清器、油箱和燃油的粗滤清器、细滤清器的维护,否则,会加速机件的磨损。

4)注意防止水分或空气进入燃料供给、润滑、液压系统

5)加强对蓄电池的检查维护

检查和调整蓄电池电解液相对密度,电解液相对密度比冬季使用时要小些,防止大电流充电造成蓄电池温度过高,引起蒸发量增加;由于外界气温高,蓄电池液面高度需经常检查,必要时加注蒸馏水;调整发电机调节器,减少发电机的充电电流;检查和清洗蓄电池盖的通气孔,保持通气孔畅通,否则会因蓄电池内电解液的过热膨胀使蓄电池爆裂。

6)加强对轮胎的维护

夏季施工,外界气温高,由于工程机械轮胎上的负荷和运行速度随工作装置的工作状况(如轮式推土机、装载机等)变化较大,容易引起轮胎负荷的骤增和骤减,极易造成轮胎爆裂。因此,在施工中要特别注意轮胎的气压和温度,应经常检查和保持轮胎的标准气压。

7)加强滤清系统的维护

夏季空气干燥、灰尘大,特别是在晴朗无雨天气情况下的施工场地,空气中含尘量大大增加,因此必须加强对空气滤清器、油箱、燃油的粗细滤清器、液压油滤清器、燃料供给系统的维护,否则会大大地加速机件的磨损。

四、在高原山区的机械使用

高原山区(海拔 2 000m 以上)的自然特点是:地势高、空气密度低、温度变化大和坡道多。对工程机械来说高原山区是一个特殊环境,工程机械设计的使用环境往往与实际使用环境有很大的差异。

1. 高原自然条件对工程机械的正常使用的影响

高原自然条件对工程机械的正常使用产生的不利影响主要有以下表现。

(1)发动机功率下降。随着海拔高度的增加,大气压力和空气密度降低,使柴油机汽缸内充气量减少,柴油机过量空气系数下降,使可燃混合气过浓,燃烧状况恶化,加之压缩终点的压力与温度降低,着火延迟期长,后燃现象严重,热负荷增加,使柴油机动力性能及经济性能变差。最突出的问题是输出功率下降,如 6135 柴油机在外界大气压力 101.3 kPa、大气温度 20℃和相对湿度 50%情况下,工作 12h 功率为 80.96 kW,而海拔为 4 000m、大气压力 61.59 kPa、大气温度 40℃和相对湿度 100%时 则其功率下降多达 44% 。一般海拔每升高 304.8m,柴油机功率约损失 3% 。

(2)受高寒、风沙、缺氧的影响,机械的工作能力下降、燃料消耗增加、排放恶化、发动机起动难、燃烧室积炭严重、柴油机早期磨损加重,可靠性和寿命降低。同时废气中炭烟、未燃烃(HC)、CO、醛类等有害物排放量大大增加,低速排气烟度增大。

(3)由于海拔高,气压偏低,空气密度降低,导致冷却水沸点降低,冷却空气的质量减小,使散热能力下降,散热效果不好,热负荷增加,发动机易过热,耗水量增大。气温过低时,若加水、放水不符合规范或熄火时间过长,就可能冻坏发动机缸体、缸盖、散热器和水泵。

(4)高原中的粉尘含量一般远高于平原地区(多尘时空气含尘密度为 1 ~ 3g/m^3),在无风

的情况可达到 1.5g/m^3 以上。这既增加了发动机的进气阻力，使发动机的功率进一步降低，也进一步降低了低气压环境下空气滤清器的效率，进气阻力上升快，除尘能力降低，使空气滤清器的使用寿命缩短，导致发动机的早期磨损，使发动机的维护周期和大修周期缩短，增大发动机的维修频度和难度，加大机械的使用成本。

(5)油品的挥发性增大，加注油料的孔、盖处沙尘极易进入，造成燃油管路堵塞和润滑部件磨损加剧。气温过低，油管易断裂，密封元件易发脆变质。

(6)低温低压环境下，柴油机压缩终点压力与温度下降，机油黏度大，内摩擦力增加，使起动阻力矩增加，蓄电池容量随温度的下降与放电电流的增加而急剧下降，致使柴油机低温起动困难。气温越低，蓄电池内阻越大，容量降低，输出功率下降，电解液的蒸发量显著增高，使用寿命缩短。

(7)柴油机起动困难。柴油机起动一般应具备以下条件：起动转速不低于 80r/min(6 缸柴油机)、压缩终点的空气压力不低于 3MPa、压缩终点温度不低于 200℃。工程机械在高原低温起动的特点是在低温(-25～30℃)、缺氧条件下完成的。在相同温度条件下，高原环境由于气压的下降，导致充气量的减少，使得压缩终点压力和压缩终点温度较平原低，一般情况下，海拔每升高 1 000m，压缩终点压力下降 17%，充气量减少 10%，压缩终点温度下降 33℃，环境温度由 0℃降至 -10℃，压缩终点温度下降 20% 左右。试验表明，柴油机应采取低温起动措施，因为在海拔 2 000m 以上，0～5℃条件下起动十分困难。

(8)轮胎气压相对增高，易爆胎，转向系统的可靠性降低。采用气动控制的工程机械，因空气稀薄，将引起空气压缩机生产率降低，使气动控制机构工作的可靠性变坏。

(9)对转向系统的影响。由于转向系统的球头、传动系统的伸缩节、万向节、过桥轴承等都有密封胶套，随着气温下降，橡胶制品变硬，弹性下降，易出现疲劳破损等情况。沙尘随机侵入，附在润滑油上加大了球头、伸缩节的磨损，造成转向松旷，转向盘游动间隙增大。

(10)传动系统噪声大，承载能力减小，增大了机械设备的动态危险性。液力传动型机械在高原地区，匹配性能恶化，除不能充分利用和发挥发动机最大功率外，还出现传力不足和低效传动现象，相当一部分功率内损而转换为热量，加上高原地区散热能力下降，形成恶性循环。

(11)机械使用寿命缩短、维护费用增高等问题，这大大降低了工程机械使用的可靠性和经济性，给机械施工带来了一定的困难。

2. 技术措施

为了适应高原地区的自然条件，有利于工程机械的正常工作，保证高原山区施工机械有良好的性能，应采取一些必要的措施。

(1)针对高原地区空气稀薄的特点，为保证柴油机的燃油与空气有适当的混合比，避免过快地产生积炭、胶结，节约燃料，提高其输出功率，应选择装有增压器的柴油机。虽然高原地区会使增压柴油机的低速扭矩特性变差，柴油机最大扭矩点的转速向高速移动，增压柴油机热负荷增加，燃烧室积炭严重，增压器与内燃机匹配运行线发生变化，增压器效率降低，出现超速现象，低速喘振的趋势增加等问题，但国内外有关资料表明：海拔平均每升高 1 000m，自然吸气型柴油机功率下降 8%～13%，燃油消耗率上升 6%～9%；增压型柴油机功率下降 1%～2%，燃油消耗率上升 1%～2%。无增压的柴油机随海拔高度的变化，对其功率的影响较大，而增压型柴油机随海拔高度的变化有自动补偿作用(废气涡轮增压)，所以功率变化的幅度较小。未安装空气增压器的发动机，要适当减少供油量，这样虽然发动机功率有下降，但燃烧比较完全，热效率高，燃油消耗可以降低。在海拔 2 500m 以上地区作业的机械，应适当增大发动机喷油提前角。

(2)加强冷却系统的密封性和散热性，缩短清洗周期。为调节冷却水的温度，控制冷却系统的压力，减少冷却水的蒸发和沸腾外溢，要加强冷却系统的密封性。在闭式冷却系统中，可增大加水口盖蒸汽阀弹簧的压力，使蒸汽阀开启压力增高(通常为0.02～0.03 MPa)，提高水的沸点，使其不致过早沸腾而溢出。加大冷却系统散热面积，提高风扇转速，加大风量，保证冷却系统处于最佳平衡温度，适应外界气压变化。由于冷却水沸点低、蒸发迅速，加添冷却水频繁，冷却系统的积垢大大加快，因此，冷却系统的清洗周期应为普通情况下的一半。

(3)由于气压低，蓄电池的电解液蒸发快，应及时补加蒸馏水。最好采用起动功率大、充电迅速、自放电极少、抗高温高寒、抗振动和晃动能力好和使用寿命长的全免维护蓄电池。

(4)选用具有较宽的环境温度适应范围(－30～40℃)和海拔高度适应范围(2 000～5 000m)的液力散热系统，使系统保持在最佳的工作温度。传动系统和控制操作系统，要勤于检查和调整，以保证机械的安全使用。

高原低温地区金属材料易产生脆性断裂、液压胶管和橡胶密封件易老化，采用特殊研制的耐低温黑色金属材料和耐低温橡胶材料。

(5)高原地区大气压力低，轮胎的充气不可太足，一般只能充到标定气压的90%～95%。

(6)为适应高原缺氧、低温、风沙大、紫外线强等特点，采用密封性和保温性好，安装有防紫外线玻璃，具有除霜装置，配置医用小氧气瓶及吸氧装置的驾驶室。

五、工程机械在沙漠地区的使用

沙漠地区，地广人稀地形地貌复杂，气候干旱、高温、少雨、昼夜温差大，风沙大且常年不断，施工季节性强。沙漠恶劣的自然环境使工程机械的行驶和作业异常困难，必须综合考虑各种因素的影响，采取正确合理的使用与维护措施，最大限度地提高机械作业效率，延长机械的使用寿命，保证施工的顺利进行。

1.选择适宜在沙漠环境作业的工程机械

沙漠中自然条件恶劣，在进入沙漠施工作业之前，一定要选择适宜在沙漠环境中进行施工作业的工程机械，必要时应对机械进行改装。具体要求有：

(1)质量稳定、可靠性高；

(2)能够适应高温和严寒的温度大跨度变化，在－35℃～＋50℃范围内性能稳定；

(3)应有较强的通过和越野能力，能够在沙漠、戈壁、坏路、无路的条件下行驶和作业；

(4)轮式工程机械要采用四轮驱动技术，轮胎采用适合沙质地形行驶的大直径、宽断面、无内胎的专用沙漠轮胎；

(5)按需要选装前置铰盘、空调、无线电台、AM/FM收录机、工程警报系统等。

2.加强过滤

(1)进气系统必须使用高质量的品牌空气滤清器及滤芯，不能图便宜而随意使用空气滤芯。滤纸、滤布应绝对完好无损，端盖、密封胶圈不得变形、老化、残缺，以保证空气过滤质量。为尽量减少尘土的吸入，可适当加高进气口的位置，或在其上端增加一级粗滤器。维护滤芯时，应用少量的压缩空气由内向外沿滤纸折叠方向上下移动。决不允许由外向内对着滤芯猛吹，这样会使沙尘堵塞滤纸，影响进气量。也不能在硬物上磕碰滤芯来清除尘土，而应在轮胎或其他较软的物体上轻微地旋转磕碰滤芯。备用的滤芯一定要装入塑料袋扎紧口，防止沙尘落入。

(2)燃油系统必须使用清洁干净的柴油，在柴油滤清器前加装一个滤清器，使进入喷油泵的柴油进一步过滤。加注的柴油应提前送到工地经过较长时间沉淀方可加注，加油工具必须干净，加油时机应选择在早晨或晚上风沙较小的情况下进行。加油时吸油管口不要接触油罐（桶）内底部，以免吸入沉沙，在加油枪头、油箱口处加一个防沙罩。定期清洗柴油箱，定时更换柴油滤芯。

（3）润滑、液压系统所有的加油口和通气孔上应加防沙罩，在机油滤清器到涡轮增压器的油管上加一个滤清器，保证进入涡轮增压器的润滑油清洁，使涡轮增压器正常工作。在液压系统的进油管上可增设一套滤油装置，定期用滤油机将液压油、传动油各进行一次过滤。定期清洗液压油箱，定期清洗或更换液压油、润滑油及滤芯。

工程机械的铰接销套大都是半开式、采用润滑脂润滑的，沙尘极易粘附在销套上，加速其磨损。应加强对销套的润滑，采用耐高温、耐水、耐腐蚀的润滑脂，销套的两端用稍粗的“O”形圈或耐油橡胶垫进行密封，减少沙粒的侵入。加注润滑油时用量比一般规定的稍多一些，用清洁的润滑脂将受沙尘污染的润滑脂挤出。加注完后，须将挤出的润滑脂擦洗干净。

一般在沙漠地区，只对工程机械进行日常维护和小修。对拆下的油管或部件要用干净、厚实的塑料布包好。严禁拆卸和修理发动机、液压系统，确要修理应送至远离风沙的场所进行，以防沙尘进入。需特别指出的是：在进行过滤维护时，必须用彩条布或其他防尘材料，搭建一个局部干净清洁的空间来进行。

3. 工程机械进入沙漠前的维护检修

沙漠中昼夜温差大，如我国的塔克拉玛干沙漠腹地，冬季夜间最低气温达 -30℃，中午可达 20℃，夏季中午气温可达 50℃，夜间降至 10℃。所以在沙漠中几乎每天都要经历春夏秋冬四季的变化，工程机械进入沙漠前必须进行全面的维护检修，保证良好的技术状况，减少在沙漠中发生故障的概率。

具体应注意：

（1）换用低凝点柴油，提高柴油机低温起动性能和增加柴油机功率。冬季需使用 -35 号柴油，在夏季使用 -10 号柴油；

（2）检查和张紧风扇皮带，清洗散热器上的集尘、检修导风罩和风扇叶，以加强散热器的通风散热。彻底清洗冷却系统，检查并确保节温器良好有效，选用冰点合适的长效冷却液；

（3）清洗柴油机润滑系，维护清理机油散热器，换用质量等级和黏度等级符合沙漠环境及机械负荷的多级机油，保证机油在低温时有良好的流动性，在高温时有合适的黏度，同时更换机油滤清器和油水分离器滤芯；

（4）检修维护电气系统，对起动机、发电机、灯光线路应进行彻底的检查维护，最好换用免维护的质量稳定的蓄电池并采取适当的保温措施；

（5）清洗工程机械，检查并消除漏油、漏水、漏气、漏电情况；

（6）选择能有效阻止极细微粉尘的空气滤清器，最好选用沙漠地区专用的空气滤清器；

（7）沙漠中作业条件异常恶劣，转向和制动系统使用频繁，应检修转向和制动系统，保证工程机械在沙漠中安全施工；

（8）在柴油机机罩和散热器罩上装棉制保温套，在进、排气歧管上加装铁皮保温罩，不仅可以提高低温起动性能，而且还能改善柴油机在运转过程中存在的热不良状态；

（9）换用黏温性好，能够适应沙漠中极大温差变化的齿轮油、液压油和润滑脂。

4. 工程机械在沙漠中的使用

1）起动

沙漠中即使在夏季,夜间和早晨的气温也是较低的,冬季沙漠中夜间和早晨的气温最低达-30℃,对柴油机的起动造成一定的困难,应采用低温起动的办法实现柴油机的低温起动。如在油底壳安装预热棒,起动前加热机油,提高机油的流动性,降低起动阻力,实现柴油机的顺利起动。再如在水箱中设置加温器,起动加温器,将防冻液加热到80~90℃后再起动柴油机。除电喷柴油机外也可采用额外并联蓄电池的方法,增大柴油机起动时的起动电流,提高起动机的转速和功率,实现柴油机的着火起动。

2)起步时挂上全桥驱动,慢慢抬动离合器,同时缓慢加油

动作过猛,轮式不仅不会起步,还可能使轮胎陷到沙子里面。工程机械起步后应采用低挡慢速运行一段时间,使变速器、分动箱、驱动桥、轮边减速器等部位齿轮油温度逐渐上升后再提高挡位,转入正常行驶与作业。全液压或液力机械传动的工程机械,也应缓慢起步,以低速慢行一段时间,使液压油或液力传动油的温度上升后再转入正常的行驶或作业。

3)行驶

工程机械在行驶或作业时,首先要观察好整个区域的情况。沙漠的沙质既干又细,散沙经常会被风吹动而形成沙丘或沙坑,在阳光的照射下看似一马平川的地表会突然出现出乎意料的起伏。所以应尽可能跟随前车的车辙前进,假如没有车辙,一定要下车查看好地形后再前行。

工程机械在沙漠中行驶施工会因沙质土壤松散、地面附着能力低而导致驱动能力下降,使机械行驶困难甚至陷车,应随车携带拖车带(3~5m以上长的2根)和轮胎防滑板。发生轮胎被陷时,切不可用突然接触离合器的办法强迫车辆前进或者后退,这样轮胎会越陷越深,甚至烧损离合器。正确的做法是用防滑板或石块垫在被陷的轮胎下面,让车轮转动时摩擦硬物来摆脱困境。这样还不能使被陷轮式机械驶出沙坑,可采用轮胎放气的方法,适当减少轮胎的气压以增加轮胎与地面的接触面积和表面阻力,使被陷车轮驶出沙坑,但应注意不能把气压降得过低,否则轮胎有可能从车轮脱落下来。当机械摆脱困境后,应及时给轮胎补气。

如果有两个以上的轮胎同时被陷,甚至轮胎陷到一半以上时,需要用绞盘或者其他机械来施救。两车之间的拖车绳在拖动前要保持一定的松散状态,以增大拖动时瞬间的拉力。

遇到陡坡应正确判断坡道情况,根据车辆爬坡能力,必要时给轮胎放掉一部分气,爬坡时提前换成中速挡或低速挡,保持车辆有足够牵引力,切不可等车辆惯性消失后再换挡,以防停车或后溜。如被迫停车,应在停稳后再起步,以免损坏机件甚至造成事故。万一换挡未果造成机械熄火后溜,千万不要踩离合器踏板,应立即利用行车制动器和停车制动将车停住。

下坡前注意检查制动气压及制动机构工作状况,利用柴油机的排气制动和行车制动器控制车速,禁止机械熄火空挡滑行,防止制动鼓过热。

在沙质地面上行驶,只要松开加速踏板,车辆就会很快减速或停住。紧急制动,容易使车轮陷入沙坑中。突然转向是十分危险的动作。突然转弯时可能会出现扬沙,机械在这一刹那会产生横摇、甚至倾覆。

4)作业

沙漠地区空气干燥,日光的照射特别强烈,日照时间又特别长,操作人员容易疲劳,所以操作人员应配戴太阳镜、遮阳帽,避免阳光直接照射,保持旺盛的精力,严禁酒后或疲劳驾驶。随时注意车辆技术状况,做到一听(听柴油机运行的声音);二看(看监测仪表);三闻(闻电线、离合器、制动片是否出现异味),及时发现并排除故障。

防止柴油机工作温度过高或过低。沙漠中昼夜温差大,及时采取有效的降温或保温防冻

措施，特别要防止冻坏。沙漠中空气干燥，注意经常检查冷却系统管路的密封性，发现破损及时修理或更换；适当调大加水口盖蒸汽阀门的开启压力，以减少冷却液的损耗。在作业过程中要经常注意加满冷却液和向蓄电池加注蒸馏水。加强柴油机空气滤清器、机油滤清器和燃油滤清器的维护工作，空气滤清器应每天进行清理，并检查进气管线有无破损。空气、机油、燃油、液压滤清器要缩短更换的周期。及时检查润滑油的数量和质量，不足时添加，变质时更换。缩短润滑油的更换周期。

加强工程机械的日常和例行维护，发现问题及时处理。防止小故障成为大毛病，避免机械在沙漠中“爬窝”。

六、工程机械在泥泞沼泽地区的使用

雨季和水网地区的环境特点是雨水多、土质松软、地面承载能力低。工程机械在施工中，往往要在泥泞、沼泽或软地基等地区行驶与作业。

1. 雨季或水网地区环境特点对工程机械的影响

雨季或水网地区空气湿度大，水分容易混入燃料油、润滑油和液压油中，引起油液的乳化、加速氧化变质、降低使用性能，引起零件的非正常磨损和机械发生故障；使机械零件产生锈蚀、且不便维护；现场土质软，易使机械打滑、下陷，若发生沉陷情况，则机械失去行走能力和工作能力；作业面的开辟用时长、难度大，重复次数多；铲卸土困难，机械消耗的无用功多，作业效率低。

2. 防护技术措施

(1)做好机械的检查、维护工作，防止水分混入燃料油、润滑油和液压油中。

(2)采取防锈措施，减少机械外部零件产生锈蚀。

(3)及时疏干作业现场。雨后作业场地有不同程度的积水，要及时排出；要清除泥泞土，使地面露出较干的土层，以便于迅速恢复施工。

(4)在水网地区作业时因土质软、取土难、积水多和承载能力低，可采用增大工程机械行走机构的履带板或轮胎的接地面积方法，以适应湿地作业。轮式机械上加装防滑链，增加附着力的办法，也是普遍采用的方法。如果用一般机械施工有困难时，应采用湿地专用机械。

(5)当轮式机械通过泥泞、沼泽地区时，可预先在要通过的地段摊铺树枝、木杆或整束干稻草、麦秸秆等。还可采用分段铺木板的方法，使机械在板上驶过。垫在机械行驶位置下面板的长度，应使机械的接地比压在规定范围之内。

3. 机械打滑沉陷失去行走能力的解救措施。

(1)轮式工程机械陷入泥泞的解救方法。最方便而拉力最大的办法就是利用绞盘自行拖拽(机械本身备有绞盘时)。拖拽时先找好锚桩(如路边的大树、人工构造物、制动的重型机械等)。应该注意的是：作为锚桩机械的质量应大于被拖机械的0.5～1倍。拖拽时，绞盘上钢索一端固定在锚桩上，开动绞盘将被陷机械拉出。

(2)履带式重型机械陷入泥泞的解决方法。如推土机等陷入泥泞时，也可以利用锚桩和机械自身动力自行拖拽的办法。即两钢索的一端分别固定在锚桩上，另一端又分别固定在机械左、右履带的前端(穿过履带节后用钢索夹子固定)，当履带行走时，左右两钢索固定点就随履带的后移而移到后部，这便使机械前移一段距离。然后重新解开夹子，再按前法固定。重复数次后，机械就自行从泥泞中拖拽驶出。

(3)机械陷入泥泞后，可用其他大功率的机械(或其他备有绞盘的机械)作为牵引机将机械拖拽出来。

第七章 工程机械用油料的运用技术

第一节 工程机械用油料基础知识

一、石油

石油主要是由碳氢化合物组成的复杂混合物。从油井中开采出来的石油称为天然原油,原油在常温下大都呈流体或半流体状态。石油因产地的不同,其颜色、相对密度、凝点不同。

1. 石油的化学组成

原油之所以在外观和物理性质上存在差异,其根本原因是化学组成成分不完全相同。原油既不是由单一元素组成的单质,也不是由两种以上元素组成的化合物,而是由各种元素组成的多种化合物的混合物。因此,其性质是所含各种化合物的综合表现。不论是何产地的原油,其组成元素主要是碳、氢、硫、氧和氮等元素。组成石油的主要元素是碳,约占83% ~87%;其次是氢,约占11% ~14%;两者合计占96% ~99%,两者的比例(C/H)为6 ~7.5,硫、氧和氮三种元素合计约占1% ~4%,但也有少数产地的原油超过这个范围。

碳氢化合物简称为烃,原油以相互结合的各种碳氢及非碳氢化合物的形式存在。非碳氢化合物主要有硫化物、氮化物、氧化物、胶质、沥青质等,另外还有氯、铁、钾等元素,但含量很少。

2. 石油的烃类组成

烷烃(正构烷径,异构烷径)、环烷径、芳香烃、不饱和烃(主要是稀烃)是石油的主要组成成分。各种烃类对石油产品性质的影响见表7-1。

各种烃类对石油产品性质的影响　　表7-1

<table>
<tr><th colspan="2">烃类</th><th>密度</th><th>自燃点</th><th>辛烷值</th><th>十六烷值</th><th>化学安定性</th><th>黏度</th><th>黏温性</th><th>低温性</th></tr>
<tr><td rowspan="2">烷烃</td><td>正构</td><td rowspan="2">小</td><td>低</td><td>低</td><td>高</td><td>好</td><td rowspan="2">小</td><td rowspan="2">最好</td><td>差(高分子)</td></tr>
<tr><td>异构</td><td>高</td><td>高</td><td>低</td><td>差(分支多)</td><td>好</td></tr>
<tr><td rowspan="2">环烷烃</td><td>少环</td><td rowspan="2">中</td><td rowspan="2">中</td><td rowspan="2">中</td><td rowspan="2">中</td><td>好</td><td rowspan="2">大</td><td>好</td><td rowspan="2">好</td></tr>
<tr><td>多环</td><td>差(多侧链)</td><td>差</td></tr>
<tr><td rowspan="2">芳香烃</td><td>少环</td><td rowspan="2">大</td><td rowspan="2">高</td><td rowspan="2">高</td><td rowspan="2">低</td><td>好</td><td rowspan="2">大</td><td>好</td><td rowspan="2">中</td></tr>
<tr><td>多环</td><td>差(长链)</td><td>差</td></tr>
<tr><td colspan="2">烯烃</td><td>稍大于烷烃</td><td>高</td><td>高</td><td>低</td><td>差</td><td>—</td><td>—</td><td>好</td></tr>
</table>

润滑油理想组分为液体烷烃、环烷烃、少环长侧链的环烷烃和芳香烃,非理想组分为多环芳香烃、短侧链的环烷烃或芳香烃、固体烃、不饱和烃。

3. 石油中的非烃化合物

石油中的非烃化合物含量虽少,但它们大都对石油炼制及产品质量有很大的危害,是燃料与润滑油的有害成分，所以在炼制过程中要尽可能将它们去除。非烃类化合物主要有：含硫化合物、含氧化物、含氮化合物、胶质与沥青质。各种非烃化合物的基本性质及对石油炼制与产品质量的影响见表7-2。

各种非烃化合物的基本性质及对石油炼制与产品质量的影响 表7-2

非烃化合物	基本性质及对石油炼制与产品质量的影响
硫化物（硫醇、硫醚、噻吩、苯并噻吩等）	活性硫化物，如硫化氢、硫醇和元素硫，能直接腐蚀金属。非活性硫化物，如硫醚、二硫醚、噻吩、苯并噻吩，受热或油燃烧时，分解或与氧发生反应，形成对金属的间接腐蚀 硫化物造成炼油设备被腐蚀，催化转化器中的催化剂中毒，使汽油感铅性下降，影响汽油的抗爆性
含氧化物（环烷酸、苯酚等）	主要是环烷酸，含量占含氧化合物的80%～90%，集中于中间馏分（250～35℃）里，是不溶于水的有机酸，对金属有腐蚀作用，在有水存在的高温条件下，可与多种金属直接反应生成相应的环烷酸盐，环烷酸盐对油的氧化起催化作用
含氮化合物（吡啶、吡咯等）	石油中含氮化合物的含量极少，含氮化合物性质不稳定，易氧化叠合生成有色胶质，使油品颜色变深，质量下降，影响油料的储存，可使酸性催化剂中毒
胶质与沥青质	它由碳、氢、硫、氧、氮等五种元素所组成的多环化合物的混合物。胶质是深黄至棕色的树脂状黏稠物质，馏分越重，胶质越多；沥青质是深褐色或黑色非晶固体，无挥发性，全部集中于渣油中 胶质与沥青质可使石油产品颜色变深，氧化安定性下降，黏温性变差，燃烧后形成积炭

4. 原油的种类与分类

世界各国都采用各种不同方法对不同产地的原油进行分类。按原油的密度区分（工业分类法）为轻质原油、中质原油、重质原油和特重质原油；按含硫量分类分为低硫原油（含硫量小于0.5%）、含硫原油（含硫量等于0.5%～2.0%）、高硫原油（含硫量大于2.0%）；按含蜡量分为低蜡原油、含蜡原油和多蜡原油；按含胶量分为低胶原油（含胶质量小于17%）、含胶原油（含胶质量在18%～35%）和多胶原油（含胶质量在35%以上）。广泛应用的原油分类法有两种，一是特性因素分类法，另一是关键馏分特性分类法。

表示原油的密度和平均沸点与其化学组成之间存在一定关系的数值称为特性因素。利用特性因素，可以估计原油或石油馏分的化学组成特性。只要测定原油的密度和求得中平均沸点，通过下列公式就可以算出原油的特性因素。

$$K = \frac{1.26\sqrt[3]{T}}{\rho_4^{15.6}} \tag{7-1}$$

式中：K——特性因素；

T——该原油的中平均沸点，K。

根据特性因素，可把石油分为石蜡基原油（$K>12.15$）、中间基原油（K为11.50～12.15）、环烷基原油（K为10.50～11.50）。

由于原油的化学组成复杂，烃类在轻质馏分和重质馏分中的分布有较大差异，用特性因素分类比较笼统，不够确切，而且中平均沸点的数据也不容易求得很准确。现在大多采用关键馏分特性对原油进行分类。

关键馏分特性分类的方法，是先将原油在常压下进行蒸馏，切取250～275℃的馏分叫做第一关键馏分；再将余油在减压下（残压为5.33kPa）进行蒸馏，切取275～300℃的馏分（相当于常压下395～425℃的馏分）叫做第二关键馏分。然后测定两个关键馏分的密度和平均沸点，用公式算出其特性因素 K，根据关键馏分的密度及特性因素 K，按照表 7-3 的分类指标，将原油分为七类，即：石蜡基、石蜡—中间基、中间—石蜡基、中间基、中间—环烷基、环烷—中间基、环烷基（表 7-4）。

关键馏分分类指标　　表 7-3

关键馏分	指标	石蜡基	中间基	环烷基
第一关键馏分	d_4^{20}①	<0.8210	0.821 0 ~ 0.8562	>0.8562
	K	>11.90	11.5 ~ 11.90	<11.5
第二关键馏分	d_4^{20}	<0.872 3	0.872 3 ~ 0.930 5	>0.930 5
	K	>12.20	11.5 ~ 12.20	<11.5

注：①相对密度，即油在 20℃时的密度与 4℃时水的密度之比。

按照关键馏分的原油分类　　表 7-4

第一关键馏分类别	第二关键馏分类别	原油类别	第一关键馏分类别	第二关键馏分类别	原油类别
石蜡	石蜡	石蜡	中间	环烷	中间 - 环烷
石蜡	中间	石蜡 - 中间	环烷	中间	环烷 - 中间
中间	石蜡	中间 - 石蜡	环烷	环烷	环烷
中间	中间	中间			

二、石油炼制

把原油加工成各种石油产品的方法叫石油炼制工艺，不同的炼制方法，得到性质不同的产品。要全面地了解油品性能必须了解石油炼制方法。

1. 石油炼制的原理与流程

由于石油产品大多是原油中的某一馏分或是此馏分进一步加工得到的产品，因此，可将炼油过程分为两步：

（1）首先把原油蒸馏分为几个不同沸点范围的馏分，这叫一次加工；

（2）将一次加工得到的馏分再加工变成石油产品，这叫二次加工或深度加工。

一次加工装置为常压蒸馏或常减压蒸馏装置，原油通过蒸馏得到制取汽油、煤油、柴油、润滑油或其他石油产品的组分或原料，它们叫直馏产品。二次加工装置根据其作用可分为二类：一类为转化装置，如将直馏汽油馏分转化为高辛烷值汽油的催化重整装置，将常压重油或减压馏分油转化为汽油、喷气燃料、柴油的催化裂化或加氢裂化装置，将减压蒸馏残留的渣油转化为轻质油品或燃料油的焦化及减黏裂化装置等；另一类为精制装置，其作用是除去直馏产品或二次加工产品中的各种杂质以得到质量符合要求的各种石油商品，例如汽油脱硫醇，汽、柴油加氢精制以及生产润滑油的各种精制装置。

炼油厂分为燃料型、燃料—润滑油型和燃料—化工型三种类型。近代新建的炼油厂大多是综合利用转化原油的燃料—化工型。

2. 炼制石油的过程

在石油的炼制过程中要采用各种生产工艺，但根据工艺的作用可大致分为分离、转化和精制。分离工艺有两种，一种是按沸点不同的范围来分离，即常压、减压蒸馏；另一种是按照化学组成分离，如溶剂或分子筛脱蜡等。转化工艺也有两种，一种是把化学结构转化，如催化重整和异构化；另一种把化学结构和沸点范围同时转化，如烷基化、热裂化、催化转化和加氢裂化等。精制工艺也可分为两种:一种是净化除去硫、氧和氮的化合物,如电化学、脱硫醇和加氢精制等;另一种是稳定的,把不饱和烃转变为饱和烃,如加氢精制。

炼制石油的过程,随炼油厂的类型不同而有差异。图7-1是燃料—润滑油型炼油厂炼制石油的流程示意图。由常压蒸馏得到的产品和半成品,在数量、质量和品种等方面均不能满足要求,为了解决这些问题,又发展了许多加工方法。这些方法包括热裂化、延迟焦化、催化裂化、催化重整、烷基化和加氢裂化等。这些加工方法都以常、减压蒸馏所得的产物为原料,在加工过程中都有化学反应发生,而且原料中的烃类化合物在结构上均发生变化。

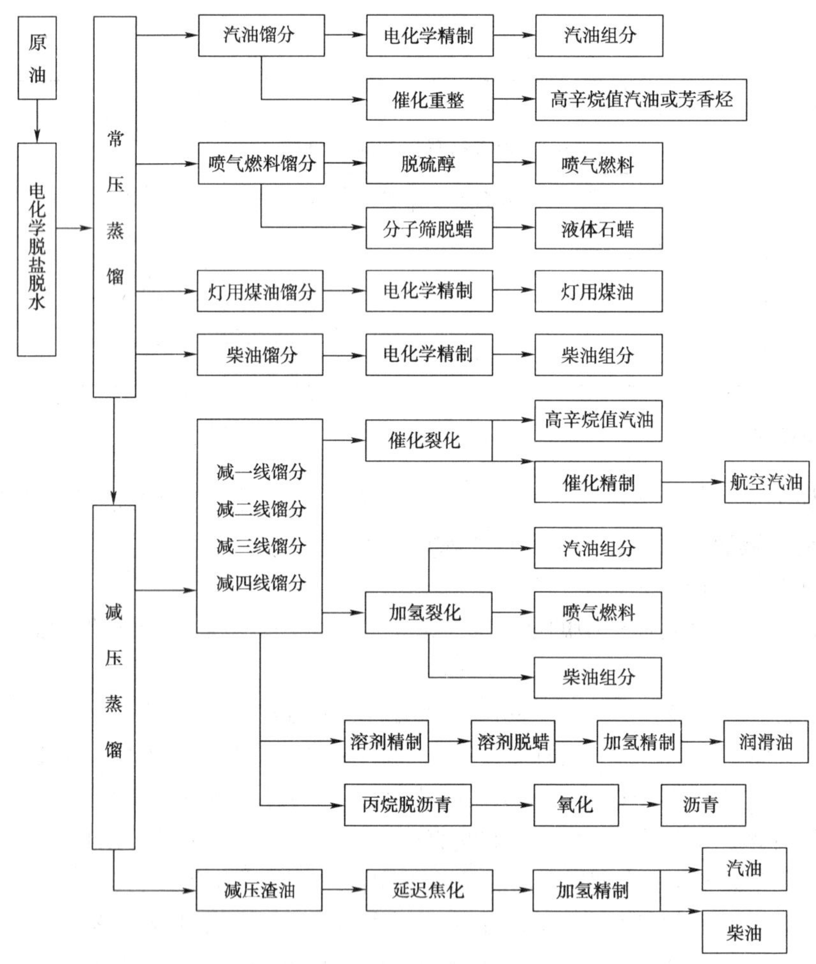

图7-1 燃料—润滑油型炼油厂炼制流程示意图

3. 轻质燃料油的生产工艺

原油经过蒸馏所能得到的轻质油品只占原油的10%~40%,其余为重馏分油和残渣油,而且某些轻质油品质量也不高,例如直馏汽油的辛烷值只有40~60,距高辛烷值汽油的要求相差甚远。近代的石油炼制工业不仅要通过原油的蒸馏来获得燃料油,更主要的是采用各种二次加工工艺来提高原油加工深度和产品质量,从而获得更多的,质量优良的轻质燃料油。

生产轻质燃料油的二次加工工艺较多,但从它们所起的作用来看,只有转化和精制两类。

1)转化

我国炼油工业现阶段广泛采用的石油馏分转化工艺主要有热裂化、催化裂化、加氢裂化、催化重整、烷基化、延迟焦化和其他的一些方法。

如加氢裂化是20世纪60年代发展起来的炼油新工艺，其特点是在有催化剂及氢气存在下，使重质油品通过裂化反应转化为汽油、煤油和柴油等轻质油品。它与催化裂化不同的是在进行催化裂化反应时，同时伴随有烃类加氢反应，使重质油受热后通过裂化反应转化为轻质油，所以叫加氢裂化。

加氢裂化的基本原理是：在高温高压以及有催化剂和氢气存在的条件下，各种烃和非烃类会发生一些化学反应，如烷烃和烯烃裂化、异构化和环化，裂化物再异构化和加氢。反应结果是使产物中含有较多的低沸点环烷烃转化为饱和烃，含硫、含氧和含氮化合物经加氢脱硫、加氢脱氧和加氢脱氮，生成硫化氢、水和氨。

由于加氢裂化具有上述优点，所以在国外发展较快，是仅次于催化裂化的重要转化工艺，但因它是在高压下操作，工艺条件很苛刻，设备投资大，需消耗大量氢气，以致其发展受到一定的限制。

2）精制

石油经常减压蒸馏、催化裂化、焦化等加工过程所得到的各种轻质燃料油，还不能全面地达到产品的使用要求。这些油品含有各种杂质与不理想成分，如含硫、氮、氧等化合物、胶质以及某些不饱和烃，这些杂质和不理想成分显著地影响着油品的质量。为使油品全面地满足使用要求，需要将油品中的杂质和不理想成分除去。这个过程为油品精制。

精制的方法有脱硫醇、电化学精制、加氢精制等。如加氢精制是将原料油在一定温度、压力以及氢气存在的条件下，通过加氢精制催化剂床层，使油品中的非烃化合物发生氢解反应，使不安定的烯烃和某些稠环芳烃饱和，从而改善油品的安定性、腐蚀性、燃烧性以及其他使用性能的工艺过程。加氢精制可用于各种油品精制，且产品质量好，收率高，加之重整工艺可提供大量副产品氢气，更为发展加氢精制工艺带来有利条件，因此得到广泛应用并逐步取代其他类型的油品精制方法。但加氢精制工艺投资较大，技术条件要求较严格。

4.润滑基础油生产工艺

现代的石油润滑油产品，几乎都是由润滑油基础油和用于改善使用性能的各种添加剂调制而成。以往润滑油产品质量的提高主要是通过增加添加剂品种，改进其质量以及增加其用量来实现，但近年来由于对润滑油产品要求愈益严格，而且某些性质并不是依赖添加剂可以改善的，故生产一些高档产品，越来越依靠采用高质量的基础油。基础油是润滑产品的最重要成分，按所有润滑剂的质量平均计算，基础油占润滑剂配方的95%以上。有些润滑剂系列（例如某些液压油和压缩机润滑油），其化学添加剂仅占1%，而其余99%是基础油。另一方面，其他润滑剂（例如某些金属加工流体、润滑脂或齿轮润滑剂）含添加剂可达30%。

润滑剂基础油有矿物基础油和合成基础油两大类，矿物基础油在数量上占优势，因此将矿物润滑基础油的生产看成是石油工业的一部分。当然，随着基础油的发展受到对润滑剂使用性能的要求日益提高和环境、健康与安全标准的影响，聚α—烯烃和酯类、油化学衍生物等高性能合成基础油的迅猛发展，许多高性能润滑剂已不再含矿物基础油。润滑剂基础油的种类如图7-2所示。

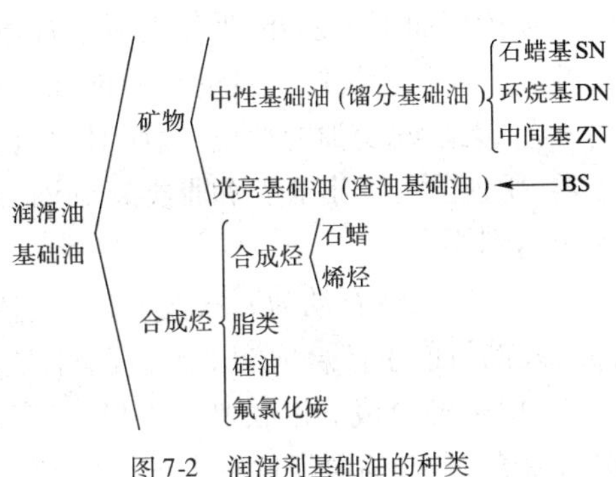

图7-2　润滑剂基础油的种类

优质基础油应具有的重要理化特性：

(1)适当的黏度和好的黏温特性;

(2)低的蒸发损失;

(3)优良的低温流动性;

(4)良好的氧化安定性;

(5)适当的对氧化产物及添加剂的溶解能力;

(6)好的抗氧化性及空气释放性。

根据对润滑剂基础油的性能要求,从原油制取矿物润滑油基础油需经过以下步骤:

(1)常减压蒸馏切割适当馏分以满足对基础油黏度和蒸发损失等方面的要求;

(2)精制以除去原料油中的多环短侧链芳烃及某些极性芳烃以改善基础油的黏温特性和抗氧化性能;

(3)当加工减压渣油时在精制前需经过脱沥青;

(4)脱蜡是为了满足对基础油低温流动性和凝固点方面的要求而从原料馏分中除去其所含高熔点烃类的方法。具体工艺有丙烷脱沥青、润滑基础油精制、润滑油脱蜡、润滑油补充精制等。

丙烷脱沥青是将渣油中的胶质、沥青质除去,而得到高黏度、低残炭的润滑油料。

润滑油的精制是把润滑油原料中黏温性质和抗氧化性能不好的组分除去的加工步骤。如加氢处理是通过催化剂的作用,使润滑油原料与氢气发生各种加氢及加氢裂化反应,而将润滑油料中的非理想组分转化成理想组分,从而使润滑油质量得到提高。润滑油加氢处理的反应条件非常苛刻,通常压力为 12 ~20 MPa,温度为 360 ~400℃,所以加氢处理的润滑油中芳烃含量低于 10%,黏度指数可高于 120,它有很高的抗氧化剂感受性和很低的蒸发损失,是调制某些高档润滑油如 SH,SJ 车用机油必不可少的组分。

为了改善油的低温流动性,在生产润滑油、柴油和喷气燃料的过程中,通常都要进行脱蜡,除去其中的高凝固点组分(石蜡和地蜡),以降低油品的凝固点或倾点。除去润滑油料中所含固体烃的方法有冷冻脱蜡(冷榨法)、溶剂脱蜡、尿素脱蜡、细菌脱蜡(生物脱蜡)、临氢降凝(分为异构脱蜡和催化脱蜡)、分子筛脱蜡等。

润滑油料经过溶剂精制、脱蜡等工艺处理后,其质量已基本上达到要求,但所得的油品中还含有少量未分离掉的溶剂,以及因回收溶剂被加热生成的大分子缩合物、胶质等。为了将这些杂质去掉,进一步改善润滑油颜色,提高安定性,降低残炭,需要补充精制。润滑油补充精制通常有白土补充精制、加氢补充精制两种。润滑油加氢补充精制加氢条件非常缓和,加氢压力为 2 ~6 MPa、温度为 210 ~320℃、氢油比 50 ~300,该过程基本上不改变润滑油料的烃类结构及组成。但加氢补充精制尚不能全部取代白土精制。

除传统加工工艺外,近年发展了加氢工艺,通过加氢把油中的硫和氮等除去,把性能不理想的烃类转化为性能优良的异构饱和烃和带长侧链烷烃的少环烷烃。传统的工艺仅是物理分离工艺,无法改变油的性质,因而对原料要求严,生产的基础油只能达到 API 基础油分类中的Ⅰ类,用加氢可产出Ⅱ类和Ⅲ类基础油,而近年发展的高性能油品只有用Ⅱ、Ⅲ类基础油配制才能达到要求。

除了以天然石油为原料按上述工艺生产的润滑油外,还可以用人工合成的方法生产润滑油。我国目前生产合成润滑油有两种方法:

(1)烯烃合成。以软蜡为原料,经高温裂解和分馏获得烯烃,用三氯化铝为催化剂将烯烃进行聚合,聚合油再经过碱中和、分馏和精制,便获得合成润滑油。

(2)石蜡合成。将石蜡通过精制、氯化、聚合、脱氯等工序获得合成油。

三、油品的调和

调和是生产燃料油与润滑油的最后一道工序,调和的方法有多种。

市场上销售的商品燃料,都是将几种不同的加工方法所得的燃料馏分进行调和后制成的产品。同时,还要在燃料中加入各种添加剂,以满足现代发动机的要求。炼油厂里进行燃料的调和的方法是:先用泵将要调和的多种油品按比例从组分罐内抽出并打入调和罐;再用泵对罐中的混合油反复地抽出送回,直至油品混合均匀。近年来也有使用管道调和的,可使燃料的调和过程更简单,生产率更高。

经精制得到的润滑油馏分是调和商品润滑油的基础油,一般不能直接作为润滑油产品,因为其性能往往满足不了现代机械的要求,通常还需要按照产品油的性能要求,将不同黏度的基础油或不同加工方法所得到的基础油互相混合,并加入一定量的各种提高润滑油使用性能的润滑油添加剂,如黏度指数改进剂、清净分散剂、抗氧抗腐剂、抗泡沫添加剂等。加之润滑油的品种繁多,每一种又有许多牌号,而且品种之间需求量悬殊,随季节、地区的不同,使用的品种和数量亦不相同。因此需用调和的方法来满足对润滑油多品种、数量不同的需求。生产中采用的润滑油调和方法有:压缩空气调和、泵循环调和、机械搅拌调和和管道调和。

润滑脂是由基础油、添加剂和稠化剂三部分所组成的。润滑脂的制备工艺因其种类不同而各异,但其基本目的是将稠化剂与基础油分散均匀制成均一体系的润滑脂。不同类型的稠化剂和基础油就应采用不同的分散方法,选择不同的分散条件。图7-3所示为制备皂基润滑脂的工艺过程,其主要工序过程是皂化、成脂、冷却和研磨。

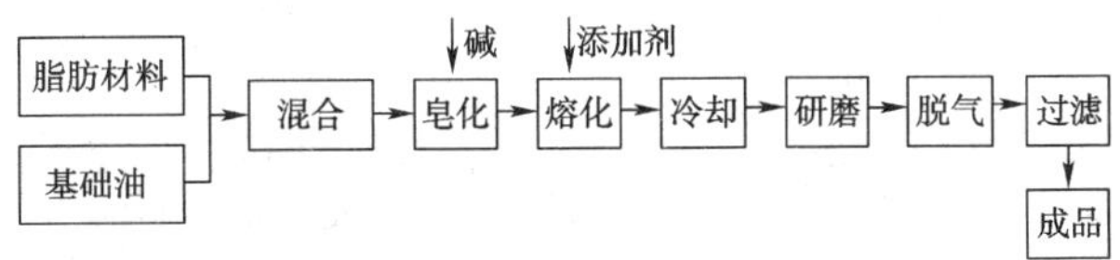

图7-3　皂基脂制备的工艺过程

四、石油产品和润滑剂的分类

1.总分类

国际标准化组织(ISO)在20世纪80年代发布了许多关于石油产品分类的标准,为了与国际标准化组织的标准相一致,我国参照国际标准ISO/DIS 8681—1985,制定了GB 498—1987《石油产品及润滑剂的总分类》、GB 7631—1987《润滑剂和有关产品(L类)的分类》等国家标准。石油产品和润滑剂的总分类见表7-5。

石油产品和润滑剂的总分类　　表7-5

类　别	含　义	类　别	含　义
F	燃料	W	蜡
S	溶剂和化工原料	B	沥青
L	润滑剂和有关产品	C	焦

该标准适用于制定石油产品和润滑剂的总分类体系和确定产品的类别及其名称。

2.润滑剂和有关产品(L类)的分类

在此分类中，根据尽可能包括所使用的润滑剂和有关产品的应用场合这一原则把产品分成19个组。如还要制定每组产品的详细分类体系，可以制定各组产品的分类标准。润滑剂和有关产品(L类)的分类见表7-6。

润滑剂和有关产品(L类)的分类 表7-6

组别	应用场合	组别	应用场合
A	全损耗系统	P	风动工具
B	脱模		
C	齿轮	Q	热传导
D	压缩机(包括冷冻机和真空泵)	R	暂时保护防腐蚀
E	内燃机	T	汽轮机
F	主轴、轴承和离合器	U	热处理
G	导轨	X	用润滑脂的场合
H	液压系统	Y	其他应用场合
M	金属加工	Z	蒸汽机气缸
N	电气绝缘	S	特殊润滑剂应用场合

3. 基础油分类

基础油按API分类分为Ⅰ—Ⅴ类，主要区别在硫含量、饱和烃及黏度指数，见表7-7。我国的基础油分类为QSH001—1996(表7-8)。

API基础油的分类 表7-7

Ⅰ	>0.03	<90	80~120
Ⅱ	<0.03	>90	80~120
Ⅲ	<0.03	>90	>120
Ⅳ		PAOs	
Ⅴ		除Ⅰ~Ⅳ以外的各种基础油	

我国润滑油基础油的分类表 表7-8

品种代号 / 黏度指数 VI / 类别		超高黏度指数 VI≥140	很高黏度指数 140≥VI≥120	高黏度指数 120≥VI≥90	中黏度指数 90≥VI≥40	低黏度指数 VI<40
通用基础油		UHVI	VHVI	HVI	MVI	LVI
专用基础油	低凝	UHVIW	VHVIW	HVIW	MVIW	—
	深度精制	UHVIS	VHVIS	HVIS	MVIS	—

五、石油添加剂、黏度及黏温特性

1. 石油添加剂

提高受天然组分局限的石油的加工工艺，是难以满足机械设备对石油产品的质量和使用性能的要求。为了提高油品质量，改善油品的使用性能，需要加入一些物质，这些可以改善油品一种或多种性能的物质，称之为石油添加剂。

石油添加剂按应用场合不同可分为润滑剂添加剂、燃料添加剂、复合添加剂和其他添加剂四类，每类添加剂按作用之不同，又可分为若干组。如润滑油添加剂的类别有：清净剂和分散剂，抗氧抗腐剂，极压抗磨剂、油性剂和摩擦改进剂，抗氧剂和金属减压剂，黏度指数改进剂，防锈剂，降凝剂，抗泡剂。

此外润滑油中添加复合添加剂的越来越普遍：如汽油机、柴油机、机油复合剂，工业齿轮油复合剂，液压油复合剂等。

2. 油液的黏度

油液流动时，由于分子间的相互作用，从而产生阻碍油液流动的内摩擦力。油液的黏度就是度量这种内摩擦力大小的一个物理量，黏度值随温度升高而降低。

黏度通常可用动力黏度、运动黏度和条件黏度三种方法表示（图 7-4）。

液体黏度的物理含义是由黏性液体的牛顿定律确定的，即："在黏性液体中的任何一点，剪应力 τ 与剪切变形率（速度梯度）du/dy 成正比"。黏性液体作层流运动时可看成是由无数薄层的液层所组成（图 7-5）。最上一层液体的流速最大（U），最下层黏着在容器壁的液层流速为零。液层的流速从下到上逐渐增大，相邻两层有一微小的速度差 du，液层的速度梯度（剪切变形率）为 du/dy。由液体的内摩擦引起的相邻两液层的剪应力为 τ，剪应力的作用是阻碍上面较快层的运动，加速下面较慢层的运动。这个黏性剪应力与剪切变形率成正比，即：$\tau = \mu \cdot du/dy$，式中比例常数 $\mu = \tau/\dfrac{du}{dy}$ 为液体的黏度，称其为动力黏度或绝对黏度。

黏度
- 绝对黏度
  - 动力黏度　单位 $1Pa \cdot s = 10P\left(\dfrac{g}{cm \cdot s}\right) = 1000cR$
  - 运动黏度　单位 $1m^2/s = 10^4St\left(\dfrac{cm^2}{s}\right) = 10^6 mm^2/s$
- 相对黏度
  - 恩氏黏度
  - 赛氏黏度
  - 富氏黏度

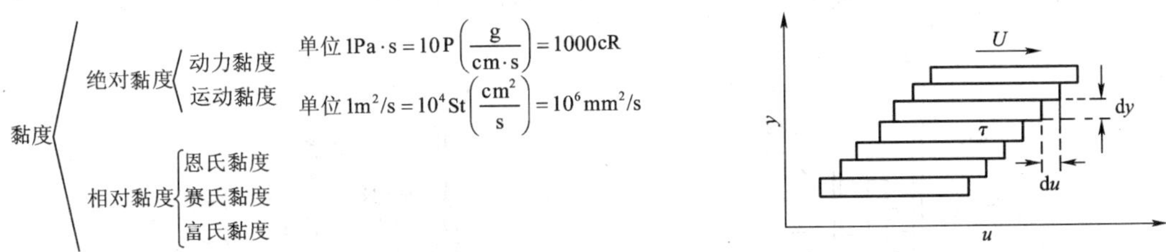

图 7-4　油液黏度表示方法

图 7-5　液体流动的牛顿模型

如果选择的液层面积为 $1cm^2$，厚度为 1cm，液层表面的流速为 1cm/s，则得：$\eta = Fs$。这说明，动力黏度是使相距单位距离的单位面积液层，产生单位流速所需之力。这就是动力黏度 η 的含义。在 CGS 制中，如果使相距 1cm，面积为 $1cm^2$ 的液层产生 1cm/s 的相对运动所需的力为 1dyn，那么动力黏度就为 1P。动力黏度单位"P"的因次为：

$$[\eta] = \frac{[Fs]/[Ae]}{[U]/[h]} = \frac{[Fs][h]}{[U][Ae]} = \frac{MLT^{-2}L}{LT^{-1}L^2} = \frac{M}{LT} \tag{7-2}$$

据此，可将 P 化为基本单位：$1P = 1\dfrac{dyn \cdot s}{cm^2} = \dfrac{g}{cm \cdot s}$

近年来已逐步为各国采用的"国际（S1）单位制"中规定，动力黏度单位的名称为"帕斯卡秒"，符号为 $Pa \cdot s$。其中帕斯卡为国际单位制的压力名称。用国际制基本单位[米（m）、千克（kg）、秒（s）]来表示动力黏度的单位为 $m^{-1} \cdot kg \cdot s^{-1}$，即：

$$1Pa \cdot s = 1kg/(m \cdot s)$$

国际单位制的动力黏度单位与"厘米克秒"制动力黏度单位之间的关系为：

$$1Pa \cdot s = 10P = 10^3 cP$$

在工程实际中常用的是运动黏度。运动黏度表示液体在重力作用下流动时内摩擦力的量度，运动黏度是液体在同一温度下的动力黏度与该液体密度的比值，用 ν 表示，即：

$$\nu = \mu/\rho = ct \tag{7-3}$$

式中：ρ——液体的密度；

μ——液体的运动黏度,m^2/s;

c——常数,随黏度计而异;

t——时间,s。

每一黏度计的常数 c,可用已知黏度的标准液来测定,通常用纯洁的水或已知黏度的标准油作为测定黏度计常数的基准物质。

运动黏度单位的因次为:

$$[\nu]=[\eta]/[\rho]=ML^{-1}T^{-1}/ML^{-3}=L^2T^{-1}$$

用国际单位制时,它的单位为 m^2/s、mm^2/s。过去在 CGS 制中,曾以斯托克(Stoke)作为运动黏度的专用单位,简称为"斯"(St)。St 与 m^2/s 之间的关系为:

$$1St=10^{-4}m^2/s, 1cSt(厘斯)=10^{-6}m^2/s=1mm^2/s(毫米^2/秒)$$

我国石油产品的运动黏度是按国家标准 GB/T 265—88 进行测定的。其原理是一定量的被试油(见图 7-6 毛细管黏度计椭圆球 AB 之间所包含的油量)在一定温度下(40℃或 100℃),流过毛细管,记录油面从刻线 A 流到刻线 B 的时间 t,然后用已知数 c 乘上时间 t,即得被试油的运动黏度。用国际单位制时,它的单位为 m^2/s、mm^2/s,$1mm^2/s=10^{-6}m^2/s$。

条件黏度(相对黏度)是采用特定黏度计,在特定条件下所测得的黏度,以条件单位来表示。世界各国按自己的习惯,采用恩氏度、赛氏秒、雷氏秒等不同的条件黏度。恩氏黏度测定如图 7-7 所示。

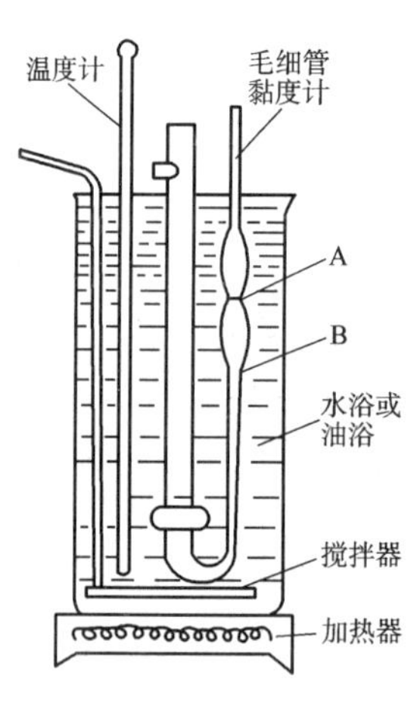

图 7-6 毛细管黏度计

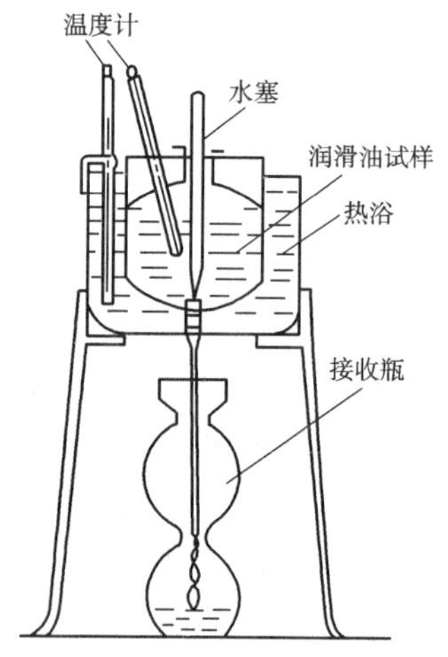

图 7-7 恩氏黏度测定示意图

我国主要采用运动黏度,国际标准化组织(ISO)也在近期规定统一采用运动黏度。各种条件黏度的数值因缺乏严格的物理意义,而且所用仪器也不符合精密测定黏度的要求,所以逐渐被淘汰。

液体的黏度基本上是由分子间的吸引力决定的。当液体的温度升高时,体积膨胀,分子间的距离增大,分子间的吸引力减弱,导致液体的黏度下降。油液的黏温关系可用双对数坐标图以直线的形态表示。对于任何油液,只要测出两个黏度数据,在图上标出并将它们用直线相连,即可得出该油液的黏度—温度变化关系。

液体的黏度一般均随压力的升高而增大(温度不变时)。矿物油在低压时,压力对油液的黏度的影响不明显,压力超过 20MPa 时,影响就很明显,如压力为 50MPa 时,油液的运动黏度将增加 3 倍,如图 7-8 所示。

润滑油的黏度分类有三种：

(1)工业液体润滑剂的 ISO 黏度等级划分，以 40℃时的运动黏度为基础，经修整后的中心点黏度；

(2)发动机机油的 SAE(美国汽车工程师学会)黏度分类，我国现执行的是 SAE J300 APR 97，按低温动力黏度，低温泵送性和 100℃时的运动黏度分级，此外还提高了高温高剪切时的黏度(150℃及 10^6/s 条件下)。SAE 黏度等级有单级(未稠化)油和多级(稠化)油之分。黏度即符合 W 系列的一种黏度级别又符合非 W 系列的一种黏度级别的油称为多级油。

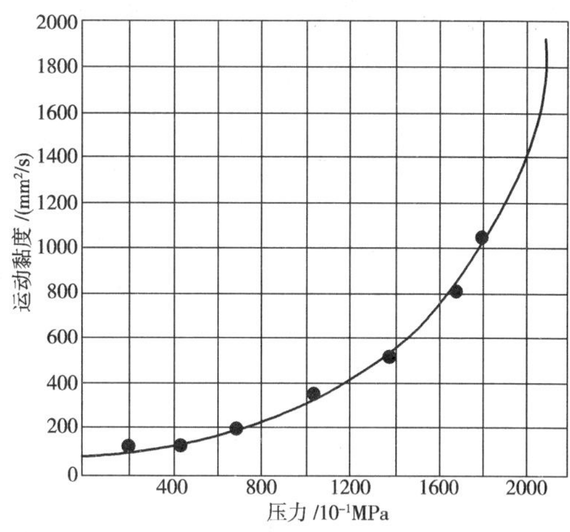

图 7-8　润滑油黏度压力曲线

(3)车辆齿轮油的 SAE 黏度分类。我国 1987 年有关国标采用这个分类方法，按低温黏度(150 000MPa · s)时最高温度和 100℃时的运动黏度分类，车辆齿轮油主要用在后桥齿轮及手动变速器上。黏度要求：100℃时的黏度为 $7mm^2/s$(170℃时不小于 $3mm^2/s$，23.3℃时的黏度在 $4500mm^2/s$ 以下)。

润滑油黏度大小对机械的影响非常大，图 7-9 为润滑油黏度大造成的危害。

3. 黏温特性

液体的黏度随温度变化的特性称之为黏温特性。工程机械上使用的油液要求其黏度随温度的变化越小越好。

黏温特性通常可用黏度指数或黏度比来表示。黏度指数是某一油液黏度随温度变化程度与标准油黏度随温度变化程度进行比较所得的相对数值。同一润滑油，低温黏度与高温黏度的比值叫黏度比，用 γ_{50}/γ_{100} 或 γ_{-20}/γ_{50} 符号表示。

黏度指数是人为地选择两种标准油与被试油比较而得出的质量指标。选择两种在 100℃时的运动黏度与被试油在 100℃的运动黏度相等的标准油，一种黏温特性好(VI = 100)的高黏度指数标准油(这类油有各种不同的牌号)，再选择一种黏温特性差(VI = 0)的低黏度指数标准油(这类油也有各种不同的牌号)，把要测定其黏度指数的被试油与这两个牌号的油品加以比较。

求被试油的黏度指数时，先测出被试油 40℃和 100℃的运动黏度 U 及 Y，然后选择两种在 100℃时的运动黏度与被试油在 100℃的运动黏度相等的标准油，用 GB/T 1995—1998 中的数表查得 H 值(VI = 100 的标准油在 40℃时的运动黏度)和 L 值(VI = 0 的标准油在 40℃时的运动黏度)，按下式计算被试油的黏度指数：

$$VI = \frac{L - U}{L - H} \times 100 \tag{7-4}$$

综上所述，要确定某油液的黏度指数时，需选择 100℃的运动黏度与此油液 100℃的运动黏度相同的两种标准油，比较它们在 40℃时黏度变化的程度。

从图 7-10 可见，被试油和高标准油、低标准油的运动黏度在 100℃时相同，但由于黏温特性不同，低标准油在 40℃的运动黏度较大，而高标准油在 40℃时运动黏度较小。当被试油的 40℃运动黏度较大时，其黏度指数较小，说明它的黏温特性较差；反之，如被试油在 40℃时的运动黏度较小，则说明其黏温特性较好，黏度指数较高。由此可见，黏度指数是被试油的黏温特性与标准油比较得出的相对数值，黏度指数高，黏温特性好。黏度指数是国际上较普遍使用的表示黏温特性的指标。

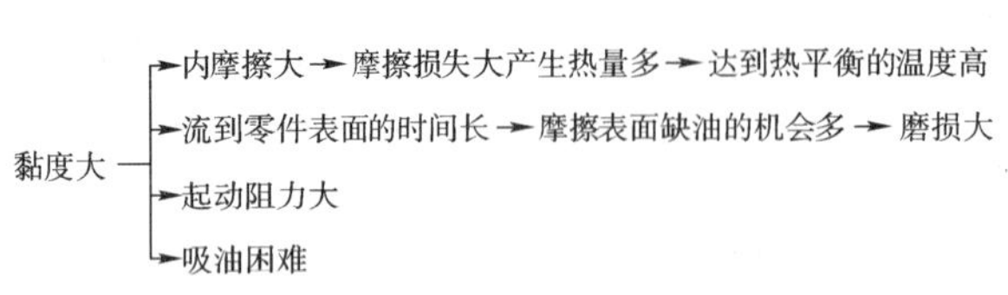

图 7-9　润滑油黏度大的危害

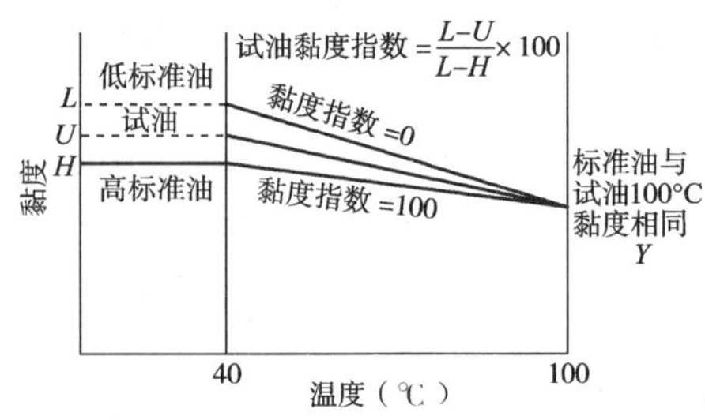

图 7-10　黏度指数示意图

黏度指数是从 20 世纪 20 年代末沿用下来的技术指标，当时是采用 37.8℃及 98.9℃时的黏度进行计算。1972 年国际标准组织的石油产品技术组建议，全世界润滑材料黏度的测定改用公制，以便使黏度测定程序标准化。建议中规定了测量液体润滑剂黏度的温度为 -40℃、40℃及 100℃，因此，计算黏度指数时采用了 40℃及 100℃的黏度。同时也还保留了用 37.8℃及 98.9℃时的运动黏度的计算法。但实际工作中多不用计算法，而采用比较简便的查表法。

对于黏度指数超过 100 的，采用下列方程进行计算：

$$VI = \frac{10^N - 1}{0.00715} + 100 \tag{7-5}$$

$$N = \frac{\lg H - \lg U}{\lg Y} \tag{7-6}$$

式中的 H、U、Y 等符号的意义同前。

黏温特性是润滑油的重要性质，对在宽温度范围使用的润滑油来说非常重要，是评价润滑油性质好坏的主要标志之一。黏温特性的好坏用黏度比和黏度指数来表示。黏度比大（黏度指数小），黏温特性差；黏度比小（黏度指数大），黏温特性好。

第二节　燃料油的运用技术

燃料是只通过化学反应（燃烧）能够将自身储存的化学能转变为热能的物质。燃料的种类及其物理化学特性直接影响发动机的性能。现代工程机械发动机所用燃料主要有轻柴油、汽油和代用燃料。

一、车用汽油

通常将沸程在 30 ~ 220℃范围内，可以含有适当添加剂的精制石油馏分称之为汽油。汽油主要可分为航空汽油与车用汽油。车用汽油主要供点燃式内燃发动机（即汽油机）作燃料，其中可以含添加剂，尤其是抗爆剂或抑制剂。以下将车用汽油简称为汽油。

不同时期对车用汽油的品种和质量有着不同的要求。随着社会对节能与环境保护要求的日益加强，对车用汽油的质量要求除考虑车辆性能外，还重视汽油的质量对汽油机排放污染物的直接影响，并提出了相应的要求。

1. 汽油的使用性能

当代汽车汽油机对汽油使用性能的要求越来越多，越来越严格。汽油质量的改进和发动机性能的提高联系在一起，彼此保持着密切关系，而又相互制约。辛烷值、烃类组成影响燃烧性、挥发性及运转性，辛烷值、其他性能影响燃料经济性，烃类组成影响排放、氧化安定性储存性及进气系统污染。

对汽油的质量要求是：良好的蒸发性，保证发动机在冬季易于起动，在夏季不易产生气阻，并能较充分燃烧；抗爆性好；安定性好；抗腐蚀性要好。在这些性能中，提高辛烷值具有重要的经济效益和社会效益。因为它直接影响发动机的热功效率及油耗，同时使用高辛烷值的汽油可以有效地防止爆震，从而减少污染，保护环境。汽油性能的优劣，对于汽油发动机的动力性，经济性，可靠性及使用寿命等均有很大影响。

1）汽油的蒸发性。

汽油的蒸发性越强，就越容易汽化，与空气混合就越均匀。由于汽化良好，混合气均匀的可燃混合气的燃烧速度就越快，并完全燃烧，不仅发动机容易起动、加速及时，而且能减少机械磨损，降低汽油消耗。蒸发性的评价指标有馏程与饱和蒸汽压。

馏程是汽油质量的重要指标之一。通过馏程可以判断汽油的馏分，并据此衡量汽油蒸发性的好坏。用石油产品馏程测定仪对100mL汽油在规定条件下蒸馏时，得到第一滴汽油时的温度，叫做初馏点；接着馏出10mL、50mL、90mL的温度分别称为10%蒸发温度、50%蒸发温度、90%蒸发温度；蒸馏结束时的温度称为终馏点。在规定条件下，从初馏点到终馏点的温度范围和残留量，叫做该油品的馏程。

10%蒸发温度表示汽油中轻质馏分的含量，它对发动机的低温起动性和供油系统产生气阻的可能性影响很大，汽油的10%蒸发温度越低，含轻质馏分越多，发动机在低温条件下容易起动。但10%蒸发温度也不能过低，否则易发生“气阻”现象。50%蒸发温度表示汽油中中间馏分（位于轻质和重质之间的汽油馏分）的多少或汽油的平均蒸发性，对发动机的热起动、预热时间、加速性和运转稳定性有一定影响。这个温度低的汽油，易蒸发成气体燃烧，发出的热量多，发动机使用时热起动快，预热时间缩短，发动机加速灵敏，运行稳定。90%蒸发温度和终馏点是表示汽油中重质馏分含量的多少。汽油能否完全燃烧对发动机的磨损大小有一定影响。这两个温度过高，汽油燃烧不完全，冒黑烟，耗油量增加，没有完全燃烧的重质油分会冲掉汽缸壁上的润滑油，从而加剧活塞、活塞环和汽缸壁的磨损，同时还会稀释曲轴箱中的润滑油，缩短润滑油更换周期。汽油的残留量表示汽油中不能蒸发的残渣或重质成分。汽油残留量过多，会结焦或粘在进气门和汽化器的油嘴上，使发动机燃烧室积炭增加，使进气门、化油器量孔和喷嘴、汽油喷射系统的喷油器结胶严重，从而影响发动机的正常工作。

为了保证在不同气温条件下对汽油蒸发性的不同要求，世界燃料规范把汽油的蒸发性分为A、B、C、D、E五级，用户可根据不同季节和地区采用不同蒸发性的汽油。

饱和蒸汽压是在规定条件下，油品在适当的实验仪器气液两相达到平衡时，液面蒸气所显示的最大压力。汽油的饱和蒸气压越大，其蒸发性能越好，使发动机低温起动容易，但在高温条件下使用时汽油供给系易产生气阻，储存使用中蒸发损失大，碳氢化合物（HC）排放浓度大。汽油的饱和蒸气压与气温和大气压强有关，气温高，海拔高，汽油饱和蒸气压也随之增大。

馏程限制不高于某温度是保证汽油具有良好的蒸发性，保证发动机正常工作，而饱和蒸气压限制不大于某值是为了防止汽油供给系产生气阻和汽油蒸气排放。

2）汽油的抗爆性

汽油的燃烧分为正常燃烧和不正常燃烧。汽油在发动机中正常燃烧时，火焰传播速度保持在20～25m/s，汽缸内的压力和温度变化很均匀。但当使用抗爆性不好的汽油时，混合气点燃后，火焰前锋面未传播到的部分混合气，在气缸高温、高压的影响下，完成焰前反应，在火焰到达之前自燃，并以极高速传播火焰(1 500 ~ 2 500m/s)而产生带爆炸性质的冲击压力波，发动机发出尖锐的金属敲击声，这种现象称为爆震(或突暴)。爆震的危害有：汽缸会发生过热；发动机功率下降；油耗增加；会使活塞顶和燃烧室破裂、排气门烧毁，轴承和其他零件损坏，造成汽缸的异常磨损，使热负荷增加，噪声增大，功率下降，油耗上升。

汽油抗爆性是指汽油在发动机汽缸内燃烧时抵抗爆燃的能力，评定指标是辛烷值和抗爆指数。

(1)辛烷值是表征点燃式发动机燃料抗爆性的一个约定数值。它由在规定条件下的标准发动机试验中，通过和标准燃料进行比较来测定，采用和被测燃料具有相同抗爆性的标准燃料中异辛烷的体积百分数来表示。

测定辛烷值的标准燃料，是用两种抗爆性相差悬殊的烷烃掺配而成的。一种是抗爆性良好的异辛烷(2,2,4－三甲基戊烷，C_8H_{18})，规定其辛烷值为100；另一种是抗爆性极差的正庚烷(C_7H_{16})，规定其辛烷值为0。它们按不同比例掺和，便得到辛烷值从0 ~ 100之间各号标准燃料。

按照试验条件，辛烷值分为马达法辛烷值(MON)和研究法辛烷值(RON)两种。测定辛烷值的试验条件不同(表7-9)，所得值也不一样。因此，引用辛烷值时应指明所采用的测定方法。

辛烷值的主要试验规范 表7-9

主要指标	马达法	研究法	主要指标	马达法	研究法
压缩比	4 ~ 10	4 ~ 10	混合气温度(℃)	149 ± 1	—
发动机转速(r/min)	900 ± 10	600 ± 6	曲轴箱发动机油温度(t)	50 ~ 75	57 ± 8.5
冷却液温度(℃)	100 ± 2	100 ± 1.5	点火提前角(°)	14 ~ 26	13
进气温度(℃)	40 ~ 50	—			

这种在实验室的发动机上求出的汽油抗爆性称为实验室辛烷值。目前西欧国家一般采用研究法辛烷值，它比马达法辛烷值高，两者的近似关系可用式(7-7)表示：

$$马达法辛烷值 = 研究法辛烷值 \times 0.8 + 10 \tag{7-7}$$

对于辛烷值为90 ~ 115的高辛烷值汽油，则采用航空温度法测定。

我国由于石油炼制水平与欧美有一定差距，汽油组成中，低辛烷值组分直馏汽油比例高，烯烃含量高的FCC汽油占了很大比例，而辛烷值高的重整油、异构化油、烷基化油比例少，从而成为严重影响汽油辛烷值及汽油质量的重要原因。由于实测辛烷值不能表示实际使用的辛烷值，有的国家已开始使用道路辛烷值，它是在一定温度条件下由多缸汽油机测定的。

进行道路辛烷值测定很复杂，在实用中大都由经验公式求得，即：

$$道路辛烷值 = 28.5 + 0.431(RON值) + 0.311(MON值) - 0.040烯烃百分含量 \tag{7-8}$$

道路辛烷值与实验室辛烷值之间并不是简单的关系，研究法辛烷值和道路法辛烷值之差称为道路损失。

(2)抗爆指数。马达法与研究法的区别仅仅是运转条件的不同，前者较为苛刻，因此几乎所有汽油的马达法辛烷值比研究法辛烷值低，两者之差称为灵敏度。它成为衡量抗爆性随着燃烧条件而变化的尺度。近年来一些国家引用抗爆性指数式(7-9)来评价汽油的灵敏度：

$$抗爆指数 = (RON + MON)/2 \tag{7-9}$$

抗爆指数能全面反映在车辆运行中汽油的抗爆性。已知汽油的研究法辛烷值和抗爆指数，便可求出其马达法辛烷值。

(3)汽油机的压缩比与辛烷值。汽油的抗爆性直接影响到汽油的使用经济性，因为抗爆性好的汽油可用在高压缩比的汽油机上，而增加汽油机压缩比可提高热效率，从而可提高汽油机的动力性和经济性。然而提高发动机的压缩比，增加了发动机的爆燃倾向，发动机压缩比的选择受到了汽油抗爆性的限制，而汽油的抗爆性又受到组成汽油烃类的影响。

提高辛烷值具有重要的经济效益和社会效益。因为它直接影响发动机的热功效率及油耗，同时使用高辛烷值的汽油可以有效地防止爆震，从而减少污染，保护环境。美国汽车发动机平均压缩比1972年为8.4，1990年提高到8.92，且长期以来辛烷值、压缩比都是很高。我国较国外汽车平均耗油高20%左右，其主要原因就是发动机压缩比低，油气雾化不佳，汽油辛烷值低。我国汽油辛烷值与汽车压缩比的变化见表7-10。

我国汽油辛烷值与汽车压缩比的变化　　表7-10

年　份	国产车压缩比	车用汽油	执行标准
1956—1964	6.0	MON 56	汽油—1121—56
1965—1977	6.0~6.2	MON 66	GB 489—65、GB 484—75
1978—1985	6.4~7.0	MON 70	
1986至今	6.75~7.4~8.5	MON 70 RON 90	GB 484—93、SH0112—92、SH0041—93

在权衡增大压缩比可改善动力性与提高辛烷值引起能耗投资增加的利弊后，目前认为压缩比为8.5，研究法辛烷值在95时经济性最好。

(4)提高汽油辛烷值的途径。主要有三种：一是采用先进的炼制工艺，通过工艺装置提高汽油的辛烷值来获取高辛烷值汽油组分；二是往汽油中加入抗爆添加剂来提高汽油的辛烷值；三是在汽油中调入改善辛烷值的组分，如加入烷基化油、异构化油、苯、甲苯及工业异辛烷等都能提高汽油的辛烷值。

3)汽油的安定性

汽油在正常的储存和使用条件下保持其性质不发生永久性变化的能力，称为汽油的安定性。安定性差的汽油在储存和使用过程中会出现颜色变深、生成黏稠胶状沉淀物的现象。使用安定性差的汽油会发生以下状况：在油箱、输油管和过滤器中产生胶状物而堵塞油路，甚至中断供油；从化油器(或喷油器)、进气门到燃烧室，汽油所处的温度越来越高，汽油烃类的氧化深度也随温度升高而增加，生成燃烧室沉积物和进气门沉积物等，使化油器变脏，使电喷发动机喷油器结胶堵塞，因此使化油器或电喷系统不能正常工作；胶状物还能使气门黏滞，关闭不严，降低发动机功率；胶状物在高温时会分解生成积炭，沉积在气缸盖、气缸壁及活塞顶部，致使气缸散热不良，产生过热，引起爆震和加大磨损；排气污染物浓度增加；安定性不好的汽油在储存中，随着胶质的增长会使辛烷值下降，酸度增加。安定性好的汽油长期储存不会变质。因此，汽油必须有良好的安定性。

汽油氧化安定性的评定指标一般是实际胶质和诱导期。

实际胶质是在规定的条件下，对汽油进行快速蒸发后所测得的汽油蒸发残渣中的正庚烷不溶物，以mg/100mL表示。由此判断汽油在发动机中生成胶质的倾向，并能判断能否使用和继续储存。

诱导期是在规定的加速氧化条件下，油品处于稳定状态所经历的时间周期判断汽油氧化变质的倾向，以分钟为单位。诱导期越长，汽油越不易氧化，安定性越好，适宜长期储存。一般车用汽油的诱导期不小于240min。高级车用汽油的诱导期要求不小于480min。

提高汽油安定性的措施：一是通过采用新的炼制工艺，使易氧化的活泼的烃类及非烃类尽量减少;二是在汽油中加添加剂。汽油清净剂又称汽油多效清净节能添加剂,它是由多种功能剂组合而成的一种复合添加剂。通常含有清净分散剂、抗氧防腐剂、减摩剂、防锈剂、金属减活剂和稀释剂等。国外汽油清净剂已发展到第四代,除对电控喷嘴、进气阀有清洁作用外,还可以控制燃烧室沉积物的形成。

4)汽油的腐蚀性

汽油在运输、储存和使用过程中,不可避免地要与各种金属接触。如果汽油具有腐蚀作用,就会腐蚀运输设备、储油容器和发动机的零部件。

控制汽油腐蚀性的指标主要有硫含量、水溶性酸碱、酸度、铜片腐蚀试验、博士试验等。

5)汽油的清洁性

汽油的清洁性是指汽油中是否含有机械杂质和水分。炼油厂炼制出的成品汽油中是不含机械杂质与水分的,但在储运及使用过程中,汽油不可避免地受到外界污染,使得机械杂质及水分进入汽油中。汽油中的机械杂质会使化油器的量孔、喷嘴和汽油喷射系统的喷油器堵塞,机械杂质进入燃烧室会使燃烧室沉积物增加,加速汽缸、活塞环的磨损。混入汽油中的水分,除本身对金属零件就有锈蚀作用外,还会加速汽油的氧化,与汽油中的低分子有机酸生成酸性水溶液,腐蚀零件;汽油中含有水分,冬季则可能冻结,严重时会堵塞滤清器或油路,甚至造成供油中断;另外,水分还有使添加剂失效等不良作用。

由于机械杂质和水分的危害很大,所以不允许存在。简易的判断方法是将汽油注入清洁干燥的100mL玻璃量筒中沉淀12~18h,然后观察量筒。如果油色透明并且没有悬浮物和沉淀物以及水分,则认为合格。

6)汽油的无害性

汽油的无害性是指汽油中不应含有对车辆排放污染装置和环境有害的物质。汽油的成分一方面直接影响汽车的排放污染,同时还关系到汽车排放污染控制装置的作用。所以,对汽油中的苯、烯烃、芳烃、锰、铁、铜、铅、磷、硫的含量进行控制。

2. 车用汽油规格与标准

1)我国的汽油规格与标准

我国汽油与车用汽油牌号划分其演变过程如表7-11所示。

我国汽油与车用汽油牌号划分及其演化 表7-11

产品标准	牌号划分	备注
GB 484—77	汽油66号、70号、75号、80号、85号共5种	马达法辛烷值确定汽油牌号
GB 489—86	汽油70号、85号	马达法辛烷值确定汽油牌号
GB 484—89 GB 484—93	车用汽油90号、93号、97号	研究法辛烷值确定汽油牌号 GB 484—93代替GB 484—89
SH 0112—92	汽油66号、70号	马达法辛烷值确定牌号 GB 489—86调整为SH 0112—92,原GB 489—86中的85号汽油由GB 484—93中的93号车用汽油所取代
GB 17930—1999	车用汽油90号、93号、97号	研究法辛烷值确定汽油牌号 SH 0112—92、GB 484—93从2000年1月1日起废止

过去我国的汽油是按马达法辛烷值(MON)制订牌号的,目前按研究法辛烷值(RON)确定

牌号。压缩比大于7.2的汽油机适用于90号汽油，国产汽车压缩比基本都大于7.2，故我国已先后淘汰了66号汽油、70号汽油，形成以生产90号汽油为主的局面。

汽油按其是否含有四乙基铅抗爆剂分为含铅汽油和无铅汽油。因为含铅汽油有毒并污染环境，国家已正式公布自1998年1月起停止生产，且2000年已实现全国汽油无铅化的目标。

2)《世界燃料规范》

制定《世界燃料规范》的主要目的是进一步促进人们理解汽车技术进步对燃油质量要求，充分反映了汽车排放污染物减少取决于汽车技术的进步和燃油质量的提高这两个条件。

《世界燃料规范》对无铅汽油和柴油建立以下四个不同质量类别：

Ⅰ类：汽车市场对排放污染控制没有或极少要求，主要考虑汽车或发动机本身的技术状况，适用于对汽车排放没有或无严格要求的国家和地区；

Ⅱ类：适用于有严格排放和其他的要求的国家和地区，例如美国的Tier 0或Tier 1，欧洲Ⅰ号或Ⅱ号法规，以及类似排放控制水平的市场要求；

Ⅲ类：适用于对汽车排放控制要求更严格的国家和地区，例如美国加州LEV，ULEV和欧洲Ⅲ号或Ⅳ号法规，以及类似的排放控制水平的市场要求。

Ⅳ类：对排放和节油有更严格的市场要求。

1999年4月20日，中国汽车工业协会在中国发布了《世界燃料规范》。

目前中国的车用汽油规格有GB 17930和GB 18351两个标准。中国从2000年开始实行的轻型汽车排污标准（GB 14761—1999）相当于欧洲20世纪90年代初标准（ECE83.01，即EURO—1）。2004年7月开始实施欧洲Ⅱ号排放标准。根据《世界燃料规范》，若要达到欧洲Ⅰ号法规的排放要求，需要使用《世界燃料规范》中定义的Ⅱ类油，而我国目前所能生产的无铅汽油，其主要指标与Ⅱ类油有着相当的差距，如表7-12所示。我国汽油硫含量低，汽油中芳烃水平相对较低，但烯烃含量高、蒸气压偏高，含氧化合物含量低，辛烷值分布差。

世界燃油规范Ⅱ类汽油与我国的汽油标准对比 表7-12

项目	Ⅱ类油		GB 17930—1999	GB 14761—1999 （等同RF-08-A-85）
	最小	最大		
91RON 研究法辛烷值	91	—	90	
马达法辛烷值	82.5	—	85（抗爆指数）	
95RON 研究法辛烷值	95	—	93	
马达法辛烷值	85	—	88（抗爆指数）	
98RON 研究法辛烷值	98	—	95	95
马达法辛烷值	88	—	90（抗爆指数）	85
氧化安定性/分	480	—	480	
硫含量（%）（m/m）	—	0.02	不大于 0.10	不大于 0.04
铅含量（g/L）	不可察觉			0.005
磷含量（g/L）	不可察觉			0.0013
氧含量（%）（m/m）	2.7			
烯烃含量（%）（v/v）	20		不大于 35	不大于 20
芳烃含量（%）（v/v）	40		不大于 40	不大于 45

3.汽油的选择

汽油主要应根据汽油机使用说明书的具体要求,以在正常运行条件下发动机不发生爆震为前提,选用适当牌号。

(1)根据发动机压缩比进行抗爆性的选择,压缩比越大,汽油的牌号越高。压缩比在7.0~8.0之间的,宜选用90号汽油;压缩比在8.0以上的宜选用93号或97号汽油。

如果选用不当,如压缩比高的发动机选用低辛烷值汽油,则会引起发动机爆震,使得功率下降,油耗升高,甚至损坏发动机零部件;反之,压缩比低的发动机若使用较高辛烷值的汽油,不仅经济上造成浪费,还会引起着火慢,燃烧时间长,以致燃烧热能不能充分转变为功率,并且还因为燃烧气体的温度过高,高温废气可能烧坏排气门或排气门座。

(2)当代汽车发动机结构正在不断趋于完善,很多压缩比超过8的汽油机,使用90号汽油仍能正常工作。目前,国外汽车汽油机的压缩比,大都在8~9之间,大多数使用研究法辛烷值91号汽油。我国国产汽油的实测辛烷值一般要比标定的高一个单位以上,所以,如汽车使用说明书要求使用研究法辛烷值91号汽油的汽车,不论货车还是轿车,一般均为可使用国产90号汽油。只有在90号汽油抗爆性不能满足车辆正常运行要求时,可考虑加用93号汽油。另一点需要指出的是,造成发动机爆震的因素(在发动机压缩比一定时)除与选用的汽油牌号有关外,尚与其他一些因素有关。因此,在发动机爆震时,应先查明原因,采取措施消除引起爆震的各种因素,而不要轻易决定换用高牌号汽油。

4. 汽油的使用技术

(1)汽油在供应上一时不能满足要求时,可以选择牌号相近的汽油代用。当汽油机使用辛烷值低于要求的汽油时,可适当推迟点火时间,并注意勿使发动机超负荷工作,以免发生爆震;当汽油机使用辛烷值高于要求的汽油时,可将点火时间适当提前些,以充分发挥较高辛烷值汽油的效能,提高发动机功率,降低油耗。

(2)要根据汽车行驶地区的海拔高度,在没有换用汽油牌号的条件下,应及时调整点火提前角。汽车从平原(或高原)地区驶入高原(或平原)地区后,应及时将点火提前角适当提前(或推迟)一些。

(3)区分季节选择汽油的蒸发性,冬季应选择蒸气压较大的汽油,夏季应选择蒸气压较小的汽油。汽车在夏季高温或高原地区行驶时,易发生气阻现象,应加强发动机室的通风散热,用绝热材料将输油管和汽油泵同排气管道隔开。如已发生气阻,则可向汽油泵、输油管及进气管上浇洒冷水,或停车使发动机自然降温。因此,如选用蒸发性较小、饱和蒸气压较低的汽油,也可防止气阻现象的产生。

(4)修理发动机时,应彻底清除进、排气管,进、排气门及燃烧室中的积炭,使其表面光滑,可降低汽油在使用中产生结胶的趋向。

(5)汽油中也不可掺入煤油或柴油使用,因煤油或柴油蒸发性和抗爆性不好,掺和使用将会引起发动机爆震,同时会严重破坏发动机的正常润滑条件,造成发动机损坏。

(6)长期存放后已变质的汽油不应使用,否则,将导致发动机油路结胶严重,使气门黏着而关闭不严,积炭严重。此外,应经常使油箱充满油,减少汽油与氧气的接触面积,同时,应注意保持油箱盖通气阀作用良好,注意按要求定期清洗油箱与汽油滤清器。

(7)注意加油时的清洁,避免机械杂质、其他油品或水分混入燃油中

(8)汽油易蒸发,易燃烧,易爆炸,易产生静电,有一定毒性,使用中应注意防火、防爆,避免中毒。

(9)蒸发性变差后的汽油的使用。

汽油要经过灌装、运输、卸收、储存和发放等很多环节才能灌注进入汽车汽油箱，在这个过程中，轻质馏分的蒸发或混入一些重质馏分的柴油、煤油和润滑油等，造成汽油蒸发性变差。10%馏出温度比标准高5℃以下时，可用于夏秋季；如10%馏出温度比规定标准高5℃以上时，则只能用于盛夏季节，且要求20%馏出温度不能高于100℃。50%馏出温度超过标准时，一般不会严重影响使用效果。但要求驾驶员必须细心操作，发动机起动后不要急于带负荷运转，适当延长升温时间。加速时要稍放慢加速踏板的动作，使加速平稳。90%馏出温度和终馏点比标准高5℃以下时，一般不会引起什么后果。如终馏点高于标准20℃以上时，该汽油不宜使用。

(10)土炼油生产的汽油不经过二次加工，质量差，抗爆性差，安定性差，不得使用。

二、轻柴油

由于比汽油发动机更高的热效率、更好的燃料经济性(柴油车的平均油耗比汽油车低35%左右)和更低的CO_2排放，柴油发动机不但在工程机械上大量使用，且汽车柴油化的趋势在全球已出现。在西欧，轻型汽车中的柴油车所占份额已经超过了40%，中型和重型车中的柴油车的份额超过了90%。在美国，大中型商用车安装的都是柴油发动机。在日本，约10%的轿车和40%的商用车以柴油机为动力；我国也大力鼓励发展低能耗、低污染、使用可靠的柴油车，2008年要达到相当于欧洲第3阶段排放法规控制水平，2010年之后争取与国际排放控制水平接轨。

为了保证发动机具有良好的使用性能，必须控制轻柴油的一些性质，如黏度、十六烷值、低温流动性、含硫量、芳烃含量、残碳含量等。由表7-13可以看出轻柴油的性质与发动机性能的关系很复杂，有时其要求还是互相矛盾的。例如，评价轻柴油着火性能的指标是十六烷值，它和发动机的低温起动性、排放有关；而发动机的低温起动性除与十六烷值有关外，还与柴油的低温流动性、挥发性有关。

轻柴油性质与发动机性能的关系 表7-13

发动机性能	轻柴油性质	发动机性能	轻柴油性质
着火性(好)	十六烷值(高)	可靠性(好)	残碳(低)、含硫量(低)、黏度(适当)
低温起动性(好)	50%馏出点(低)、十六烷值(高)	排放(低)	含硫量(低)、芳烃含量(低)、十六烷值(高)
运转性(好)	低温流动性(好)		

1. 柴油的使用性能

1)柴油的低温流动性。

柴油在低温条件下所具有一定流动状态的性能，叫做柴油的低温流动性。要求柴油具有良好的低温流动性。

柴油的低温流动性，不仅关系到柴油机燃料供给系在低温下能否正常供油，而且与柴油在低温下的储存、运输、倒装等作业能否正常进行都有着密切的关系。如果选用柴油的流动性不佳，燃料供给系在低温下不能正常供油，柴油不能有效地喷入汽缸，发动机就不能正常工作，造成工程机械无法行驶与工作。

柴油的低温流动性评定指标有凝点、浊点、冷滤点三种，各国在采用时有所不同，日本用凝点评定，美国用浊点评定，欧洲国家中多采用冷滤点来评定，我国用凝点和冷滤点评定。

(1)凝点。凝点是指试样在规定条件下冷却至停止移动时的最高温度，以℃表示。凝点的测定方法概要是：将试样装在规定的试管中，并冷却到预期的温度时，试管倾斜45°，经过

1min，观察试样液面是否能移动，从而找出其液面停止移动的最高温度，即为所测油品的凝点。国产轻柴油的牌号就是按凝点来制定的。

(2)浊点。柴油浊点是从柴油中开始析出的石蜡晶体，到柴油失去透明时的最高温度，以℃表示。浊点对柴油的使用性能来说，其使用意义更大，也就是说，柴油机使用地区的气温与柴油的浊点相同时，这时柴油机燃料供给系统向柴油机燃烧室中供给的柴油的量将受到影响，也影响了柴油机的工作性能。

浊点和凝点的高低主要取决于柴油的化学组成。为了保证柴油机正常工作，柴油的浊点应较柴油机使用的环境温度低3～5℃。

(3)冷滤点。冷滤点是在规定条件下，1min内通过过滤器的柴油不足20mL时的最高温度，以℃表示。冷凝点越低，流动性能越好。一般柴油冷滤点比其凝点高4～6℃，比其浊点略低。冷滤点与柴油实际使用温度有着良好的对应关系对柴油的使用有着实际的指导意义，还可以表明加有流动性能改进剂的柴油质量。

介于浊点和凝固点之间的冷滤点更能真实地反映柴油的低温流动情况与柴油的实际使用情况较吻合，而且无论柴油中是否加有流动改进剂，冷滤点方法均适用。随着柴油流动改进剂日益广泛地采用，凝点与浊点之间的距离拉大，也就是说柴油虽已到达浊点，但仍能有效地通过柴油滤清器的滤网，保证正常供油。

轻柴油的低温流动性与其烃类组成密切相关。柴油中的烃分子一般含有16～23个碳原子，其中一部分为石蜡，通常在柴油中呈溶解状态存在。当温度降低时，石蜡开始结晶析出形成石蜡结晶网络，这种网络延展到全部柴油中，使其流动阻力增加，甚至失去流动性。重质柴油含蜡越多，十六烷值越高，流动性越差。

(4)改进柴油低温流动性的途径有三条：脱蜡（将柴油中的蜡分脱出来，但脱蜡工艺很复杂，同时还会使柴油的其他性能变差，几乎不采用）、向柴油中调入二次加工馏分的煤油（向0号柴油中掺加40%的裂化煤油，可获得凝固点为－10℃的柴油）和向柴油中加流动性能改进剂（是改进柴油低温流动性的主要途径）。

2)柴油的雾化和蒸发性。

在既定燃烧室和喷油设备条件下，柴油的雾化和蒸发性决定了混合气形成的速度与质量。高速柴油机混合气形成时间极短，故对柴油的蒸发性有较高要求。

如果柴油的雾化和蒸发性差，可能产生以下不良后果：

(1)未蒸发的柴油在高温、高压条件下分解析出炭粒，产生黑烟，与废气一同排出气缸，使油耗和排放污染物增加；

(2)未分解和燃烧的柴油经汽缸壁渗入油底壳，稀释发动机油，影响正常润滑，加剧发动机零件磨损；

(3)柴油馏分重，黏度必然大，使喷雾质量低，混合气不均匀，产生后燃现象，使发动机过热，功率下降。

(4)发动机难以起动。

但是，柴油的雾化和蒸发性过强，不仅储存和运输中蒸发损失大，而且安全性差，所以，要求柴油具有较好的雾化和蒸发性。

柴油雾化和蒸发性的评定指标是馏程、运动黏度、密度和闪点。

(1)馏程。柴油的馏程的测定方法和汽油馏程的测定方法一样。测定柴油馏程的项目有50%、90%和95%馏出温度。柴油的馏程是按GB/T 6536—1997《石油产品蒸馏测定法》的规定进行。

50%馏出温度越低,说明柴油中的轻质馏分含量多,柴油机易于起动。但柴油中轻质馏分含量过多,会使喷入汽缸的柴油蒸发太快,易引起全部柴油迅速燃烧,造成压力剧增,使得柴油机工作粗暴。90%与95%馏出温度越低,说明柴油中重质馏分含量低,这就使得柴油的燃烧更加充分,不仅可以提高柴油机的动力性,减少机械磨损,避免发动机产生过热现象,而且还可使油耗降低。

柴油的馏分过轻、过重都是不适宜的。馏分组成较轻的柴油蒸发速度快,这对于高速柴油是有利的。例如:同一柴油机使用沸程为315~370℃的柴油时耗油量比使用沸程为200~260℃的柴油多9%,因此从改善起动性能考虑以使用馏分组成较轻的柴油为宜。但是馏分组成太轻也是有害的,因为馏分过轻,自燃点高,滞燃期长且蒸发程度大,在开始自燃时几乎所有喷入气缸内的燃料会同时燃烧起来,结果造成气缸内压力猛烈上升而引起爆震,此外,燃料馏分过轻,黏度小,不能保证良好的润滑就会加重油泵、柱塞等的磨损。馏分组成较重的燃料因喷入燃烧室后未能很快气化和形成可燃混合气,因而燃烧将在膨胀过程中继续进行,而且未蒸发的油滴还会裂解产生一部分气体烃和难于燃烧的炭粒,使积炭量和燃料消耗增加,经济性降低。

GB 252—2000规定柴油的50%馏出温度不高于300℃;90%馏出温度不高于355℃;95%馏出温度不高于365℃。当然,不同类型的柴油机对柴油馏分的要求也不同,预燃室式和涡流室式柴油机,可以允许使用馏分较宽、较重的柴油;而直喷式柴油机则只能使用馏分较窄、较轻的柴油。柴油馏程中馏出温度低,柴油蒸发就快,对形成混合气有利。否则,柴油蒸发就慢,形成的混合气质量就差,燃烧将在膨胀行程中继续进行,影响发动机正常工作。

(2)黏度。黏度是表征柴油使用性能的重要指标,与流动性、雾化性、燃烧性和润滑性有很大关系,它对喷射泵的润滑、燃料的输送与雾化都有很大的影响。

柴油的黏度不可太大,也不可太小。在柴油机的燃料供给系统中,喷油泵和喷油器都是由精密零件组成,这些配合件在工作时,经常处于摩擦态,而摩擦面的润滑,是靠柴油来保证润滑的要求。黏度太小的柴油,在摩擦面间不能形成油膜,使精密配合件的磨损增大,不仅会因漏失量增大而减少供油量,而且使喷雾质量下降。柴油黏度大一些对精密配合件的润滑有利,但过大也会降低喷雾质量并使燃烧过程恶化。

柴油黏度对柴油机工作主要有如下影响。

①影响供油量。如柴油黏度过小,在供油系统中运行时,因内漏损失量较多,使有效供油量减少;反之,黏度过大,则会使有效供油量超过标准,虽然提高了功率,但会造成燃烧不完全,排气冒黑烟及造成油耗上升。

②影响雾化质量。轻柴油黏度对燃料雾化质量的影响比较大。柴油喷入燃烧室时,被粉碎成不同直径的微小雾粒,雾粒平均直径越小,分布越均匀,说明雾化效果越好。现代高速柴油机,雾化微粒的平均直径为0.005~0.006 mm。当其他条件相同时,雾化微粒直径及其总表面积与柴油的黏度成正比。黏度过小的柴油,油束易扩散,细微度好,但其透穿距小,喷入的燃料集中在喷嘴附近燃烧,离喷油器较远的一部分空气便不能与柴油有效混合,因而不能利用全部空气使得空气利用系数降低,使燃烧不完全,致使柴油机功率降低。黏度大的柴油,随着柴油黏度的增大,雾化程度变差。而雾化程度对柴油的蒸发速率有决定性的影响,因为雾化程度差时,蒸发表面积急剧减少。另外,黏度大的柴油,喷射的射程长,圆锥角小。射程太长时,雾粒将落在燃烧室壁和活塞顶上造成氧气缺乏,柴油燃烧很慢,使发动机功率下降、油耗增加,并

在燃烧室中形成积炭;所以要求柴油黏度应适宜,以利于形成均匀的可燃混合气。

③影响供油系精密偶件的润滑。柱塞偶件、针阀与针阀体等精密配合的运动偶件,主要靠柴油润滑,柴油黏度若过小,会出现润滑不良,而使接触部位产生异常磨损和咬黏等故障,同时黏度过低会使喷射压力减小,还会使上述偶件相对运动阻力增大,磨损加剧,发动机功率下降。黏度过高则会使输油泵的效率降低而减少发动机的供油量。

柴油机喷油系统和燃烧室的构造等机械因素对柴油雾化的影响要比黏度的作用大得多,如直喷发动机,黏度和挥发性对柴油雾化、燃烧效果影响很大。

(3)密度。柴油密度的增大也会影响喷入燃烧室内油柱的射程,如使用密度为 0.878 的柴油,比使用密度为 0.848 的柴油,油柱射程增长 20%。随着柴油密度的增大,其黏度也要增大,也就影响柴油的雾化。柴油密度大,还会提高柴油机在一个工作循环内的供油量,看起来可提高柴油机的功率,实际上由于此时柴油雾化质量差,影响形成良好的混合气,使燃烧条件变坏,排气冒黑烟,所以反而会使柴油机的经济性降低。柴油密度的提高也是柴油内存在芳香烃的标志,它将导致柴油机在工作中产生粗暴现象。

(4)闪点。闪点是石油产品在一定试验条件下加热后,当加热油品所逸出的油料蒸气与周围空气形成的混合气接触火焰时发生瞬间闪火时的温度,叫闪点,以℃表示。

油品闪点根据测定方法不同分为开口闪点和闭口闪点两种,以℃表示。开口闪点多用于重质油品闪点的测定,闭口闪点多用于柴油等轻质油品闪点的测定。柴油的闪点既是控制柴油蒸发性的项目,也是保证柴油安全性的项目。闪点低的柴油,其蒸发性好,但柴油的闪点也不能过低。因为闪点过低,则柴油含轻质馏分过多,使得柴油蒸发性过强,会使得汽缸内混合气燃烧过猛,汽缸压力骤增而致柴油机工作粗暴。另外,从储存和运输环节来看,柴油的闪点又是柴油储运及使用中的安全指标,馏分过轻的柴油不仅蒸发损失大,而且产生大量的柴油蒸发也不安全。

对柴油闪点的要求随发动机的工作条件和油箱的位置而不同。工程机械多在露天工作与加油,对闪点要求相对而言不是十分严格。而对于一些固定式柴油机,油箱多在室内,对闪点的要求就较严格,不可过低,以确保安全。

油品的危险等级是根据闪点来划分的,闪点在 45℃以下的为易燃品,45℃以上的为可燃品。在储存、运输中禁止将油品加热到它的闪点温度,加热的最高温度,一般应低于闪点 20～30℃。

用馏程与闪点两个指标相互配合,来控制柴油轻重馏分以满足使用要求。GB 252—2000 规定 10 号、0 号、-10 号及 -20 号柴油闪点不低于 65℃, -35 号、-50 号柴油闪点不低于 45℃。从储存和运输环节来看,馏分过轻的柴油蒸发损失大,且产生大量的柴油蒸气也不安全。

3)柴油的燃烧性

柴油机燃烧过程中物理化学变化情况如图 7-11 所示。柴油的燃烧性主要是抗粗暴的能力,柴油的抗工作粗暴性用十六烷值来表示。十六烷值高的柴油,自燃点低,当柴油喷入汽缸后,在高压高温条件下,容易形成高度密集的过氧化物,很快着火燃烧,柴油着火延迟期短,它的燃烧性能就越好,速燃期内压力升高率不过大,柴油机的工作就越平稳。十六烷值低的柴油,自燃点高,发动机起动困难,着火延迟期过长,则在汽缸内积聚并完成燃烧准备的柴油就多,以致造成大量的柴油同时燃烧,使汽缸压力急剧升高,发动机运转不平稳,发出异响,工作粗暴。柴油机工作粗暴的后果与汽油发动机爆燃一样,会使曲柄连杆机构承受过大的冲击力作用，产生强烈的金属敲击声，加速零件的磨损和损坏，发动机功率下降、油耗增加，起动困难，造成柴油机功率下降，油耗增大。

柴油机的工作粗暴与汽油机的爆震在本质上是有很大区别的。汽油机的爆震是由于点火燃着的火焰前沿还未传播到时，部分混合气生成的过氧化物自行燃烧而致，一般发生在燃烧末期；而柴油机工作粗暴却是由于柴油的发火性差使得着火延迟期过长而致，最初喷入汽缸的燃料太不易氧化，过氧化物生成量不足，迟迟不能自燃，以至喷入的燃料积聚过多，自燃一开始，这些燃料同时自燃造成压力增长过快，大大超过正常燃烧的压力，导致工作粗暴，一般发生在燃烧的初期。因此，各种影响汽油机爆震与柴油机工作粗暴的因素完全不同。如汽油机若提高压缩比或增高汽缸温度会促发爆震，而柴油机若提高压缩比或增高汽缸温度却能减轻其工作粗暴的倾向。汽油中的正构烷烃易使汽油机发生爆震，而对于柴油而言，所含的正构烷烃却能减轻柴油机工作粗暴。柴油机要求使用易于自燃即自燃点低的燃料，而汽油机则要求使用不易氧化、自燃点高的燃料。

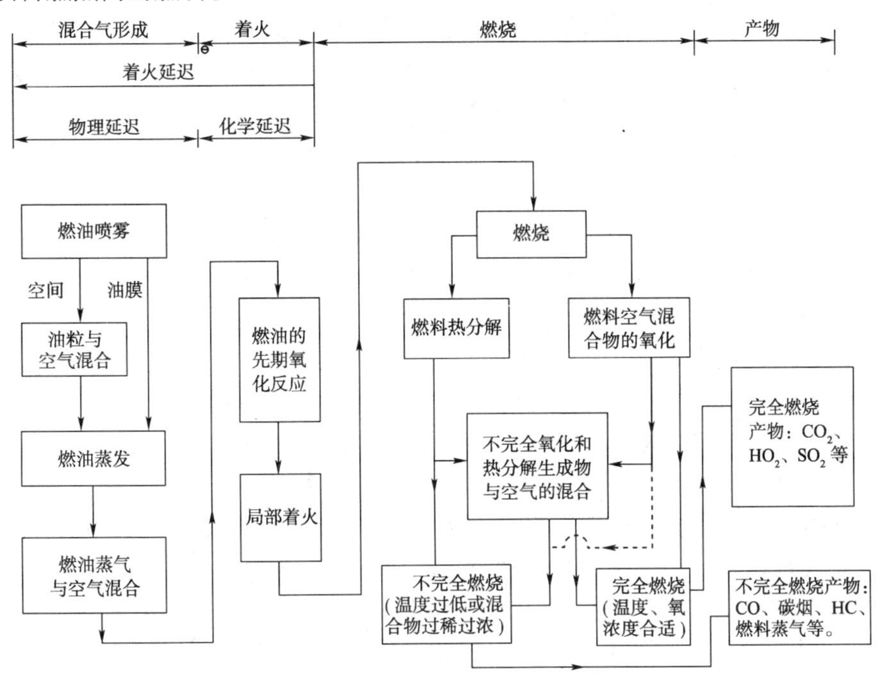

图 7-11　燃油燃烧过程中物理化学变化情况

柴油机的燃烧状况与喷油装置的喷油特性、燃烧室结构形式、运行条件和柴油的燃烧性有关，要求柴油具有良好的燃烧性。

柴油燃烧性的评定指标是十六烷值和十六烷指数。

柴油十六烷值测定的主要设备为一台可调压缩比(7～23)的供试验用的标准单缸柴油机。试验时调节柴油机压缩比，确定被试燃料的闪火时间。如果被试燃料和某一参比燃料在同样条件下同期闪火，所选用的压缩比又相同，则它们的十六烷值相同，标准燃料中十六烷的体积百分比含量即为被测燃料的十六烷值。

柴油机的额定转速越高，就要求柴油的发火性好，以确保在短时间内燃烧完全，对柴油十六烷值的要求就高。一般情况下，额定转速在 1 000r/min 以下的柴油机，可使用十六烷值为 35～40 的柴油；转速在 1 000～1 500r/min 的柴油机，可使用十六烷值为 40～45 的柴油；转速在 1 500r/min 以上的柴油机，可使用十六烷值为 45 ~ 60 的柴油。

柴油的十六烷值对柴油机在不同气温下的起动性能也有影响，十六烷值高的柴油，即使在较低气温条件也易于起动。但柴油的蒸发性对发动机起动性的影响比十六烷值重要，而十六烷值高的柴油，蒸发性就差。所以，评定柴油的起动性应将十六烷值与柴油的蒸发性结合起来综合评定。

柴油的十六烷值并不是越高越好。因为十六烷值过高的柴油，其分子量大、使柴油的低温流动性、雾化和蒸发性均受到影响。柴油的十六烷值高于 50 后再继续提高，对着火延迟期的缩短作用不大，还会因分子量大，使柴油的低温流动性、雾化与蒸发均受影响，会使燃烧不完全，喷入的柴油裂化较快形成大量游离碳，若来不及燃烧，导致油耗升高及排气冒黑烟，加大耗油量，发动机功率下降。通常柴油的十六烷值在 40 ~ 60 之间已能满足高速柴油机的工作要求。

4）柴油的安定性

柴油的安定性指柴油在运输、储存和使用过程中应保持其外观颜色、组成和使用性能不变的能力。要求柴油有较好的热安定性与氧化安定性。影响柴油安定性的因素主要是柴油中所含的不同的不安定组分，其次是外部环境的影响。

柴油安定性的评定指标是碘值、色度、氧化安定性、实际胶质、10% 蒸余物残炭和喷油器清洁度。柴油的安定性不好，易氧化结胶，燃烧后在燃烧室内生成积炭、胶状沉积物，附在活塞顶和气门上，可造成气门关闭不严，堵塞燃油滤清器，在喷油器针阀上生成漆状沉积物，使针阀黏滞，形成积炭，使喷雾恶化，甚至中断供油，干扰正常燃烧，使排放污染增加。

5）柴油的腐蚀性

柴油中腐蚀性物质有硫、硫醇硫、有机酸、水溶性酸或碱。由于柴油属于中等馏分，存在于柴油中的硫、硫醇硫的含量较多，对零件的腐蚀作用强，而且会促进发动机沉积物的生成。柴油腐蚀性的评定指标是硫含量、硫醇硫含量、酸度和铜片腐蚀试验。

柴油中的硫化物的危害有：

（1）燃烧过程中生成 SO_2、SO_3，当汽缸温度不高时（冷起动、低负荷运转、冷却水温低等），与水蒸气反应生成硫酸，在发动机的燃烧室和排气系统产生腐蚀性磨损；

（2）酸性氧化物对汽缸壁上的发动机油和尚未燃烧的柴油起反应，加速烃类聚合反应，使燃烧室、活塞顶和排气门的沉积物增多，生成易附着于活塞环槽和汽缸套表面的积炭。燃料的硫含量越高，燃烧室生成的积炭也越多，积炭增多使磨损增加，导致发动机功率下降和燃料消耗增加。例如，某发动机用含硫 0.15% 的燃料工作近 150 个小时后，功率下降 10.5%；用含硫 0.72% 的燃料工作相同时间后，功率下降 28%，油耗增加 12.2%；

（3）在铁被腐蚀时，因生成硬度很大的硫酸铁又引起滑动表面的磨料磨损；

（4）柴油含硫过多，而且还会使发动机油的某些成分变成磺酸或胶质等，加速润滑油的老化，并使过滤器上的沉渣量、润滑油的残碳值增加；

（5）增加柴油发动机的排放污染。柴油中的硫含量对柴油发动机（颗）粒物排放影响很大。研究表明，硫含量从 0.2%（m/m）降低到 0.05%（m/m），柴油发动机颗粒物排放量降低 8%。世界汽车燃油规范要求二类柴油的硫含量不大于 0.03%（m/m）。

6）柴油的清洁性

柴油的清洁性常用机械杂质、水分和灰分来评定。

柴油的灰分是指溶于柴油中无机酸盐类和有机酸盐类以及不能燃烧的机械杂质经过燃烧

后所剩余的不燃物质。灰分表示物质能侵蚀金属，在摩擦副中起磨料作用，是造成汽缸壁与活塞环以及喷油泵柱塞套筒偶件磨损的重要原因之一。

7）柴油的无害性

柴油的无害性是指柴油中不应含有对柴油机排放污染控制装置和环境有害的物质。它是对柴油质量提出的一个更高的要求。柴油中的硫含量、芳烃含量对柴油机的排放污染影响很大，应加以限制。

发动机工作中排放的污染物中的CO是一种有毒气体，进入人体血液系统与血红蛋白结合后，降低血液输氧能力，影响神经功能和视力敏感性。CO_2尽管无毒，但其数量的增加会加剧温室效应，引起地球变暖。排放到大气中的HC，与NOx混合后，在阳光照射下易生成臭氧，形成光化学烟雾。低空臭氧会损坏人体呼吸系统，影响农作物生长。PM是一种黑色的烟炱状颗粒，由燃料不完全燃烧产生的炭烟颗粒和燃料中硫生成的SO_2、SO_3颗粒组成。PM以炭颗粒为核心，其上吸附和聚集了多种化合物，可长期悬浮于空气中，其中许多化合物是致癌物质，严重危害人体健康。

柴油机产生的颗粒物（PM）和氮氧化物（NOx）较多，产生的黑烟和难闻的气味较多。但相对汽油机，柴油机由于具有较高的燃烧效率，一般产生较少的CO、CO_2和碳氢化合物（HC）。

柴油机PM排放比汽油机大得多，且排放的PM生物活性大，一般直径为0.1～0.5μm，其组成中可溶性有机物和硫酸盐约占颗粒物总量的20%和50%，未燃油占有机物的20%～80%。不同发动机排放颗粒物总量有很大不同，其化学组成区别也很大。柴油机所排放的PM中含有一些多环芳烃，其中有些是致癌物。多环芳烃浓度与发动机操作条件有关。

目前提出的“清洁柴油”或“超低硫柴油”的概念即是：超低柴油硫含量30～50μg/g，密度降为825～835kg/m^3，十六烷值提高到56～58，95%馏出温度降到340℃以下，并控制多环芳烃小于2%。

2.柴油规格与标准

我国生产的柴油分为轻柴油、车用柴油、重柴油、农用柴油和军用柴油。轻柴油、车用柴油、重柴油和农用柴油都属于民用柴油。根据柴油机转速选用不同柴油作为燃料，转速大于1000r/min的高速柴油机以轻柴油为燃料，车用柴油机选用车用柴油，中速柴油机（转速为500～1000r/min）、低速柴油机（转速为100～500r/min）以重柴油为燃料，拖拉机和排灌机械以农用柴油为燃料。军用装备柴油机使用军用柴油、轻柴油和车用柴油。

为了保证发动机具有良好的使用性能，必须控制轻柴油的一些性质，如黏度、十六烷值、低温流动性、含硫量、芳烃含量、残炭等。

1）轻柴油标准（GB 252—2000）

我国的轻柴油规格执行GB 252—2000《轻柴油》标准，按凝点分为10号、5号、0号、-10号、-20号、-35号、-50号等七个牌号。GB 252—2000《轻柴油》是对GB 252—1994《轻柴油》的修定，主要变化有：

（1）在标准中质量水平只设一个档次（GB 252—1994《轻柴油》按硫含量划分质量等级，即优等品、一等品、合格品）；

（2）增设5号轻柴油牌号，使牌号总数达到7个；

（3）把硫含量修定为不大于0.2%（m/m），并增加其测定方法；

（4）取消水溶性酸或碱和硫醇硫项目；

（5）氧化安定性总不溶物修定为不大于2.5mg/100mL，并把其列为保证项目；

(6)把十六烷值的注改为"由中间基或环烷基原油生产的各号轻柴油十六烷值允许不小于40";

(7)把闪点指标分别由不低于65℃、60℃和45℃修定为不低于55℃、55℃和45℃。

我国柴油的质量与国外差距较大,主要表现在硫含量和十六烷值上。国外规格大多要求硫含量小于0.05%,有的国家和地区甚至提出小于0.01%~0.03%的要求。我国初步提出第一步先将硫含量普遍降至0.2%以下,部分大城市车用柴油要求小于0.05%。对柴油十六烷值的要求不十分统一,一般要求45~50,这一要求我国基本能满足。

1999年4月,《世界燃料规范》在我国发布,根据我国对汽车排放的要求,需要使用该规范的Ⅱ类油。我国柴油规格的优等品Ⅱ类油与此相比,有相当大的差距。如世界标准的硫含量为0.03%,而我国优等品的硫含量才达到0.2%;Ⅱ类柴油的十六烷值为53,而我国仅为45。

2)车用柴油标准(GB/T 19147—2003)

车用柴油新标准参照欧洲EN590—1998《车用柴油标准》制定,要求柴油车的排放达到欧洲Ⅱ号标准。这个标准主要规定了车用柴油硫含量由GB 252—2000轻柴油的不大于0.2%降为不大于0.05%,对氧化安定性也作了具体规定。

3.轻柴油的选择

轻柴油的选择就是按照风险率为10%的最低气温进行牌号的选择。某月风险率为10%的最低气温值,表示该月中最低气温低于该值的概率为0.1,或者说该月中最低气温高于该值的概率为0.9,也可说最低气温低于该温度的可能性不超过1/10。掌握本地区内风险率为10%的最低气温不仅是选择轻柴油牌号的依据,也是选择发动机油、车辆齿轮油和制动液的依据。

选择柴油的主要依据是气温,应该根据不同地区和季节选择不同牌号的柴油。选用柴油的依据是使用时的温度。一般地说,气温低选取用凝点较低的轻柴油,反之,则选用凝点较高的轻柴油。选用柴油的牌号如果不合适,环境温度低于凝点,发动机中的燃油系统就可能结蜡,堵塞油路,影响发动机的正常工作。一般可按照以下情况选择各种牌号的柴油:

(1)10号轻柴油适合于有预热设备的高速柴油机或夏季使用;

(2)5号轻柴油适合于风险率为10%的最低气温在8℃以上的地区使用,0号轻柴油适合于风险率为10%的最低气温在4℃以上的地区使用。如全国各个地区4~9月份以及长江以南地区冬季均可使用5号和0号轻柴油;

(3)-10号轻柴油适合于风险率为10%的最低气温在-5℃以上的地区使用。如长江以南地区冬季和长江以南地区严冬使用;

(4)-20号轻柴油适合于风险率为10%的最低气温在-14~-5℃的地区使用。如长江以北地区冬季和长江以南、黄河以北地区严冬使用;

(5)-35号轻柴油适合于风险率为10%的最低气温在-29~-14℃的地区使用,-50号轻柴油适合于风险率为10%的最低气温在-44~-29℃的地区使用。如东北、华北、西北地区严寒区严冬使用。

4.轻柴油的使用技术

(1)不同牌号的柴油,由于它的质量指标,除凝点外基本相同,因而可以掺兑使用,以调整凝点。但应注意,凝点的掺兑不呈加减关系。但随着添加抗磨剂的低硫柴油的普遍使用,不同厂家、不同牌号的柴油能否掺兑,应通过试验确定。

(2)凝点较高的柴油中可掺入裂化煤油(10%~40%)以降低其凝点,如在0号柴油中掺入40%的裂化煤油,可获得-10号柴油。掺兑时要搅拌均匀。柴油中不能掺入汽油,柴油中掺入汽油后,发火性能将显著变差,导致发动机起动困难甚至不能起动,即使能起动也会造成发动机工作粗暴。

(3)选用的轻柴油在加入油箱前要注意清洁,确保其清洁度。柴油加入油箱前,一定要充分沉淀(不少于48 h),仔细过滤,以除去杂质,切实保证净化,以保证柴油机燃料供给系统的高压油泵和喷油嘴等精密部件不被磨坏或出故障,延长其使用寿命。加油过程中要避免使用不干净的加油器具,避免其他人为加油污染。目前先进的柴油机电控高压共轨系统的喷油压力已达到180~240MPa,系统中有高压的供油泵,且许多摩擦部件处在高压下工作,可以说柴油的清洁程度决定了电控高压共轨系统的工作寿命。

(4)低温条件下起动时可以采取预热措施,如对进气管、机油及蓄电池预热,也可采用馏分轻、蒸发性好又具有一定十六烷值的低温起动液,以保证发动机的顺利起动。低温起动液的主要成分是乙醇,很容易在柴油内自燃,低温起动液不能加入油箱与柴油混用,否则易形成气阻甚至火灾。

(5)冬季使用桶装高凝点柴油时,不能用明火加热,以免引起爆炸。土炼油生产的柴油不经过二次加工,发火性、蒸发性无法保证,腐蚀性物质多,安定性、安全性差,对柴油机的损伤大,不得使用。

(6)每日作业完毕后,应将油箱加满,减少空气中水蒸气冷凝成水混入油中。每日工作前,应排放油箱中和油水分离器中的积水。

(7)要按照维护规程规定,及时清洗或更换柴油滤清器滤芯,并定期清洗柴油箱。特别要注意的是:目前先进的电控高压共轨系统的柴油机,在更换新滤清器滤芯时不能在滤芯中直接加柴油,更换新滤芯而存在于供油系统中的空气只能通过手动排气装置排出。

三、重柴油和燃料油

重柴油是中、低速柴油机的燃料,也可用于导热油加热炉,沥青脱桶器,沥青混合料拌和设备等加热设备,但使用时必须预热和过滤。

重柴油按凝点分为10号、20号、30号三个牌号。其表示方法与轻柴油表示方法相同,如10号重柴油表示其凝点不高于10℃,以此类推。

重柴油牌号选用原则:10号用于500~1000r/min的中速柴油机;20号用于300~700r/min的中速柴油机;30号用于300r/min以下的低速柴油机。

燃料油通常称为重油。燃料油按80℃时运动黏度分别为20、60、100、200、250五个牌号。要求燃料油具有良好的雾化性能和低腐蚀性,并含有较少的沥青质和胶质,以使燃料油充分燃烧,减少结焦,延长燃烧炉的使用寿命。

第三节　发动机润滑油的运用技术

发动机润滑油,简称发动机油,又称为内燃机油,是润滑油中用量最大,并且性能要求较高,品种、规格要求繁多,工作条件异常苛刻的一种油品。发动机润滑油按用途主要分为汽油润滑油、柴油润滑油和二冲程汽油润滑油三大类。汽油机油又分为车用汽油机油、二冲程汽油机油和航空活塞式汽油机油;柴油机油又分为汽车、拖拉机和固定式柴油机油,铁路内燃机车柴油机油和船用柴油机油。本节讨论的发动机油是指车用汽油机油和车用(汽车、拖拉机)柴油机油。

一、发动机润滑油的工作条件

发动机润滑油在发动机中工作时，接触到的各润滑部位温度很高，如第一道活塞环处约为200～300℃，活塞裙部约为110～115℃，曲轴主轴承处约为85～100℃，而在冬季室外停车后，油底壳里发动机润滑油的温度可降至与大气温度一样低。高温时发动机油容易氧化、裂解，产生积炭、漆膜等高温沉积物，高温还会使发动机润滑油黏度降低，不易形成流体润滑。而在低温时发动机润滑油黏度增大，使发动机起动困难，磨损严重。发动机工作时，燃气最高压力可达5～9MPa，活塞环对汽缸的侧压力约为2～5MPa，活塞裙部对汽缸的侧压力为1.0～1.2MPa。现在车用发动机的最高转速可达3000～6000r/min，由于活塞每秒要进行约100～200个行程，活塞平均速度可达10～15m/s，且活塞在上下止点时速度为0，活塞在汽缸中的速度变化大，因此摩擦表面难以形成理想的润滑状态，会产生异常磨损和擦伤。与可燃混合气和燃烧废气接触的零件（如汽缸、汽缸盖、活塞组等）将受到化学腐蚀。发动机油的高温氧化、曲轴箱窜气、杂质和沉积物的混入，会促进发动机润滑油劣化变质。

润滑油的作用是：润滑、冷却、清洁、防腐、密封、减应。

二、发动机润滑油的性能指标

发动机润滑油的工作条件十分恶劣，它经常与发动机的高温、高压机件接触，经受的环境温差较大，另外还要遭受水汽、酸性物质、灰尘微粒和金属杂质的侵扰。润滑油在这种苛刻的条件下工作，必须具备优良的性能。对润滑油的性能要求：良好的润滑性、流动性、抗氧化安全性，尽可能小的腐蚀性或无腐蚀性，良好的消泡性，抗乳化性，无水分，灰沙杂质，与橡胶等相接触件的相容性好。润滑油的这些性能和对其质量的要求用一系列指标来体现。

1. 良好的润滑性

润滑性能与润滑油的黏度及黏温性有关。润滑油的黏度要适中，太低无法形成连续的油膜，太高阻力大，散热慢，起动性差，效率低，造成摩擦磨损。

对于发动机润滑油来讲，黏温性是一项重要指标。润滑油在发动机润滑部位的工作温度差别相当大，要求润滑油应有良好的高温性能，在高温部件上工作时能保持一定的黏度，形成一定厚度的油膜，能承受较大的机械载荷及热载荷，起到良好的润滑作用；在低温时，黏度不要变得太大，以免造成发动机冬季起动困难。一般发动机润滑油黏度指数VI为100～170。

改进润滑油润滑性能的添加剂有：黏度指数改进剂，油性剂及摩擦改进剂，抗磨剂。

2. 腐蚀性

发动机润滑油腐蚀性表示润滑油长期使用后对发动机机件的腐蚀程度。无论润滑油的品质多么好，在发动机高温、高压和有水分的工作条件下，也会逐渐老化。润滑油中的抗氧化剂也只能抑制、延缓油料的氧化过程，减少氧化产物，但不能从根本上消除润滑油的老化。造成润滑油老化的原因主要是润滑油氧化后产生无机酸，无机酸尽管属弱酸，但在高温、高压和有水的环境下也会对一些金属构成腐蚀。

增加抗腐性的措施：精制基础油，加添加剂，防水进入，减小与空气的接触面。

3. 清净分散性

清净分散性主要是指发动机润滑油既将氧化生成的胶状物，积炭悬浮在油中，使其不易沉积在机件上，又能将沉积在零件表面的胶状物，积炭等洗涤下来的能力。清净分散性良好的润滑油能使这些氧化物悬浮在油中，通过机油滤清器将其过滤掉，从而减少发动机汽缸壁、活塞及活塞环等部件上的沉积物，防止出现由于机件过热烧坏活塞环引起的汽缸密封不严、发动机功率下降、油耗增加等故障。

提高清洁分散性的措施：添加清净添加剂和分散剂。

4. 倾点和凝点

倾点是油料在一定试验条件下冷却，当冷却到试管倾斜 1min，试管内油面仍能流动的最低温度。凝点是试管内油面开始静止不动的最高温度。

5. 酸值

酸值是表明润滑油中含有酸性物质的指标。油品级别越高，酸值就越小；反之，则越大。在实际使用中，润滑油酸值有以下几点意义：

(1) 根据酸值可大概判断油品对金属的腐蚀性质。润滑油中有机酸含量小，在无水和温度较低时，对金属不会有腐蚀作用，但有机酸含量多和有水时就会腐蚀金属；

(2) 由酸值的大小可以判断使用中的润滑油变质程度，这也是润滑油更换的指标之一。润滑油在使用一段时间后，由于油品受到氧化逐渐变质，表现在酸值增大。当其超过一定限度时，就应该更换润滑油了；

(3) 根据酸值的大小判断油品中含酸物质的量。由于发动机润滑油出厂时只控制未加添加剂前的酸值，加入添加剂后酸值有可能增大，因为有些添加剂属酸性物质，加入后肯定会增加润滑油的酸值。

6. 闪点

润滑油闪点与油品的蒸发性有密切的关键，闪点高，说明其蒸发性能不好。润滑油蒸发性不好有利于其在发动机高温工作。所以，发动机润滑油的闪点越高越好。经验表明，润滑油闪点太低，燃油消耗就增加。如果曲轴箱中润滑油闪点在使用过程中明显降低，说明润滑油已受到燃料的稀释，需要对发动机进行检查维修或更换润滑油。

馏分越轻，闪点越低，自燃点越高（没有火源接触，自行发生燃烧的温度），表 7-14 为几种油品的闪点与自燃点。

几种油品的闪点与自燃点 表 7-14

油品	汽油	柴油	煤油	润滑油
闪点(℃)	-35	65 ~ 120	28 ~ 60	130 ~ 340
自燃点(℃)	415 ~ 530	350 ~ 380	380 ~ 425	300 ~ 350

7. 灰分

油品在规定温度（755 ± 25℃）条件下灼烧后，燃烧不尽的不燃物质称为灰分。油料中的灰分会增加发动机积炭，增大机件的磨损，因此，润滑油的灰分应该越少越好。润滑油添加剂中也会有灰分，一般要求加添加剂前灰分不大于某数值，而加入添加剂后要求灰分不小于某一数值（要有足够的添加剂）。

8. 残炭

油品的残炭是将油品放入一个容器中，在不通入空气的试验条件下，加热使其蒸发和分解，排出燃烧气体后，所剩余的焦黑色残留物称为残炭（主要是胶质、沥青质燃烧后的残留物）。根据残炭的大小，可以大致判断润滑油在发动机中的结炭倾向。一般而言，残炭量越低，精制程度越深。在润滑油的规格中，残炭量用“不大于”某数值表示。

9. 水分和机械杂质

按国家标准 GB 11121—2006《汽油机油》的规定,大多不允许机械杂质在润滑油中存在,发动机润滑油中机械杂质含量不大于 0.01% 。

水分对油的危害:使零件锈蚀;发生气化引起振动和噪声;与油混合形成乳浊液降低润滑能力;氧化油品。水分含量在润滑油中应不大于痕迹,即含水量不大于 0.03% 。可以通过在油中加入防锈剂,对氧离子进行中和,形成增水保持膜,吸收水分。

润滑油中的机械杂质会增加发动机机件的磨损或堵塞滤清器。水分会腐蚀发动机零部件,当水与 100℃以上高温金属零件接触时形成水蒸气,破坏润滑油膜,降低其润滑作用。

10. 抗氧化安定性

抗氧化变质的能力称为抗氧化安定性。润滑油在使用和储存过程中,一旦与空气接触,在条件适当情况下,便会发生化学反应,产生诸如酸类、胶质等氧化物。氧化物集聚在润滑油中会使其颜色变暗、黏度增加、酸性增大。

抗氧化安全性决定润滑油是否易变质,也决定其使用期限,高温加速油的氧化变质,水分也是油加速变质的原因。

抗氧化安定性主要与润滑油的化学组成与工作条件有关(温度、氧的压力,油与空气的接触面积,是否有水分等)。减轻氧化变质的措施有:合理精制基础油(芳香烃不易被氧化);加抗氧剂或抗氧抗腐剂。

11. 热氧化安定性

润滑油在发动机机件上形成油膜,油膜在高温和氧化作用下,抵抗漆膜产生的能力,称为润滑油的热氧化安定性。润滑油的热氧化安定性差,使用时很快就会生成漆膜,不利于热传导和润滑。

12. 抗泡性

油泡沫会使冷却效果下降,产生气阻,油供应不足,增大磨损,油箱溢油,油泵吸空、系统会因此发生噪声、振动等。要求润滑油有良好的抗泡性,出现泡沫后能及时消除。

13. 剪切安定性

抵抗剪切作用,保持黏度及与黏度有关性质不变的能力,黏度指数改进剂是链状高分子聚合物,受剪切时,分子发生扭变,断裂会造成黏度下降,黏温性变差,所以对剪切安定性提出要求。

三、发动机润滑油的分类

1. 发动机润滑油的黏度分级

发动机油的黏度分级以美国汽车工程师学会(SAE)的分级法最常用,ISO 直接采用 SAE J300 的分级方法。美国汽车工程师学会(SAE)的发动机润滑油黏度分类几经修改,修改后的 SAEJ300,取代了原来的黏度分类。为了更能反映实际使用情况,低温泵送黏度采用比原来低 5℃温度测定,但黏度指标由 30 000MPa · s 增加至 60 000MPa · s,增加了高温高剪切黏度,见表 7-15。这个分级的特点是每一黏度级范围很宽,且级与级间是连续的。

SAE 发动机油的黏度分级规定了两个系列的黏度牌号,即含字母 W 和不含字母 W 的。带字母 W 的牌号是根据最大低温黏度、最低边界泵送温度以及 100℃的运动黏度范围划分的;不带字母 W 的牌号仅根据 100℃时的运动黏度划分。仅符合这两个系列中的一种黏度分级的油为单级油。

如果一种发动机油 100℃运动黏度在 5.6 ~26.1mm^2/s 的黏度范围内,同时它的低温黏度和边界泵送温度还能满足 W 级油的黏度等级指标，则称这种油为多级汽油机或多级柴油机油，有时也称作稠化机油。也就是说黏度既符合 W 系列的一种黏度级别，又符合非 W 系列的一种黏度级别的发动机油为多级油，如 10W/30 就属于多级发动机油。

SAE 发动机油黏度分级(SAE J300—91)　　表 7-15

SAE 黏度级号	最大低温黏度		边界泵送温度（℃）最大	运动黏度(100℃)($mm^2 \cdot s^{-1}$)	
	黏度(MPa·s)	温度(℃)		最小	最大
0W	3250	-30	-35	3.8	—
5W	3500	-25	-30	3.8	—
10W	3500	-20	-25	4.1	—
15W	3500	-15	-20	5.6	—
20W	4500	-10	-15	5.6	—
25W	6000	-5	-10	9.3	—
20	—	—		5.6	小于 9.3
30	—	—		9.3	小于 12.5
40	—	—		12.5	小于 16.3
50	—	—		16.3	小于 21.9
60	—	—		21.9	小于 26.1

发展多级发动机油，可以使一种油同时满足冬夏通用，即既能满足冬季低温起动和低温泵送要求，又能满足 100℃时高温下的黏度要求。使用多级油，不但减少季节性换油的麻烦，而且能降低发动机的摩擦功，达到节省能源的目的。在单级冬季用油中，符号 W 前的数字越小，说明其低温黏度越小，低温流动性越好，适用的最低气温越低。在单级夏季用油中，数字越大，其黏度越大，适用的最高气温越高。对于多级油来讲，其代表冬季用部分的数字越小，代表夏季用部分的数字越大，说明其黏温特性越好，适用的气温范围越大。

发动机润滑油适应外界气温的黏度分级方法虽然得到广泛的应用，但是它存在着一大缺陷，就是不能反映出润滑油在发动机中的使用性能，因而出现了按使用性能的分级法。

2. 发动机润滑油按使用性能分级及其评定方法

1)发动机润滑油使用性能的评定方法

发动机润滑油按使用性能分级法（有的资料称为使用条件或质量分级法）是用润滑油在单缸或多缸发动机中进行较长时间的运转，运转结束后，根据发动机的沉积物情况、磨损大小、腐蚀程度等确定润滑油的等级。当然，这些方法不是一成不变的，随着新型机械和新油品的出现，也就会有相应的评定方法诞生，并且有的企业还有自己的试验设备和方法，所以发动机润滑油使用性能的评定方法并不是很统一的。目前使用较多的是美国的两个系列，一个是美国研究协调委员会(CRC)采用的 L 系列，一个是以美国材料试验学会(ASTM)和石油学会(API)为中心制定的 MS 试验方法（或称 MS 程序）。

2)发动机润滑油使用性能的分级

作为发动机油的使用分类方法，目前采用最广泛的是美国石油协会的 API 使用分类，有时亦称为性能分类或用途分类。美国 API 发动机油的质量等级分类，已被大多数国家承认采用。

API 分类法根据油品性能与使用场合的不同，将发动机油分为 S 系列（汽油机油系列）与 C 系列（柴油机油系列），见表 7-16、表 7-17。由表 7-16 可见，在 S 系列中有 SA、SB、SC、SD、

SE、SF、SG、SH、SL 和 SJ 十个等级，其使用性能顺序逐级提高，依次反映了汽车发动机不同年代的性能和结构发展的不同要求，它是依照发动机热负荷、机械负荷的大小及操作条件的缓和程度来划分的。在表 7-17 所列的 C 系列中有 CA、CB、CC、CD、CD-Ⅱ、CE、CF-4、CF-Ⅱ、CF、CG-4、CH-4 和 PC-9 十二个级别，其性能也是顺序逐级提高的，它是按发动机的强化程度及工作条件的苛刻程度来划分的。

汽油机油质量等级分类(SAE J183 MAR88)(摘录) 表 7-16

等级	使用对象	油品性能
SA	一般低负荷汽油机和柴油机	不含添加剂或只加降凝与抗泡剂
SB	中负荷汽油机	加入某些抗氧剂与抗磨剂
SC	用于 1964 ~ 1967 年生产的汽油车	加入清净分散剂与抗氧抗腐剂
SD	用于 1968 ~ 1971 年生产的汽油车	具有更好的减少低温油泥与防锈性能
SE	用于 1972 年以后生产的汽油车	具有更好的高温氧化及抗低温油泥性能
SF	用于 1980 年以后生产的汽油车	具有比 SE 更高的高温氧化及抗磨性
SG	用于 1989 ~ 1993 年生产的汽油车	具有更好的高温抗氧化变稠性能及清净性和好的低温油泥分散性
SH	用于 1994 年以后生产的汽油车	引入 CMA 试验规范，因而比 SG 的水平苛刻 10% 左右
SJ	用于 1996 年以后生产的汽油车	发动机性能与 SH 一样，节能试验，由 Ⅵ 变为 Ⅵ—A，油中磷含量 <0.1%
SL	用于 2000 年以后生产的汽油车	改善催化转化器的保护，由 GF－2 的 128×10^3 km 延长到 16×10^4 km，通过锈球试验，ⅢF、VG、ⅣA、VⅢ、NB 台架

柴油机油质量等级分类(SAE J183 MAR88) 表 7-17

等级	使用对象	油品性能
CA	轻负荷柴油机	具有一定的高温清净性和抗氧抗腐性
CB	中负荷柴油机	具有控制高温沉积物和轴承腐蚀的性能
CC	用于低增压柴油机及使用 SC 级油的汽油机	对于柴油机具有控制高温沉积和轴瓦腐蚀的性能，对于汽油机具有控制锈蚀、腐蚀和高温沉积物的性能，要求通过 IH2，L—38
CD	用于高增压柴油机	具有高效控制轴承腐蚀和高温沉积物性能，要求通过 IG2，L—38
CD—Ⅱ	用于重负荷二冲程柴油机	具有高效控制轴承腐蚀和高温沉积物性能，要求通过 IG2，6V53T，L—38
CE	用于 1988 年后生产的重负荷高增压柴油机	具有优于 CD 级油的高温性能，减少较少的沉积物和降低活塞环、汽缸磨损，要求通过 L—38，IG2，T—6，T—7，NTC—400
CF—4	用于直喷式柴油机及要求使用 CD 和 CE 油的柴油机	适合高燃烧速率，具有优于优级油高温性能，要求二次通过 IK 和 T6、T7、L—38
CF—Ⅱ	用于重负荷二冲程柴油机	具有优于 CD—11 级油高温性能，要求通过 IM－PC。6V92TA、L—38
CF	用于高速四冲程越野柴油机	只需通过 IM—PC、L—38
CG—4	用于烧低硫燃料的重负荷柴油机和机具	要求通过 L—38，IN，ⅢE，T—8，GM6，ZL
CH—4	用于兼顾高/低硫燃料及更高功率和延长换油期的柴油机	适应更高功率，延长换油期，更严格排放要求，需通过 IK，IP，T—9，M—11，T—SE，ⅢE，柴油喷嘴，GM6. SL

SD 级油主要比 SC 级油提高了低温分散性能；SE 级油主要比 SD 级油提高了高温性能；

SF 级油主要比 SE 级油进一步提高了高温性能；SG 级油重点解决油品的“黑油泥”问题，比 SF 级油进一步提高了高温性能；SH 级油确保了油品质量的稳定，使油品质量得到进一步提高；SJ 级油的质量与 SH 级油相当，但油中的磷含量比 SH 级低，从不大于 0.12% 降到不大于 0.1%，以减少磷对催化剂中毒，延长催化剂使用寿命；SL 级油的质量与 SJ 级油相比较，在抗氧化和低温分散性能方面都提高了。

美国汽油机油质量等级的升级换代快，从 20 世纪 50 年代开始，美国汽油机油发展从 API SA、SB、SC、SD、SE、SF、SG、SH、SJ 到 SL 级油共 10 代，几乎每 5 年提高一个等级，现汽油机油为 SH、SJ 级。柴油机油从 API CA、CB、CC、CD、CE、CF-4、CG-4 发展到 CH-4、CI、CJ-4，并建立了一系列的评定方法。

美国从 20 世纪 80 年代开始，柴油机油系列从单一体系变成三个系列体系。一是越野卡车和非车用柴油机油系列，即 CD 和 CF(CG)系列，这类系列柴油机对排放要求不严格，一般使用单级油。二是使用二冲程大功率柴油机油系列，即 CD—Ⅱ和 CF—Ⅱ(CG—Ⅱ)系列，这类柴油机主要使用在城市的公共汽车、学校校车、矿山运输车和坦克车上(目前国内没有生产和使用这类二冲程柴油机)。三是使用在高速公路上行驶的大功率重负荷柴油汽车的柴油机油系列，即 CE 及 CF-4 系列。这类柴油机运转条件比较苛刻，排放要求比较严格，还要控制油耗，例如牵引集装箱远距离运输的系列 8 柴油车，其载质量大于 25t。

2000 年美国发表了 SL/GF-3 汽油机油规格，而柴油机油则在 1998 年推出了 CH4 规格。为满足 2004 年新的排放标准，汽油机油颁布了 LM/GF-4 标准，而柴油机油于 2002 年底开始执行新的 CI 规格。为满足 2007 年的排放标准，柴油机油于 2006 年年初颁布了 API CJ-4 柴油机油规格，而 ILSAC GF-5 汽油机油规格估计将在 2010 年完成并批准使用。目前美国在用汽油机油最高规格为 ILSAC GF-4/SM，为满足未来新一代发动机的使用要求，发动机油生产商和汽车工业正共同努力，预计于 2009 年正式推出新一代汽车发动机油 GF-5。

欧洲发动机汽缸排量小，但输出功率大，其比功率比美国大 30% 左右。与美国发动机相比的差异有：

(1)发动机结构紧凑，油底壳容积小，加入润滑油量也少，单位体积润滑油所承受的功率或热负荷比美国发动机高，发动机油底壳润滑油工作时的温度在 150℃ 以上并不罕见，因而欧洲汽车制造商对轿车汽油机油首先关注的是热稳定性问题；

(2)行驶速度快(美国车辆在高速公路上的限速为 110km/h，欧洲国家最低为意大利 130km/h，德国则不限车速，可以在 200km/h 以上，且欧盟各国车辆可以相互自由通行，所以设计的车速都比较高)；

(3)柴油机活塞冠部(顶环槽以上部分)与汽缸壁的间隙比美国的标准小得多(如西欧 FordTornado 发动机活塞冠部与汽缸壁间的间隙是 0.5mm，而美国 Cummins NTC 400 为 1.1 ~ 1.75mm)；

(4)活塞冠部高度比美国的标准小(西欧一般为 18 ~ 21mm，美国 Cummins 发动机活塞冠部高度为 20.5mm)；

(5)美国活塞冠顶有一个倒角(或截角)，形成梯形，冠部形成的积炭不易被挤压成硬积炭。西欧柴油机正好相反，活塞上部与汽缸壁间的间隙小，高度小，易形成积炭磨损造成缸套抛光磨损；

(6)欧洲车要求润滑油换油期长，大卡车与大轿车在无苛刻行驶条件下和使用优质润滑油、低硫柴油情况下达到 45 000km；

(7)美国汽油发动机第一环槽温度一般在 220℃，而欧洲为克服噪声将风扇及水箱改小，使曲轴箱温度上升到150℃以上,第一环区温度在275℃以上。因此欧洲车用润滑油质量要求比美国苛刻。

欧洲根据其车速高,换油期长,发动机高速全负荷运转时油温高,要求油具有好的抗氧化和高温抗腐蚀性能、抗低温油泥、抗低温锈蚀性能、抗高温沉积,对润滑油质量有更高的要求的特点,提出自己的等级分类。在美国发动机油质量分类的基础上,欧洲汽车制造商协会(CCMC),提出了CCMC质量分类,对每种发动机油又增加了几种欧洲的发动机试验评定方法,1992年CCMC被ACEA新的汽车制造商协会所替代,决定CCMC规格使用到1995年底。1995年12月ACEA制订颁布了新规格分类系列,取代了CCMC汽油机油的G4、GS和柴油机油的D4和DS规格。1998年颁布的新的ACEA—98规格分类由三组程序组成,一是汽油机油,第二是轻型柴油机油,第三是重负荷柴油机油。在每一组程序内有不同的性能要求的级别。对汽油机油有A1、A2和A3三个级别,对轻型柴油机油有B1、B2、B3和B4四个级别,对重负荷柴油机油有E1、E2、E3和E4四个级别,见表7-18。ACEA规格基本上每两年修改一次更新一次。它可以是在不改变油品性质的前提下,用新型发动机测试技术来代替旧发动机测试技术,也可以是发动机性能的改变。规格但无论如何,其变化都非常微小。1999年ACEA将正规格提高,取消E1规格,增加E5-99规格(针对满足Euro 3排放标准的发动机制定的最新柴油机油规格,较API CH-4规格要求更高),将E4-98提升为E4-99规格(在更高功率发动机上延长换油期和提高燃料经济性)。2002年发表的汽油机油新增了A4、A5(A5-02的高温高剪切黏度要求在2.9~3.5MPa·s之间)。

欧洲ACEA发动机油分类 表7-18

油种	分类						
汽油机油	A1-96		A2-96	A3-96			
	A1-98		A2-96(第二版)	A3-98			
轻负荷柴油机油	B1-96		B2-96	B3-96			
	B1-98		B2-98		B3-98		B4-98
重负荷柴油机油	E1-98	E2-04	E3-02	E4-04	E5-02	E6-04	E7-04
	E1-98(第二版)	E2-04(第五版)	E3-02(第三版)	E4-04(第三版)	E5-02(第二版)	E6-04(第一版)	E7-04(第一版)

ACEA使用新规范颁布的时间来标示其不同的规范版本,自1996年第一次颁布以来至今,已经是第5次颁布新的规范,从原先的EI、E2、E3 3个级别发展到如今的E2、E4、E6、E74个级别,最新的规范是ACEA2004版。

3)发动机的通用润滑油

为了避免由汽油机和柴油机两种发动机动力组成的混合车队用错油而出现事故,对发动机润滑油的要求是汽油机油和柴油机油两种油通用。

1964年美军公布了第一个通用油规格MIL-L-2104B(CC/SC),随后出现了MIL-2104C(CD/SD)、MIL-L-2104D(CD、CD-Ⅱ/SE)、MIL-L-2104E(CD/SF)、MIL-L-2104F等。通用油的出现既简化了发动机油的品种、方便了用户,又解决了错用油问题。目前西欧的柴油机油全部采用通用油,美国的混合车队通用油占80%以上。SC/CC、SD/CC、SE/CC、SF/CD等汽/柴油机通用机油应用较广泛。

当然通用油的性能要同时满足汽油机和柴油机的需要，而汽油机油着重要求有好的低温油泥分散性和低灰分，而柴油机油则要求有好的高温清净性和酸中和能力，要满足这两方面的要求，通用油的复合配方组分之间要进行精心的选择和平衡。通用油中的添加剂比其他发动机油要多一些，但换油期长、油耗低，通用油在经济上是合理的。

3. 我国发动机油分类

1）我国发动机机油品种的变化

我国发动机润滑油（又称内燃机油）的黏度分类，20 世纪 80 年代以前沿袭原苏联的办法，以 100℃运动黏度的大小来划分。普通汽油机润滑油（下称汽油机油）和柴油机润滑油（下称柴油机油）都分成 3 个牌号，后来对寒冷地区使用的稠化油，还规定了低温下的最大黏度值，以保证在寒冷气候下发动机易于起动。目前我国发动机润滑油采用美国 SAE 黏度分类法和 API 性能分类法。我国发动机机油品种的变化如表 7-19 所示。

我国发动机机油品种的变化 表 7-19

类别	1972 年标准	1989 年标准	1995 年标准
汽油机机油	6、10、15 合成 6 号 稠化 8 号	质量等级 EQA-EQF 黏度等级 SAE 分级法	质量等级 SA-SF（API） 黏度等级 SAE 分类法
类别	1972 年标准	1989 年标准	1997 年标准
柴油机机油	8、11、14、16、20 稠化 11、14 号	质量等级 ECA-ECD 黏度等级 SAE 分级法	质量等级 CA-$CD_{Ⅱ}$、CE、CF_4 黏度等级 SAE 分级法

由于我国柴油机油仍以 CC 和 CD 油为主，但 CF-4 的上升趋势明显，CH-4 和 CI-4 也已投放市场，因此制订了 GB 1112—2006 标准以满足工程机械及汽车工业发展的要求，最高规格达到 CI-4。国内基本上还是直接采用美国的 API 柴油机油标准，但与此同时我国的柴油机排放却采用欧洲标准，因而存在着柴油机润滑油的性能和质量与柴油机技术和排放不适应的问题。

另外随着环保法规的越来越严格，柴油机油标准更新和废止速度也随之加快，废止老标准的同时要求的台架及配套零配件也相应废止，造成我国的新标准还未颁布就面临着无法执行的局面（我国的新标准很有可能采用美国所谓的老标准）。如国内新制订的标准 GB 11122—2006 中 CH-4 和 CI-4 要求的台架还未引进，美国西南研究院的相关台架及方法就已经被废除。

美国 AIP 柴油机油的评定费用从 CF-4 的 100 多万美元到 CJ-4 的 500 多万美元，国内的润滑油研制及生产商财力上都无力承担，这就造成了研制或生产单位普遍采用进口复合剂进行调合不通过标准台架的评定而直接投放市场，导致了市场上的润滑油的质量难以得到保证。与此同时，国内的发动机油台架评定单位中国石化和中国石油也不愿意引进国外的台架，主要原因是由于台架的评定费用高，引进后也没有单位进行评定，导致台架成本和日常维护费用都难以收回，进而造成了国内润滑油领域被国外几大石油公司所垄断的局面。

2）黏度分级

目前中国发动机油的黏度分类仍采用 GB/T 14906—94《内燃机油黏度分类》，基本参照 SAEJ300 标准进行（高档油与 SAEJ300—9 一致），再结合实际情况制定了国内的分类标准，见表 7-15。

3）质量分级

我国发动机润滑油质量分类参照美国 API 分类标准，结合我国发动机制造业和润滑油的生产实际制定的。现已颁布了 GB/T 7631.3—1995《内燃机油分类》,见表 7-20,同时还制定了 GB 11121—1995《汽油机油》和 GB 11122—1995《柴油机油》标准。

发动机油性能和使用分类 表 7-20

应用范围	品种代号	特性和使用场合
汽油机油	SA(废除)	用于运行条件非常温和的老式发动机,该油品不含添加剂,对使用性能无特殊要求
	SB(废除)	用于缓和条件下工作的货车、客车或其他汽油机,也可用于要求使用 API SB 级油的汽油机,仅具有抗擦伤、抗氧化和抗轴承腐蚀性能
	SC	用于货车、客车或其他汽油机以及要求使用 API SC 级油的汽油机。可控制汽油机高低温沉积物及磨损、锈蚀和腐蚀
	SD	用于货车、客车和某些轿车的汽油机以及要求使用 API SD、SC 级油的汽油机。此种油品控制汽油机高、低温沉积物、磨损、锈蚀和腐蚀的性能优于 SC,并可代替 SC
	SE	用于轿车和某些货车的汽油机以及要求使用 API SE、SD 级的汽油机。此种油品的抗氧化性能及控制汽油机高温沉积物、锈蚀和腐蚀的性能优于 SD 或 SC,并可代替 SD 或 SC
	SF	用于轿车和某些货车的汽油机以及要求使用 API SF、SE 及 SC 级油的汽油机。此种油品的抗氧化和抗磨损性能优于 SE,还具有控制汽油机沉积、锈蚀和腐蚀的性能。并可代替 SE、SD 或 SC
	SG	用于轿车、货车和轻型卡车的汽油机以及要求使用 API SG 级油的汽油机。SG 质量还包括 CC(或 CD)的使用性能。此种油品改进了 SF 级油控制发动机沉物、磨损和油的氧化性能,并具有抗锈蚀和腐蚀的性能,并可代替 SF、SF/CD、SE 或 SE/CC
	SH	用于轿车和轻型卡车的汽油机以及要求使用 API SH 级油的汽油机,SH 质量在汽油机磨损、锈蚀、腐蚀及沉淀物的控制和油的氧化方面优于 SG,并可代替 SG
柴油机油	CA(废除)	用于使用优质燃料、在轻型中负荷下运行的柴油机以及要求使用 API CA 级油的发动机。有时也用于运行条件温和的汽油机。具有一定的高温清净性和抗氧抗腐性
	CB(废除)	用于燃料质量较低、在轻型中负荷下运行的柴油机以及要求使用 API CB 级油的发动机。有时也用于运行条件温和的汽油机。具有控制发动机高温沉积物和轴承腐蚀的性能
	CC	用于在中及重负荷下运行的非增压、低增压或增压式柴油机,并包括一些重负荷汽油机。对于柴油机具有控制高温沉积物和轴瓦腐蚀的性能,对于汽油机具有控制锈蚀、腐蚀和高温沉积物的性能,并可代替 CA、CB 级油
	CD	用于需要高效控制磨损及沉积物或使用包括高硫燃料非增压、低增压及增压式柴油机以及国外要求使用 API CD 级油的柴油机。具有控制轴承腐蚀和高温沉积物的性能,并可代替 CC 级油
	CD—Ⅱ	用于要求高效控制磨损和沉积物的重负荷二冲程柴油机以及要求使用 API CD—Ⅱ级油的发动机,同时也满足 CD 级油性能要求
	CE	用于在低速高负荷和高速高负荷条件下运行的低增压和增压式重负荷柴油机以及要求使用 API CE 级油的发动机,同时也满足 CD 级油的性能要求
	CF—4	用于高速四冲程柴油机以及要求使用 API CF—4 级油的柴油机。在油耗和活塞沉积物控制方面性能优于 CE 并可代替 CE,此种油品特别适用于高速公路行驶的重负荷卡车

汽油机油新标准 GB 11121—2006 中包括了 SE、SF、SG、SH、SH/GF-1、SJ、SJ/GF-2、SL 和 SL/GF-3 级 9 个汽油机油品种,将发动机油黏度分类(GB/T 14906—94)中高温和低温黏度等

级进行了组合。GB 11122—2006《柴油机油》标准则保留了 CC 级和 CD 级柴油机油规格，增加了 CF、CF-4-、CH-4-和 CI-4 级柴油机油规格，共设置了 6 个柴油机油品种。

中国发动机油使用分类 GB/T 7631.1—1995、GB/T 7631.3—1997 与美国 API 分类的对应关系见表 7-21。

中国汽油、柴油机油分类与 API 分类对应关系 表 7-21

中国	API 分类	中国	API 分类
SC	≈SC	SH	=SH
SD	≈SD	SJ	=SJ
SE	=SE	CC	=CC
SF	=SF	CD	=CD

4. 发动机机油的发展趋势

发动机机油产品向着高档化、多极化、通用化发展，在油品黏度等级方面，总的趋势是低黏度、具有良好的剪切安定性和低挥发性；在油品质量等级方面，总的趋势是不断发展，以适应发动机的不断更新换代，具有优异的清净分散性、氧化安定性，极压抗磨能力和节能减磨作用；在油品配方方面，则要求添加剂向无灰、低磷、高效、复合方向发展。

从 20 世纪 90 年代起世界先进国家在发展润滑油时，特别考虑三个“E”的要求。第一个“E”是 Economy，代表节约能源，通过油品的操作经济性，以确保有效地利用有限的资源，降低成本，创造更大的经济效益。因此对汽油机油的评定建立了燃料经济性试验。第二个“E”是 Emission，代表环保与排放，通过环保法规的苛刻要求，对油品的排放性能要求更加严格，以保证减少有害气体和微粒的排放，保持更清新的大气环境。第三个“E”是 Evolution，代表技术进步，对发动机机油要求提高质量等级，采用多级油和通用油，以适应汽车发展的要求，达到延长发动机寿命，降低燃料的消耗率，减少维护时间，提高经济效益的目的。这三个“E 字是推进油品质量提高的动力和改进油品结构的依据。

发动机油在规格方面发生巨大进展主要来自以下几个方面的要求：不断苛刻的排放要求；更高的燃料经济性要求；对发动机油挥发性的要求越来越严格；要求延长换油期与要求提高油的性能；对出现的新技术如汽油机直喷（G. D. I）柴油机废气再循环（E. G. R）等要求新的润滑技术等。因此，发动机油一个显著的发展趋势是向更苛刻的挥发性要求、更好的燃料经济性的节能型和环保型发展。

四、发动机机油的正确选用

正确选择发动机机油，可以保证发动机的动力性、经济性以及使用寿命，非常重要。

选择发动机油时，首先应当确认是汽油机使用还是柴油机使用，据此再选择相应的发动机油或者汽油机/柴油机通用发动机油。发动机油的选择主要包括质量等级和黏度等级两方面，首先按发动机工作条件选择使用级（质量等级），再按使用地区的气温条件选择黏度等级。

1. 汽油机机油的选用

1）质量级别的正确选择

汽油机油的质量级别选用原则主要是根据汽油机的工作状况而定。工作状况缓和的选用低级油，工作状况苛刻的选用高级油。汽油机油还可根据发动机压缩比选用。压缩比在6.8 ~ 7.2，最高转速在 3000r/min 以上，升功率超过 17.5kW/L 的发动机可选用 SC 级汽油机油；压缩比超过 8，最高转速达到 5000r/min，升功率在 30kW/L 的发动机可选用 SD 或 SE 级汽油机油。

汽油机油的质量等级一般是根据发动机负荷、压缩比等进行选择,具体方法见表7-22。

汽油机油质量等级选择 表7-22

压缩比	发动机附设装置	质量等级	说明
小于6.5		SB	
6.5~7.0		SC	选SC级应缩短换油期
7.0~8.0	PCV阀(曲轴箱正压排气)	SD	选SD级应缩短换油期
大于7.5	EGR装置(废气循环)	SE	燃料为无铅汽油
大于8.0	EGR装置(废气循环)	SE或SF	燃料为无铅汽油
大于8.0	涡轮机增压	SF/CC或SE/CC	

2)黏度选用

黏度过大或过小都会引起能源浪费、磨损增加或其他润滑故障。汽油机和柴油机油的黏度是根据气温选择的,具体见表7-23。

发动机油黏度的选择 表7-23

种类	SAE黏度级	适用环境温度(℃)	种类	SAE黏度级	适用环境温度(℃)
多级油	20W/40	-9以上	单级油	50	20~50
	20W/30	-15~30		40	0以上
	15W/20	-20~20		30	-7以上
	15W/30	-20~30		20W	-10~20
	15W/40	-18以上		15W	-15~20
	10W/20	-20~20		10W	-10以下
	10W/30	-20~40		5W	-25~30
	5W/30	-40~40		0W(极地用油)	-55~10
	5W/20	低于-40			

黏度的选择原则是:

(1)根据发动机的负荷和转速选用。负荷高、转速低,如工程机械,一般选用黏度较大的机油。负荷小、转速高,如小轿车、吉普车以及小型动力设备等,一般选用低黏度的机油;

(2)根据地区、季节和气温选用。冬季寒冷地区选用黏度小、凝点低的机油或多级机油。全年气温较高的,选用黏度适当高些的油;

(3)根据发动机的新旧程度、磨损情况选用。新机选用黏度较小的油,磨损严重、间隙增大的发动机,应选用黏度较大的油;

(4)为减少冬夏季节换油,可以尽可能选用多级油,如长城以南、长江以北可选用15W/30或15W/40油品,寒区可选用10W/30油,严寒区可选用5W/30油;

(5)各种不同质量级别的发动机油,都可以有不同的黏度级别。不同黏度级别的油,适用于不同的温度范围。由于单级油不能同时满足高温和低温条件下的工作要求,因此应根据当地的气温条件进行合理选择。多级油使用的温度范围虽宽,但不同黏度等级的多级油其低温黏度及泵送性也有区别,使用的气候条件也不尽相同,也应正确选择。

2. 柴油机润滑油的选择方法

我国柴油机油质量分级,与美国石油学会(API)分级相同,柴油机机油质量等级的选用见表7-20。

柴油机润滑油质量等级的选择主要依据柴油机使用说明书。在没有使用说明书时，也可根据柴油机的强化系数确定柴油机润滑油的质量等级。柴油机强化系数代表其热负荷和机械负荷，强化系数越大，表明发动机的热负荷和机械负荷越高，对油品的质量要求也越高。强化系数 K_{Φ} 的计算公式为：

$$K_{\Phi} = 10P_{e} \cdot C_{m} \cdot Z \tag{7-10}$$

式中：P_e——柴油机的平均有效压力，MPa；

C_m——活塞平均速度，m/s；

Z——冲程系数（对四冲程 $Z=0.5$；二冲程 $Z=1.0$）。

根据柴油机的平均有效压力，强化系数 K_{Φ} 和第一环槽温度等，选用柴油机油质量等级见表 7-24。

柴油机机油质量等级选择 表 7-24

强化系数	第一环槽温度（℃）	质量等级	说明
小于 30	小于 200	CB	非增压柴油机，条件缓和
30～50	200～250	CC	非增压风冷机，低增压柴油机，工程机械柴油机
大于 50	大于 250	CD	中增压柴油机

选好润滑油的质量等级后，还应根据机械实际工作条件的苛刻程度，提高用油的等级，工作条件符合下列情况之一的，应将质量等级提高一个级别：

（1）机械处于经常停开的使用工况，容易产生低温油泥；

（2）长时间在低温、低速（气温低于 0℃、速度 16km/h 以下）行驶，容易产生低温沉积；

（3）长时间在高温、高速、满载下工作，易使润滑油氧化变质，生成积炭、漆膜等高温沉积物；

（4）长期在灰尘大的条件下工作；

（5）满载、长时间行驶或作业；

（6）在寒冷的气候下作业。在无级别可提高时，应缩短换油周期。

除此之外，还应根据发动机润滑油容量大小和所用燃料含硫量的高低，适当升降润滑油的质量等级。一般而言，润滑油容量大、工作条件较缓和时可降低一级质量；燃料含硫量超过 0.5% 时，则应在所选质量等级上提高一级。

柴油机润滑油黏度选择原则与汽油机润滑油相同，考虑到柴油机工作压力比汽油机大，但转速又较汽油机低的特点，在选择黏度时应略比汽油机高一些。

五、发动机油使用注意事项

1. 发动机油质量等级的选择

选择发动机油质量等级时，应在满足质量要求情况下，选择低质量等级的发动机油以降低运输成本。高质量等级的油可代替低质量等级的油，但过多降级使用不合算。绝不能用低质量等级的油去代替高质量等级的油，否则会导致发动机出现故障甚至损坏。

2. 应选用黏度合适的机油

黏度过大会增大磨损，冷却和清洁作用也会变差；黏度过小会造成油压不足，也对发动机不利。在满足活塞环密封良好，机件磨损正常的使用要求时，应尽量选择黏度低的。高黏度的低温起动性和泵送性差，起动后供油慢，磨损大，燃料消耗增加，循环速度慢，润滑和冷却作用差。

以厂家推荐及当地气温选择合适的发动机机油，勿使油温过高。

3. 二冲程与四冲程机油不能换用及混用

汽油机油用于柴油机上很难满足柴油机的使用要求，容易损坏发动机；柴油机油用于汽油机，虽然不像汽油机油用于柴油机那样损坏发动机，但是效果不好，因此汽油机油和柴油机油最好不要相互代用。

4. 注意保持正常的机油油面

油面过低，易使发动机油液变质，严重时因缺油而使机件损坏；油面过高会使曲轴旋转阻力增大、油温升高、黏度变稀和加速氧化，机油会从汽缸和活塞的间隙中进入燃烧室，使活塞上的积炭增多，发动机冒蓝烟。

5. 注意保持空气及机油滤清器的清洁，保持空气滤清器和机油滤清器清洁，并按规程及时更换滤芯，保持机油清洁。

6. 严防水分进入

水分进入发动机机油中的危害有：混入水分后会使发动机机油添加剂失效；加速油的氧化变质；发动机油中有的添加剂良好的乳化剂，机油乳化变白，气泡多，黏度变小，润滑性能急剧下降。

多级油中加有清净分散剂，能使沉积物悬浮于油中，使用后机油颜色会逐渐变深，这是正常现象。

7. 禁止不同规格、不同质量的机油混合使用，以防油品变质

不同生产厂家的同牌号的油品也不能混用，以免降低使用效果。

8. 在保证润滑的前提下，应优先使用多级油

多级油的特点在于其突出的高、低温性能，即低温起动时，机油能迅速流到零件的摩擦部位提供润滑，保护机器免遭磨损；在高温时它具有比单级油有更高的黏度，从而使机油在磨损时保持足够黏度，提供良好润滑。因此，多级油可冬夏通用，既可减少季节性换油，又可降低发动机摩擦阻力。减少燃料消耗，节约能源。使用多级油，发动机机油压力会略低一点，这是正常现象，不影响发动机润滑。

9. 选择合理换油期

机油换油期的合理确定，主要根据机油在使用中的污染程度和机油润滑性能的改变程度。过晚换油，会加速发动机磨损；过早换油，则造成润滑油的浪费。关于机油换油期的确定，可参照机械维护规程中的规定执行，但在实际使用中由于机况、气温、外部环境、使用润滑油质量等级的不同，应做合理的调整。

10. 定期检测，按需换油

使用中最好能配备一些工地适用的小型润滑油检测仪器，定期检测，根据润滑油的报废指标按需换油。在换油时一般在热机下进行，因油温高、油的黏度小，易将废油由放油孔放净，并且油温高时油中裂化物被悬浮、分散，易和机油一起排出发动机。换油时要将旧油放净，以免污染新加入的润滑油，造成迅速变质，引起对发动机的腐蚀性磨损。

第四节　液压油与液力传动油的运用技术

一、液压油

在液压系统中液压油是液压传动系统实现能量转换、传递、控制和应用的工作介质，是各种机械液压工作装置的专用工作油料。它既起传输压力和动能的作用，还起着润滑有相对运

动的部件使滑动表面磨耗最小、在边界润滑条件下使摩擦最小、保护金属不被锈蚀、冷却、减振、冲洗系统内的磨粒及其他污染物质并带走热量等许多重要的作用，以保证液压系统在不同的环境及工况条件下长期、有效地进行工作。机械中的液压系统工作的可靠性、耐久性、工作性能、准确性和灵活性等，均与液压油的合理选择、使用、维护、保管密切有关。

1. 液压油的主要性能

1）合适的黏度、良好的黏温特性

液压油应具备适当的黏度，以保证液压系统起动及工作时的阻力小、液压油的漏损小和零件的磨损小。一般液压系统所选用的液压油，其运动黏度大多为 20～30mm^2/s（50℃）。

不同地区、不同季节使用的液压油，黏度要求有所不同。使用温度变化范围较宽的场合，必须选用黏度指数较高的液压油。

2）良好的润滑性（抗磨性）

液压系统有大量运动部件需要润滑以防止相对运动表面的磨损，特别是液压技术向高压、高速、高性能化发展中，为减小摩擦、磨损，对液压油抗磨性要求更高。

3）良好的氧化安定性和热安定性

氧化安定性是指液体抵抗与含氧物（特别是空气）起化学反应的能力。氧化能力往往随温度上升而迅速增加。热安定性是液体在高温下抵抗化学反应的能力，包括与周围物质的化学反应和自身的化合和分解。

液压油和其他油品一样，在使用过程中都不可避免地产生氧化。氧化后产生的酸性物质会增加对金属的腐蚀性，产生的油沉淀物会堵塞液压系统过滤网和细小缝隙，使液压系统失灵和工作不正常，因此要求具有良好的氧化安定性和热安定性。

4）良好的抗剪切安全性

液压油经过泵、阀节流和缝隙时，要经受剧烈的剪切作用，导致油中一些大分子聚合物如黏度指数改进剂的分子断裂，变成小分子，使黏度降低、黏温性变差。当黏度降低到一定限度时，油就不能再使用。因此要求液压油具有良好的抗剪安全性。

5）良好的防腐蚀性

液压油在工作过程中不可避免地要接触水分、空气，油在使用过程中氧化而产生的酸性物质等引起的液压元件的腐蚀性或生锈，影响液压系统的正常工作而使液压元件损坏，因此要求液压油具有良好的防锈和防腐蚀性。

6）良好的抗乳化性和水解安全性

抗乳化性是指液体中混入水，并搅动使其成为乳化液后，水从其中分离出来的能力。油品与水接触时抗水反应的能力是水解安定性。液压油在工作过程中从不同途径侵入的水分和冷凝水在受到液压泵和其他元件的剧烈搅动后，容易水解和乳化，使油劣化、变质，降低油的润滑性和抗磨性，生成的沉淀物还会堵塞过滤网、管道以及阀门等；使元件生锈、腐蚀。因此要求液压油具有良好的抗乳化性和水解安全性。

7）良好的抗泡沫性和空气释放性

液压油应具有良好的不可压缩性，液体中混入空气后就会使其压缩性受到影响。在液压油箱里，由于混入油中的气泡随油循环，不仅会使系统的压力降低，润滑条件变坏，还会产生异常的噪声和工作不正常。此外气泡还增加了油与空气的接触面积，加速油的氧化。要求工作过程中产生的气泡要少，而且要能很快破灭。因此液压油应具有良好的抗泡沫性和空气释放性。要采取措施，防止空气混入液压系统，同时在液压油中加入抗泡剂，增强液压油的抗泡性能。

8）对密封材料的适应性

液压油对密封材料的适应性不好会使密封材料膨胀、软化或变硬而失去密封性能。外泄漏会引起液压油漏失，污染环境。内泄漏导致传动装置工作不稳和工况恶化。因此要求液压油与密封材料能相适应，不会产生不良影响。

另外，液压油还应具备在寒区或严寒区（气温在 -35℃或 -45℃以下）工作的条件下，有良好的低温流动性。在高温、高压或接近明火的工作条件下，有抗燃性以及在高性能液压系统中具有清洁度好和可滤性优良等特点。

2. 液压油的分类规格

GB 7631.2—2003 对液压油的分类等效采用了 ISO 6743/4—1999 的规定，并于 2003 年成为强制性国家标准。GB 7631.2—2003 将液压油分为通用液压系统、需要难燃液的场合和要求使用环境可接受液压液场合用的三大类 15 个品种。其中工程机械常用的是 L—HM、L—HV、L—HS 三种。L—I—IM 和 L—HV 属矿物油型液压油，L—HS 属合成烃型液压油。H 组（液压系统）部分产品的举例和主要应用等介绍见表 7-25。

H 组（液压系统）部分产品的举例和主要应用等介绍 表 7-25

产品符号	组成、特性和主要应用介绍
L-HH 15、22、32、46、68、100、150	本产品为无（或含有少量）抗氧剂的精制矿物油；适用于对润滑油无特殊要求的一般循环润滑系统，如低压液压系统和有十字头压缩机曲轴箱等循环润滑系统；也可适用于其他轻负荷传动机械、滑动轴承和滚动轴承等油浴式非循环润滑系统；本产品质量水平比机械油（即 L-AN 油）高；无本产品时可选用 L-HL 油
L-HL 15、22、32、46、68、100	HL 液压油是以适当精制的中性矿物油为基础油，加入抗氧、防锈和抗泡等添加剂，改善其防锈和抗氧性的润滑油；常用于低压液压系统，也可适用于要求换油期较长的轻负荷机械的油浴式非循环润滑系统；无本产品时可用 L-HM 油或用其他抗氧防锈型润滑油一般用于机床的液压箱、主轴箱和齿轮箱以及其他设备的低压液压和传动装置。使用中能减少机件磨损，降低油温，防止设备腐蚀，使用寿命长。国外相应标准，有德国 DIN 51524（Ⅰ）—1985HL 油，法国 NFE48—603—1983HL 油和 Castrol 公司的 HyspinVG 级等
L-HM 15、22、32、46、68、100、150	HM 液压油是在 HL 油基础上改善其抗磨性的液压油，是以中间基或石蜡基原油经深度精制后为基础油，加入抗磨剂、抗氧剂和防锈剂等制成，具有良好的抗磨性，可防止液压泵及其他元件的磨损；适用于环境温度为 -5～60℃的低、中、高压液压系统，也可用于其他中等负荷机械润滑部位；对油有低温性能要求或无本产品时，可选用 L-HV 和 L-HS 油。国外相当于 HM 液压油的标准有德国 DIN 51524（Ⅱ）—1985 HLP 级油，法国 NF E48-603-1983HM 油，Shell 公司 Tellus 系列油，Castrol 公司的 HyspinAWS 油，BP 公司 EnergolHLP 系列等
L-HV 15、22、32、46、68、100	HV 油为在 HM 油基础上改善其黏温性的低凝、高黏度指数（大于 130）液压油；HV 液压油以精制矿物油为基础油，加入黏度指数改进剂、降凝剂、抗磨剂等多种添加剂制成，具有良好的热稳定性、水解安定性、抗乳化性和空气释放性：适用于环境温度变化较大及寒区（-30℃以上地区）和工作条件恶劣的（指野外工程和远洋船舶等）低、中、高压液压系统和其他中等负荷的机械润滑部位；对油有更好的低温性能要求或无本产品时，可选用 L—HS 油。国外相应标准有德国 DIN 51524（Ⅲ）—1990，Shell 公司 TellusT 系列油，BP 公司 EnergolSHF 系列油等
L-HR 15,32、46	HR 油为在 HL 油基础上改善其黏温性的液压油，除具有良好的抗氧、防锈性外，还加有黏度指数改进剂，改善了其黏温性能，适用于环境温度变化较大和工作条件恶劣的（野外工程和远洋船舶等）中、低压液压系统和其他轻负荷机械的润滑部位；对于有银部件的液压系统，在北方可选用 HR 油，而在南方可选用对青铜或银部件无腐蚀的另一种 HM 油或 HL 油，但其用量小，我国尚未开发

续上表

产品符号	组成、特性和主要应用介绍
L－HS 10、15、22、32、46	HS 液压油为无特定难燃性的低凝、高黏度指数（大于 130）合成液压油，以合成油或合成油与精制矿物油的混合油为基础油，加入多种添加剂制成，除具有与 HV 液压油相同的一般性能外，其低温性更优良，可用于温度变化较大及严寒区（－40℃以上地区）的工程机械液压系统的中、高压液压系统。它可以比 L－HV 油的低温黏度更小。可用于北方寒季，也可全国四季通用
L－HG 32、68	HG 油为在 L－HM 油基础上改善其黏—滑性的液压油；它是以精制矿物油为基础油，加入抗氧防胶剂、防锈剂和具有黏—滑特性的抗磨剂制成，能降低静摩擦系数与动摩擦系数之差，改善了液压油的防黏—滑（爬行）性能。专用于各种精密机床液压和导轨合用的低、中压液压循环系统，也适用于其他要求油有良好黏附性的机械润滑部位一般和机床导轨的润滑。国外相应标准有 Shell 公司 TonnaOil 32、68 号，BP 公司 EnergolGHL 32、68 号等

3. 液压油的选择

1）液压油的品种选择

（1）根据液压设备所处的工作环境及工作条件等因素选择液压油的品种。工程机械的液压系统主要使用矿物型液压油，其性能和使用范围见表 7-26。液压系统的工作环境可大致分为表 7-27 中列出的四种，即室内固定液压设备，寒区和严寒区露天液压设备，地下和水上液压设备，高温热源或明火附近等。液压系统工作压力不同时，对油液的极压抗磨性能的要求不同。选择液压油品种时，要考虑液压系统的工作环境、实际工作温度及工作压力。

（2）根据液压泵类型选择液压油。在了解各类矿物型液压油的主要性能及液压系统的工作环境后，可按液压系统采用的油泵的形式确定液压油的油品。因为在液压系统中，油泵是对液压油最敏感的元件之一，故应把满足系统油泵要求，作为选择液压油的主要依据。各种液压泵选用的液压油见表 7-28。

叶片泵对油液抗磨性能要求最高，一般采用叶片泵为主泵的液压系统不管压力高低，均应选用 HM 油。以柱塞泵为主泵的液压系统，一般应选择低锌或无灰抗磨液压油，不宜选用高锌抗磨液压油，低压时也可选用 HL 油。

矿物油型液压油使用范围 表 7-26

ISO 分类	油　　名	主 要 性 能	适 用 范 围
HH 油	机械油	氧化安定性与抗泡性一般	液压系统一般不宜使用
HL 油	通用型机床工业润滑油	具有较好的氧化安定性、防锈性和抗泡性	适用于 7MPa 以下的工程机械使用
HM 油	抗磨液压油	具有优良的抗氧化性、防锈性、抗磨性、热安定性、抗泡性，除加有抗氧化剂外，还添加有抗磨剂、金属钝化剂、破乳化剂和抗泡沫添加剂等，在抗磨性方面更为突出	适用于中、高压系统，如应用于 7MPa 以上的工程机械使用，以及 14MPa 以上的不含银部件的液压系统
	清净液压油	清净度高，其他功能同上	适用于有电液伺服阀的闭环系统
	抗银液压油	油中不含对银敏感的硫化物，其他性能同上	适于含银部件的液压系统

续上表

ISO 分类	油名	主要性能	适用范围
HG 油	液压—导轨油	具有防爬性，其他性能同抗磨液压油	适用于液压—导轨合用的系统
HV 油	低温液压油	倾点低、黏度指数高、剪切安定性好，其他性能同抗磨液压油	工程机械使用的低温液压油，适用于 -15℃以上寒区的露天工程机械液压系统
	数控液压油	黏度指数高，黏温性好	适用于电液脉冲马达的开环数控机床
HS 油	合成烃低温液压油	倾点比 HV 油更低，低温性能好，黏度指数高，其他性能同抗磨液压油	工程机械使用的低温液压油，适用于 -25℃以上严寒区露天工程机械的液压系统

液压油品种选择 表 7-27

工作环境	7MPa 以下	7 ~ 14MPa	7 ~ 14MPa	14MPa 以上
	50℃以下	50℃以下	50℃ ~ 80℃	80℃ ~ 100℃
室内固定液压设备	HH 油或 HL 油	HL 油或 HM 油	HM 油	HM 油
寒区和严寒区露天液压设备	HR 油	HV 油或 HS 油	HV 油或 HS 油	HV 油或 HS 油
地下和水上的液压设备	HL 油	HL 油或 HM 油	HL 油或 HM 油	HM 油
高温热源或明火附近	HFAE 液或 HFAS 液	HFB 液或 HFA 液	HFDR 液	HFDR 液

各种液压油泵选用的液压油 表 7-28

泵型		适用的液压油品种和黏度等级	运动黏度(40℃)/$mm^2 \cdot s^{-1}$	
			5 ~ 40℃[①]	40 ~ 80℃[①]
叶片泵	7MPa 以下	HM 油，32、46、68	30 ~ 50	40 ~ 75
	7MPa 以上	HM 油，46、68、100	50 ~ 70	55 ~ 90
螺杆泵[①]		HL 油或 HM 油，32、46、68	30 ~ 50	40 ~ 80
齿轮泵[②]		HL 油或 HM 油(中、高压)，32、46、68、100、150	30 ~ 70	95 ~ 165
径向柱塞泵[②]		HL 油或 HM 油(中、高压)，32、46、68、100、150	30 ~ 50	65 ~ 240
轴向柱塞泵[②]		HL 油或 HM 油(中、高压)，32、46、68、100、150	40	70 ~ 150

注：①5℃ ~ 40℃、40℃ ~ 80℃系指液压系统工作温度。

②高速高压时可将 HL 油改选为 HM 油。

2)液压油的黏度选择

液压油黏度的选择主要取决于液压泵的类型、工作压力、起动温度、使用温度及环境温度等。不同地区、不同季节使用的液压油，黏度要求有所不同。若黏度过大，管路阻力损失大，液压泵吸入性能差，易产生气蚀现象，甚至会使液压泵受到损坏；同时也降低了系统效率和元件动作的灵活性。若黏度过小，则泄漏增多，使容积效率降低；同时润滑性能差，造成磨损加剧，甚至发生烧结现象。石油基液压油黏度的选择取决于起动温度、工作温度及泵的类型。固定式中、低压液压系统的工作温度一般较环境温度高 40 ~ 50℃，在此温度下液压油的黏度应为 13 ~ 16mm^2/s，为了避免磨损，液压油的黏度不得低于 10mm^2/s。高压液压系统，其工作温度比低压系统约高 10℃，为减少与压力有关的高漏失率，工作黏度应选大一点，约为 25mm^2/s。

油泵是液压系统中对液压油黏度反应最敏感的元件，所以，各种泵都规定了使用液压油的黏度范围，在此黏度范围内，可以求得一个适当的黏度。液压油泵允许的液压油最大黏度是由长期停置后系统的起动温度和泵的类型所限定的，同时还受吸油管路压力降（由吸油高度、吸油管路、弯头及吸油滤清器等决定）所产生的阻力的限制。

为防止泵磨损过大，需对液压油的最小黏度进行限制。液压油泵所允许的最小黏度是由泵的轴承润滑最小许用黏度、配合面磨损的最小许用黏度及泵内泄漏允许的最低黏度所定的。

液压油泵最适宜的黏度是在容积效率与机械效率达到最佳平衡时的黏度，液压系统实际工作温度时的液压油的黏度应满足液压油泵在最适宜的黏度范围内运转。表 7-29 所列为不同类型液压泵所要求的最大吸入黏度、最低许用黏度、最适宜的黏度范围。

不同类型泵所要求的最大吸入黏度、最低许用黏度、最适宜的黏度范围值 表 7-29

泵的类型	最大吸入黏度（mm^2/s）	最低许用黏度（mm^2/s）	适用黏度范围（mm^2/s）
齿轮泵	约 2 000①	20mm^2/s	30 ~ 115
柱塞泵	约 1 000②	8mm^2/s	30 ~ 115
叶片泵	约 500 ~ 700	10mm^2/s	7 MPa 以下 25 ~ 44 7MPa 以上 45 ~ 68

注：①国外有资料为约 1 000；

②国外有资料为 1 000 ~ 2 000。

另外，磨损较大的老机械选用的液压油的黏度应大一些。压力在 10MPa 以下（温度为 60 ~ 80℃时）对油的黏度的影响可忽略不计。

3）液压油黏度指数的选择

对液压油黏温特性的具体要求，随工作温度范围而异，黏度等级相同黏度指数不同的液压油达到极限黏度时的温度不一样。所以在选择了适宜的黏度范围之后，还应选择适宜的黏度指数。在室内工作的机械，液压系统正常工作温度在 50 ~ 60℃，温度变化不大，不要求高的黏度指数。对于户外使用的工程机械与汽车，其一般采用高压液压系统，工作温度一般比环境温度高 50 ~ 60℃，为减少渗漏，液压油的工作黏度宜在 25mm^2/s，由于户外温度变化较大，故矿物液压油的黏度指数宜在 120 以上。对于较旧的液压系统，也宜选用黏度指数较高的液压油。对于工作温度范围宽的在寒区工作的工程机械，其液压系统采用的低温液压油其黏度指数不应低于 130，这主要是要求在较高工作温度下应具备液压系统所需的黏度，在低温环境下又应具备较好的流动性以利于起动。目前液压油生产企业只标注产品的品种、牌号等，不标注产品的黏度指数及黏—温图，不利于用户选用。

黏度等级相同黏度指数不同的液压油达到起动最大黏度的温度和防止磨损的最小黏度的温度见表 7-30，可在选用液压油时作为参考。

4）新旧液压油黏度对照

GB 7631 .2—87 发布前，我国液压油的代号为 YA（普通液压油）、YB（抗磨液压油）、YC（低凝液压油），以 50℃运动黏度划分牌号。1982 年后采用 ISO 标准，用 40℃运动黏度中心值划分牌号。表 7-31 为新旧液压油黏度牌号对照。

不同黏度等级的液压油在液压系统所需黏度下的温度极限[①]　　表 7-30

ISO黏度等级	黏度指数	起动时最大黏度极限的温度(℃)			工作黏度的温度(℃)		无磨损时最小黏度的极限温度(℃)
		齿轮泵 2000mm²/s	柱塞泵 约1000mm²/s	叶片泵 约500mm²/s	高压系统 25mm²/s	中低压系统 15mm²/s	10mm²/s
10	50	-30 ±2.5	-30 ±2.5	-27 ±2	16.5 ±3	28.5 ±3	40 ±3
	100	-39 ±2	-33.5	-31.5 ±2.5	14.5 ±3	27.5 ±3	40 ±3
	150	-50 ±2.5	-44 ±2.5	-37.5 ±2.5	12.5 ±3	26.5 ±3	40 ±3.5
15	50	-30.5 ±2	-26.5 ±2	-16 ±2	27 ±2.5	40 ±2.5	52 ±3
	100	-34.5 ±2	-28.5 ±2	-21.5 ±2	26.5 ±3	40 ±3	52.5 ±3
	150	-41 ±2	-34.5 ±2	-27 ±2.5	25 ±3	40 ±3	53 ±3.5
22	50	-23 ±2	-17 ±2	-10 ±2	36.5 ±2.5	52 ±3	62 ±3
	100	-28.5 ±2	-20 ±2	-13 ±2	36 ±3	53 ±3.5	64 ±3.5
	150	-35 ±2	-26 ±2	-18 ±2	35.5 ±3.5	54.5 ±4	66 ±4.5
32	50	-15 ±2	-9 ±2	-2 ±2	45.5 ±2	59 ±2	71 ±2.5
	100	-19.5 ±2	-13 ±2	-7 ±2	46 ±2.5	60.5 ±2.5	74 ±2.5
	150	-25.5 ±2.5	-18.5 ±1.5	-10 ±2	47 ±3	63 ±3	78 ±3.5
46	50	-9 ±1.5	-2.5 ±1.5	-15 ±1.5	53 ±2	66.5 ±2	79.5 ±2
	100	-13.5 ±1.5	-6.5 ±1.5	-1.5 ±2	54 ±2.5	69.5 ±2.5	83.5 ±2.5
	150	-20 ±1.5	-13 ±1.5	-3.5 ±2	56.5 ±2.5	74.5 ±3	90 ±3.5
68	50	-2.5 ±1.5	4 ±1.5	11 ±1.5	61 ±2	75 ±2	88 ±2
	100	-7.5 ±1.5	0 ±1.5	8 ±1.5	64.5 ±2.5	79.5 ±2.5	94 ±2.5
	150	-14 ±1.5	-6 ±1.5	3.5 ±2	67.5 ±3	86 ±3	103 ±3.5
100	50	3 ±1.5	9.5 ±1.5	17.5 ±1.5	67 ±2	83 ±2	96.5 ±2
	100	2 ±1.5	6 ±1.5	14.5 ±1.5	70.5 ±2.5	89.5 ±2.5	105 ±3
	150	-8 ±1.5	0.5 ±1.5	10 ±2	76 ±3	98.5 ±3	107 ±4

注:①液压油的凝点应低于最低温度极限。

新旧液压油黏度牌号对照表　　表 7-31

新牌号40℃时运动黏度(mm²/s)	旧牌号50℃时运动黏度(mm²/s)			
	黏度指数=0	黏度指数=50	黏度指数=90	相近的旧牌号
5	3.27 ~3.91	3.29 ~ -3.95	3.32 ~3.99	3
7	4.63 ~5.52	4.68 ~5.61	4.67 ~5.72	5
10	6.53 ~7.83	6.65 ~7.99	6.78 ~8.14	7
15	9.43 ~11.3	9.62 ~11.5	9.8 ~11.8	10
22	13.3 ~16.0	13.6 ~16.3	13.9 ~16.6	15
32	18.6 ~22. 2	19.0 ~22.6	19.4 ~23.3	20
46	25.5 ~30.3	26.1 ~31.3	27.0 ~32.5	30
68	35.9 ~42.8	37.1 ~44.4	38.7 ~46.6	40
100	50.4 ~60.3	52.4 ~63.0	55.3 ~66.6	60
150	72.5 ~86.9	75.9 ~91.2	80.6 ~97.1	80

4. 使用注意事项

（1）液压系统的大部分故障与液压油被污染不清洁有关，要减少液压系统故障的发生，必须从防止液压油被污染着手，尤其是来自外界的污染。新油进油箱前须采样检查并经过滤，其精度不得低于系统要求精度。

（2）换油时要保持干净清洁，野外应搭篷进行，旧油应放净，加油用的容器、漏斗及管子等必须专用且要定期地清洗保持清洁，清洁时须用不起毛的纤维拭干，不得用棉纱、棉布或绒毛擦拭，否则残留的纤维会堵塞液压系统回路中的小孔，造成液压系统发生故障。加油人员应使用干净的手套和工作服。

（3）防止水分混入液压系统。液压油混入水的后果是：

①液压油的蒸气压增高，容易出现气蚀；

②形成水蒸气，夜间凝结成水滴或结露，腐蚀金属表面，严重时金属被严重锈蚀，甚至穿孔，锈蚀形成的铁锈粒在液压油中作为磨粒存在其危害性更大；

③当液压油混入水分占1%以上时，液压油呈乳浊状，润滑性能下降；

④液压油中混入的水分对油本身的氧化起媒介作用；

⑤混入液压油中的水分和微细金属粉末必然生成不溶解的成分，从而污染了液压油。

（4）防止杂物混入液压油中。若其他油品、尘粒、磨屑、锈蚀粒子和水杂等混入，对液压油的影响如有：

①黏着或堵塞滤清器孔眼，使液压泵运转困难，产生噪声；

②堵塞元件的节流孔、节流间隙，影响工作机构动作的准确性；

③加速液压油的老化；

④加速液压元件的腐蚀及磨损；

⑤造成气蚀，尤其在吸油管吸不到油时。杂质进入液压系统，会堵塞过滤器，影响液压系统的正常工作，增大运动部件的磨损。特别是对精密度较高的自动化液压系统，伺服机构的滑阀间隙仅2～5μm，如果杂质进入间隙中，会使滑阀卡住，破坏系统的正常工作。

要经常保持液压油和液压系统的清洁，及时清洗和更换滤清器滤芯，清除液压油箱内的油泥和沉淀物。注意系统的密闭性和透气性，油箱要尽可能做成封闭型，其透气孔要加装空气滤清器。维护、检修和拆卸元件时尽可能在清洁的环境下检修和拆装，拆卸液压油箱加油盖、滤清器盖、检测孔、液压油管等部位时，先彻底清洁后才能打开，如拆卸液压油箱加油盖时，先除去油箱盖四周的泥土，拧松油箱盖后清除残留在接合部位的杂物（不能用水冲洗以免水渗入油箱），确认清洁后才能打开油箱盖。如需使用铁锤时，应选择击打面附着橡胶的专用铁锤。拆下的元件妥善存放，并将需要检修的部位密封，防止灰尘的侵入，擦洗元件必须用绸布或尼龙布，不得用棉纱、棉布。液压元件、液压胶管要认真清洗，用高压风吹干后组装。选用包装完好的正品滤芯，若包装损坏，虽然滤芯完好，也可能不清洁。

（5）液压油应该密封存放在室内通风良好的地方或放在阴凉干燥处，切勿放在露天暴晒雨淋。机械工作过程中密切注意油的温度，如果油温偏高最好能停机休息，待油温正常后再重新工作，以延长系统与油的使用寿命。控制油箱内温度一般不超过50℃，最高温度不应超过液压设备所允许的临界值。当工作油温超过60℃后，每增加8℃，油的使用寿命就会减半，即90℃油的寿命是60℃油的10%左右，原因是油被氧化。

（6）不同品种，不同牌号的液压油不能混用，HV油和HS油由于基础油不同，不能混装混用，以免影响使用性能。不能作为发动机机油用。同一品种、黏度级的油使用范围不一定一样

(VI 不一样)。

(7)低温液压油不能用于有银部件的液压设备。

(8)按换油指标要求进行检查和换油。

二、液力传动油

工况变化较大的工程机械和重型货车上广泛应用液力变矩器与液力耦合器。液力传动油用于液力变矩器与液力耦合器作传动介质。用于自动变速器的液力传动油又称为自动变速器油(ATF)。

1. 液力传动油的使用性能

液力传动油由基础油和添加剂配置而成。作为动力传动介质,液力传动油的工作条件是:液力传动油的使用温度范围很宽,一般为 -25 ~ 175℃;液力传动油的旋转速度高、流速快、工作温度高达 140 ~ 175℃;在工作中液力传动油又不断与空气及铝、铜等有色金属接触,易氧化变质;液力传动油在变矩器中会受到强烈的剪切,引起黏度下降,油压降低,以致离合器打滑;自动变速器内的轴承、齿轮摩擦副要用液力传动油润滑;液力传动油在工作中流速快、强烈的剪切产生泡沫是不能避免,这将影响变矩器的性能、自动控制系统的准确性和破坏正常的润滑条件。

液力传动油的使用性能主要有:黏度和黏温性、抗磨性、热氧化安定性、抗泡沫性、储存安定性、摩擦特性、密封材料适应性和防锈防腐性等。

2. 液力传动油的规格、牌号和质量指标

1)国外液力传动油的分类

美国材料和试验学会以及美国石油学会将液力传动油分为 PTF - 1、PTF - 2、PTF - 3 三类。

PTF - 1 油主要用于轿车和轻型货车的液力传动系统。其特点是低温起动性好,对油的低温黏度及黏温性有很高的要求。

PTF - 2 油主要用于重负荷的液力传动系统,如重型货车、大型客车和工程机械的自动变速器。其特点是适于在重负荷下工作,对极压抗磨性的要求很高。

PTF - 3 油主要是随着全液压拖拉机的发展而生产的,主要功能是作传动、差速器和最后驱动齿轮的润滑,以及液压转向、制动、分动箱和悬挂装置的工作介质。这类油的特点是适于在中低速下运转的拖拉机及野外作业的工程机械液力传动系统和齿轮箱中使用,其极压抗磨性和负荷承载能力比 PTF - 2 类油的要求更严格。

2)我国液力传动油的分类和规格

我国的液力传动油目前尚未制定详细分类的国家标准,现有产品按中国石油化工总公司企业标准有 6 号普通液力传动油和 8 号液力传动油两种,另有一种拖拉机液力传动、液压两用油。

6 号普通液力传动油相当于 PTF - 2 液力传动油,是由深度精制的石油馏分并加入抗氧、抗磨、防锈、降凝、抗泡等添加剂调配而成,主要用于内燃机车、货车、工程机械和矿山机械的液力传动系统。8 号液力传动油相当于 PTF - 1 液力传动油,是由润滑油馏分经脱蜡、深度精制并加入增黏、降凝、抗氧、防腐、防锈、油性、抗磨、抗泡等多种添加剂调配而成,主要用于各种具有自动变速器的车辆。

拖拉机液压/齿轮两用油(按 40℃ 运动黏度分类)分为 68、100、100D 三个牌号,相当于

PTF－3。68 号用于北方，100 号用于南方，100D 用于北方。

3. 使用注意事项

(1)液力传动油，既不能错用，也不能混用，同牌号不同厂家生产的也不宜混合使用。

(2)储存和使用中，严格防止水分，杂质进入，容器和加油工具必须清洁，以免乳化变质。

(3)注意保持油温正常。油温过高，会加重油的氧化变质，形成沉积物，阻塞细小通孔和油液循环的管路，造成自动变速器进一步过热而损坏。

(4)经常检查油平面(发动机运转，油温在正常温度)，不足应添加，下降过快或油面上升要找原因。

自动变速器油量的多少，对其使用性能和使用寿命均有较大的影响。若油面低于标准，油泵会吸入空气，导致空气混入工作液，降低液压系统的工作能力，使各控制滑阀和执行元件失准，操作失灵，使离合器、制动器的摩擦材料早期磨损，同时还会加速自动变速器油的氧化变质。当油面过低时，由于运动件得不到充分可靠的润滑，就有可能因过热而引起运动件卡滞及产生噪声。当油面过高时，会由于机械搅拌而产生大量泡沫，这些泡沫进入液压控制系统，会引发与油面过低而产生的同样问题。如果控制阀体浸没于自动变速器油中，则液压管路中的离合器、制动器的泄油口会被自动变速器油阻塞，施加于离合器、制动器的油压就不能完全释放或释放速度太慢，使离合器、制动器动作缓慢。在坡道上行驶时，由于过多的油液在油底壳中晃动，可能从加油管往外窜油，容易引起发动机罩下起火。

(5)及时检查油的质量(看、嗅、摸等)，看是否有渣粒存在，嗅闻油液气味，看颜色。

(6)国产液力传动油的质量与国外的有较大差距，不宜替换。

(7)不允许用液压油代替液力传动油。

第五节　齿轮油的运用技术

齿轮油主要用以润滑齿轮传动，按其使用范围分为车辆齿轮油和工业齿轮油两大类。车辆齿轮油主要用于汽车、工程机械的变速装置、转向机、前后驱动桥的齿轮箱、万向节滚针轴承等机件，还可用于坦克、舰船等相应负荷及工作条件的齿轮传动部件上。工业齿轮油主要用于各种负荷条件下的开式、半开式、闭式及蜗轮蜗杆传动装置。

车辆齿轮油工作条件与发动机润滑油不同，在使用中一般温度不高，但由于其传动齿轮的接触压力较大，为了避免干摩擦，需要齿轮油在齿面上形成坚固的油膜，因此，对其润滑和抗磨性提出了特殊要求。

一、齿轮油在传动中的作用

齿轮油在齿轮传动中起着重要作用：

(1)降低齿轮及其他部件的磨损，保证齿轮装置正常运转和延长齿轮寿命；

(2)降低摩擦，因而降低功率损失；

(3)分散热量，有冷却作用；

(4)防止腐蚀和生锈；

(5)减少噪声、振动和齿轮之间的冲击；

(6)冲洗污染物，特别是冲洗齿面上的颗粒，以免造成磨料磨损。

为了保证齿轮传动的正常运转，满足各种使用条件的要求，达到齿轮良好润滑的目的，对齿轮油的性能，除了要求一般的理化性质外，更重要的是要求一些使用性能。齿轮油的主要目的是润滑各类齿轮，所以各种类型的齿轮油都有共同的性能要求，如要求适合的黏度，良好的极压抗磨性、氧化安定性、好的防腐防锈性能及抗泡沫性。由于齿轮油的使用的目的不同和使用条件上的差异，所以上述性能要求是有差别的，并且还有各自的其他性能的要求。

二、车辆齿轮油

1. 车辆齿轮油的分类和规格

对车辆齿轮油的要求：良好的极压抗磨性（准双曲面齿轮的差速器，最大压力达 4GPa），低温流动性好，黏温特性好，氧化安定性好，抗泡性好，防锈性能好，不使橡胶等密封材料溶胀和硬化。

国外车辆齿轮油是按黏度和使用性能来分类。欧洲、日本和其他许多国家遵循美国的 SAE（美国汽车工程师协会）的黏度分级和 API（美国石油协会）的使用性能来分级。

1）SAE 黏度分类法

美国汽车齿轮油黏度分级（见表 7-32）是按 100℃的运动黏度和低温黏度为 150Pa · s 的最高温度分的。

SAEJ 306 －98 驱动桥和手动变速箱润滑油黏度分类 表 7-32

SEA 黏度级别	达到 150Pa · S 最高温度℃	100℃运动黏度	
		最小	最大
70W	－55	4.1	
75W	－40	4.1	
80W	－26	7.0	
85W	－12	11.0	
80		7.0	<11.0
85		11.0	<13.5
90		13.5	<24.0
140		24.0	<41.0
250		41.0	

普通车辆齿轮油（GL－3）采用 SAE 黏度等级分为 80W/90、85W/90 和 90 等三个牌号；中负荷车辆齿轮油（GL－4）采用 SAE 黏度等级分为 75W、80W/90、85W/90、90 和 85W/140 等五个牌号；重负荷车辆齿轮油（GL－5）采用 SAE 黏度等级分为 75W、80W/90、85W/90、85W/140、90 和 140 等六个牌号。

2）API 使用性能分类

API 齿轮油使用性能分级中，根据齿轮油的用途和苛刻的工作条件，分为从 GL－1 到 GL－6六级。API 车辆齿轮油使用性能分级见表 7-33。

目前，美国车辆齿轮油几乎全是 GL－5 水平。欧洲和日本是 GL－4、GL－5 水平。

API GL－5 油在使用过程中，出现了油泥及沉积，导致密封泄露，已不能满足实际使用要求，需要对 API GL－5 油的高温操作条件与密封材料的相容性，延长重负荷机械齿轮油的换油周期，提高多级油的剪切稳定性等性能加以改进。为此，API 为手动变速器及驱动桥油制定了两个新的推荐性使用分类。这种分类把手动变速器油定为 PG－1，把重负荷双曲线后桥齿轮用油定为 PG－2，其性能高于 API GL－5 油。

API 汽车齿轮油使用性能分级

表 7-33

级别	适用范围
GL－1	淘汰型号
GL－2	淘汰型号
GL－3	淘汰型号
GL－4	在高速低扭矩，低速高扭矩下操作的各种手动变速器、螺旋齿轮，特别是客车和其他各类车辆用螺旋伞齿轮和使用的双曲线齿轮，规定用 GL－4 类齿轮油
GL－5	在高速冲击负荷，高速低转矩操作下的各种齿轮，特别是客车或苛刻的其他车辆用的双曲线齿轮，规定用双曲线齿轮及其他 GL－5 类齿轮油
GL－6	在高速、冲击负荷下工作的各种齿轮，特别是客车和各类车辆用的高偏置双曲线齿轮（偏置量大于 2.0 英寸或接近大齿圈直径的 25%）规定用 GL－6 类齿轮油

我国车辆齿轮油按质量分为普通车辆齿轮油（相当于 API 使用分类 GL－3 级）、中负荷车辆齿轮油（相当于 API 使用分类 GL－4 级）、重负荷车辆齿轮油（相当于 API 使用分类 GL－5 级）。我国 1989 年性能分级分为 CLC（普通）、CLD（中）、CLE（重），1995 年全部参照 API 使用分类划分，共 6 个等级 GL1 ~ GL6。

GL－1 我国不生产，GL－2 相当于我国的 CKE 或 CKE/P 油，GL－3 ~ GL－5 相当于 GLC ~ CLE，CL－6 已废除。车辆齿轮油级别不同的主要区别在于含极压剂的量不同。GL3 含极压剂 2% ~4%，GL4 含极压剂 4% ~6%，GL5 含极压剂 6% ~10%。

3）车辆齿轮油的组成见表 7-34

车辆齿轮油的组成

表 7-34

基础油		矿物油、合成油、光亮油
添加剂	极压剂	硫化烯烃、硫代磷酸酯、磷酸酯胺盐
	摩擦改进剂	油酸辛胺盐、硼化脂肪酸酯、硫化动植物油
	防锈剂	碱性石油磺酸盐、烯基丁二酸单酯
	抗泡剂	硅油
	金属钝化剂	噻二唑衍生物
	增黏剂	聚甲基丙烯酸酯

2. 车辆齿轮油的正确使用

正确使用车辆齿轮油包括以下三个方面，即正确选择齿轮油的质量等级；正确选择齿轮油的黏度级别；正确确定齿轮油的换油周期。

1）正确选择齿轮油的质量等级

应根据齿轮的工作条件（工作条件指的是齿轮传动的种类，工作负荷，滑动速度），选择质量等级。一般可根据轮齿间接触压力、转矩大小、有无冲击、滑动速度和工作温度（荷载程度）等来选择使用等级。车辆齿轮油油品的选用见表 7-35。

在重型工程机械传动机构中，后桥主减速器工作条件较为苛刻。在齿轮工作过程中，影响摩擦的因素除啮合面的压力和滑动速度外，齿面滑动方向也很重要。齿面接触线与滑动方向垂直，则轮齿滚动的挤压和粘附着润滑油的齿面滑动都有利于油楔的形成；如齿面滑动方向与接触线交角越小，越不易形成流体（低负速）或弹性流体（重负荷）润滑膜。一般后桥为双级减速器采用螺旋伞齿轮，必须选用 GL－4 级双曲线齿轮油；对后桥为单级双曲线齿轮减速的，应使用 GL－4 级齿轮油；进口高级轿车、工程汽车的后桥双曲线齿轮，齿面负荷在 2 000MPa 以上，滑动速度超过 10m/s，油温最高达 120～130℃，必须使用 GL－5 级重型齿轮油。

车辆齿轮油油品的选用 表 7-35

油品名称	油品成分	适应工况	使用范围
普通车辆齿轮油（CLC）GL－3	精制矿物油加抗氧剂、防锈剂、抗泡剂和少量极压剂等	适应一般工作条件	手动变速器、螺旋伞齿轮的驱动桥。不适用于双曲线齿轮传动装置
中负荷车辆齿轮油（CLD）GL－4	精制矿物油加抗氧剂、防锈剂、抗泡剂和极压剂等。适应在低速高转矩、高速低转矩下操作的各种齿轮，特别是客车和其他各种车辆用的准双曲面齿轮	适应中等负荷工作条件，齿面压力＜3 000MPa，滑动速度 1.5～8m/s	适用于低速、高转矩的工程机械和载货汽车手动变速器、负荷高的螺旋伞齿轮和使用条件不苛刻的准双曲面齿轮的驱动桥
重负荷车辆齿轮油（CLE）GL－5	精制矿物油加抗氧剂、防锈剂、抗泡剂和极压剂等。适用于高速冲击负荷、低速高转矩、高速低转矩下操作的各种齿轮，特别是客车和其他各种车辆用的准双曲面齿轮	适应苛刻工作条件，齿面压力＞3 000MPa，滑动速度＞10m/s，油温 120～130℃	适用于重载荷，或高速冲击负荷、高速低转矩和低速高转矩，操作条件苛刻的准双曲面齿轮及其他各种齿轮的驱动桥，也可用于手动变速器

注：①变速器和转向器负荷较轻，为了使用方便，一般选用与后桥同类的齿轮油；
②变速器中如有铜质零件，因车辆齿轮油中含有极压抗磨剂，对铜有腐蚀作用，应使用柴油机油；
③中负荷车辆齿轮油（GL－4）新标准中已删去，应以重负荷车辆齿轮油代替。

进口汽车及引进技术生产的汽车后桥须使用满足 MIL—L—2105D 规格的重负荷车辆齿轮油（API GL－5）；使用双曲线齿轮的国产汽车后桥使用中负荷车辆齿轮油（API GL－4）或重负荷车辆齿轮油（API GL－5）；使用螺旋伞齿轮的国产汽车后桥使用普通车辆齿轮油（API GL－3）或中负荷车辆齿轮油（API GL－4）；卡车手动变速器使用满足 MIL—L—2105E 规格的 MT－1 卡车手动变速器专用油；小轿车手动变速器使用满足西欧车辆齿轮油标准的小轿车手动变速器专用油。在车辆齿轮油的选用中，应尽量使用硫—磷型车辆齿轮油。

2）车辆齿轮油黏度等级的选择

车辆齿轮油的黏度等级的选择依据是环境温度，黏度级别的选择可按最低使用温度和传动机构最高运行温度来选择。如表 7-36 所示。

车辆齿轮油黏度级别选用表 表 7-36

环境温度（℃）	车辆齿轮油黏度级别	环境温度（℃）	车辆齿轮油黏度级别
－57～10	70W	－12～49	90
－25～49	80W/90	－15～49	85W/140
－15～49	85W/90	－7～49	140

由于我国幅员广阔，南北气候相差很大，不能按同一模式来选择车辆齿轮油的黏度。我国南方冬季温度很少低于－10℃，可全年使用 SAE90 和 SAE140 车辆齿轮油；北方地区，为适当延长换油期，避免季节换油造成浪费，可选用冬夏通用的多级油。黄河以南地区可选用 85W/140 车辆齿轮油；三北地区可选用 80W/90 车辆齿轮油；寒区及严寒区选用 75W/90 车辆齿轮

油。车辆齿轮油在最高工作温度下的运动黏度应不低于 10 ~ 15mm^2/s。90 号油可满足一般车辆的使用要求。只有在气温特别高、负荷特别重或工作条件特别恶劣的情况下,选用 140 号油。

1989 年前生产的双曲线齿轮油,质量水平相当于 GL - 4 水平,7 号相当于 70W,18 号相当于 85W,合成 18 号相当于 80W。

3)正确确定车辆齿轮油的换油周期

(1)磨合期换油。新齿轮组在工作的初期,由于加工和装配方面的原因造成较大的磨损,在磨合期结束时,必须更换齿轮油,换油期控制在 1 000 ~4 000km。

(2)正常工作时的更换。根据机械使用说明书严格进行定期换油。双曲线齿轮换油期为 45 000km,起重机换油期为半年到一年,液压拖拉机换油期为 2 000 ~3 000h。

(3)按需换油对油料实行质量监控,达到换油指标(表 7-37)时,应更换新油。当运行中有一项指标达到本标准时,应更换新油。

齿轮油换油指标(SH/T 047592)　　表 7-37

项　　目		换油指标	试验方法
运动黏度(100℃)变化率,%	超过	+20, -10	GB/T 265
水分,%	大于	1	GB/T 260
酸值增长值,mg KOH/g	大于	0.5	GB/T 8030
铁含量①,%	大于	0.5	GB/T 0197
戊烷不溶物%	大于	2.0	GB/T 8926

注:①铁含量测定允许用原子吸收光谱法。

3. 运用技术

(1)低不能代高,最好选用多级油,按质换油(寿命较长)。

(2)不能混用,符合使用要求时尽量采用黏度小的,油面高度要合适。

(3)不能用在有铜的零件上。

三、工业齿轮油

1. 工业齿轮油的润滑特点

齿轮的种类很多,根据机械传递运动和动力的需要,人们选择不同几何学特征和力学特点的齿轮机构。工业上的齿轮机构一般用于高速轻载、高速重载、低速重载大体三类运动和动力传递。

由于齿轮的曲率半径小,润滑中形成油楔的条件差,齿轮的每次啮合均需重新建立油膜,且啮合表面不吻合,有滚动也有滑动,因此形成油膜的条件各异。其润滑状态有:

(1)流体动力润滑和弹性流体润滑;

(2)边界润滑。齿轮机构及其运动和动力的传递,使齿轮润滑大多处于混合润滑状态,即:既有流体动力润滑和弹性流体润滑,又有边界润滑,这是齿轮润滑的最大特点。

工业齿轮油既要求具有合适的黏度以保证在较轻负荷瞬间形成流体动力膜和弹性流体动力膜,又要求有合适的添加组分以保证在较高负荷瞬间形成边界润滑膜。除此之外,由于工况的局限,工作齿轮可能处于高温、振动、有气、水、尘埃等环境,这些因素极大地影响着润滑过程。因此,对工业齿轮油有更苛刻的性能要求。

2. 工业齿轮油的分类及牌号

国际标准化组织于 1990 年发布的 L 类分类—第 6 部分：C 组（齿轮）的方案（ISO/DIS 6743.6），见表 7-38。GB/T 7631.7—1995 中用此分类法将闭式工业齿轮油分为 6 组（此前的分类见表 7-39），开式工业齿轮油分为 3 组（CKH、CKJ、CKM），见表 7-40。目前我国工业齿轮油与 ISO 分类的对应关系见表 7-41。

工业齿轮油分类（ISO/DIS 6743.6） 表 7-38

组别符号	应用范围	特殊应用	更具体应用	组成和特性	品种代号	典型应用
C	齿轮	闭式齿轮	连续润滑（用飞溅、循环或喷射）	精制矿油，并具有抗氧、抗腐和抗泡性	CKB	在轻负荷下运转的齿轮
				CKB 油，并提高其极压和抗磨性	CKC	保持在正常或中等恒定油温和重负荷下运转的齿轮
				CKC 油，并提高其热/氧化安定性，能适用于较高的温度	CKD	在高的恒定油温和重负荷下运转的齿轮
				CKB 油，并具有低的摩擦系数	CKE	在高摩擦下运转的齿轮
				在极低和极高温度条件下使用的具有抗氧抗摩擦和抗腐性的润滑剂	CKS	在更低的、低的或更高的恒定流体温度和轻负荷下运转的齿轮
				用于极低和极高温度和重负荷下的 CKS 型润滑剂	CKT	在更低的、低的或更高的恒定流体温度和重负荷下运转的齿轮
		装有安全挡板的开式齿轮	连续飞溅润滑	具有极压和抗磨性的润滑脂	CKG	在轻负荷下运转的齿轮
			间断或浸渍或机械应用	通常具有抗腐蚀性的沥青型产品	CKH	在中等环境温度和通常在轻负荷下运转的圆柱形齿轮或伞齿轮
				CKH 油型产品，并提高其极压和抗磨性	CKJ	
				具有改善极压、抗磨、抗腐和热稳定性的润滑脂	CKL	在高的或更高的环境温度和重负荷下运转的圆柱形齿轮和伞齿轮
			间断应用	为允许在极限负荷条件下使用的、改善抗擦伤性的产品和具有抗腐蚀性的产品	CKM	偶然在特殊重负荷下运转的齿轮

闭式工业齿轮油的分组 表 7-39

分组	使用说明	性能要求	相对应的国外标准
普通工业齿轮油	是由精制润滑油加入抗氧剂、防锈剂制成，具有较好的氧化安定性和防锈性等，适用于一般正齿轮、斜齿轮、伞齿轮及低速轻负荷的螺旋齿轮的封闭齿轮箱的润滑	具有较好氧化安定性和防锈性	AGMA250.03 R&O 齿轮油
中负荷工业齿轮油	是由精制润滑油加入极压抗磨剂、抗氧剂、防锈剂制成，比普通闭式工业齿轮油有更好的抗磨性能，适用于在重负荷或具有振动负荷的正齿轮、斜齿轮、伞齿轮、螺旋齿轮 或圆齿轮的封闭式齿轮箱润滑	极压性：梯姆肯试验 OK 值不小于 202N 或 FZG 试验不小于 9 级	AGMA250.03 EP 齿轮油

续上表

分组	使用说明	性能要求	相对应的国外标准
重负荷工业齿轮油	是由精制润滑油加入极压抗磨剂、抗氧剂、防锈剂制成，比封闭式中负荷工业齿轮油具有更好的抗磨性、氧化安定性，适用于特别高的恒定温度和重负荷条件下的正齿轮、斜齿轮、螺旋齿轮或圆弧齿轮的封闭式齿轮箱的润滑	梯姆肯 OK 值不小于 289N 或 FZG 试验不小于 11 级	极压齿轮油，美钢 224
蜗轮蜗杆油	是由精制的直馏矿物油加 3% ~10% 脂肪或合成脂肪配制而成，适用蜗轮蜗杆装置的润滑	具有较低的摩擦系数	AGMA250.03 Comp 油
极温重负荷工业齿轮油	是由合成油或含有部分合成油的精制矿油加入极压抗磨剂和防锈剂制成，具有抗氧、抗磨、防锈和高低温性能，可用于宽广的温度和重负荷条件下的齿轮箱润滑	比重负荷工业齿轮油有更好的高低温性能	极压性能同美钢 224 相当
极温工业齿轮油	是由合成油或含有部分合成油的精制矿物油，加入抗氧剂、抗磨剂和防锈剂制成，适用于极高和极低温度下的齿轮箱润滑	比中负荷工业齿轮油有更好的高低温性能	

开式工业齿轮油分类 表 7-40

分组	使用说明
CKH 普通开式齿轮油	普通的具有抗腐蚀性的沥青型产品，用于中等温度和轻负荷下运行的圆柱形或斜齿轮。如果是溶剂稀释型产品，则代号为 CKH—DIL
CKJ 中负荷开式齿轮油	CKJ 中负荷开式齿轮油使用范围与 CKH 相同，但提高了极压、抗磨性
CKM 重负荷开式齿轮油	改善了抗擦伤和抗腐蚀性的黏性产品，通常用于特别重负荷下运行的齿轮

我国工业齿轮油与 ISO/DIS6743.6 的对应关系 表 7-41

名称	约相对应 ISO/DIS6743.6 品种	名称	约相对应 ISO/DIS6743.6 品种
普通工业齿轮油	CKB	蜗轮蜗杆油	CKE
中负荷工业齿轮油	CKC	抗氧防锈开式齿轮油	CKH
重负荷工业齿轮油	CKD	极压开式齿轮油	CKJ
极温重负荷工业齿轮油	CKT	溶剂稀释型开式齿轮油	CKH—DIL 或 CKJ—DIL
极温工业齿轮油	CKS	特种开式齿轮润滑油	CKM

齿轮油根据黏度大小划分牌号。我国过去以 50℃运动黏度分为 50、70、90、120、150、200、250、300 和 350 等 9 个黏度级。国外工业齿轮油是根据 ISO 标准按 40℃运动黏度划分级别，因此 1982 年制定的 GB 3141—82 规定了按 40℃运行黏度划分牌号（见表 7-42），GB 3141—94 标准进一步采用了国际通用的 ISO 3482 工业润滑油黏度的分类法。美国齿轮制造商协会（AGMA）根据 40℃运动黏度将工业齿轮油分为 15 个等级。并将其分为防锈抗氧油（R&O）、极压油（EP）及复合油（Comp）及重质开式齿轮油（R）四类。

国内外齿轮油黏度等级 表 7-42

GB 3141—82 黏度级	R&O 级	AGMA EP Comp 级	ISO 黏度级	约相当于我国旧牌号（50℃黏度级）
46	1	—	VC46	30
68	2	2EP	VG68	40
100	3	3KP	VG100	60
150	4	4EP	VG150	90
220	5	5KP	VC220	120
320	6	6EP	VG320	150 ~ 200
460	7	7EP	VG460	250
		7Comp		
680	8	8EP		350
		8Comp	VG680	
1000		8AComp		
		8A EP	VG1000	
1500	9	9EP	VG1500	
3200	10	10EP		
4600	11	11EP		
6800	12	12EP		
32000	13	13EP		
428 ~ 857 (100℃)	14R			
857 ~ 1714 (100℃)	15R			

普通工业齿轮油是工业设备的封闭式齿轮用润滑油，是以精制的润滑油组分为基础油，加入抗氧抗腐、极压抗磨、防锈、抗泡或加入降凝剂制成，有一定极压抗磨性，抗氧化安定性和防锈性，使用寿命较长。适用于齿面接触应力小于 490MPa 的圆柱齿轮和圆锥齿轮或一般操作条件的封闭式齿轮的润滑，如冶金、煤矿、水泥和化肥厂的一般齿轮等。

中负荷工业齿轮油是以中间基或石蜡基中性油为基础油，加入极压抗磨、抗氧抗腐、防锈、抗泡等添加剂制成。按 40℃运动黏度分为 7 个牌号。产品极压抗磨性好，能防止烧结、减少磨损；热氧化安定性优良，能在较高温度下使用；抗乳化性、防锈性和抗腐蚀性好，可适用于水分易进入的齿轮传动装置。用于齿面接触应力小于 1 100MPa 的工业齿轮润滑，如水泥、冶金、化肥、化纤和矿山机械等大型设备的闭式齿轮传动装置。

中负荷工业齿轮油不可用于重负荷齿轮。对低速、重负荷的齿轮，宜选高黏度油。当齿轮和轴承为同一润滑系统时，宜选黏度较低的油，以兼顾二者的要求。在相同工作条件下，多级传动选用油的黏度要较高于单级传动。对负荷较重的齿轮，且油温高于 80℃，可选用黏度较高的油。

重负荷工业齿轮油是在由中间基或石蜡基原油经深度精制的基础油中，加入极压抗磨、抗氧抗腐及抗乳化剂等制成。按 40℃运动黏度中心值分为 7 个牌号。产品极压抗磨性好，能有效防止烧结和减少磨损。适用于水分易进入的齿轮传动装置。用于齿面接触应力大于 1 100MPa的极压闭式工业齿轮的润滑，特别是油温较高的重负荷及有反复冲击负荷、要求优良抗乳化性的低、中速闭式工业齿轮，如冶金、煤矿、化纤、化肥和水泥等工业设备的齿轮装置。

L - CKE 蜗轮蜗杆油由矿物油和合成油组成的复合型蜗轮蜗杆油。按 40℃运动黏度分为

5 个牌号。产品油性好，摩擦系数小，减摩性好，可提高滑动速度大的钢—铜蜗轮蜗杆副的传动效率，使用寿命长。主要用于铜—钢圆柱形和双包络等类型的轻荷、无冲击、传动平稳的蜗轮蜗杆，也包括该设备的齿轮及滑动轴承、离合器等部件的润滑。

普通开式齿轮油由矿物油为基础油，加入抗氧、防锈等添加剂及适量沥青制成。质量水平与 ISO－L－CKH R&O 型开式齿轮油相当。按 100℃ 运动黏度中心值分为 5 个牌号。产品的黏附性和防锈性好，能在金属表面形成防腐蚀和防锈的油膜。适用于开式齿轮无箱体或罩壳，直径大，转速低，润滑油易受齿轮运动产生的离心力和重力作用而飞溅或滴落的场合，以及齿轮易受水分、潮气、有害气体和灰砂侵蚀的环境。

3. 工业齿轮油的选用

1）选用原则

选用齿轮油有以下四条原则：

（1）根据齿面接触应力选择齿轮油类型；

（2）根据齿轮线速度选择齿轮油黏度，速度高的选用低黏度油，速度低的选用高黏度油；

（3）注意使用温度。油温高，油黏度应大一些；夏天用黏度高的油，冬天用黏度低的油；

（4）考虑齿轮润滑和轴承润滑是否处在同一润滑系统中；是滚动轴承还是滑动轴承，滑动轴承要求润滑油黏度较低些。

质量选择主要取决于齿轮类型，齿面负荷和使用条件；黏度选择根据齿轮传动装置的尺寸及气温来确定，蜗轮蜗杆油的黏度可根据中心距及转速选择。

2）质量选择

选择工业齿轮油的质量等级主要取决于齿轮类型、齿面负荷和使用条件等，各种齿轮油适应各种齿轮的大致情况如表 7-43。

不同类型润滑剂适用于各种齿轮的情况 表 7-43

润滑剂类型	齿轮类型				
	正齿轮	螺旋齿轮	蜗轮蜗杆	圆锥齿轮	准双曲面齿轮
防锈抗氧齿轮油（R&Oil）	正常负荷	正常负荷	只在轻负荷及低速下使用	正常负荷	不能使用
极压齿轮油（EP oil）	重荷或是冲击负荷下使用	重荷或是冲击负荷下使用	油温低于 60℃ 时能满足大多数使用条件	重荷或是冲击负荷下使用	大多数情况下要求用此种油
复合油约含 5% 动植物油	不常用	不常用	多数齿轮制造厂采用此油	不常用	只用于轻负荷下
重质开式齿轮油	低速开式齿轮使用	低速开式齿轮使用	只适合低速使用，需加极压添加剂	低速开式齿轮使用	只适合低速使用，需加极压添加剂
润滑脂	低速开式齿轮使用	低速开式齿轮使用	只适合低速使用，需加极压添加剂	低速开式齿轮使用	不用

20 世纪 80 年代前所使用的一般减速机的机械油，精制程度低又没有添加剂，润滑性差，已被 CKB 齿轮油代替了。

3）黏度选择

（1）闭式齿轮润滑油黏度的选择。实际选用闭式齿轮润滑油时，根据齿轮传动装置的尺寸及气温来确定具体牌号,见表7-44和表7-45。所选齿轮油的凝点至少应比气温低5℃,否则需对齿轮箱加热,以便起动。

正齿轮、人字齿轮、螺旋齿轮、直齿圆锥齿轮、曲齿圆锥齿轮等的齿轮箱用润滑油　表7-44

齿轮箱类型	低速级齿轮中心距(mm)	环境温度(℃)			
		-40~18	-29~-4	-10~10	10~50
		其他润滑油		工业齿轮油编号(ISO黏度级)	
平行轴单级减速器	200以内	汽车液力传动油或相似油	SAE10W/30、SAE 10W/40或其他相似油品	2~3(68~100)	3~4(100~150)
	200~500			2~3(68~100)	4~5(150~220)
	500以上			3~4(100~150)	4~5(150~220)
平行轴双级减速器	200以内			2~3(68~100)	3~4(100~150)
	200~500			3~4(100~150)	4~5(150~220)
	500以上			3~4(100~150)	4~5(150~220)
平行轴三级减速器	200以内			2~3(68~100)	3~4(100~150)
	200~500			3~4(100~150)	4~5(150~220)
	500以上			4~5(150~220)	5~6(220~320)
行星齿轮箱	壳体外径400以内			2~3(68~100)	3~4(100~150)
	壳体外径400以上			3~4(100~150)	4~5(150~220)
直齿、曲齿圆锥齿轮	节圆锥母线300以内			2~3(68~100)	4~5(100~150)
	节圆锥母线300以上			3~4(100~150)	5~6(220~320)
齿轮马达高速齿轮箱	3600r/min以上或节线速度超过25m/s			2~3(68~100)	4~5(150~220)
				1(46)	2(68)

重载荷齿轮箱选用极压齿轮油　表7-45

齿轮箱形式	低速级齿轮中心距(mm)	环境温度(℃)		齿轮箱形式	低速级齿轮中心距(mm)	环境温度(℃)	
		10~15	10~50			10~15	10~50
		AGMA编号	AGM编号			AGMA编号	AGMA编号
平行轴单级减速	200以内	2EP~3EP	3EP~4EP	行星齿轮箱	壳体外径400以内	2EP~3EP	3EP~4EP
	200~500	2EP~3EP	4EP~5EP				
	500以上	3EP~4EP	4EP~5EP		壳体外径400以上	3EP~4EP	4EP~5EP
平行轴双级减速	200以内	2EP~3EP	3EP~4EP				
	200~500	3EP~4EP	4EP~5EP	齿轮马达	所有规格	2EP~3EP	4EP~5EP
	500以上	3EP~4EP	4EP~5EP	直齿、曲齿圆锥齿轮	节圆锥母线300以内	2EP~3EP	4EP~5EP
平行轴三级减速	200以内	2EP~3EP	3EP~4EP				
	200~500	4EP~5EP	4EP~5EP		节圆锥母线300以上	3EP~4EP	3EP~4EP
	500以上	4EP~5EP	5EP~6EP				

(2)蜗轮蜗杆油的黏度选择。对于轻载荷的蜗杆传动装置,可根据其中心距及转速按选择适当黏度的润滑油(表7-46)。

对于高载荷或有冲击载荷的蜗杆传动装置则应按表7-47采用复合油或者在表中所列相应黏度的润滑油加入5%的动植物油,也可以加5%~10%的环烷酸铅。但是这种油不能用在运转温度超过80℃的部位,防止高温下氧化产生的酸性物腐蚀青铜蜗轮或其他铜制件。无复合油时，也可选择黏度相同并含有硫、磷极压添加剂的齿轮油，但油温不能高于60℃，防止对铜制件的腐蚀。当蜗轮传动装置的转速超过2400r/min或节圆速度超过10m/s时，应采用循环压力喷油法，所选用的蜗杆传动润滑油的凝点应低于环境温度。

不同中心距和转速时蜗杆传动润滑油的黏度（$v_{100℃}$ mm^2/s） 表7-46

中心距（mm）	蜗杆转速（r·min⁻¹）					中心距（mm）	蜗杆转速（r·min⁻¹）				
	250	750	1000	1500	3000		250	750	1000	1500	3000
<75	17	17	17	17	17	150~300	43	31	31	24	17
75~150	43	31	31	31	31	>300	31	24	24	17	14

蜗杆传动润滑油AGMA编号及$v_{100℃}$近似值（mm^2/s） 表7-47

蜗轮直径（mm）		蜗杆转速（r·min⁻¹）低于	环境温度（℃）		蜗杆转速（r·min⁻¹）高于	环境温度（℃）	
			-10~15	10~50		-10~15	10~15
150以内	圆柱蜗杆	700	7Comp(26~32)	8Comp(32~41)	700	7Cmnp(26~32)	8Comp(32~41)
	双包络形	700	8Comp(32~41)	8Acomp(41~54)	700	8Comp(32~41)	8Comp(32~41)
150~300	圆柱蜗杆	450	7Comp(26~32)	8Comp(32~41)	450	7Comp(26~32)	7Comp(26~32)
	双包络形	450	8Comp(32~41)	8Acomp(41~54)	450	8Comp(32~41)	8Comp(32~41)
300~450	圆柱蜗杆	300	7Comp(26~32)	8Comp(32~41)	300	7Comp(26~32)	7Comp(26~32)
	双包络形	300	8Comp(32~41)	8Comp(41~54)	300	8Comp(32~41)	8Comp(32~41)
450~600	圆柱蜗杆	250	7Comp(26~32)	8Comp(32~41)	250	7Comp(26~32)	7Comp(26~32)
	双包络形	250	8Comp(32~41)	8Acomp(41~54)	250	8Comp (32~41)	8Comp (32~41)
600以上	圆柱蜗杆	200	7Comp(26~32)	8Comp(32~41)	200	7Comp(26~32)	7Comp(26~32)
	双包络形	200	8Comp(32~41)	8AComp(41~54)	200	8Comp(32~41)	8Comp (32~41)

开式齿轮的润滑油采用重质较黏的矿物油是因为开式齿轮一般是以重荷低速运动，轻质油在这种条件下容易被挤出。表中推荐的润滑油或黏度范围是基于一般的工作条件，是选择润滑油时的指导，而不是硬性规定。对一些在特殊情况下工作齿轮应有适当的补充规定。如果发现矛盾的时候应以有关规定为准。

（3）闭式工业齿轮油的选用。闭式工业齿轮油档次的选择见表7-48。

闭式工业齿轮油档次的选择 表7-48

齿面接触应力（MPa）	齿轮使用工况	推荐用油
<350	一般齿轮传动	抗氧防锈工业齿轮油
350~500（低负荷齿轮）	一般齿轮传动	抗氧防锈工业齿轮油
	有冲击的齿轮传动	中负荷工业齿轮油
500~1000（中负荷齿轮）	矿井提升机、露天采掘机、水泥窑、化工、水电、矿山机械、船舶海港机械等的齿轮传动	中负荷工业齿轮油
接近1100（中负荷齿轮）	高温、有冲击、有水进入润滑系统的齿轮传动	重负荷工业齿轮油
>1100（重负荷齿轮）	冶金轧钢、井下采掘、高温、有冲击、含水部位的齿轮传动	重负荷工业齿轮油

第六节　润滑脂的运用技术

润滑脂俗称黄油，是液体润滑油含有稠化剂并形成胶体结构的胶体物质，经常呈塑性状态。在常温下能保持自己的状态，在垂直表面不流失、不滑落，具有抗压、封闭防尘、抗乳化、抗腐蚀性能，并能在敞开或密封不良的摩擦部位工作，具有一些其他固体、流体润滑剂所没有的特性。为了改善润滑脂的某些性能，可加入一些其他成分（添加剂或填料）。

润滑脂是在液体润滑油剂中添加（分散）了一些起稠化作用的物质，把液体润滑剂稠化形成半固体或半流体物质。要获得物理性质安定的分散体系，取决于分散体和分散介质的性质以及分散的程序。目前制备润滑脂所用的稠化剂主要是金属皂、活化的无机物以及有机聚合物，而分散介质最常用的是天然或合成的润滑油。

润滑脂的主要作用是润滑、保护和密封等。润滑脂比润滑油有其一些优点。如：具有好的结构黏度和附着力；具有更好的充填和保持能力；具有更好的油性和润滑能力；具有好的密封和防护作用；抗碾压，适于高负荷；减振性强，尤其适于齿轮和振动摩擦节点的润滑；黏温性好，温度适应性强；轴承存脂方便可以简化设计；可以节约维修和管理费用。但是润滑脂润滑也有一些不足之处，如：黏滞性大，起动阻力大；流动性差，散热作用不强；高温时易发生相变并分解，固体杂质一旦混入，便不易除去。

虽然目前润滑脂在工业上的应用数量远远小于润滑油，但其复杂性并不低于润滑油。

一、润滑脂的基本组成

润滑脂主要是由基础油（润滑液体）、稠化剂、添加剂组成。

1. 基础油

在润滑脂中，基础油的含量约占70% ~95%（质量分数），它占的比例最大，对润滑脂的性能有重要的影响。

矿物油做基础油的优点是：润滑性能好，黏度范围宽，不同黏度的油品分别适于制造不同用途的润滑脂。矿物油作为基础油的缺点是：对高温低温不能同时兼顾，换句话说，不能适用宽温度范围，同时对一些极高温度、极低温度、高转速、长寿命、耐化学介质、耐辐射等特种条件无法满足要求。

合成油有合成烃类油、酯类油、硅油等。

（1）合成烃作为润滑脂的基础油有聚 α－烃类、烷基苯、烷基萘等。其中，聚 α－烃类使用最多。聚 α－烃类油可作为宽温度范围多效通用润滑脂的基础油，可做寒区、严寒区低温润滑脂的基础油，也可以作为高转速、低转矩的仪器仪表润滑脂的基础油。

（2）酯类油的黏温性能好、凝点低，与矿物油相比，蒸发损失低，闪点较高，热安定性好，氧化安定性也较好，具有良好的润滑性能、良好的高低温性能、良好的对添加剂感受性等一系列的优点。用稠化酯类油可以制备高低温用润滑脂和高转速润滑脂以及一些特殊用途润滑脂。

（3）硅油的黏温性能极好，同时具有优良的高低温性能，蒸发性小。另外硅油憎水、抗燃，呈化学惰性，电器绝缘性好。缺点是边界润滑性差，和矿物油相容性较差。

2. 稠化剂

稠化剂是润滑脂中不可缺少的固体组分，其含量约占润滑脂质量的5% ~30%左右。稠化剂的作用主要是将流动的液体润滑油增稠成不流动的固体至半固体状态，它同基础油一样决定着润滑脂的一系列性能。稠化剂可分皂基、烷基、有机和无机稠化剂四大类。

3. 添加剂和填充剂

(1)润滑脂添加剂是添加到润滑脂用来改善润滑脂的某些性能的物质,可以改进基础油本身固有的性质或增加其原来不具有的性质,含量占(润滑脂质量)5%以下。

润滑脂可以分为两大类:一类添加剂和润滑油中的添加剂一样,如抗氧剂、防锈剂、抗腐剂、油性—极压抗磨剂等。另一类添加剂是润滑脂所特有的,叫稳定剂或胶溶剂。

(2)填充剂是润滑脂中的固体添加剂,用以提高润滑脂抵抗流失和增强润滑的能力。大部分填充剂本身可作为固体润滑剂。常见的填充剂有石墨、二硫化钼、炭黑等。

二、润滑脂的主要性能指标和分类

1. 润滑脂的使用性能

1)稠度

稠度是指像润滑脂一类的塑性物质,在受力作用时抵抗变形的程度,一般用锥入度计测定稠度。锥入度指在规定的温度和负荷下锥体在5s内从润滑脂面垂直刺入油脂中的深度(1/10mm)。它是润滑脂稠度和软硬程度的衡量指标,并依次对润滑脂进行分号,是决定选择使用的关键指标,高负荷、低转速部位宜用锥入度小的润滑脂;反之则宜用锥入度较大的润滑脂。

2)低温性能

在寒冷地区,要求润滑脂在低温条件下仍能保持良好的润滑性能,它取决于润滑脂低温条件下的相似黏度和低温转矩。润滑脂的黏温特性比润滑油的黏温特性要复杂,因为润滑脂结构体系的黏温特性还要随剪力的变化而改变。润滑脂的相似黏度随着剪切速率的增高而降低,但当剪切速率继续增加,润滑脂的相似黏度接近其基础油的黏度后便不再变化。润滑脂相似黏度与剪切速率的变化规律称为黏度—速度特性。

润滑脂的相似黏度随温度上升而下降,但仅为基础油的几百甚至几千分之一。所以,润滑脂的黏温特性比润滑油好。

3)高温性能

温度对于润滑脂的流动性具有很大影响,温度升高,润滑脂变软,使得润滑脂附着性降低而易于流失。在较高温度下,润滑脂蒸发损失增大,氧化变质与凝缩分油现象严重。润滑脂失效的主要原因,大多是由于凝胶的萎缩和基础油的蒸发损失所致,也就是说润滑脂失效过程的快慢与其使用温度有关。高温性能好的润滑脂可以在较高的使用温度下保持其附着性能,其变质失效过程也较缓慢。润滑脂的高温性能可用滴点、蒸发量和轴承漏失量等指标进行评定。

滴点指在规定条件下加热,达到一定流动性时的温度。滴点基本上决定润滑脂可以使用的温度上限(滴点比使用温度上限应高15~30℃),滴点的高低主要取决于稠化剂的种类和含量。蒸发损失指在规定的条件下,润滑脂损失量占润滑脂总质量的百分比,是影响润滑脂使用寿命的一项重要因素,尤其对于在高温和温差较大的工作条件下的润滑脂影响更大。蒸发损失的大小取决于基础油的种类和黏度。

4)抗水性

润滑脂的抗水性表示润滑脂在水中不溶解,不从周围介质中吸收水分,不被水洗掉等的能力。要求润滑脂在储存和使用中不具有吸水的性能。润滑脂吸水后,会使稠化剂溶解而致滴点降低,引起腐蚀,从而降低保护作用。

5)防腐性

防腐性是润滑脂阻止与其相接触金属被腐蚀的能力。润滑脂的稠化剂和基础油本身是不会对金属产生腐蚀的,使润滑脂产生腐蚀性的原因很多,主要是由于氧化产生酸性物质所致。一般而言,过多的游离酸、碱都会产生腐蚀。

6)机械安定性

润滑脂机械安定性是指润滑脂在机械工作条件下抵抗稠度变化的能力。机械安定性差,润滑脂在工作中受剪切作用时,易使皂纤维脱开(分离)而产生流动,造成润滑脂稠度下降。机械安定性取决于稠化剂纤维本身的强度、纤维间接触点的吸引力和稠化剂的量。

7)胶体安定性(析油性)

在外力作用下,润滑脂能在其稠化剂的骨架中保存油的能力(润滑油与稠化剂结合的稳定性),用析油量来判定。润滑脂的析油会降低润滑性能,当析油超过5% ~20%基本上就不能使用了,因此易于析油的脂类不能用于高温、重负荷的环境。不同的皂基脂分油性也是不同的,这是金属皂本身来决定的。

8)氧化安定性

润滑脂在储存与使用时抵抗大气的作用而保持其性质不发生永久变化的能力称为氧化安定性。润滑脂中的金属皂或其他化合物对基础油的氧化起促进作用,所以润滑脂的氧化安定性很大程度上取决于基础油的氧化安定性,且其氧化安定性要比其基础油差。润滑脂中都加酚类或胺类抗氧剂来抑制氧化。

9)极压性

涂在相互接触的金属表面间的润滑脂所形成的脂膜,具有承受负荷的特性称润滑脂的极压性。一般而言,在基础油中添加了皂基稠化剂,所以其极压性都有增强。但对于在苛刻条件下使用的润滑脂,常还要添加极压添加剂,以增强其极压性。

2. 润滑脂应具备的质量

随着科学技术的发展,润滑脂从早期的钙基润滑脂,逐渐发展到钠基润滑脂和其他各种脂肪酸金属皂制成的一些润滑脂。各种润滑脂应具备以下方面的质量要求:

(1)应具有较高的滴点。根据滴点可大致判断润滑脂适用的温度范围,滴点越高,耐热性能越好;

(2)应具有合适的锥入度。锥入度是表示润滑脂稠度的指标,即润滑脂硬度的数值。锥入度越小,润滑脂越硬。润滑脂既不能太硬,又不能太软。太硬会增大机械的运动阻力,太软会因机械转速高而被甩掉。润滑脂的软硬程度取决于稠化剂的含量,稠化剂含量越多,润滑脂越硬,反之则越软;

(3)不应存在游离水。润滑脂中的水分以两种形式存在:一种是结合的水分,是润滑脂的结构胶溶剂,起稳定作用,因此对有些润滑脂是必不可少的;但另一种是所不希望有的游离水,它会降低润滑脂的机械安定性和化学安定性,削弱了润滑脂的防护性,甚至会引起腐蚀;

(4)应具有较低的腐蚀性。润滑脂能有效地黏附在金属表面上,隔绝空气、水分与金属表面接触,保护金属的表面不受外界物质的腐蚀。要求润滑脂本身不含过多的酸性物质。

3. 润滑脂的分类

1)GB 501—65对润滑脂的分类

1965年我国制定了按稠化剂分类的润滑脂国家标准GB 501—65,划分的依据是稠化剂类型和脂的稠度(NLGI稠度号)。按稠化剂分类有:金属皂基的锂基脂、钙基脂、铝基、钠基脂、复合锂基脂;无机类润滑脂的白炭黑、膨润土;有机类润滑脂的聚脲、酞菁酮、F46 粉;烃基类润滑脂的石蜡(凡士林)。合成油的出现,润滑脂按成分的分类中,又出现了“合成润滑脂”。

按使用条件分类润滑脂可分为:减磨润滑脂(大都归属此类)、密封润滑脂、防护润滑脂(防锈、防腐、防水、防尘);专用润滑脂(抗化学仪表脂、阻尼脂)。

按稠度等级划分,NIGI 稠度号包括:000、00、0、1、2、3、4、5、6,相对应的锥入度(1/10mm)分别为:445 ~ 475、400 ~ 430、355 ~ 385、310 ~ 340、265 ~ 295、220 ~ 250、175 ~ 205、130 ~ 160、85 ~ 150。

旧分类中润滑脂的命名按下列顺序进行:牌号—尾注—组别或级别名称—类别。例:1 号合成钙基润滑脂(代号为 ZG—1H),其中:1 号—牌号(锥入度系列号,锥入度为 310 ~ 340);H 合成—尾注(合成脂肪酸);G 钙基—组别(稠化剂);Z 润滑脂—类别(润滑脂)。

2)GB 7631.8—90 对润滑脂的分类

1987 年 11 月 15 日,国际标准化组织(ISO 发布正式标准《润滑剂、工业润滑油和有关产品的分类》分类—第九部分:X 组(润滑脂))(ISO 67439)。此分类方法摒弃了对脂成分的纠缠,而注重脂的应用性质。我国相应地发布了 GB 7631.8—90《润滑剂和有关产品(L 类)的分类第八部分:X 组(润滑脂)》的国家标准分类。GB 501—65 在 1988 年 4 月 1 日宣布废止。

GB 7631.8—90 对润滑脂分类体系,是按照润滑脂应用时的操作条件进行分类,而不考虑其组成。分类按脂的适用的操作条件用五个大写的英文字母表达,一种润滑脂仅有一个代号,这个代号与该润滑脂在应用中最严格的操作条件相对应。

五个大写英文字母各有其特定的含义,X 代表润滑脂,字母之间的排列顺序按规定列出。字母的顺序如表 7-49 所示。字母的具体含义如表 7-50 所示。

润滑脂的字母顺序 表 7-49

L	X(字母 1)	字母 2	字母 3	字母 4	字母 5	稠度级
润滑剂类	润滑脂组	最低适用温度	最高适用温度	水污染(防锈性、抗水性)	极压性	NLGI 稠度号

润滑脂分类(X 组) 表 7-50

代号字母(字母 1)	总的用处	使 用 要 求							
		操作温度范围				水污染	字母 4	负荷,EP	字母 5
		最低温度(℃)	字母 2	最高温度(℃)	字母 3				
X	用润滑脂场合	0	A	60	A	在水污染的条件下,润滑脂的润滑性能,以及所提供的防锈水准	A	在高负荷或低负荷下,脂的润滑能力。A 表示不需极压脂;B 表示需用极压脂	A
		-20	B	90	B		B		B
		-30	C	120	C		C		
		-40	D	140	D		D		
		< -40	E	160	E		E		
				180	F		F		
				>180	G		G		
							H		
							I		

注:最低温度指设备起动或运转或者泵送润滑脂时所经历的最低温度。最高温度指被润滑部件在工作时的最高温度。

为了确定水污染字母，又规定了几种比较严格的情况，用不同字母表示，如表7-51所示。

水污染和防锈水准（字母4含义） 表7-51

环境状况	防锈要求	字母4	环境状况	防锈要求	字母4
L 干燥	L 不防锈	A	M 静态潮湿	H 对盐水防锈	F
L 干燥	M 对淡水防锈	B	H 水冲淋	L 不防锈	G
L 干燥	H 对盐水防锈	C	H 水冲淋	M 对淡水防锈	H
M 静态潮湿	L 不防锈	D	H 水冲淋	H 对盐水防锈	I
M 静态潮湿	M 对淡水防锈	E			

脂代号最后的尾缀阿拉伯字码，则以NLGI稠度号列入。

例如，某一种润滑脂用于以下条件：最低工作温度 -10℃；最高工作温度120℃；遭水淋，不要求具有防锈性；高负荷；稠度号为00。按ISO（或GB）分类标准，此脂的代号为：ISO—L—XBCGB00。

脂的新分类体系（ISO 67439和GB 7631.8—90）注重脂的性质和应用条件，这是润滑脂分类的新进展。但由于种种原因（习惯性、查找的烦琐等），在机械产品说明文件中，尚未普遍实行。随着时间的推移、技术的进步，这种新的润滑脂分类体系将会逐渐普及。

新的润滑脂分类标准仅仅适用于设备、车辆润滑用的润滑脂，不适用于特殊用途如接触食品、辐射、防污染、高真空等条件下用脂。

三、润滑脂的选用

润滑脂应选用考虑的主要因素有温度、转速、负荷和工作环境。润滑脂的选用包括润滑脂的品种和稠度级号的选用。

润滑脂的品种繁多，但常用品种有以下钙基润滑脂、复合钙基润滑脂、石墨钙基润滑脂、钠基润滑脂、钙钠基润滑脂、锂基润滑脂六种。每个品种按锥入度不同又有多个牌号，牌号的连接号后的数字越大，说明滴点越高，锥入度越小。

选用润滑脂的主要依据是润滑点的工作温度、承载负荷和工作环境。选择润滑脂时，首先要搞清润滑脂的失效机理、使用部位、使用的温度、速度、负荷和工作环境等。

选择润滑脂时的原则是：

1）根据工作温度选用

若对润滑脂影响最大的是工作温度，就应选用合适滴点指标的润滑脂。工作温度越高，选用的滴点也越高；工作温度低，选用的滴点低。工作温度越高，使用寿命越短。一般轴承温度升高10~15℃，润滑脂的寿命下降1/2。温度高的部位一定要选用抗氧化安定性好、热蒸发损失少、滴点高、分油量少的润滑脂，温度较低的部位一定要选用低温起动性能好、黏度小的润滑脂。如水泵轴承、离合器分离轴承、轮毂轴承、发电机轴承等均可选用复合钙基润滑脂。

2）根据承载负荷选用

重负荷机械应采用稠度大一些的润滑脂，比如选择加极压添加剂、二硫化铝或石墨的润滑脂。若承载负荷对润滑脂的影响最大，就应选用合适锥入度指标的润滑脂。承载负荷较大，速度较低的摩擦机件，应选用锥入度较小的润滑脂；承载负荷较小的摩擦机件，应选用锥入度较大的润滑脂。

3）根据工作环境选用

选择润滑脂时还应考虑润滑部位的湿度、灰尘、腐蚀性等因素，特殊环境选用特殊性能的润滑脂。若润滑脂的工作环境较差，直接与水接触，就应选用耐水性能强的润滑脂。如车辆的钢板弹簧可选用石墨钙基润滑脂。传动轴中间支承轴承和十字轴承的工作温度虽不太高，但容易与水接触，应选用钙钠基润滑脂。为了加注润滑脂方便，可以兼顾各方面的综合因素分别选用锂基润滑脂、复合钙基润滑脂或钙钠基润滑脂的任意一种。

在实际运用中，注意轴承中不宜加入过多润滑脂，多了不但浪费，而且是有害的。轴承的转速越高，危害性越大。润滑脂填充量越多，摩擦转矩越大。同样的填充量，密封式轴承的摩擦转矩大于开放式轴承。润滑脂填充量相当于轴承内部空间容积的60%以后，摩擦转矩不再明显增大。这是由于开放式轴承中的润滑脂大部分已被挤出，而且密封式轴承中的润滑脂也已经漏失的缘故。同时，随着润滑脂填充量的增加，轴承温度直线升高，同样的填充量，密封式的温升高于开放式轴承。一般认为，密封式滚动轴承的润滑脂填充量，最多不得超过内部空间的50%左右。试验表明，滚珠轴承以20% ~30%最为适宜。当然有时还需考虑其他一些因素，如对于在充满灰尘的环境中工作的开放式轴承，也可以多注入一些润滑脂，以保护轴承。

工程机械与车辆用脂的润滑部位主要有底盘和轮毂轴承两部分。因为底盘所包含的部位更为广泛（如悬挂、万向节、齿轮、水泵等），故底盘用润滑脂的性能要求也更为复杂多样。

ASTMD 4950把底盘脂划分为LA和LB两种档次，其中，LA用于低负荷车辆的底盘部件和万向节，在脂的寿命期内，可防止氧化和稠度变化、底盘部件和万向节的腐蚀以及高负荷下的磨损。LB用于高负荷（指再润滑间隔长或者承受高负荷、振动、暴露于水或其他污染物质等）条件车辆的底盘和万向节，满足在 -40 ~120℃温度下工作的长润滑间隔的车辆底盘部件及万向节的使用要求，在使用寿命期内，可抗氧化及稠度变化，可防止底盘部件和万向节腐蚀和磨损，甚至当水污染和高负荷时也具有这种性能。

ASTMD 4950把轮毂轴承脂划分为GA、GB、GC三个档次，其中GA用于在低负荷（频繁润滑并在非苛刻条件下运转）运转的卡车及机械的轮毂轴承，能满意地润滑有限温度范围的轮毂轴承，限定轴承温度为 -20 ~70℃。车辆轮毂轴承的润滑间隔一般为45 000km左右。

第七节　特殊油液

一、导热油

导热油是一种优良的有机热载体，它传热均匀，在较低压力下能获得较高的使用温度。并能精确控制温度，操作简便，输送方便，成为高速发展的现代化、连续化、自动化生产不可缺少的一种传热介质。目前广泛应用于石油、化工、纺织、合成纤维、建材、塑料加工、食品加工、公路工程建设等领域。按GB/T 7631.12—94标准、分为L-QA、L-QB、L-QC、L-QD和L-QE共五种。目前国内市场上销售的有SD系列、YD系列、FD系列、WD系列和L-Q系列等。

1.导热油的物理性能

1)闪点、残炭和酸值

闪点的大小表示导热油的蒸发倾向和安全性。闪点较低时，馏分较轻，蒸发性较大，闪点较高时，油中馏分较重，蒸发性较小，油在高温使用中的蒸发损耗也较小。导热油在长期使用中，当温度过高时会使油品裂解，产生低闪点物质，如油中混入低闪点油时，其闪点会大大降低，在闪点变化15%时，要引起重视。

导热油长期运行中形成主要物质是胶质、芳香烃及沥青等，它们在空气不足的条件下受强热作用结合成残炭,残炭的大小可大致判定导热油在高温使用中的结焦倾向。一般新导热油的残炭在 0.03W% 以下,当残炭达到 1.5W% 时载体设备中会沉积大量胶质、结炭,致使堵塞,无法维持生产工艺所需温度。有时还会在热油炉中产生很大的温度差和压力差,严重时还会使管道鼓泡渗漏,导致事故的发生。

酸值是导热油中有机酸和无机酸的总量。有机酸又称低分子有机酸。低分子有机酸和无机酸对设备有一定的腐蚀性。在温度超过 100℃ 有水分存在时,其腐蚀性会增大。导热油的酸值一般不超过 0.03mgKOH/g,导热油的酸值在使用中会增大,当酸值超过 0.5mgKOH/g 或出现水溶性酸碱时,需考虑换油。

2)黏度、比热、导热及物性系数

当机械负荷转速相同时,所用导热油的黏度越大,则功率损耗越大,机械起动困难。导热油在高温时的黏度基本接近,只有低温时有差异。黏度变化 ±20% 时可考虑换油。导热油的密度和导热系数值随温度的增加而减少,而比热却随温度增加而增加。

2. 导热油的选用要求

1)导热油的使用温度

导热油的碳链烷烃为基质原料,用量在 95% 左右。导热油的使用温度与烷烃基质量的好坏有着直接影响。要使烷烃基能满足使用温度,除具有一定的初馏点和馏程外,还应含杂质少、馏分窄、热稳定性好。因此需对油品进行深精制,控制残炭、酸值等指标。残炭、酸值的含量越小,深精制的程度就越高。一般烷烃基的使用温度在 300℃ 左右,导热油的使用温度应在 -10 ~ 330℃ 之间,最高镜膜温度 360℃。

2)导热油的使用寿命

温度对导热油氧化速度与生成物有很大影响,最终影响油的使用寿命。常压、常压下烷烃在空气中几乎无氧化反应,但当温度升高后会发生氧化反应生成的醇、醛、酮、酯等氧化物,深度氧化及具有异构的烷烃氧化时,要生成酸混合物和少量胶质。烷烃在混合物存在时,氧化物彼此互相影响,其氧化结果与单体烃氧化时往往有显著区别。导热油使用一段时间后,需根据情况补充一些抗氧化剂增加抗氧化能力,减慢油品的氧化。导热油的使用寿命用残炭、酸值、闪点、黏度四项报废指标衡量(见表 7-52)。

导热油的使用寿命报废指标数值 表 7-52

项 目	残 炭	酸 值	闪 点	黏度(40℃)
数值	1.5%	0.5mgKOH/g	原值 ±15%	原值 ±20% mm^2/s

3. 导热油的使用安全性

导热油除考虑使用温度、使用寿命外,还得考虑使用安全性。一般包括三个方面,即闪点和自燃点、毒性、腐蚀性。也就是说闪点、自燃点高,毒性、腐蚀性小,其安全性好。

4. 导热油使用注意事项

导热油使用注意事项有:

(1)为避免导热油氧化,高温导热油不应和空气接触,膨胀槽不应带温运行。不宜采用敞口加热器进行加热;

(2)导热油中严禁混入水和其他杂物。不同品种导热油要混用必须做混合加热试验;

(3)导热油会引起自燃,应注意防止泄漏引起着火。导热油附近要常备消防器材;

(4)当新的导热油和新的供热系统投入运行时,应注意缓慢升温,让水分充分蒸发,避免导热油中的水与油汽化形成泡沫喷出而发生事故;

(5)停炉操作中应待炉温降低达到要求范围后,才能关停循环油泵;

(6)导热油都是有机物组成,应在许可温度下运行;

(7)油品要定期化验(每年一次),达到报废指标后,一定要更换新油。

二、制动液

制动液俗称刹车油,是轮式工程机械和汽车液压制动系统传递压力的工作介质,属于非石油制品。制动液必须有适当的润滑能力、良好的抗气阻性、一定的水溶性、良好的抗腐蚀性及与橡胶的配伍性能。

1. 制动液的作用

制动液在液压制动系统中的作用主要表现在以下四个方面:

(1)传递制动能量(压力),驱动制动装置工作;

(2)散热作用,制动装置执行制动时,因摩擦作用而使摩擦部件温度迅速升高,制动液可在一定程度上起到冷却、降温作用;

(3)防锈防腐作用,当制动系统中的金属零部件暴露在大气中时,极易发生锈蚀、腐蚀。使用优良的制动液,则有利于提高制动系统金属零部件的防腐蚀性能;

(4)润滑作用,制动系统中制动零部件工作时,会产生滑动摩擦,制动液对此可起到润滑作用。

2. 制动液的使用性能

制动液的工作温度范围很宽,冬季室外和夏季重载长距离下坡时,二者的温差达200℃以上。冬季气温低时制动液黏度会增大,低温流动性差,夏天液压制动系统易产生气阻。液压制动系统采用的材料种类多,既有金属材料,又有橡胶材料。制动液吸水性强,含有水分后会使沸点下降,如平衡回流沸点为193℃的制动液,吸湿后含水量达2.0%时,沸点降为150℃。制动液应具有以下使用性能:

1)高温抗气阻性

如果制动液沸点过低,在高温时就会蒸发成蒸气,使液压制动系统管路中产生气阻,导致制动失灵。为保证机械行驶安全,要求制动液具有高沸点、低挥发性,夏天不易产生气阻。车辆制动液高温抗气阻性的评定指标是平衡回流沸点、湿平衡回流沸点和蒸发性;

2)低温性

在-40℃运动黏度要低,低温流动性要好,以满足车辆在寒区和严寒区条件下的使用要求;

3)运动黏度

制动液应在使用温度范围内有很好的流动性,使系统内压力能随制动踏板的动作迅速上升和下降,橡胶皮碗能在制动缸中顺利地滑动。故要求制动液在很宽的温度范围内保持适当的黏度。在制动液规格中都规定了-40℃最大运动黏度和100℃等的最小运动黏度;

4)与橡胶配伍性

机械液压制动系统有橡胶皮碗等橡胶件,要求制动液对橡胶件不会造成显著的溶胀、软化或硬化等不良影响;

5)金属腐蚀性

机械液压制动系统的主缸、轮缸、活塞、回位弹簧、导管和阀等主要采用铸铁、铝、铜和钢等材料制成,要求制动液不引起金属腐蚀;

6)稳定性

制动液的稳定性包括高温稳定性和化学稳定性,即制动液在高温和与相容液体混合后平衡回流沸点的变化应符合要求。制动液的稳定性通过稳定性试验评定;

7)水敏感性

吸湿性或吸收水分后对湿平衡回流沸点的影响要小,以保证制动液在储存和使用过程中水分对制动液的性能影响小;

8)润滑性

具有适当的润滑性,能对制动传动机构中的运动部件起良好的润滑作用。

3. 制动液的类型

我国目前使用的制动液,按原料工艺和使用要求的不同,可分为醇型、矿油型和合成型三种类型。

(1)醇型制动液是以精制蓖麻油和乙醇、甲醇、异丙醇、正丁醇等配制而成。醇型制动液的优点是生产原料容易得到、合成生产工艺简单、润滑性能较好、有较低的凝点、橡胶密封件膨胀率小。缺点是蒸发温度较低(沸点低)、吸湿性大、容易产生气阻,在温度低的时候变稠、分层,性能不稳定,使制动失灵,不适应严寒和炎热地区及在高功率、高速高负荷、高压液压制动车辆中使用,是发生车祸的主要原因。GB 10830—1989 已将此类制动液淘汰。

(2)矿油型制动液以精制轻柴油馏分经深度脱蜡后,添加稠化剂、抗氧化剂制成,能保证温度在 -50 ~150℃的条件下使用。矿物油型制动液具有良好的润滑性、温度适应范围宽、低温性能好、对金属无腐蚀作用等优点,对天然橡胶有溶胀作用,容易胀裂而发生事故,必须使用耐油橡胶皮碗和密封零件,以免受到腐蚀。另外,由于与水分不相容,进入少量水后,高温条件下也容易气化,产生气阻而导致制动故障。因此,一些发达国家以不再使用矿物油型制动液,在我国也未被推广应用。我国生产的矿油型制动液有 7 号和 9 号两个牌号。7 号严寒地区冬、夏通用,9 号在 -25℃以上地区运用。

(3)合成型制动液性能优良,可适用于高速、重负荷和制动频繁的各种型号车辆,也可在我国各地区、各季节使用。合成型制动液是由醚、醇、酯等物质加入抗氧剂、防锈剂、润滑剂、抗橡胶溶胀剂等多种添加剂调和而成的。其性能特点是:在高温下使用不会产生气阻;在低温下使用有较好的供油性,保证液压制动系统工作灵活可靠;对橡胶不产生侵蚀溶胀。合成型制动液主要有三种类型:即醇醚型、酯型和硅油型。其中,酯型制动液又分为羧酸酯型和醇醚硼酸酯型制动液;硅油型制动液分硅酮型和硅酯型制动液。

4. 制动液的品种、牌号

车辆制动液国际上普遍采用美国汽车工程师学会(SAE)的规格,分为 SAEJ1704(高温使用)、SAEJ1703(正常)、SAEJ1702(严寒区使用),或采用美国联邦机动车辆安全标准(FMVSS)的规格 DOT3、DOT4、DOT5 等。我国 GB 10830—1989《机动车制动液使用技术条件》将制动液分为 JG0、JG1、JG2、JG3、JG4 和 JG5 六级。1991 年实施 GB 12981—1991《HZY2、HZY3 、HZY4 合成制动液》将合成制动液分为 HZY2、HZY3、HZY4。各型制动液的主要特性和推荐使用范围见表 7-53。

2002 年国家质检总局制订了 GB 12981—2003《机动车辆制动液》,GB 12981—2003 对 GB 12981—91 进行了较多修改,取消了低质量水平的 HZY2 质量等级,GB 12981—2003 标准的 HZY3、HZY4、HZY5 分别等同于国际通用产品 DOT3、DOT4、DOT5。国家质检总局发布 GB 12981—2003 的同时标示 GB 10830—1998、GB 12981—1991 由 GB 12981—2003 所取代,至此

我国制动液行业执行与国际标准完全接轨，满足 GB 12981—2003 标准的产品可以满足国际通行的美国运输部 FMVSSNo. 116DOT 规格，美国汽车工程师学会的 SAEJ1703e 规格、国际标准化组织 ISO 4925 规格。

国产制动液的主要特性和推荐使用范围 表 7-53

JG0	具有优异的低温性能，其高温抗气阻性能差	严寒地区冬季使用，如最低月平均气温在 -20℃以下的黑龙江、内蒙、新疆等类似地区
JG1	具有较好的高温抗气阻性能	高温抗气阻性能已达 SAE 1703C 水平，我国一般地区均可使用
JG2	具有良好的高温抗气阻性能和低温性能	相当于 SAE 1703C 水平，我国广大地区均可使用
JG3	具有良好的高温抗气阻性能和优良的低温性能	相当于 ISO 4926—1978 和 DOT3 的水平，我国广大地区均可使用
JG4	具有良好的高温抗气阻性能和良好的低温性能	相当于 DOT4 的水平，我国广大地区均可使用
JG5	具有优异的高温抗气阻性能和低温性能	相当于 DOT5 的水平，有特殊要求的车辆（如军用车辆）使用

目前国内外制动液的主流产品是非石油基的合成制动液，无论国外还是国内，最基本的 DOT3 合成制动液是由醇和醚组成的，所以又被称之为醇醚型合成制动液。这些醇主要集中在以乙二醇、多乙二醇为主的二元醇类物，醚类物质以多乙二醇单甲醚、多乙二醇单丁醚为主，DOT4 合成制动液与以 DOT3 的主要区别是提升了产品的湿沸点，用制造 DOT3 制动液的醇和醚类原料难以达到 DOT4 规格的要求。需要将多乙二醇单醚用硼砂进行酯化，得到多乙二醇醚硼酸酯，DOT4 合成制动液主要以多乙二醇硼酸酯为主体原料配制，所以又将 DOT4 合成制动液称之为硼酸酯型的合成制动液。DOT5 级别的合成制动液又分为 DOT5 和 DOT5.1，其中 DOT5.1 和 DOT4 的组成类型基本接近，可以和 DOT3、DOT4 相容，而 DOT5 是以硅油为主要组分的合成制动液，与 DOT3、DOT4、DOT5.1 是不相容的。DOT5 级别的制动液较 DOT4 又大幅度提升了制动液的干沸点和湿沸点，同时又降低了低温 -40℃运动黏度上限。使 DOTS 等级的制动液可以满足更宽使用温度条件下的使用要求，DOT5 制动液主要局限于赛车和军事装备上使用。

5. 制动液的正确选择和使用

制动液的正确选择和使用是确保车辆制动系统安全、可靠工作和制动及时、灵敏的重要环节，故对制动液的选用要慎重。

1）制动液的正确选择

选择制动液时，要求其性能月工作条件相适应，应遵循以下原则：

（1）根据环境条件（主要是气温、湿度和道路交通条件）选择；

（2）根据车辆速度性能选择。如高速车辆特别是轿车制动液的工作温度与一般货车相比要高，应使用级别较高的制动液；

（3）根据机械使用说明书选择。

2）制动液的正确使用

为了防止制动液在使用过程中受到其他污染物的影响或过度吸水后，造成制动系统工作不可靠、制动失灵的故障，应正确使用制动液，并对使用中的制动液进行适当维护。制动液储液罐位于制动主缸上方，储液罐上有最高（MAX）和最低（MIN）标记，制动液在使用过程中液面高度必须位于该两个标记之间，才能满足制动系统的工作要求，保证车辆行驶安全。

(1)制动液的正确加注或更换。正确加注或更换制动液包含两个方面的内容：一是正确选用与机械制动系统技术性能相适应的制动液；二是使用正确的方法将制动液加注到制动系统中。不管使用专用充油机加注或还是人工加注制动液，都必须踩下制动器踏板，打开各个制动器放气螺塞，排出制动系统中的空气，直到制动液从每个放气塞流出，然后，旋紧每个螺塞。放气结束后，擦干净制动总泵储液罐的加注口，拧开螺塞，将制动液加注到储液罐位的最高标记处(MAX)用力踏几下制动踏板，检查制动状况。

更换制动液时，必须放出制动系统中的全部旧制动液，加入新制动液，并充满储液罐。从制动总泵处开始放气，然后按照离制动总泵由远及近的顺序放气。

(2)制动液的检查和添加。

①如果是新车，制动液液位在储液罐上的位置应位于最高标记处；

②机械行驶一段时间后，制动液液面可能会下降，这是正常现象，如果制动液液面下降到最低标记处(MIN)以下时，则说明制动摩擦片已经磨损到极限，此时不必添加制动液；

③更换新摩擦片后，制动液液面应位于最高(MAX)和最低(MIN)两条标记之间。

6. 使用注意事项

使用制动液时应注意：

(1)不同类型和不同牌号的制动液不得混用(分层失效)，即使同属合成型制动液，不同厂牌产品，也不一定具有相容性。由于制动系统涉及到安全，为此使用制动液时，禁止不同品牌的制动液混用；

(2)更换制动液品种时，应将旧制动液放净，并用少量新油冲洗一次制动系统，以免残余旧油影响使用。不要用脏手或脏布去擦拭制动系统储液罐或压力管等部件内壁，以避免造成对制动液的污染；

(3)制动液有一定毒性，因此一定不能用嘴去吸取制动液，没使用完的制动液要保存好。制动液对车身涂料有破坏作用，会产生“咬漆现象”因此，在更换和加注过程中要非常小心，严防制动液与涂层接触；

(4)在排除制动系统中的旧制动液时，绝对不要像使用蓖麻油醇型制动液一样使用酒精来清洗制动系统；

(5)存放制动液的容器应密封良好，不露天存放，防止杂质混入和吸入水气。防止水分或矿物油的混入；

(6)制动液多以有机溶剂制成，易挥发，属于易燃品，储存和使用过程中要注意防火；

(7)注意加强平时的检查和维护。制动液在使用前，应进行检查。如出现杂质和白色沉淀物，应过滤后再用；

(8)制动液在使用过程中适时更换。制动液在使用过程中会因氧化变质或吸水而使其质量产生劣化，适时更换制动液成为保证制动液正常、可靠工作的必要手段。

关于制动液的换液期，国内、外有关厂家的做法不完全相同，对换液期的规定也不一致。但总的来说，制动液换液期是由工程机械和汽车生产厂家或制动液生产厂家制定。一般行驶2～4万km或作业500h更换一次，使用率不高的机械，一年应更换一次。主缸、分缸和活塞皮碗需更换时应同时全部更换。

三、发动机冷却液

发动机冷却液，俗称防冻液，是工程机械水冷发动机正常运转不可缺少的散热介质。冷却液在工作中要接触紫铜、黄铜、钢、焊料、铸铁、铸铝等多种金属材料，如果性能不佳，就会影响发动机正常工作，甚至造成事故，直接影响其使用寿命。现代防冻液已不单单是具有防冻这一作用，归纳起来合格的防冻液具有五大功能：

(1)防腐蚀功能。当代优质的防冻液 pH 值在 7.5～11.0 之间，冷却液配方中严格掌握配伍性，不对机械涂层产生损害，有优良持久的缓蚀剂，在金属表面形成保护膜，并且可以把循环系统中原有的腐蚀产物与机体剥离下来。合格的防冻液对金属的腐蚀要比水小 50～100 倍，与水相比能极大的保护水箱，延长发动机的寿命，有良好的防腐性；

(2)防穴蚀功能；

(3)高沸点功能(一般要大于 105℃)；

(4)不产生水垢、不起泡沫。优质的防冻液采用蒸馏水(去离子水)，并加有防垢添加剂，已基本上去除了钙、镁等金属离子，即使有少量的离子，在未形成沉淀以前，已与防冻液中的化学试剂结合生成水溶性物质，而不会形成水垢；

(5)防冻功能。防冻液的冰点可以调整，按不同地方、不同的使用温度确定，防冻液的冰点一般在 -15～-68℃之间；

(6)能够防止非金属材料如橡胶、塑料的溶解、鼓胀、老化等。

目前，国际上普遍使用的乙二醇型防冻液是在软化水中按比例添加防冻剂乙二醇，配以适量的金属缓蚀剂、阻垢剂等添加剂进行科学调和，起到冬季防冻、夏季防沸、防腐蚀、防水垢等作用，四季通用。

1. 发动机冷却液应具备的性能

为保证发动机正常工作和延长发动机使用寿命，要求发动机冷却液应具备的性能有：

(1)低温黏度小、流动性好。发动机冷却液的低温黏度越小，说明冷却液流动性越好，其散热效果好；

(2)冰点低。冰点就是液体冷却开始形成的结晶的温度，以℃表示。要求发动机冷却液的冰点要低；

(3)沸点高。沸点就是在发动机冷却系统的压力与外界大气压力相平衡的条件下，冷却液开始沸腾的温度，以℃表示。发动机冷却液在较高温度下不沸腾，可保证机械在满载、高负荷等苛刻条件下工作时正常运行，而且沸点高则蒸发损失也少。采用电控燃油喷射系统的发动机燃烧温度高，对沸点的要求更高。

2. 冷却液的组成及种类

现代防冻液由防冻剂和添加剂两大部分组成。防冻液的科学，本质上讲是添加剂的科学。

冷却液的种类有：乙醇—水型、甘油—水型、乙二醇—水型等。目前普遍使用的防冻液为乙二醇型。乙醇—水型的因沸点低、易蒸发、安全性差，目前已很少使用。甘油—水型的也已被淘汰，主要因为甘油的流动性差，价格昂贵，使用也受限制。

挥发性的乙醇型冷却液，以 90% 左右的醇为主要成分，具有沸点低、易蒸发、使用中比水蒸发得快，损失量大，因此在补充冷却水时，必须补充防冻液原液。以甲醇和乙二醇为主要成分的半挥发性冷却液，与挥发性防冻液相比蒸发较少，其性能为中等级。以 75% 以上的乙二醇为主要成分的非挥发性冷却液，是市场上的主要产品，其冰点并不很低，沸点高，尤其适用于重负荷车辆。

目前市场上供应的成品冷却液有直接使用型和浓缩型，浓缩型防冻液通常采用小铁桶式的包装。浓缩型防冻液一般不能直接使用，应根据使用环境温度和发动机最高工作温度，按产品说明书用软化水进行调制到一定浓度才能使用。

乙二醇型防冻液的冰点随着乙二醇在水溶液中的浓度变化而变化,浓度在59%以下时,水溶液中乙二醇浓度升高冰点降低,但浓度超过59%后,随着乙二醇浓度的升高,其冰点呈上升趋势,当浓度达到100%时,其冰点上升至-13℃,这就是浓缩型防冻液(防冻液母液)为什么不能直接使用的一条重要原因,必须引起使用者的注意。

3. 冷却液的选购

我国于1992年首次制定了我国有关防冻液的行业标准SH 0521—1992《乙二醇型发动机冷却液及其浓缩液》,用来规范防冻液的各项指标,以指导生产。原交通部于1996年发布实施了强制性行业标准,即JT 225—96《汽车发动机冷却液安全使用技术条件》,为市场上的防冻液进行质量控制和管理提供了技术依据,是我国抽查检验防冻液质量的依据。石油化工行业在1999年制定了SH/T 0521—1999《汽车及轻负荷发动机用乙二醇型冷却液》标准。发动机冷却液分为合格品和一级品两个质量等级。按照冰点又分为-25、-30、-35、-40、-45、-50共6个水溶液和7个浓缩液新产品。

发动机冷却液比较权威的检测标准有:轻型汽车发动机铝制缸体测试标准ASTM D3306和重型汽车发动机铸铁型湿式缸套测试标准ASTM D4985。目前市场上最新的高品质防冻液应同时满足ASTM的D3306及D4985两个标准,并符合美国材料实验学会的热表面铝腐蚀测试标准D4340、SAE的J1034和J1941标准及各国汽车制造商的认可。

在选购和使用过程中应注意以下几点:选购首先看防冻液的品牌和生产厂家是否是正规企业的产品,一般正规企业的产品质量和冰点都有保证;看是否是乙二醇型产品,非乙二醇型(含丙三醇型)的应慎购;要注意包装上的产品执行标准是否是我国的规定标准。

选择防冻液的原则:

(1)根据环境温度条件选择防冻液的冰点。防冻液的冰点是防冻液最重要的指标之一,是防冻液能不能防冻的重要条件。一般情况下防冻液的冰点应选择在当地环境条件冬季最低气温-10~15℃,如当地最低气温为-30℃,则防冻液的冰点应选择在-45℃以下。如果要选择乙二醇浓缩液调制则可配制乙二醇浓度为59%,冰点为-50℃;

(2)根据机械不同要求选择防冻液。普通机械则可采用直接使用型的防冻液,夏季可采用软化水。进口车辆,国内引进生产车辆及高中档车辆应选用永久性防冻液(2~3年);

(3)按照机械多少和集中程度选择防冻液。机械较多又相对集中的单位和部门,可以选用小包装的浓缩防冻液,这种浓缩防冻液性能稳定,采用小包装便于运输和储存,同时又可按照不同环境使用条件和不同的工作要求进行灵活的调制达到节约和实用的目的。机械少或分散的情况下,可以选用直接使用型的防冻液;

(4)防冻液最重要的是防锈蚀,一般应选用具有防锈、防腐及除垢能力的防冻液。选用的产品中应加有防腐剂、缓蚀剂、防垢剂和清洗剂;

(5)选择与橡胶密封导管相匹配的防冻液,应对橡胶密封导管无溶胀和侵蚀等副作用。

长年使用合格的防冻液不仅冬季防冻,夏季还可以防沸(沸点可以达到106~110℃)。

冬天使用防冻液,春天补加普通水,夏天使用普通水一直到入冬才更换防冻液的方法,会使发动机冷却系统机件损坏、金属部件产生氧化腐蚀、产生结垢影响热传导、密封件渗漏,严重的会使发动机因过热而产生“开锅”现象,甚至使汽缸盖产生裂纹,使机械的寿命明显下降,造成严重的经济损失。

4. 冷却液的使用方法

应根据当地气温选用防冻液，冰点选得过高会造成发动机的冻结一般在选购和配制时，其冰点应比当地历史最低环境气温低5℃以上，否则会起不到防冻作用；铝合金制造的发动机，应选用硅酸盐类的防冻液；强化系数高的发动机，应选用高沸点防冻液；更换防冻液一定要检查冷却系统密封部件，以防发生渗漏，然后用清水将冷却系统清洗干净；没溢流箱的车辆加入时不要加满（约95%容积）；有溢流箱的车辆，起动发动机几分钟后再加防冻液至规定高度。

5. 使用注意事项

（1）换用过程中应防止中毒，因为乙二醇及腐蚀抑制剂均有不同程度的毒性。

（2）尽量使用同一品牌的防冻液。不同品牌的防冻液其生产配方会有所差异，防冻液中的腐蚀抑制剂不同，如果混合使用，多种添加剂之间很可能会发生化学反应，造成添加剂失效，引起腐蚀。

（3）防冻液的有效期多为两年（个别产品会长一些），添加时应确认该产品在有效期之内；

（4）必须定期更换，一般为两年更换一次。好的防冻液一般也只能保证使用两年左右。这是由于防冻液中的乙二醇在使用中出现了氧化，氧化生成物为酸性物质，使其性质发生了改变。同时防腐剂也会因冷却液高速流动与进入冷却系统的油气、废气混合后，腐蚀性的酸性气体与防腐剂的碱性中和而逐渐失效。更换时应放净旧液，将冷却系统清洗干净后，再换上新液。

有的机械在使用优质的防冻液之后，防冻液变浑成铁锈色，同时有絮状物产生，这是由于发动机使用过自来水或劣质的防冻液，已造成发动机冷却系统的锈蚀。由于优质的防冻液具有防锈添加剂，这些防锈添加剂将铁锈溶解到防冻液中，同时将沉积在冷却系统的油泥和水垢清洗下来，这就是所看到的防冻液变成铁锈色和防冻液中有絮状物的原因。如果水锈不是特别多的话，防冻液可以正常使用，如果水锈过多，在运行数月后，将防冻液放掉，加入新的防冻液即可。

（5）加注防冻液前，应使用10%的烧碱水溶液浸泡水箱1h，再将冲洗液排放，然后用软化水反复冲洗2～3次，以清除发动机冷却系统中原积存的水垢，冲洗完后才能加注防冻液。在冬季到来时，把发动机的冷却水放净，将冷却系统冲洗干净后，再加注防冻液。这是因为防冻液中加有除垢剂和清洗剂，使用前如果没有对发动机冷却系统进行认真的清洗，直接加入防冻液后，发动机冷却系统中原有的水垢与防冻液接触后脱落，使防冻液变浊、变稠，甚至变色、变味，严重时堵塞水管、水道或沉淀在水箱下部弯管接头部位，造成散热不良，防冻液不能循环，致使发动机温度过高。

加入防冻液之前，就知道水垢很多的话，最好用水箱清洗剂对冷却系统清洗干净之后，再加入防冻液，否则会出现水温表才70℃左右开始冒沫和开锅现象，这是由于这些机械在夏季使用了自来水而使水箱产生了大量的水垢，防冻液中的添加剂与水垢会发生反应，将水垢溶解，同时产生了二氧化碳气体。这时可以继续将机械运行一两天，待泡沫消失后将防冻液放掉，再加入新的优质防冻液即可。

（6）当环境最低温度高于0℃时，可换用软水。当冬季一过就应放出防冻液并加以回收，再换上加有防腐剂的清洁软水，以保证夏季发动机的正常工作，放出的防冻液应用清洁的容器密封、储存，到第二年冬季经沉降过滤并调整浓度后继续使用。这样，长效防冻液可以使用3～5年。

（7）避免兑水使用。传统的无机型防冻液不可以兑水使用，否则会生成沉淀，严重影响防冻液的正常功能。有机型防冻液则可以兑水使用，但水不能兑得太多。

(8) 禁止直接使用浓缩防冻液。直接加注防冻液浓缩液,这样做不但不能满足防冻液对冰点的要求,反而会出现一些意想不到的现象,如防冻液变质、浓度大、密度大、低温黏度增大以及出现发动机温度高等现象。

6. 冷却液的检测方法

结合换季维护对使用中的防冻液实行定期定项检查,其内容应包括冰点检查、比重检查,同时还应对使用中的防冻液进行外观检查。发现比重增大、防冻液变稠、冰点上升,以及防冻液变浊、变质、变味、发泡等应及时更换。无论乙二醇还是水,对金属都有一定的腐蚀性,需要在防冻液中加入防腐剂。

为了保证防冻液的质量,使用前和使用中都必须进行质量检测。

(1)观察防冻液的外观、辨别其气味,进行直观判别。防冻液应透明、无沉淀、无异味,如果发现外观浑浊,气味异常,说明防冻液已严重变质,应立即停止使用。

(2)冰点测试。冰点测试是对防冻液能否在寒冷天气里使用的一种防冻性能测试。可采用冰点测试仪,用比重原理来指示冰点的高低,应用较方便。

(3)储备碱度和 pH 值的检测。储备碱度是指存在于冷却液中碱性防冻液的含量。储备碱度高,则说明防腐剂含量充足。防腐添加剂吸附在金属表面,抑制电化学腐蚀及中和氧化过程中生成的对金属有化学腐蚀作用的酸性物质。对储备碱度进行检测,是衡量防冻液防腐性能的重要指标。优质防冻液的储备碱度一般在 17.5 左右,防冻液储备碱度标准值应不小于 10。pH 值是表示溶液酸碱度的指标,应保证防冻液的 pH 值在 7 ~ 11 之间。可采用 pH 试纸检测法对防冻液的 pH 值进行现场测试,当 pH 值小于 7 时,此防冻液应停止使用。

7. 柴油机冷却液的类型及正确选用

柴油机对冷却液的要求比汽油机严格,主要是:柴油机采用湿式汽缸套,冷却液直接与汽缸套外围接触(汽油机大部分采用干式汽缸套,冷却液不直接与汽缸套接触);柴油机燃烧速率高、瞬时压力升高率大、振动大,汽缸套的穴蚀现象增强,要求冷却液的消泡性好;水冷柴油机大多数冷却液中的腐蚀物质对汽缸套和密封橡胶圈直接腐蚀,要求冷却液应有较好的防腐蚀性能;柴油机的工作温度较汽油机高,要求冷却液中含矿物质要少(温度越高,矿物质越易形成水垢沉积在缸套外围和水套的壁面上,影响发动机散热能力)。

选用或在配制柴油机防冻液时,主要依据使用地区的环境温度选用,而且沸点尽可能高些。水冷柴油机应加注不含矿物质的软水,如雨水、雪水或对硬水经软化处理后的水。如果没有软水加注时,可对硬水进行处理使之变为软水。常用的处理方法有以下两种:一是煮沸,使其分解出碳酸钙或碳酸镁,经沉淀后再使用;二是沉淀,在硬水中加入适量的明矾搅拌,使之溶化成胶状物黏附水中的杂质沉淀后使用;也可在每升硬水中加入碳酸 0.5 ~ 1.5g,或加入氢氧化钠 0.5 ~ 0.8g,或加入 10% 重铬酸钠溶液 30 ~ 50mL,经沉淀后使用。

第八节　油料性能变化过程及使用注意事项

一、油料的性能变化原因

油料的性能变化的原因主要有两个:变质及劣化。

1. 变质

油品在储运和长期放置中,因氧化和外来杂质的影响,油品质量发生变化叫变质。

油品从购入到使用往往要经历一个过程，在此过程中油品质量将发生程度不同的变化。油品质量变化的内在原因是氧化、蒸发、添加剂失效和析出等；外部因素则是杂质混入，如水分、异种油品、机械杂质等的混入所造成的污染。前者称之为老化。后者称之为污损，统称为油品变质。油品的变质的原因有四个方面：氧化、蒸发、外来杂质、混油污染。

1）氧化

油品在储存及使用过程中难免会与空气中的氧接触，特别是在温度较高且有金属催化作用时，容易氧化。引起油品老化的最重要的原因就是氧化，油品氧化，首先是生成酮、醇、醚等含氧有机物，继而生成有机酸（包括溶于水的低分子有机酸和溶于油的高分子有机酸）。腐蚀产物可进一步加速油品的老化，油品深度氧化的结果是生成缩合物（包括胶质、沥青质、油泥及其他沉淀物）。氧化的速率与储存条件有很大关系，应防曝晒、风吹雨淋，否则氧化速度加快。影响油品氧化速度的因素见表7-54。

影响油品氧化速度的因素　　表7-54

序　号	主 要 因 素	序　号	主 要 因 素
1	油品化学组成	5	金属及其他物质的催化作用
2	氧气浓度	6	氧化时间
3	与氧气接触面积	7	电场作用
4	温度	8	放射线作用

2）外来杂质

油品中的杂质，绝大部分是在运输、装卸、储存过程中混入的。在全部因储存变质的油品中，由于混入杂质而致油品质量不合格的占绝大部分。混入油品中的各种机械杂质除会堵塞滤清器和油路，造成供油故障外，还会增加机件磨损，甚至造成摩擦表面刮伤等不良后果。混入油品中的水分能腐蚀机件（水分在低温条件下冻结后也会堵塞油路）；水分的存在会使一些添加剂（如清净分散剂、抗氧抗腐剂、抗爆剂等）分解或沉淀，使其失效；有水分存在时，油品的氧化速度加快，其胶质生成量也加大，加有清净分散剂的润滑油和各种钠基润滑脂遇水都会乳化；各种电器专用油品在混入水杂后绝缘性能急剧变坏。因此，防止水分及机械杂质混入，是搞好油品管理工作的重要环节。

3）油品蒸发

油品由于蒸发，除大量的轻组分损失外，也会引起油品理化性质的变化。如在7～48℃范围内，在有透气阀的露天油罐中储存90号汽油，10个月后10%馏出温度增高约10℃，饱和蒸气压也随之下降，辛烷值降低，油品质量降低。

4）混油污染

不同性质的油品不能相混，否则会使油品质量下降，严重时会使油品变质。特别是各种中高档润滑油，含有多种特殊作用的添加剂，当加有不同体系添加剂的油品相混时，就会影响它的使用性能，甚至会使添加剂沉淀变质。

2. 劣化

润滑油的劣化与其工作条件有关。造成油品劣化的因素有：氧气及硫化物气体的影响；油在较高温度时的氧化、分解；轻馏分蒸发；添加剂消失；外来液体影响（如燃油、冷凝水的混入等）；固体（燃烧不完全产物，油氧化后的高分子聚合物、脏物、磨屑等）进入等。

3. 减缓油料的性能变化的措施

1）降温储存

温度高时油品蒸发量大,氧化速度也快。要选择阴凉地点存放油品,尽量减少或防止阳光暴晒,降低储存温度,减少温差。

2)饱和储存,减少气体空间,减少不必要的倒装

油罐上部气体空间容积越大,油品越易蒸发。装油容器除根据油温变化,留出必要的膨胀空间(即安全容量)外,尽可能装满。对储存期较长且未装满容器的油品,要适时倒装合并。每倒装一次油品,就会增加一次蒸发损耗。倒装时还会增加油品与空气接触,加速氧化。

3)减少与铜和其他金属接触

各种金属,特别是铜,能诱发油品氧化变质。试验证明,铜能使汽油氧化生胶的速度增大6倍,因此,油罐内部不要用铜制零部件。油罐内壁涂刷防锈层,能较好地避免金属对油品氧化所起的催化作用(涂层还能防止金属氧化锈蚀),减缓油品变质的进程。

4)减少与空气接触,尽可能密封储存

密封储存油品,具有降低蒸发损失,保证油品清洁,延缓氧化变质,减轻容器锈蚀等优点。密封储存对于润滑油较为适宜,特别是高级润滑油和特种油品,应当采用密封储存,以减少与空气接触和防止污染物侵入。

5)保持储油容器清洁干净

往油罐内卸油或灌桶前,必须认真检查罐、桶内部,清除水杂和污染物质,做到不清洁不灌装。各种储油罐内壁应涂刷防腐涂层,减少铁锈落入油中。

6)加强桶装油品的管理

桶装油品要配齐胶圈,拧紧桶盖,尽量入库存放。露天存放的要卧放或斜放,防止桶面积水。应避免在风沙、雨雪天或空气中尘埃较多的条件下露天灌装作业,以防水和杂质侵入。雨雪后及时清扫桶上的水和雪,定期擦去桶面尘土,并经常抽检桶底油样,如有水和杂质应及时抽掉。各种高档润滑油、润滑脂等严禁露天存放。

7)定期检查储油罐底部状况并清洗储油容器,定期抽检库存油品,确保油品质量

桶装油品每6个月复验一次,罐存油品可根据其周转情况每3个月至一年复验一次。对于易于变质、稳定性差、存放周期长的油品,应缩短复验周期。

8)油桶改装别种油品时,应进行刷洗、干燥

灌装与容器中原残存品种相同的油料,可根据具体情况简化刷洗手续,但必须确认容器合乎要求,才能重复灌装,以保证油品质量。用使用过的油桶灌装中高档润滑油时,必须进行特别刷洗,即用溶剂或适宜的洗油刷洗,必要时用蒸汽吹扫,要求达到无杂质、水分、油垢和纤维,并无明显铁锈,目视或用抹布擦拭检查不呈现锈皮、锈渣及黑色油污,方准装入。

9)加强油品的过滤工作

二、油品使用中几个应注意的问题

(1)树立新购油不一定是干净油的观念(运输过程污染、容器污染、加油器具及分油器具污染、油品质量不过关等)。

(2)油品一般不能混用(基础油、添加成分不同或油品种类不同)。

(3)及时换油(从定期向按质发展,不及时换油的危害相当大)。

(4)更换品牌时,注意先试验,后推广。

(5)放旧油应彻底(温度较高时分部放完,必要时机械需有动作配合),废油应分类回收。

(6)注意油品的使用范围及特别注意事项(如车辆齿轮油不能用在铜零件,防冻液不能与

锌接触）。

（7）长期存放的油品应检测合格后再用。

（8）油器使用过程中，突出“清洁”。采用合适的维护用具与材料，如液压元件用丝绸擦洗。

（9）注意供油系统的密闭性及安全性，加强过滤。

（10）健全润滑制度，严格遵章操作，明确责任，加强润滑管理，防火、防静电、防毒。

第八章　工程机械传动装置与液压系统的运用技术

第一节　液力变矩器的合理运用

液力变矩器具有极强的自动适应负载变化性能，良好的滤波性能和过载保护性能，变矩比大、高效区域宽，可实现一定范围的无级变速，简化了工程机械的结构，提高了工程机械的舒适性，缓和冲击，延长机械寿命，因而在工程机械上得到了广泛使用。液力变矩器的主要缺点是成本较高，传动效率比较低。

液力变矩器工作中必须注意正确使用工作油液，正确使用液力元件，作好定期检查和维护，才能提高工作的可靠性，保障机械的正常使用寿命。

一、保证压力补偿系统正常工作

正常工作的变矩器平均效率为0.7左右，约有30%的能量消耗掉，损耗的能量使油及有关零件的温度升高。油温是决定变矩器油液使用寿命的重要因素，如果热量不能及时散出，将加速油的氧化，使油液变质。同时，油温过高将使润滑性能下降，泄漏增大。

液力变矩器的泵轮高速转动（1000～3600r/min），循环圆内液流质点沿工作轮叶片流动时受离心惯性力的作用，叶片上各点处液流压力均不相同，泵轮叶片出口处压力最大，泵轮叶片进口处的叶片背面压力最低。当局部压力过低到空气分离压以下时，溶解于油液中的空气大量从油中分离出来产生气泡，在压力高的地方气泡迅速破裂，产生局部高温、高压和高速微射流，加之氧气侵蚀，液力元件的内壁表面产生剥落，形成气蚀现象。与液力变矩器工作油路属同一个液压系统的动力换挡变速器工作油路，也要防止气穴和气蚀的产生。

液力变矩器设置的压力补偿系统，保持各处的油液压力都不低于油液的空气分离压，防止气蚀的发生。同时不断将部分工作液体从变矩器中引出，通过变矩器外循环进行水冷式的强制冷却，使变矩器中保持一定油量、油压和油温，解决液力变矩器的散热和冷却问题。

补偿系统一般包括：滤油器、齿轮泵、油冷却器和压力阀，图8-1为变矩器通常采用的补偿系统示意图。

压力阀4（定压阀）的作用是限定去变速器离合器的操纵阀的油压力（一般为1.1～1.5 MPa），在压力低于此值时，补偿油液不进入液力变矩器，而是优先保证动力换挡变速器离合器的操纵油压。

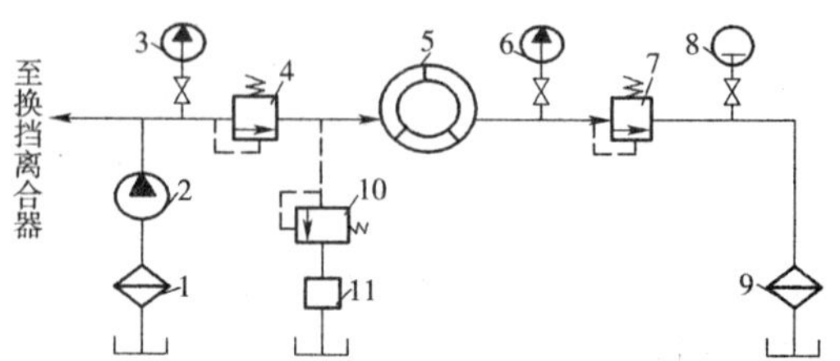

图8-1　变矩器补偿系统图

1-滤油器；2-变速泵；3-压力表；4-压力阀；5-变矩器；6-压力表；7-背压阀；8-油温表；9-油冷却器；10-溢流阀；11-变速器润滑油道

溢流阀10控制工作液体泵轮进口处的压力，保证压力高于空气分离压（该处压力一般应在0.4MPa以上），同时起控制进入液力变矩器循环圆中冷却油流量的作用。当泵轮和涡轮之间的传

动比 i(i = 涡轮转速/泵轮转速)由低变高时,泵轮入口压力是变化的,而且随 i 增高而增高;在 i 低时,由于效率低,油温升高很快,需要更多的冷却油来冷却,而此时恰好油路中的压力较低,溢流阀关闭,冷却油的全部油量进入液力变矩器;当 i 增高时,由于效率提高,油温升高较慢,因而不需要过多的冷却油量。此时油路中的压力较高,因而时常将溢流阀打开溢流,只有部分冷却油进入液力变矩器。

背压阀 7 保证液力变矩器中的压力不得低于背压阀所限定的压力(0.25 ~ 0.28MPa),以防止工作时液力变矩器因压力过低产生气蚀现象或工作液体全部流空。

只有压力补偿系统工作正常,液力变矩器才能正常工作。因此必须经常对 3 个压力阀进行压力检查与调整。

二、防止油温过高

1. 油温过高的危害

液力传动系统的设计油温一般为 70 ~ 110℃,但实际上当油温达到 100℃时就存在着故障隐患,因此工作油温控制在 70 ~ 100℃范围内比较好。油温太低不能保证变矩器的正常工作,油温过高则有下列危害:

(1)油液黏度减小,泄露量增大,油压降低,变矩器驱动力矩不足,变速器中的离合器、制动器易打滑,同时润滑条件变差,加速液压元件磨损。由于黏度下降,泄漏显著增加,液压泵及整个系统的效率也显著下降;

(2)液压系统的零件因过热而膨胀,破坏了相对运动零件原来正常的配合间隙,导致摩擦阻力增加,液压阀容易卡死;同时,使润滑油变薄、机械磨损增加,结果造成泵、阀、液压马达等的精密配合面因过早磨损而使其失效或报废;

(3)油温过高使油液氧化加剧,油液使用寿命降低,石油基油液形成胶状物质,并在过热的元件表面上形成沉积物,容易堵塞各种控制孔;

(4)油液汽化,容易使液压元件产生穴蚀;

(5)温度过高的油液使橡胶密封件和软管早期老化变质,寿命缩短,甚至丧失其密封性能,使液压系统不能正常工作。

2. 油温过高的表现

液力传动系统工作油温过高的外部表现为:

(1)油温表指示超出允许区域;

(2)液压管路过热,严重时产生橡胶气味;

(3)变速器体过热,严重时产生油漆气味。

液力传动系统工作油温过高的内部表现为:

(1)系统传动效率降低;

(2)发动机燃油经济性降低;

(3)传动系统寿命降低。

3. 原因分析

液力传动系统的工作油路是一个封闭和循环回路,其中热源部件主要有变矩器、变速泵、变速器、离合器、阀等,散热部件主要有变速器油底壳、滤清器、冷却器、油管、阀等。热源部件和散热部件发生故障,都可能引起整个变速循环系统产生过热现象。

(1)工作油温长时间过高主要是匹配或设计不当,油液散热不良,变速器油位设计过高或加油量把握不准三方面的原因造成。

(2)变速器离合器分离不彻底。变速器变矩器油位过低,液压泵吸空、烧伤,变速阀调压弹簧或装配垫片等损坏,各挡离合器损坏,都会导致离合器分离不畅,变速器、变矩器的工作油是连通的,所以当变速器经常打滑分离不彻底时,造成摩擦产生热量,致使油温升高。工作泵、转向泵串油,变速器油位过高油液搅动阻力大,也会使油温升高。

(3)液压泵供油不足。液压泵零件磨损或油封损坏而导致空气侵入,造成液压泵供油量减少,致使液压系统没有足够的液流带走热量,因而使油温过高。

(4)发动机油门操作不当影响变矩器传动效率。操作机械作业或行驶时,如果长时间使用小油门或大油门工作或行驶,会造成变矩器长时间在低效率区域工作,损失功率部分将转变成热能使油温升高。

(5)失速时间过长。机械短时间的失速是允许的;但是如果长时间失速,发动机的输出功率全都变成热能,导致变矩器的油温很快升高。

(6)使用不当。在环境温度较高的条件下,高负荷使用时间过长,操纵各阀过快、过猛或操纵加速装置过于频繁,使系统产生液压冲击,均会使油温过高。

(7)变矩器产生内泄。如果液力传动油内有杂质或机械磨损产生的金属颗粒,将使变矩器涡轮组或泵轮损坏或磨损加剧,并使安装在这三种轮之上的轴承和输出轴的金属油环很快发生磨损、偏心,甚至折断,造成变矩器内泄增大,同样会导致传动油的油温升高。泵轮、涡轮和导轮端面发生摩擦也会造成油温过高,同时伴有异响。

(8)发动机冷却系统工作不良。变矩器的工作油液是利用发动机散热器的冷却水进行冷却的,如果冷却风扇不转动或发动机的水温过高或冷却系统缺水,也会影响冷却效果。

(9)当工程机械在平坦的道路上高速行驶时,如油温过高,除上述原因外,导轮单向离合器失效,也会导致油温过高。因为工程机械在这种条件下行驶时,变矩器应在耦合工况下工作,若导轮锁住,变矩器还处在变矩工况,传动效率很低,液流与导轮叶片间的冲击和液力损失,将导致油温迅速上升。如发现油温过高或急剧上升,应立即停车。

变矩器油温超过规定值时,应立即卸载进行空运转,待油温正常后再继续作业。油温过高或急剧上升往往是故障的信号,应检查过热原因并予以排除。

三、正确使用液力传动油

液力变矩器一般都与动力换挡变速器的工作油路接通,而动力换挡变速器的工作油路采用液压传动,因此液力变矩器用油既是液力变矩器的工作介质,也是液压传动(变速器的操纵控制部分)的工作介质,既要冷却变矩器也要冷却变速器,同时还要用来润滑变速器的齿轮、轴承等。液力变矩器用油具有抗氧化、抗气泡等性能,既应符合液压传动用油的要求,又要适应液力传动的工作特点。所以对液力传动油提出了诸多的性能要求。

液力变矩器正常工作时,工作液体不断在循环圆中高速流动。由于液体与叶片的摩擦造成功率损失,使油发热,工作油温度高达 80 ~ 170℃,流速高达 20m/s,并不断与金属、空气接触。液力传动工作液体因受到剧烈搅动易起泡沫,如果液力传动油抗泡沫性差,则使传递功率下降,严重时会使功率传递中断,并使冷却效果下降,造成轴承和齿轮过热,甚至烧坏。在液力机械传动中,齿轮、轴承等摩擦副均靠液力传动油润滑。油的润滑性能好,磨损可降低。液力传动油的组成复杂程度超过了一般润滑油。

液力机械变速器应严格执行制造厂说明书规定的用油规格、加油方法、加油量、换油里程间隔，否则，不仅影响液力机械变速器性能发挥，还影响其使用寿命，而且容易发生故障。但必须指出，设备制造厂提出的换油周期，通常是一般性建议，使用者应根据工作环境及操作条件缩短或延长换油周期。若油质劣化仍不换油，或油质良好可继续使用却提前换油，都是不科学的。要做到这一点，关键是对油质进行检测。最有用和最经济的方法是对油液的氧化情况及污染程度进行检测，而更常用的是以检测氧化作为重点。

氧化对限制油液的使用寿命具有决定性影响。氧化是油液与氧之间的化学反应。氧化的速度取决于油液的工作条件及油液接触的空气量、温度、时间和提供的催化剂。氧化最值得注意的因素是温度，油液的氧化速率随温度的升高而加快。

变速器过量注油是非常有害的。如注油过多，由于变速器旋转零件的搅拌作用，将油液充气和加热，因而加速氧化。另一个值得注意的对氧化起作用的因素是溶解或悬浮的磨损金属，例如铜和铝可充当催化剂，加速油液的氧化。

氧化能产生酸性和固体物质，并提高黏度。氧化形成的泥状沉积物和固体物质是造成黏度升高的主要原因。对油的氧化进行检测，可以最好地保护液力机械变速器，并确定出最佳的换油周期。油液的氧化情况可以通过黏度试验和总酸值试验来检测。酸值是以中和1g油液需用苛性钾的数量（mg）来表示。根据试验结果，与新油相比，黏度不得超过±25%；总酸值不得超过+3.0。如果超过上述极限，不管其使用时间如何，应更换油液，否则会造成变速器功能失常，出现种种故障。

对现场使用者来说，用实验室的方法来检查油的劣化程度尚不太现实。但可采用目测的方法来判断油的劣化程度。简便的方法是将油尺上的油液滴到干净的白纸上，检查油的颜色及气味。正常油液的颜色一般为粉红色，且无异味。如油液变为深暗色、棕色或有焦味，说明油已变质，则应立即换油。液力油的使用数量和牌号应严格按照工程机械使用说明书的要求执行。在第一次加油后，应起动发动机，运转几分钟后，检查油液面高度。在使用中必须按规定时间检查油位，保证用油量。在起动发动机前，应进行冷油平面检查。定期检查油液质量，定期换油，发现油液中有污物或油液变质，应提前换油。

不允许用液压油代替液力传动油。液压传动与液力传动的工作条件不一样，液压油的最大流速一般限制在5～7m/s，工作温度一般控制在60℃左右，不得超过80℃。液力传动油的黏度指数高，高温黏度保持性更好，可以避免液力传动系统高低温功率明显下降；低温流动性和高温抗氧化性能优良，油液不易氧化变稠，使用寿命长；具有独一无二的摩擦特性，在其传动时摩擦系数降低很小；油流速高（可达20m/s），抗剪切性、抗气泡性好；具有更好的极压抗磨性适合轴瓦及齿轮传动机构的润滑。液压油的性能达不到这些要求。

四、合理操作

液力变矩器的自动适应负载变化性能和过载保护性能，使发动机不易被憋熄火，这一优点如果被不合理的操作利用，则危害很大。要了解液力传动的特点，避免高负荷使用时间过长，操纵各阀过快、过猛或操纵油门过于频繁，长时间使用小油门或大油门工作或行驶，挂高挡利用冲击进行大负荷铲装作业，行走装置已开始打滑还加大油门等不合理的操作。

五、液力元件的检查技术

1. 变矩器零速工况的检查

在变矩器输出轴零速工况下（制动）、使发动机油门全开（不要超过30s），检查发动机的转速，并与说明书推荐的发动机转速作对比。如果发动机的实际转速低于推荐的发动机转速，说明发动机功率不足或者变矩器导轮的单向离合器不能闭锁，应进一步检测发动机的功率，以便在两者当中做出判断。如果发动机的实际转速高于推荐的发动机转速，说明此刻变速器所挂挡位的离合器打滑或者变速器离合器的油路压力低，可通过检查压力进一步确定。

2. 带有单向离合器的导轮工作是否正常的检查

在二级维护作业中，应检查液力机械变速器的性能，尤其是变矩器导轮单向离合器的锁紧和放松情况。导轮是否正常工作，可通过观察油温下降的快慢来进行。在变矩器输出轴零速工况下使发动机油门全开，使变矩器出口油温升高到 120℃ 左右，然后松开变矩器的输出轴，观察油温的变化情况。其检查步骤如下：

(1) 将变速器挂入空挡，起动发动机。储气筒气压达规定压力后，制动机械；

(2) 将变速器挂入三挡，并迅速加速到油门全开。此时，油温将迅速上升。当油温上升到接近 120℃ 时，立即放松油门，放入空挡。使输出转速到最大值，立即检查油温下降速度。温度应该在 15s 之后开始下降。温度下降速度慢，表示导轮可能闭锁，单向离合器自由轮卡死；如果温度迅速下降，导轮工作正常；

(3) 在空挡时，发动机再加速到全油门，观察油温下降情况。变矩器在此条件下工作，应在耦合工况下工作，油温应迅速降至正常值。如果油温不下降或下降缓慢，最后不能降至正常工作温度，则说明导轮单向离合器不能放松。此时，应从工程机械上拆下液力变矩器，检修单向离合器。

有些工程机械的变矩器，装有变矩器进口压力的测试螺塞，装上油压表可以检查变矩器进口压力（如 WA380 装载机）。检查办法是：在发动机油门全开、变矩器输出轴零速工况下，此时的变矩器进口压力最低为 0.35MPa，最高为 0.54MPa；在发动机油门全开、变矩器空载工况下所允许的最高工作压力为 0.85MPa。一般不能超过所规定的极限值，否则会发生故障。

第二节 液力机械变速器的合理运用

液力机械变速器与普通机械变速器相比较，其液压控制系统较为复杂。正确使用液力机械变速器，对提高工程机械的燃料经济性、动力性及延长工程机械使用寿命关系至为密切。

一、液力机械变速器的操作

1. 手动操纵液力机械变速器的操作

为了提高机械和工程车辆的加速性能和燃料经济性，手动操纵液力机械变速器的换挡应按顺序进行，即从一挡换二挡、二挡换三挡、三挡换四挡等，这和普通机械变速器没有什么区别。

工程机械换挡（加速或减速）掌握好换挡时车速，能否及时换挡，对工程机械的使用性能影响很大。换挡时应满足以下几点要求。

(1) 发动机功率利用好。换挡时，为提高工程机械的加速性能，必须充分利用发动机功率，使发动机功率的平均值尽可能接近最大值；

(2) 保证变矩器在高效区范围内工作。以伟步 35C 型矿用自卸汽车（阿里森 TC690 变矩器、CLBT5860 变速器）为例，在加速换挡时，应在下列车速换入高挡：一挡换二挡为 6.9km/h；二挡换三挡为 14.5km/h；三挡换四挡为 19.3km/h；四挡换五挡 28.9km/h；五挡换六挡为 38.6km/h；按上述车速换挡时，变矩器涡轮转速始终在较高转速范围内变化，变矩器在高效区范围内工作。换挡时的车速过低或过高，工程机械的动力性和经济性都要降低。

2. 挡位选择

工程机械在作业或行驶时，选择不同挡位，油耗是不相同的。多数机械特别是土石方机械在挖掘和切削土方作业时，工作阻力因土质变化的不均质性、切削厚度的变化、土壤性质的变化和工作现场地质结构的复杂性而变化，引起机械在运行过程中负荷的突然变化。液力机械虽然能很好地适应这种变化，但如果此时挂高挡，会引起涡轮转速的急剧变化，造成变矩器在低效率区工作，同时变速器的挡位离合器、制动器严重打滑，磨损与发热严重。因此工程机械在作业过程中必须挂低挡工作。工程机械在行驶时，负荷变化不是很剧烈，此时应选用不同挡位，使变矩器在高效率区工作。变矩器的效率越低，发动机所需的功率就越大，则工程机械的燃料经济性就越差。

装有换挡指示器的工程机械，可根据工程机械的行驶条件，利用换挡指示器选择合适的挡位。换挡指示器是利用皮托管油压作为换挡指示，换挡指示采用弹簧管式油压计，它的表盘上刻有换高挡、换低挡的位置和正常工作范围。

如图 8-2 所示。如指针达不到 A 点，说明皮托管内油压低，变矩器在变矩工况下工作。这时涡轮转速不高，发动机在重负荷，低转速下工作，变矩器效率很低工程机械的燃料经济性很差。为了提高变矩器的效率，应提高涡轮转速，为此，应换入较低的挡位。在换入较低的挡位后，由于变速器的传动比增加，使涡轮的负荷减小，涡轮和发动机的转速必将提高，从而提高了皮托管油压。

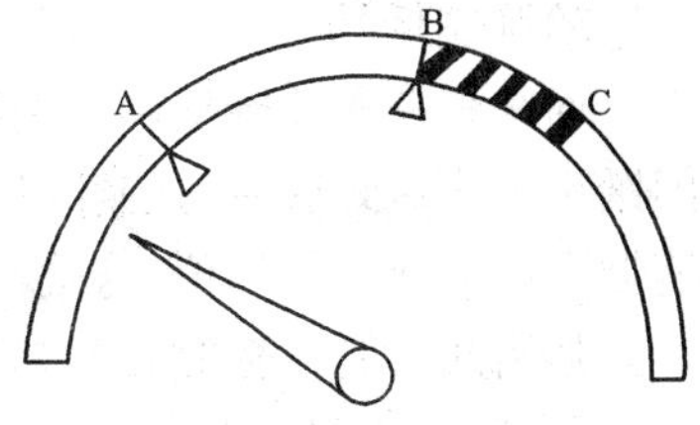

图 8-2　换挡指示器

换挡指示器的指针超过 A 而位于 A、B 之间是正常工作范围。当阻力减小时，涡轮负荷也减小，涡轮转速则上升，当指针超过 B 点时，说明涡轮及发动机转速过高，发动机的燃料经济性下降，且加速发动机的磨损，为此，应换入较高的挡位。当换入较高的挡位后，由于变速器的传动比减小，从而使涡轮的负荷增加，涡轮及发动机转速相应也减低。指针超过 C 点时，锁止离合器应锁止，变矩器变为机械传动，效率最高，但发动机超速，这是不允许的，应当避免。

3. 自动变速器的操作

装有液力机械自动变速器的轮式工程机械（如铲运机）的自动换挡规律都是预先设计好的，但在使用中还不能完全满足使用性能要求，需要机械操作人员在具体操作中加以补充，许多自动变速器上都有可供机械操作人员适时人为地加以控制的结构，实现灵活运用的目的。

1）选挡手柄挡位选择

工程机械在行驶中可以改变选挡手柄的位置，就可以改变实现自动换挡的范围。

工程机械行驶中若要在 3 位、2 位、1 位等前进挡中变换挡位时，若按“1 位→2 位→3 位”的顺序进行换挡（即由低挡位换至高挡位），可以不受任何车速条件的限制，也就是说，不论车速高低都可按此顺序改变选挡手柄的位置。但是，如果要按“3 位→2 位→1 位”的顺序（即由高挡位换至低挡位）变换选挡手柄的位置，必须让工程机械减速至低于二至三挡的升挡车速后才能进行。如果将选挡手柄由高挡位换至低挡位时车速过高，就相当于人为地手动强制低挡。强制换低挡时由于变速器传动比间隔太大，会使低挡执行元件因急剧摩擦损坏，必须尽量避免。相反在一定道路条件下行驶（例如上坡），如果没有及时的从高挡 3 位换到 2 位或 1 位，则有可能出现“循环跳挡”现象。比如选挡手柄在 3 位以直接挡上坡，由于驱动力小于坡道阻力，车速下降，到一定车速从直接挡降至二挡。换二挡之后，驱动力就比坡道阻力大，机械被加速，到一定车速时，又升高到直接挡。若坡道较长时，将继续重复上述过程，这就形成所谓“循环跳挡”。因此，这时将选挡手柄放在2位，就能稳定地加速上坡，避免了循环跳挡。如坡度更大时，置选挡手柄于1位则更为合适。

当工程机械下坡时，若完全松开加速踏板后车速仍太高，可持选挡手柄置于2位或1位，这样就可以利用发动机制动，控制工程机械的行驶速度。要注意不能在车速较高时，将选挡手柄从3位拨至2位或1位。当车速较高时，应先用制动器将工程机械减速至较低车速时，再将选挡手柄从3位换至2位或1位。

在泥泞路面上行驶时，若选挡手柄置于3位，当驱动轮打滑时，由于打滑驱动轮转速较快，自动变速器会出现自动升挡的现象，从而进一步加剧驱动轮打滑。此时，可将选挡手柄置于2位或1位，限制变速器的最高挡位，利用油门开度来控制车轮的转速，防止驱动轮打滑。

2）限速阀的使用

液力机械自动变速器的轮式工程机械装有限速阀时，在有安全隐患的情况下，虽选挡手柄置于3位或2位，但可以将机械的挡位限定在某一低挡位上，提高行驶安全性。

3）强制低挡

通常只有车速降低到一定数值时，才能正常地降到低挡。但是在特殊情况下，把发动机油门踏板迅速踩到底时，强制降挡开关闭合，让强制降挡电磁阀通电，此时强制降挡阀工作，使变速器强制降低一个挡位，这就叫强制低挡。

强制低挡能在暂短时刻起到极其强烈的加速作用，这是在非常情况下迅速加速时所必需的，不宜经常使用。因高速时，离合器和制动器交替工作，磨损发热极大、变速器容易损坏。

4. 液力缓速器使用

铲运机和载重汽车满载而下长坡的机会很多，长期而又频繁地使用行车制动器，势必造成制动器温度急剧上升，使摩擦片磨损，引起制动不良现象，影响生产安全。为减轻行车制动器的负担，使工程机械能安全可靠地行使，液力机械传动的铲运机和载重汽车一般都装设有液力缓速器。

液力缓速器工作时，缓速器的阻力矩随转子转速的平方成正比。工程机械下坡使用液力缓速器时，应根据不同的坡度，选择不同的挡位。变速器挂入的挡位越低（传动比越大），则液力缓速器的制动效果越显著。

长期地使用液力缓速器，会导致液力传动油过热。应根据具体情况，交替地完全合上及完全打开液力缓速器，使油温控制在135℃以内，有的工程机械油温到135℃时，油温报警器开始报警。当需要附加制动时，也可同时使用行车制动器，以进一步降低车速。

路面很滑时，切勿使用液力缓速器。因为液力缓速器的制动力是通过主传动器及差速器作用在两半轴及驱动轮上。根据差速器的工作原理，差速器只能将制动力矩平均地分配给左、右车轮，左、右两车轮的制动力矩始终是相等的。若某一侧车轮路面很滑，而另一侧车轮路面很好，则路面很滑一侧车轮与路面较好的一侧车轮所得到的制动力矩所得到的制动力矩相等且很小，从而使整机的制动力矩显著下降，将导致车速控制困难。在这种条件下行驶时，为了能控制车速，只能使用行车制动器。

二、液力传动机械的拖起动

采用液力传动的工程机械能否被拖起动，要根据机械传动的结构来定。

从变矩器的结构来看，单级变矩器在反传动工况下（即涡轮变为驱动轮），其传递扭矩能力虽然较小，但足以起动发动机。因此，液压系统的结构是机械是否具备被拖起动的条件。

阿里森液力变矩器（如 CLBT750、CLBT5860、DP8961 等）的液压泵是由发动机直接驱动的，其工作不受变速器工作排挡的影响，只取决于发动机的转速。因此，当拖动机械时，液压泵尚未供油，变速器将无法挂挡，发动机是不可能起动的。同时，变速器的摩擦零件等也会因缺油得不到润滑而烧坏。

有的液力机械传动结构中采用前泵和后泵联合供油方式（如阿里森 CLBT6061），前泵由发动机直接驱动，后泵则由变速器输出轴驱动。采用这种供油方式时，只要车速达到一定数值，后泵即可供油，保证液压系统可靠工作，使变速器排挡接合，起动发动机。

国产 ZL40、ZL50 装载机大都设计有"三合一"机构，如图 8-3 所示。"三合一"机构接通后，车轮转动经驱动桥、输出齿轮、直接摩擦离合器、齿轮 6、5、4、3、2 及变矩器 1 泵轮传到发动机，因此车轮的转动可使发动机起动。当发动机起动后，转速提高，超越离合器脱开，"三合一"机构传动被切断。

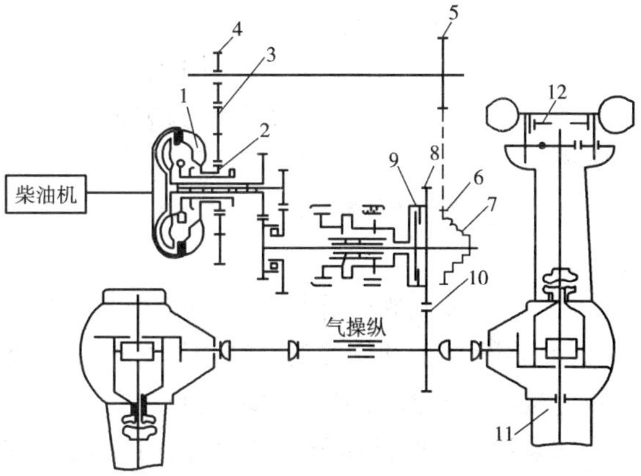

图 8-3 "三合一"结构

1-变矩器；2、3、4、5、6、8、10-传动齿轮；7-离合器滑套；9-摩擦离合器；11-驱动桥；12-轮边减速器

有的工程机械在液压泵驱动装置中装有单向离合器，当机械被拖动时液压泵由变速器输出轴通过单向离合器驱动，从而也可以实现工程机械被拖起动。发动机起动后，液压泵则由发动机驱动。

牵引有故障无法行驶的工程机械返回修理厂时，对液压系统结构不宜被牵引的工机械，其行驶距离应限制在 1km 以内，其车速不宜超过 8km/h。对于超过 1km 的距离，应将传动系脱开（可拆下传动轴或半轴），否则，变速器将损坏。

三、液力机械变速器维护

每日维护应检查油面高度，对所有管路、盖、油封等的连接应进行检查，使其结合严密。如发现结合处漏油，应及时排除。

在发动机起动前或停车后 15min 用量油尺检查油面。工程机械起步前确信润滑油压力警告灯在超过规定转速时不亮。如果润滑油压力警告灯发光，严禁工程机械起步，找出原因，并排除故障。

工程机械每工作 100h，必须检查冷却器和液压油滤油器紧固情况，调整换挡传动机构。工程机械每工作 500h，必须更换油液，并清洗液压系统。

在清洗时，如果发现油底壳和滤油器有铝屑，则必须将液力机械变速器从工程机械拆下。拆开检查变矩器有关零件。造成这种情况的原因一般是变矩器的支承轴承损坏或固定变矩器的螺母松动，使泵轮、涡轮及导轮相互接近，发生摩擦。排除故障的方法是更换损坏零件。

加油时，应严格按照制造厂规定的工作油牌号加注，不得随意代用，更不可混用。用干净的加油容器及带金属滤网的漏斗加油，以免铁屑、沙子等杂物混入。液压系统内进入最小微粒的脏物，都有使调压阀、换挡阀卡住的可能，使机械发生故障。

在一级维护作业中，应检查换挡操纵系统，如换挡时操纵不灵或有乱挡现象，对操纵机构传动杆应进行调整。

四、液力机械变速器维修

加强液力机械变速器的维护，对于延长其使用寿命，减少故障的发生有重要的作用。

1. 液力机械变速器常见的故障有以下几个方面

1）离合器油缸供油压力过低

此故障所产生的现象，是工程机械在挂挡或换挡后，不能立即提高车速。由于离合器供油压力低，离合器接合迟缓，使离合器产生滑转。当供油压力过低时，离合器将严重打滑。影响供油压力过低的因素有：

（1）液压泵供油压力不足。影响液压泵供油压力的因素有油底壳油面过低；滤清器过脏而堵塞；液压泵传动零件磨损及密封装置损坏。此外，液压泵油封及滤油器结合面密封不严，会吸进空气，使液压泵供油压力低。应拆下滤油器及液压泵，进行检修。

（2）离合器调压阀失灵。失灵的原因可能是滑阀卡住或调整不当。应拆下调压阀，进行清洗和调整。

（3）换挡控制阀阀芯磨损。

（4）离合器供油管接头及变速器分配器和离合器油缸活塞密封圈密封不严而漏油。应拆下液力机械变速器，更换已损坏的密封圈。

如果挂空挡时油压低，一般是由（1）、（2）、（3）项原因造成的；若空挡时油压正常，挂挡时油压低，是由第（4）项原因造成的；若发动机转速低时油压正常，高速时油压降低或油压表指针跳动，一般是由于油面过低，滤油器堵塞或液压泵吸入空气造成的。

2）离合器摩擦盘烧蚀

离合器接合时由于长期滑转或分离不彻底，将引起主、从动盘烧蚀，严重时主、从动盘会烧结成为一体。此时，换挡阀虽然在空挡位置，工程机械也会行驶。

引起摩擦烧蚀的原因，除上述原因外，还与工程机械操作有着密切的关系，工程机械操作应严格遵循操作规程，工程机械起步挂挡前，发动机转速过高或不按挡位顺序换挡，使离合器主、从动盘达到同步的时间要延长，主、从动盘处于滑转状态的时间也延长，摩擦盘极易烧蚀。因此，严格遵循驾驶操作规程，工程机械起步挂挡前，发动机应以低速运转，用一挡平稳起步。加速和减速时，按挡位顺序换挡，是避免摩擦片烧蚀的重要措施之一。工程机械外负荷过大而轮胎打滑时，应及时减小负荷，不应用猛踩加速踏板的方法。

3）变矩器油压过低

影响变矩器油压过低的因素除上述的原因外，变矩器调压阀失灵，变矩器密封装置损坏，液力系统软管密封不严，接合处进空气，也会引起变矩器油压过低。应查明原因，予以排除。

4）润滑油压力低

此故障主要是由于润滑油调压阀卡住，操纵阀组滤芯堵塞及润滑油道堵塞而引起的，应拆下操纵阀组，清洗滤芯和润滑阀，调整润滑油调压阀。

5）挂不上挡

此故障是由于换挡传动机构失调，换挡阀卡住所引起的，应检查和调整换挡传动机构，卸下操纵阀，拆开换挡机构并清洗全部零件。

2. 液力机械变速器的检修

液力机械变速器一般只是在有大量零件需要更换或修理时，才全部拆开。通常检修时只拆成部件。例如,更换离合器的摩擦盘、检修单向离合器及液压泵等。

液力机械变速器检修的基本原则、主要零件的检修方法,因形式不同而有所差异,但大部分内容相同。

1)变矩器和变速器箱体

检查箱体是否有裂纹、破损;各机械加工面是否碰伤;各螺纹孔是否损坏。箱体上有不超150mm以上的裂纹,而裂纹未穿过轴承座孔和油道,则箱体可以维修。箱体结合面碰伤应修理平整。轴承座孔如磨损不大,可将轴承外座圈镀铬,使轴承和轴承座孔恢复到标准配合。

在制造厂,变矩器和变速器箱体是配对加工的,因此,如果其中之一损坏,则必须同时更换两个箱体。

2)液力变矩器

变矩器零件的主要损伤是:

(1)泵轮轮毂轴承座磨损超过允许尺寸,与密封环接触表面磨损成明显的沟槽;

(2)变矩器轮毂密封环磨损;

(3)涡轮轮毂轴颈磨损;

(4)导轮单向离合器座轴颈磨损;

(5)导轮单向离合器弹簧损坏,滚柱磨损及单向离合器座凹槽磨损或压有较深的印痕,使单向离合器失效。

发生以上这些情况时,一般应更换或修复磨损零件。

3)变速器齿轮

变速器齿轮有下列缺陷之一者必须换新:齿厚磨损超过允许极限;齿面渗碳层疲劳剥落;轴承孔磨损超过允许极限;花键侧表面磨损超过允许极限;齿轮轮齿折断。

齿轮轮毂渐开线型外花键的磨损,主要发生在装离合器盘的部位,因此应测量花键与盘相摩擦部位的花键厚度。

4)变速器轴

变速器轴有下列主要缺陷之一者,必须更换或修理:

(1)轴颈磨损超过允许极限;

(2)变速器轴固定凸缘花键磨损超过允许极限;

(3)密封环槽(宽度)磨损,超过允许极限;

(4)轴弯曲变形,弯曲度超过允许值时应在压力机上校正。

5)换挡离合器

换挡离合器的主要损伤是:活塞与油缸工作表面磨损;活塞密封环磨损;主动盘和从动盘磨损,或由于长期打滑而烧蚀产生翘曲变形;活塞回位弹簧变形或弹性下降。

第三节　传动系统其他总成的合理运用

一、主离合器的合理操作与维护

1. 主离合器的合理操作

(1)起步时,在离合器踏板还未抬起之前,应避免发动机油门过大。否则,不仅会造成发动机空转耗油,而且易造成离合器接合时冲撞损坏和过早磨损。

(2)接合离合器时,动作应缓慢,即脚要慢慢从离合器踏板抬起,使离合器平顺接合。踏板抬起过猛,易使主动部件与从动部件接触面瞬间承受极大载荷,加速摩擦片磨损甚至破裂。同时,冲击振动会使离合器内部零件松动,甚至发生故障。

(3)分离离合器时,动作要迅速,要将离合器踏板一踩到底。如果动作迟缓,则离合器处于半接合状态运转,易加速离合器磨损。

(4)提倡使用"两脚离合器换挡法",并运用"快、停、慢"3 个过程抬起离合器。这种方法能够使换挡平顺,减轻离合器磨损,同时也能够节省燃料。

(5)在运用"快、停、慢"3 个过程抬起离合器时,要把握通过半联动状态的速度,也就是"停"的时机,一要选择正确,二要时间短促,不要停留过长,过长将加速离合器磨损。

(6)高速行驶时,应避免采用分离和半分离离合器的方式控制车速,否则不仅增加油耗,也会加速离合器磨损,避让时,还易形成安全隐患。

(7)遇到障碍或者发生陷车时,应避免在离合器分离的状态下急加速和猛然松开离合器踏板接合离合器的办法驶出洼地。否则,将受到很大的冲击载荷,加速离合器磨损甚至损坏。此时,应换低速挡,增加发动机转矩,克服阻力。

(8)上坡时,禁止在挂挡的情况下使发动机熄火,分离离合器滑行,然后在坡底加速并猛然松开离合器踏板接合离合器,重新起动发动机。这样做易造成离合器摩擦片破裂,离合器轴折断,同时对发动机和传动系的负面影响也很大。

(9)禁止把脚放在离合器踏板上。工程机械工作环境恶劣,由于振动,离合器经常处于半分离半接合状态,常踏住离合器踏板,会加速摩擦片、离合器分离轴承和分离杠杆的磨损。

(10)要定期检查离合器踏板自由行程、分离臂、主动盘限位螺钉,必要时进行调整。

(11)分离轴承长期使用后,会缺少润滑油,需勤维护,勤注油,避免产生严重故障和噪声。

2. 主离合器的维护

1)非经常接合式离合器与经常接合式离合器的调整

非经常接合式离合器摩擦片磨薄后,离合器接合时,压杆的变形量较小,这将使离合器的压紧力不够。调整时可将调整圈相对于离合器盖旋进而使压紧力恢复原值。

经常接合式离合器分离杠杆与分离轴承之间应保证有合适的间隙。离合器在工作中,由于摩擦衬面的磨损,会使此间隙逐渐减小,从而引起离合器打滑甚至烧损,因此调整分离杠杆上的螺母即可对此间隙进行调整。注意需保证所有分离杠杆在同一平面内,与分离轴承具有相同的间隙。

2)离合踏板自由行程的调整

一般情况下,踏板的自由行程最好控制在 20 ~ 30mm 之间。调整时,通常是旋动踏板与分离叉之间拉杆上的调整螺母,以改变拉杆的长度。

3)离合器的维护

(1)经常进行分离轴承和分离套筒的润滑。分离轴承工作频繁,如不进行经常性的维护,寿命可能只有 2 个月左右。由于发动机的高温要传至分离轴承,加之轴承高速旋转也产生高温,在这种情况下润滑油脂很难留存在轴承内,所以对分离轴承必须定期注油,一般间隔 60h 左右注油一次即可。

加油时,应先拆下离合器盖,用黄油枪向轴承座孔内加注黄油,并转动轴承,直至轴承各处溢出少量黄油为止。最好选用耐高温的钠基或二硫化钼润滑脂。

分离套筒滑动时所受之力虽小于分离轴承所受之力,但因受到周围高温的作用,内中油脂也容易流失、干结,会使分离套筒与分离叉不能同时回位,造成机器起步不平稳。应当每半年加注油一次。

(2)定时清除离合器摩擦片和压盘结合面上的油污,以防离合器打滑和传动无力。最好每月检查一次,若有油污立即清除。如果发现离合器轴端的油封损坏,应及时更换,防止机油侵入。

二、机械变速器的维护

变速器在使用中,箱内齿轮在大负荷、高速旋转时产生热量和油蒸气,润滑油产生的油蒸气充满了箱体空间,使箱内压力比箱外大气压高,各密封界面都承受这个压力的冲击,往往在最薄弱处油气冲出而产生泄漏。一旦发生泄漏,就会形成一条通道,并使泄漏越来越严重。如果变速器多处漏油并发生在箱壳温度较高的情况下,这一般是属于变速器盖上的通气塞被灰尘和泥浆阻塞,使通气性能变差。由于轮齿工作表面间、轴承、啮合器进入啮合或脱出等的摩擦,会使油温升高,引起润滑油黏度降低。机械维护时,首先检查通气塞是否堵阻,油平面是否过高,擦净油迹弄清渗漏部位。若是连接螺栓松动、密封衬垫损坏、机件磨蚀损坏等引起的,应拆下变速器分解检修,并按技术规范要求修复。

变速器通过固定螺栓紧固在飞轮壳上,使变速器第一轴中心线与曲轴中心线重合,以保证可靠地传递发动机动力。在运行中,由于机械的振动会引起固定螺栓松动,破坏了曲轴中心线与变速器第一轴中心线的重合,使离合器传递动力不可靠,变速器工作不正常。因此,在维护中应检查和紧定。检查时先擦净油污,查看弹簧垫圈,若有损坏变形应予更换,并逐个拧紧;变速器盖的紧固螺栓也应同时检查拧紧。

变速器润滑大都采用飞溅润滑,三轴式的变速器第二轴(主轴)和中间轴(副轴)上的齿轮要不停地转动。若上述齿轮并不旋转,但主轴又在高速旋转,得不到润滑的轴承就容易烧坏。

变速器润滑油的数量因自然消耗,将随工作时间的增加而减少。若油面过低,齿轮和轴承得不到充分润滑,因此应适时检查油面高度和润滑油的变质情况。为防止润滑油变质、机械杂质增多或结胶堵塞润滑油孔,使轴承因缺油磨损、烧坏,应及时更换变质的润滑油。

变速器操纵机构的外部各传动杆件,日常检查传动间隙是否过大,接头和衬套等易损件是否损坏,必要时及时检修或更换新件,以保证变速器具有良好的操纵性能。

变速器的维护主要是检查其紧固情况,以及检查和更换润滑油、疏通通气塞等。检查变速器与飞轮壳的连接,如固定螺栓松动,应逐个拧紧(检查前应先清洁其外表,擦净油泥);检查变速器盖的固定螺栓,若有松动、应逐次拧紧;检查和清洗通气塞;检查润滑油平面,油面以螺塞孔的下缘为准,夏季油面与螺塞孔下缘齐平,冬季略低即可。不足时应添加润滑油;检查润滑油的质量,用手捻搓润滑油,检查其黏度和有无杂质,如果有油质变色,稀释、结胶等异常现象时,均应更换;变速器第一轴前轴承加注润滑脂,注 4 ~ 5 下即可,不可过多,以免润滑脂进入离合器,沾污摩擦片而影响其正常工作。

更换润滑油时,最好在机械刚熄火,趁油尚热时进行放油;查看放出的油中是否有发亮的金属屑末,必要时分解变速器,检查齿轮有无严重磨损;用清洗油清洗变速器第一轴前轴承的滑脂嘴内的油污,放干滤尽后装好放油塞,按生产厂家说明书所规定的牌号规格和数量加注润滑油。

在机械的使用中,常会发现变速器内有明显的齿轮撞击声,车速越快,噪声越大,变速器过热。其原因有:润滑油短缺、变质或过稀,产生金属干摩擦声;轴承磨损松旷;齿轮磨损严重。解决的方法是:及时加添或更换规定牌号的润滑油;检修变速器内的齿轮和轴承情况,必要时拆下予以修复或更换。

三、制动器的调整

1. 检查

1）检查制动踏板的自由行程，调整至标准数值

踏板自由行程是主缸与推杆之间的间隙的反应。检查时，可用手轻轻压下踏板，当手感变重时，用钢直尺测出踏板下移的量，该量即为踏板自由行程，应该符合有关技术规定。踏板的踏下余量，也应该进行检测。将踏板踩到底后，踏板与地板之间的距离，即为踏板余量。踏板余量减小的原因主要是制动间隙过大、盘式制动器自动补偿调整不良、制动管路内进气、缺制动液等。踏板余量过小或者为零，会使制动作用滞后、减弱，甚至失去制动作用。制动踏板全行程和自由行程应符合厂家要求，当发现踏板行程不足时，应检查油管是否漏油或有空气，自动调整机构是否失灵，蹄片与鼓的间隙是否过大。必要时按技术规范进行调整。

踏板自由行程的调整，大多通过调节推杆长度的方法来实现。将推杆长度缩短，可以增大自由行程，加长则可以减小自由行程。还有一些机械推杆与踏板通过偏心销铰接，调整自由行程时，可转动偏心销，使推杆的轴向位置改变，而使自由行程改变。推杆向踏板方向移动，可使自由行程增大；向主缸方向移动，可使自由行程减小。不论何种调整方法，调整完毕后，应将锁紧螺母锁止。

2）检查制动器块与制动鼓内圆的磨损及调整制动器块与制动鼓之间的间隙。制动器制动蹄摩擦片与制动鼓的间隙：如气压制动器制动蹄轴端为 0.25 ~ 0.40mm，凸轮轴端为 0.40 ~ 0.55mm，同一端两蹄之差不应大于 0.1mm。制动蹄摩擦片表面到铆钉头的距离小于 0.5mm 时，就应更换摩擦片。摩擦片上不能有润滑油，如发现，应更换轮毂油封。

检查时，揩净制动鼓内圆，测量内径，如起槽或失圆超限，应予修理；拆下制动器块回位弹簧，测量其自由长度及弹力，如有永久变形，应予更换；制动器块上沾有油污时，应先检查漏油的地方，加以处理。然后，将制动器块用汽油洗净。如果油污渗入内部，则先用汽油将外表面洗净揩净，再用喷灯加热，使内部油污渗出；检查制动带磨蚀是否均匀，若偏重一方，则制动器块必有歪斜和扭曲，应予调整或更换；制动带磨损减薄，甚至与制动鼓间隙达不到允许值时，则需拆换新件。

新机出厂时，制动器摩擦片与制动鼓之间的间隙已经调整好，但在使用期间，由于制动摩擦片及制动鼓的磨损和机械运行时受到的振动，使制动器块与制动鼓之间的间隙发生变化，影响到制动的可靠性，因此应当按说明书进行检修调整。在机械行驶中如发现制动蹄与制动鼓的间隙经常变化，应检查蜗杆轴的定位是否可靠，检查定位弹簧螺塞拧入深度，以及定位弹簧是否折断、变软、失效等。

3）总泵推杆的调节

旋开总泵加油塞，用手压下制动踏板，注意制动液的减少。然后，松开踏板，使其回到原来的位置，仔细注意制动液是否从总泵体上的回油孔冒出来。否则可使用小扳手旋转推杆，调节总泵活塞行程，达到要求为止。

4）调节臂应经常加注润滑脂，以保证蜗轮、蜗杆转动灵活

制动室应保证密封，如果发现漏气应拆开检查，必要时可更换橡皮膜。装配时，橡皮、弹簧要放正。卡箍螺栓、锁紧螺母上紧到规定的力矩。制动室推杆调整到规定的行程。制动蹄摩擦片磨损后，推杆行程若超过规定值，可通过调整蜗杆轴来进行局部间隙调整。调整时，面对调整臂蜗杆，反时针方向拧为紧，顺时针方向拧为松。切不可用拧动制动推杆接叉来改变推杆

长度的方法来调整间隙。

2. 制动器的调整与维护

制动器经常出现的故障是，制动踏板阻力大、制动不良或制动失灵，有时还会出现制动跑偏现象。

1）制动间隙的调整

对于蹄式制动器，主要是调整制动器摩擦片与制动毂的间隙，此间隙一般控制在0.2～0.4mm之间为宜。若间隙过小，容易产生制动器抱死现象，且易烧损摩擦片；若间隙过大，会增大机械的制动距离，达不到安全要求。对两轮制动而言，还必须做到使两制动器的制动间隙保持一致，防止出现制动跑偏现象。

制动间隙的调整方法比较简单。制动器上一般都有可供调节的凸轮轴、偏心销，制动器的壳体上开有测量孔，调整时只要通过测量孔用厚薄规进行检验以保证间隙即可。如果没有测量孔，可采用手触摸法调整：机械在平直路面上起步行驶500m左右，用手触摸制动器壳体，如果感觉是热的，则说明制动器摩擦片与制动毂有接触而产生滑动摩擦，应将凸轮轴稍向后调一点，然后待制动器冷却后再进行试验检查，直至手摸壳体感到不发热为止。

2）制动器的维护

由于制动液极易挥发，如果长时间不补充制动液，极易造成制动失灵。制动液液面的正常高度一般为距油杯加油口下15～20mm。因此，若发现液面低于油杯加油口20mm时就应尽快补充制动液。制动系统中有气泡是造成制动不良的常见原因，应经常予以排除。排气时，最好两人同时进行，其中一人往油杯中加制动液，另一个踩踏制动踏板，使油路充满油，反复操作几次，直至无气泡冒出为止，然后拧紧油杯螺塞即可。

踏板阻力大主要是真空增压器工作不良造成的，应定时对真空增压器进行维护。维护的方法是：

（1）解体真空增压器后，对其全部零件进行清洗并擦干，对橡胶制件要用酒精或制动液清洗，不得使用矿物油；

（2）若橡胶膜片破裂或弹簧损坏，应予以更换；

（3）空气阀内孔不应有刮伤、锈蚀现象，否则必须经修理后才能使用；

（4）检查辅助缸内是否有磨损、刮伤现象，若有则应更换辅助缸；

（5）增压器装复后应做密封试验。

四、驱动桥的使用与维护

（1）每班应对驱动桥进行例行维护，包括检查各油封、盖、螺塞及各总成密封垫是否漏油。

（2）每周必须检查轮边减速器和主减速器的油位。缺油会造成运动机件早期磨损，严重时造成烧蚀。润滑油过量会造成高温甚至导致漏油。

（3）驱动桥齿轮油的换油期为50 000km或一年。第一次2 000～3 000km的磨合维护应当更换齿轮油，同时应拧下桥壳上的通气塞并对其进行清洗。

（4）工程机械在单边车轮驶入光滑或泥泞路面而打滑，使机械无法驶出时，将差速锁挂合，此时左、右半轴成为一根刚性连接轴，机械自然会驶出故障路面。当机械驶出故障路面后，应立即将差速锁摘除，否则会产生轮胎严重磨损和打坏差速器的严重事故。

（5）应避免严重超载，严重的超载和载荷集中都会造成桥壳变形和断裂。一定要按行驶或作业条件所规定的载荷装载。

(6)维修中如重新组装差速器、被动齿轮等连接件，必须在连接螺纹上涂抹螺纹锁固胶并以规定力矩扭紧，确保连接螺栓的锁固。

(7)使用中发现异响，不要再强行行驶或作业，应立即进行拆检修理。

五、履带式工程机械“四轮一带”的使用与维护

履带式工程机械的“四轮一带”，即托链轮、引导轮、支重轮、链轮和履带，是行走机构的主要组成部分，承载着机械的全部重量，担负着机械的行驶职能，履带式行走机构其主要损坏形式是磨损，这一损坏形式集中表现在以下接触部位：驱动轮轮齿与履带销套外表面、引导轮与履带链轨节滚道面、支重轮与履带链轨节滚道面、托链轮与履带链轨节滚道面、履带销与销套接触面、履带板与地面等。正确的使用和维护“四轮一带”将会明显的降低机械的维修费用。

1. 履带的正确选择

履带的类型比较多，应根据土壤类别和机械作业条件选用。机械工作场合的不同，选用不同的履带形式。标准型适用于一般土质地面；矮履刺型切入土中较浅，适宜在松散岩石地面；平履板型没有明显履刺，适用于坚硬岩石面上作业；中央穿孔适宜于雪地或冰上作业；双履刺或三履刺型接地面积大些，切入地面浅些，适宜于矿山作业；岩基履板型用于重型机械上；圆弧三角与曲峰式三角履带板型特别适合于湿地或沼泽地作业，接地压力可低到 2 ~ 3N/cm^2。由于三角形履带板有压实表土作用，且由于张角较大，脱土容易，所以即使在泥泞的地面上，也有良好的“浮动性”，不致打滑，使机械具有较好的通过性和牵引性。

(1)在普通土壤条件下(Ⅳ级土以下)，应选用单齿履带板，也可以用接近修理限度的岩石型履带板或焊修后的履带板。单齿履带板齿廓尖锐，抓地牢故而牵引力大。但因其强度不足，有可能弯曲或断裂，所以不适用于岩石土壤作业。

(2)在岩石土壤条件下作业，应选用岩石型履带板。岩石型履带的耐磨性是靠高锰钢制造的履带板表面工作硬化效应而产生的。履带表面的硬化层被磨掉后，露出的新表层还会因岩石的挤压撞击继续产生工作硬化，履带板表层 2 ~ 3mm 始终保持高硬度。如果在软岩地带使用岩石型履带板，就无法产生工作硬化效应，硬度没有得到提高，磨损很快。

(3)装载和铲雪作用时，宜采用半双齿履带板。半双齿履带板履带齿高度介于单齿和三齿履带板之间，有两个不等高的履带齿，具有牵引力大和可阻止频繁转向的特点。履带齿厚度大，在重载下抗扭强度和抗弯强度高，缺点是在较硬的地面上乘坐舒适性差。

(4)在湿地、雪地上作业应分别采用湿地履板和雪地履带板。湿地履带板横截面为三段圆弧，接地面积大、浮力大、无齿尖，不会割断地面任何物体，两端有特别的弧形截面，可防止侧滑。缺点是强度低，易变形，除湿地外均不适用。雪地履带板有筋，履带齿带台阶，可阻止侧滑，易于挤出存留在履带板上的冰雪；如果用于普通土壤和岩石，履带易磨损或损伤。

(5)在摊铺路面时，可采用平履带板或橡胶履带板。平履带板无履带齿，螺栓头低于板面，行走或作业时不损伤道路或地面。橡胶履带板是把橡胶块固定在履带板接地面上，机械行走时不损伤路面，行走时无噪声，缺点是它们的适用范围有限。

(6)处理高温矿渣应采用矿渣履带板，抗热性高、强度高和寿命长，也可用于石方作业。

2. 合理操作及使用

(1)禁止不当的高速行车。高速行驶的履带行走机构，使销套与链轮、链节与引导轮、链节与支重轮等在冲击载荷作用下互相撞击造成链轮齿面、销套外圆、引导轮表面、支重轮表面、链节表面过早磨损，还会造成销套和履带板开裂、支重轮凸缘损伤、链节销断裂；此外，冲击力

还使履带架、主车架的底盘零件产生裂纹、弯曲或断裂。尽可能的避免在高速挡下急转弯。

(2)不要使履带板在过载下打滑。履带板滑动会引起燃料的无功损耗,缩短履带板寿命,一旦履带开始打滑,就应减小过大的负荷。机械转向时最好是慢转弯和转大弯。

(3)不要长期让一侧履带承载,以免行走机构零件因受力不均衡产生早期磨损或损坏。

(4)尽量避免跨越飘石行驶。如果底盘斜驶在飘石上超过了均衡梁的摆动量,弯矩或推力将作用在履带架和行走机构的零件上,冲击负荷会使行走机构和底盘零件出现裂纹、扭曲、断裂等损伤。

(5)机械停车和驻车要停在平地上,避免停放在斜坡上,重力产生的静推力造成浮动油封"O"形环变形损坏,时间一长就会漏油。

3. 正确的维护

针对履带式行走机构的磨损情况,可采取以下措施:如果推土机行走机构在早期就出现明显的磨损,应立即停止作业,检查引导轮、托链轮、支重轮、驱动轮中心与行走架纵向中心线的重合度;为了延长使用寿命,可将前后支重轮调换位置,但必须保持单、双边支重轮在行走架上的原来位置不变;行走机构各部件磨损至使用极限后,对于引导轮、托链轮、支重轮、驱动轮轮齿、履刺、链轨节均可采用堆焊进行修补或更换;对于履带链轨节距因磨损而变长的情况,可采取反转链轨节加以补救或更换新的链轨节。

1)保持履带适当的张紧度

履带如果张紧过度,引导轮弹簧张力作用于履带销及销套,销子外圆和销套内圆一直受到高挤压应力,运转时销和销套产生过早的磨损,同时引导轮张紧弹簧的弹力还作用于引导轮轴和轴套,产生很大的表面接触应力,使引导轮轴套容易磨成半圆,链节节距容易拉长,并且会降低机械传动效率。

如果履带过松,履带容易脱离引导轮和支重轮,而且使链节失去正确的对中,引起运行时的履带波动、拍打、冲击,造成引导轮和托链轮的异常磨损。

机械式履带张紧装置如图 8-4 所示。液压式履带张紧度的调整,是通过给张紧油缸注油嘴加注黄油或从放油嘴放黄油的方法,参照各机型的标准间隙调整。当链节节距拉长到需要拆下一组链节时,链轮齿面与销套的啮合面也会受到异常磨损,此时应在啮合状况恶化前进行适当处理,如将销与销套翻面,更换超限的销、销套及链节总成等。

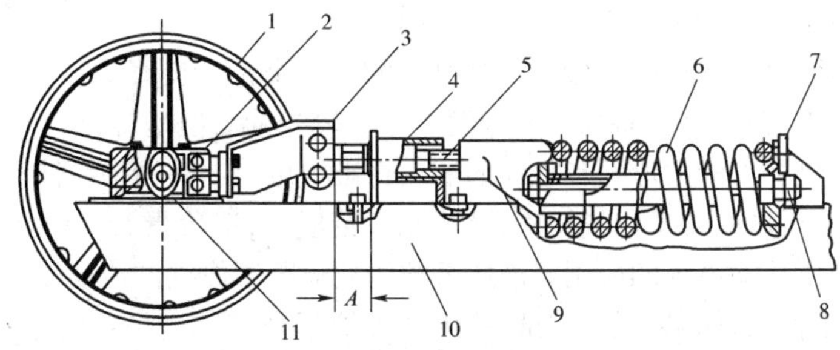

图 8-4　履带张紧装置

1-引导轮;2-支承滑块;3-叉臂;4-张紧螺杆托架;5-张紧螺杆;6-张紧弹簧;7-固定支座;8-调整螺母;9-活动支座;10-台车架;11-滑轨

2)保持引导轮位置对中

引导轮不对中对其他行走机构零件有严重影响,因此调整引导轮导板与履带架之间的间隙(修正不对中)是延长行走机构寿命的要点。调整时用导板与轴承之间的垫片来修正,如果间隙大，拆去垫片；间隙小，增加垫片。标准间隙0.5～1.0mm，最大许可间隙3.0mm。

3)在适当时刻将履带销与销套翻面

在履带销与销套的磨损过程中，链节节距被逐渐拉长，造成链轮与销套的啮合不良，导致销套破损和链轮齿面异常磨损，引起蛇行、拍打、冲击，大大缩短行走机构的寿命。当通过调整张紧度仍不能恢复的时候，就需要将履带和销套翻面来得到正确的链节节距。当链节节距拉长3mm时或销套外圆直径磨损3mm时，应将履带销与销套翻面。

4)及时拧紧螺栓螺母

当行走机构的螺栓松动时容易折断或丢失，引发一系列的故障。日常检修维护应检查：支重轮和托链轮的安装螺栓；链轮齿块安装螺栓；履带板安装螺栓；支重轮护板安装螺栓；对角撑条头安装螺栓。拧紧力矩参考各机型的说明书。

5)及时润滑“四轮”

行走机构的润滑非常重要，很多支重轮轴承烧死而导致报废就是因为漏油而没有及时发现。一般认为以下5处有可能漏油：

(1)挡环和轴之间的“O”形环不良或损坏，从挡环外侧与轴之间漏油；

(2)浮封环接触不良或“O”形环缺陷，从挡环外侧与支重轮(托链轮、引导轮、链轮)之间漏油；

(3)支重轮(托链轮、引导轮、链轮)与衬套之间的“O”形环不良，从衬套与滚轮之间漏油；

(4)加油口螺塞松动或锥形螺塞密封的座孔损坏，在加油螺塞处漏油；

(5)“O”形环不良，在挡盖与滚轮之间漏油。

日常应该注意检查以上部位，并按照各部位的润滑周期定期添加、更换。

6)及时检查行走机构

日常应坚持检查行走机构，及时发现裂纹并及时焊修、加强，确保机械的正常运行。

第四节　液压系统及元件的使用与维护

液压传动有液压元件相对重量轻、惯性小、结构紧凑、整体布局方便，能在大范围内实现无级变速，传递运动平稳均匀，易实现缓冲、安全保护，操纵简单方便，易电液联合实现自动化、智能化等多方面的优点，且液压伺服控制和电液比例技术的发展，大大提高了控制精度和响应的快速性，因而液压技术在现代工程机械中广泛使用。

工程机械中的液压传动系统，一般来说是可靠的。一个设计良好的液压系统与复杂程度大致相同的机械式、电气式的机构相比，故障发生率是较少的。但是，液压系统在使用时也存在许多方面的问题，例如油液的泄漏和气体的混入将影响机构运动的平稳性和准确性；油液对温度变化范围和污染程度的要求比较严格；液压元件精度高，造价贵；特别是液压系统的故障诊断困难，影响了液压传动系统的应用。液压系统的故障既不像机械传动那样显而易见，又不如电气传动那样易于检测，如果安装、调试、使用和维护不当，会出现各种故障，以致严重影响生产。因此，安装、使用、调试和维护的优劣，将直接影响到采用液压传动的机械的使用寿命、工作性能和产品质量。

一、液压系统的安装

液压传动系统的安装，包括液压管路、液压元件(液压泵、液压缸、液压马达和液压阀等)及辅助元件的安装等内容。

1. 液压管路的安装

液压管路是连接液压泵、各种液压阀、油缸及液压马达的通道。管路的选择是否合理，安装是否正确，清洗是否干净，对液压系统的工作性能有很大影响。

1)管路的选择与检查

在选择管路时，应根据系统的压力、流量以及工作介质、使用环境和元件及管接头的要求，来选择适当管径、壁厚、材质的油管。要求油管具有足够的强度，内壁光滑、清洁、无砂、无锈蚀、无氧化铁皮等缺陷。配管时应考虑管路的整齐美观以及安装、使用和维护工作的方便。管路的长度应尽可能短，这样可减少压力损失以及延时和振动等现象。管路弯曲处最大截面的椭圆度不应超过15%；弯曲处外壁厚的减薄不应超过管路壁厚的20%；弯曲处内侧部分不允许有扭伤，压坏或凹凸不平的皱纹。弯曲处内外侧部分都不允许有锯齿形或形状不规则的现象。扁平弯曲部分的最小外径应为原管外径的70%以下。

2)管路的安装

安装吸油管路时应符合下列要求：

(1)吸油管路要尽量短，弯曲少，管径不能过细。以减少吸油管的阻力，避免吸油困难，产生吸空、气蚀现象，对于泵的吸程高度，各种泵的要求有所不同，但一般不超过500mm；

(2)吸油管应连接严密，不得漏气，以免使泵在工作时吸进空气，导致系统产生噪声，直至无法吸油(在泵吸入部分的螺纹，法兰接合面上往往会由于小小的缝隙而漏入空气)；

(3)一般在吸油管路上应安装滤油器，滤油精度通常为100～200目，滤油器的通油能力至少相当于泵的额定流量的2倍，同时要考虑清洗时拆装方便。

安装回油管时应符合下列要求：

(1)执行机构的主回油路及溢流阀的回油管应伸到油箱油面以下，防止油飞溅混入气泡；

(2)溢流阀的回油管不允许和泵的进油口直接连通，可单独接回油箱，也可与主回油管冷却器相通，避免油温上升过快；

(3)具有外部泄漏的减压阀、顺序阀、电磁阀等的泄油口与回油管连通时不允许有背压，否则应单独接回油箱，以免影响阀的正常工作；

(4)安装成水平面的油管，应有3/1 000～5/1 000的坡度。管路过长时，每500mm应固定一个夹持油管的管夹。

压力油管的安装位置应尽量靠近液压泵和执行元件，同时又要便于连接和检修。应将管路安装在牢固的地方防止压力油管振动。在振动的地方要将木块、硬橡胶的衬垫装在管夹上，管路不直接接触安装底板。

橡胶软管用于两个有相对运动部件之间的连接，安装橡胶软管时应符合下列要求：

(1)要避免急转弯，其弯曲半径R应大于9～10倍外径，至少应在离接头6倍直径处弯曲。若弯曲半径只有规定的1/2时就不能使用，否则寿命将大大缩短；

(2)软管的弯曲同软管接头的安装应在同运动平面上，以防扭转。若软管两端的接头需在二个不同的平面上运动时，应在适当的位置安装夹子，把软管分成两部分，使每一部分在同一平面上运动；

(3)软管应有一定余量。因为软管受压时，要产生长度和直径的变化(长度变化约为±4%)，因此在弯曲情况下使用，不能从端部接头处开始弯曲，在直接情况下使用时，不要使端部接头和软管间受拉伸，所以要考虑长度上留有适当余量，使它比较松弛；

(4)软管在安装和工作时，不应有扭转现象；不应与其他管路接触，以免磨损破裂；在连接

处应自由悬挂,以免受其自重而产生弯曲;

(5)软管在高温下工作时寿命短,所以尽可能使软管安装在远离热源的地方,不得已时要装隔热板;

(6)软管过长或承受急剧振动的情况下宜用夹子夹牢,但在高压下使用的软管应尽量少用夹子,因软管受压变形,在夹子处会产生摩擦能量损失。图 8-5 为正确和错误安装管路(软管)的几个例子。

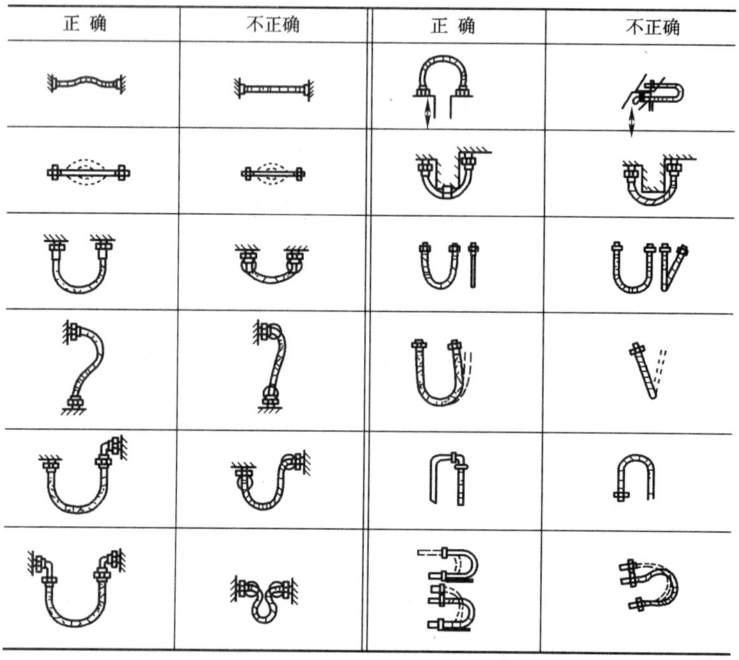

正 确	不正确	正 确	不正确

图 8-5　橡胶软管安装正误图例

3)配管时应注意的事项

(1)整个管线要求尽量短,转弯数少,过滤平滑,尽量减少上下弯曲和接头数量并保证管路的伸缩变形,在有活接头的地方,管路的长度应能保证接头的拆卸安装方便,系统中主要管路或辅件能自由拆装,而不影响其他元件。

(2)安装管路时,应布置成平行或垂直方向,注意整齐,管路的交叉要尽量少。软管布置要尽量避免热源,远离发动机排气管的表面。必要时可采用套管或保护屏等装置,以免软管受热变质。

(3)平行或交叉的管路之间应有 10 mm 以上的空隙,以防止干扰和振动。

(4)管路不能在圆弧部分接合,必须在平直部分接合。凸缘盘焊接时,要与管路中心线成直角。在有弯曲的管路上安装凸缘时,只能安装在管路的直线部分。如图 8-6 所示。

为了选择正确的软管,首先必须掌握液压油在油路中的流速、油路的最大工作压力(包括压力波动)、液压油的温度范围,所使用的液压油型号以及对软管的其他特殊要求,如耐火性或热导性等。

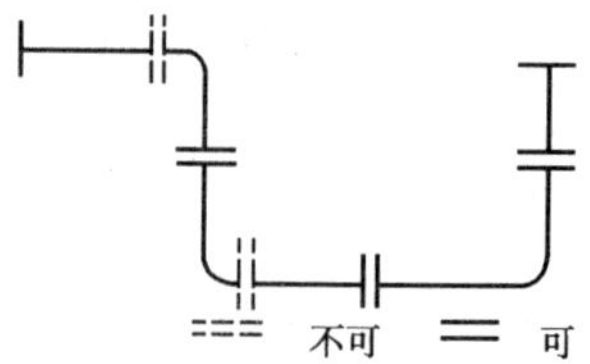

图 8-6　在有弯曲管道上安装凸缘位置

2. 液压元件的安装

液压元件一般在安装时应用煤油清洗,还要进行压力和密封性能试验,但如果是正规的合格产品,又不是长期露天存放内部已经锈蚀了的产品,不需要另做任何试验,也不建议重新清洗拆装。

1)液压阀类元件的安装及要求

液压阀类元件的安装要求有：

(1)安装时应注意各阀类元件进油口和回油口的方位；

(2)安装的位置无规定时应安装在便于使用、维修的位置上。一般方向控制阀应保持轴线水平安装；

(3)用法兰安装的阀件，螺钉不能拧得过紧，因过紧有时会造成密封不良。必须拧紧，而原密封件或材料不能满足密封要求时，应更换密封件的形式或材料；

(4)有些阀件为了制造、安装方便，往往开有相同作用的两个，安装后不用的一个要堵死；

(5)需要调整的阀类，通常按顺时针方向旋转，增加流量、压力；逆时针方向旋转，减少流量或压力；

(6)在安装时，若有些阀件及连接件购置不到时，允许用通过流量超过其额定流量为40%的液压阀件代用。

2)液压缸的安装及要求

液压缸的安装面与活塞的滑动面，应保持足够平行度和垂直度，配管连接不得有松弛现象。

(1)液压缸的中心轴线应与负载作用力的中线同心，以避免引起侧向力，侧向力容易使密封件磨损及活塞损坏。

(2)安装液压缸体的密封压盖螺钉，其拧紧程度以保证活塞在全行程上移动灵活，无阻滞和轻重不均匀的现象为宜。螺钉拧得过紧，会增加阻力，加速磨损；过松会引起漏油。

(3)在行程大和工作油温高的场合。液压缸的一端必须保持浮动防止热膨胀的影响。

(4)液压缸装配前应洗净，内卡键式液压缸应使用专用工具(尼龙导向键)。打击导向套时只允许用铜棒或硬木块，注意不能碰伤活塞杆。装活塞前应用油石修磨缸筒上的油口，使油口处圆滑，以免损伤密封圈。装配过程中始终保持活塞与导向套紧挨着，以便最后靠活塞把导向套顶出。

3)液压泵的安装及要求

液压泵一般不允许承受径向负载，安装时要求液压泵的轴与连接装置有较高的同心度，其偏差应在0.1 mm以下，倾斜角不得大于1°，以避免增加泵轴的额外负载并引起噪声。必须用皮带或齿轮传动时，应使液压泵卸掉径向和轴向负荷。液压马达与泵相似，对某些液压马达允许承受一定径向或轴向负荷，但不应超过规定允许数值。对于不能承受径向力的泵和液压马达，不得将皮带轮等传动件直接装在主轴上。

液压泵吸油口的安装高度通常规定：距离油面不大于0.5m，某些泵允许有较高的吸油高度。而有一些泵则规定吸油口必须低于油面，个别无自吸能力的泵则需另设辅助泵供油。

安装液压泵还应注意以下事项：

(1)液压泵的进口、出口和旋转方向应符合泵上标明的要求，不得反接；

(2)安装联轴器时，不要用力敲打泵轴，以免损伤泵的转子；

(3)泵和液压马达泄漏油管要畅通，一般不接背压，当泄漏油管太长或因某种需要而接背压时，其大小不得超过低压密封所允许的数值；

(4)外接的泄漏油应能保证泵和液压马达的壳体内充满油，防止停机时壳体里的油全部流回油箱；

(5)对于停机时间较长的泵和液压马达，不能直接满载运转，应待空运转一段时间后再正常使用。

4)辅助元件的安装

液压系统的辅助元件包括:油管、管接头、滤油器、蓄能器、冷却和加热器、密封装置以及压力表、压力表开关等。

辅助元件在液压系统中是起辅助作用的,但在安装时也丝毫不容忽视,否则也会严重影响液压系统的正常工作。

辅助元件安装(管道的安装前面已介绍)主要注意下述几点:

(1)应严格按照设计要求的位置进行安装并注意整齐、美观;

(2)安装前应用煤油进行清洗、检查;

(3)在符合设计要求情况下,尽可能考虑使用、维修方便。

二、液压系统的清洁

在现代液压工业中,液压元件日趋复杂,对配合精度的要求越来越高。工程机械的工作可靠性和使用寿命与液压系统的污染状况有着极为密切的关系,据统计工程机械液压系统的故障大约有70%是由于液压系统的污染引起的,其中由固体颗粒污染物引起的液压系统故障占总污染故障的60%~70%。要保证液压系统正常、可靠的运行,必须要保持系统的清洁。

保证液压系统清洁度除了在系统安装和运转前进行认真的清洗,去掉液压系统内的焊渣、金属粉末、锈片、密封材料的碎片、油漆、涂料等外,在使用和维护过程中,也要注意液压油的清洁工作,防止固体杂质混入造成液压系统污染。

1.液压系统清洁度的标准

造成液压系统污染的原因很多,有外部的和内在的。液压元件无论怎样清洁,在装配过程中都会弄脏。在安装管路、接头、油箱、滤油罩或者加入新的油液时,会造成污物从外部进入,但更多的是液压元件在制造时留下来而未清除干净的污物。除非液压设备或机器在离开工场前尽可能把污物清除干净,否则很可能会由此引起早期故障。

目前一般把100:1的微粒密集度范围作为可接受的系统清洁度标准。这一密集度是指每毫升油液中污垢敏感度的差异。要求清洁度标准亦各有所不同。国外设备厂家目前制定的设备清洗启用时的允许污垢量指标一般为每毫升油液中大于10μm的微粒数在100到750等级范围内。这一规定等级限制了各种液压元件清洗后应达到的允许污垢量,可作为制订清洗液压元件的工艺规程。表8-1、表8-2、表8-3分别是用国际标准化组织(ISO)清洁度代号列出的各种液压系统和元件清洁度的要求及ISO清洁度代号。

液压系统应有的清洁度 表8-1

系统类型	清洁度代号指标		毫升油液中大于给定尺寸的微粒数目	
	5μm	15μm	5μm	15μm
污垢敏感系统	13	9	80	5
伺服和高压系统	15	11	320	20
一般机器的液压系统	16	13	640	80
中压系统	18	14	2500	160
低压系统	19	15	5000	320
大间隙低压系统	21	17	20000	1300

液压元件的清洁度要求 表 8-2

液压元件	ISO 清洁度代号	
	5μm	15μm
叶片泵、柱塞泵、液压马达	16	13
齿轮泵，齿轮马达、摆动液压缸	17	14
一般控制阀、油缸、蓄能器	18	15

ISO 清洁度代号 表 8-3

密集度/(微粒/ml)	清洁度代号	密集度/(微粒/ml)	清洁度代号
10 000 000	30	80	13
5 000 000	29	40	12
2 500 000	28	20	11
1 300 000	27	10	10
640 000	26	5	9
320 000	25	2.5	8
160 000	24	1.3	7
80 000	23	0.64	6
40 000	22	0.32	5
20 000	21	0.16	4
10 000	20	0.08	3
5 000	19	0.04	2
2 500	18	0.02	1
1 300	17	0.01	0.9
640	16	0.005	0.8
320	15	0.0025	0.7
160	14		

注：如果累积微粒计数介于两个相邻微粒密度之间，则清洁度代号取较高微粒密集度所对应着的号。例如，若每毫升油液中大于 5μm 的微粒数为 3 000，那么相应的代号是 19。同样，若 15μm 的累积微粒密集数为 90，相应的代号则是 14。因此，国际标准化组织的清洁度代号就是 19/14。

2. 液压油的清洁

液压传动系统中是以油液作为传递能量的工作介质，在正确选用油液以后还必须使油液保持清洁，防止油液中混入杂质和污物。液压油中的污染物，金属颗粒约占 75%，尘埃约占 15%，其他杂质如氧化物、纤维、树脂等约占 10%，这些污染物中危害最大的是固体颗粒，它使元件中相对运动的表面加速磨损，堵塞元件中的小孔和缝隙。有时甚至使阀芯卡住，造成元件的动作失灵，它还会堵塞液压泵吸油口的滤油器，造成吸油阻力过大，使液压泵不能正常工作，产生振动和噪声。总之，油液中的污染物越多，系统中元件的工作性能下降得越快，因此经常保持油液的清洁是维护液压传动系统的一个重要方面。

液压用油必须经过严格的过滤后再使用，以防止固体杂质损害系统。系统中应根据需要配置粗、精滤油器，滤油器应当经常检查清洗，发现损坏应及时更换。系统中的油液应经常检查并根据工作情况定期更换。一般在累计工作 1 000h 后，应当换油，如继续使用，油液将失去润滑性能，并可能具有酸性。在间断使用时可根据具体情况隔半年或一年换油一次，在换油时应将底部积存的污物去掉，将油箱清洗干净，向油箱注油时应通过120目以上的滤油器。为了防止灰尘落入油箱应加盖密封，不能为了提高加油速度而去掉液压油箱加油口处的过滤器。发现油液污染严重时应查明原因及时消除。

液压系统的清洗油必须使用与系统所用牌号相同的液压油，油温在45～80℃之间，用大流量尽可能将系统中杂质带走。液压系统要反复清洗3次以上，每次清洗完后趁油热时将其全部放出系统。清洗完毕再清洗滤清器，更换新滤芯后加注新油。

3. 防止空气进入液压系统

液压系统中所用的油液可压缩性很小，在一般的情况下它的影响可以忽略不计，但低压空气的可压缩性很大，大约为油液的10 000倍，所以即使系统中含有少量的空气，它的影响也是很大的。溶解在油液中的空气，在压力低时就会从油中逸出，产生气泡，造成液压元件发生“气蚀”。空气的可压缩性大，还使执行元件产生爬行，破坏工作平稳性，引起振动和噪声。油液中混入大量气泡还容易使油液变质，降低油液的使用寿命，因此必须注意防止空气进入液压系统。防止空气进入系统应当注意：

(1)经常检查油箱中液面高度，其高度应保持在油标刻线上。在最低面时吸油管口和回油管口，也应保持在液面以下，同时须用隔板隔开；

(2)应尽量防止系统内各处的压力低于大气压力，同时应使用良好的密封装置，失效的要及时更换，管接头及各接合面处的螺钉都应拧紧，及时清洗入口滤油器；

(3)在油缸上部设置排气阀，以便排出油缸及系统中的空气。

4. 防止油温过高

液压系统油温过高将带来许多不良的影响。

(1)油温升高使油的黏度降低，因而元件及系统内油的泄漏量将增多，这样就会使液压泵的容积效率降低；

(2)油温升高使油的黏度降低，这样将使油液经过节流小孔或隙缝式阀口的流量增大，这就使原来调节好的工作速度发生变化，特别对液压随动系统，将影响工作的稳定性，降低工作精度；

(3)油温升高黏度降低后相对运动表面的润滑油膜将变薄，这样就会增加机械磨损，在油液不太干净时容易发生故障；

(4)油温升高将使油液的氧化加快，导致油液变质，降低油的使用寿命。油中析出的沥青等沉淀物还会堵塞小孔和缝隙，影响系统正常工作；

(5)油温升高将使机械产生热变形，液压阀类元件受热后膨胀，可能使配合间隙减小，因而影响阀芯的移动，增加磨损，甚至被卡住；

(6)油温过高会使密封装置迅速老化变质，丧失密封性能。

引起油温过高的原因很多。有些是属于系统设计不正确造成的，例如油箱容量太小，散热面积不够；系统中没有卸荷回路，在停止工作时液压泵仍在高压溢流；油管太细太长，弯曲过多，或者液压元件选择不当，使压力损失太大等。有些是属于制造上的问题，例如元件加工装配精度不高，相对运动件间摩擦发热过多，或者泄漏严重，容积损失太大等，从使用维护的角度来看，防止油温过高应注意以下几个问题：

(1)经常注意保持油箱中的正确油位，使系统中的油液有足够的循环冷却条件；

(2)正确选择系统所用油液的黏度。黏度过高，增加油液流动时的能量损失，黏度过低，泄漏就会增加，两者都会使油温升高。当油液变质时也会使液压泵容积效率降低，并破坏相对运动表面间的油膜，使阻力增大，摩擦损失增加，这些都会引起油液的发热，所以也需要经常保持油液干净，并及时更换油液；

(3)在系统不工作时液压泵必须卸荷；

(4)经常检查及清洗冷却装置，使其保持良好的工作状态；

(5)气温较高时，机械不可连续运转时间过长。通常在气温高于30℃的条件下，机械连续作业时间不得超过4h；

(6)当气温低于10℃以下时，应使系统在无负荷状态下运转约20min，使油温升到规定值后再工作。

三、液压系统的调整

液压系统在使用过程中要随时要进行一些项目的调整。如液压泵工作压力不合适时，应调节泵的安全阀或溢流阀，使液压泵的工作压力比最大负载时的工作压力大10%～20%。需改变工作部件的速度及其平衡性时，要调节节流阀、调整阀、变量液压泵或变量液压马达、润滑系统及密封装置，使工作部件运动平稳，没有冲击和振动，不允许有外泄漏，在有负载下，速度降落不应超过10%～20%。

调整过程中液压油的温度问题要十分注意，一般的最合适温度为40～50℃，油温过高或过低都会对调整精度有影响。在环境温度较低的情况下调整时，由于油的黏度增大，压力损失和泵的噪声增加，效率降低，同时也容易损伤元件，当环境温度在10℃以下时，属于危险温度。

四、液压系统的维护与使用

工程机械常年露天作业，经受风吹、日晒、雨淋，受自然条件的影响较大。为了充分保障和发挥工程机械的工作效能，减少故障发生次数，延长使用寿命，就必须加强日常的维护。预防液压系统故障发生的最好办法是加强系统的定期检查。

1. 液压系统的检查

1)对液压系统的日常检查

液压传动系统发生故障前，往往都会出现一些小的异常现象，在使用中通过充分的日常维护和检查就能够根据这些异常现象及早地发现和排除一些可能产生的故障，以做到尽量减少发生故障的目的。

日常检查的主要内容是检查泵启动前的状态，启动后的状态以及停止运转前的状态。日常检查通常是用目视、听觉以及手触感觉等比较简单的方法进行，日常检查的顺序与部位，如图8-7所示。

(1)工作前的外观检查。有效的外观检查可以避免许多液压故障的产生，因此进行工作之前首先要做外观检查。

①检查有无泄漏。液压油的泄漏是很容易被发觉的，但有时在油管接头的四周集积着许多污物，再加上液压系统的外观看上去比较复杂，因此少量的泄漏往往不被人们注意到，然而这种少量的泄漏现象却往往就是系统发生故障的先兆，所以对于在密封处集积的污物必须经常检查和清理(特别是对在恶劣工作环境下工作的机械)，液压工程机械上软管接头的松动往往就是机械发生故障的第一个症状，如果发现软管和管道的接头因松动而产生少量泄漏时应立即将接头旋紧。

②初次运转前，应向液压泵内注满油，防止因空运转而损坏液压泵。在泵起动前要注意油

箱是否注满油,油量要加至油箱上限指示标记。在起动前要使泵处于卸荷位置,并检查压力表是否正常。

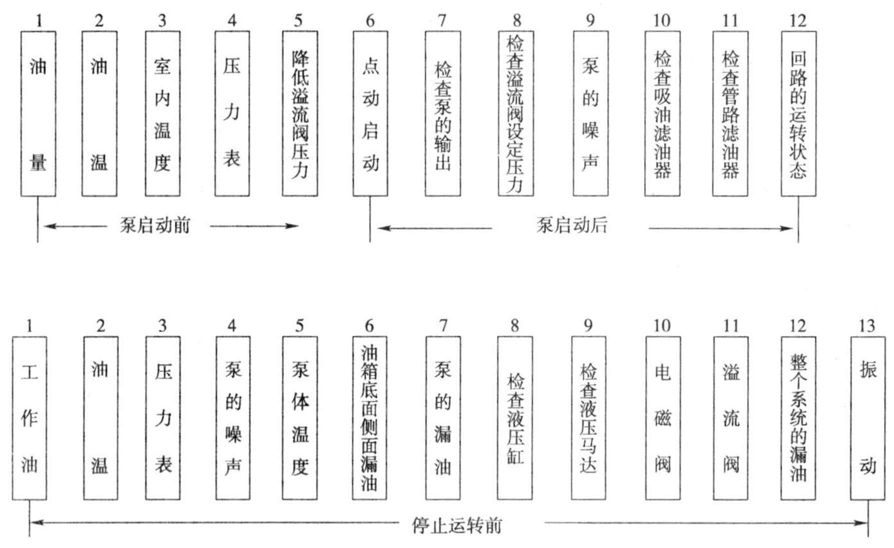

图 8-7　液压系统日常检查的顺序与部位

③检查紧固及变形情况。工作前,必须检查各部件相互连接是否有松动,仔细检查各紧固件和管接头有无松脱,以及管道有无变形或损伤等。外观的检查应该包括对液压系统中机械零件的检查。操纵杆的弯曲往往能造成油缸提升时间的减慢,杆件枢轴衬套的松动也会使机械的动作失灵。动力元件和执行元件在使用一段时间后,整个容积效率就会下降,需检查密封件是否老化,摩擦副的间隙是否合适。不可拧松壳盖安装螺钉,以防止油液和气体的渗漏,保持元件的清洁,避免杂物灰尘的侵入。

工作装置液压系统分配阀的工作压力,如果超过或低于规定值,应进行调整;在液压系统进入稳定的工作状况后,除随时注意油温、压力、声音等情况外,还应注意观察液压缸、液压马达、换向阀、溢流阀等元件的工作情况,以及整个系统的漏油和振动情况等。

(2)开始运转后的检查

①液压泵在开始运转时,可采取断续运转的方法(尤其在寒冷地区),观察运转是否灵活。确认运转正常、无异常响声时再进入工作。在起动过程中如泵无输出反应立即停止运动,检查原因。

②工作装置系统分配阀的工作压力,如果超过或低于规定值,应进行调整。

③在液压系统进入稳定的工作状况后,应随时注意油温、压力、噪声等情况,注意观察液压缸、液压马达、换向阀、溢流阀等元件的工作情况;察看整个系统的漏油和振动情况等。

④检查工作循环的时间。一般来说,机械设备的故障是逐渐形成的。有时候操作人员往往不能觉察到机械的工作循环所需的时间已经比规定的时间长得多了,所以就必须对工作循环的时间进行检查。一般情况都是用秒表进行检查,如果发现其偏差已达到 50% 就必须对机械做进一步检查。

⑤气蚀检查。液压系统在进行工作时,必须观察油缸的活塞杆在运动时是否有跳动现象,在油缸全部外伸时是否泄漏,在重载时液压泵和溢流阀有没有噪声,如果噪声很大,这时是检查气蚀最为理想的时候。气蚀能使液压泵的零件损坏,如果气蚀现象连续发生,液压泵就会很快损坏,可以听到的噪声往往不是使液压泵的零件发生损坏的主要原因。

液压系统产生气蚀的主要原因是由于在液压泵的吸油部分有空气吸入，为了杜绝气蚀现象的产生，必须把液压泵吸油管处所有的接头都旋紧，如果在这些接头都旋紧的情况下仍不能清除噪声就需要立即停机做进一步检查。

⑥过热检查。液压泵零件的工作异常、气蚀等会造成液压泵过热。发现过热应立即停机进行检查。

⑦气泡的检查。如果液压泵的吸油侧漏入空气，这些空气就会进入系统并在油箱内形成气泡。液压系统内存在气泡将产生三个问题：一是运动不平稳，即有跳动；二是加速液压油的氧化；三是产生气蚀现象。所以要防止空气进入液压系统，尤其要经常检查液压泵吸油侧的空气渗入情况，检查的方法是在液压泵运转时把液压油分别对每一个油管接头逐一灌浇，在浇油的同时需要仔细地听（必要时可使用听诊器助听），若发现操作的声音有显著的差别，就是说明该管接头处已有泄漏，因为浇灌在管接头上的液压油能起到临时密封作用，使用同样的方法也能检查液压泵轴的密封性能。

有时空气也能从油箱渗入液压系统，所以要经常检查油箱中液压油的油面高度是否合乎规定，吸油管的管口是否浸没在油面以下，并保持足够的浸没深度。实践经验证明回油管的油口应保证低于油箱中最低油面高度以下 10cm 左右。

在系统稳定工作时，除随时注意油量、油温、压力等问题外，还要检查执行元件、控制元件的工作情况，注意整个系统漏油和振动。系统经过使用一段时间后，如性能不良或产生异常现象，用外部调整的办法不能排除时，可进行分解修理或更换配件。

2）对液压系统的定期检查

目前有的工程机械液压系统设置了智能装置，该装置对液压系统某些隐患有警示功能，但其监测范围和准确程度有一定的局限性，所以液压系统的检查维护应将智能装置监测结果与定期检查维护相结合。

250h 检查维护。检查滤清器滤网上的附着物，如金属粉末过多，往往标志着液压泵磨损或油缸拉缸。对此，必须确诊并采取相应措施后才能开机。如发现滤网损坏、污垢积聚，要及时更换，必要时同时更换液压油。

500h 检查维护。工程机械运行 500h 后，不管滤芯状况如何均应更换，因为凭肉眼难以察觉滤芯的细小损坏情况，如果长时间高温作业还应适当提前更换滤芯。

1 000h 检查维护。此时应清洗滤清器、清洗液压油箱、更换滤芯和液压油，长期高温作业换油时间要适当提前。如能通过油质检测分析来指导换油是最经济的，但要注意延长使用的液压油，每隔 100h 应检测一次，以便及时发现并更换变质的液压油。

7 000h 和 10 000h 检查维护。此时的工程机械液压系统需由专业人员检测，进行必要的调整和维修。根据实践，进口液压泵、液压马达工作 10 000h 后必须大修，否则液压泵、液压马达因失修可能损坏，对液压系统是致命性的破坏。

使用中所有元件除了对油品有严格要求外，正确安装、使用和维护，都直接影响着元件的寿命和系统的可靠性和有效性。控制元件在使用中，保证安装正确和清洁的同时，因长时间的使用污物随着油液不可能完全排净，破坏阀芯和阀体配合，使得密封不严、动作失灵、整个系统循环受阻、冷却不良、油温过高、影响整个系统。此时应拆卸开更换总成或清洗元件。由于工程机械的工作环境都比较恶劣，如辅助件的软连接管易老化或管内壁积垢等，应有备用件，以便出现故障及时更换。

2. 液压系统的使用

（1）工程机械作业要柔和平稳，避免液压系统中产生冲击压力。在进行挖掘、回转、铲推、举升等作业时，动作一定要平稳、准确，收放操纵杆要及时，避免过猛过快，以免突然打开或关闭液压缸和液压马达等执行机构。突然打开或关闭液压缸和液压马达等执行机构的液压油进、出油口时，会产生压力冲击，导致各部油封加速损坏、高压软管破裂、管接头松动渗漏，溢流阀频繁动作使油温上升，甚至还可能使溢流阀因瞬时开启过大而使阀芯卡死发生内漏，压力冲击会使液压元件损坏，造成机械作业无力，工作效率降低，使用寿命缩短。

工程机械作业应避免粗暴，否则必然产生冲击负荷，使工程机械结构早期磨损、断裂、破碎，故障频发，大大缩短其使用寿命。

（2）没有冲击功能的液压设备不能用工作装置（如挖掘机的铲斗）猛烈冲击作业对象以达到破碎的目的。

（3）要注意气蚀和溢流噪声。在工程机械作业中要时刻注意液压泵和溢流阀的声音，如果液压泵出现“气蚀”噪声，应查明原因排除故障后再使用。如果某执行元件在没有负荷时动作缓慢，并伴有溢流阀溢流声响，应立即停机检修。

（4）保持机械液压系统在适宜的温度下工作，不要长期过载。炎热的夏季不要全天作业，要避开中午高温时间。低温环境下工作时，要进行暖机运转，起动发动机后，空载怠速运转5min左右，然后以中速油门提高发动机转速，使工作装置一个动作处于极限位置（如使挖掘机张斗），保持3～5min使液压油通过溢流升温。当油温较低时进行作业，极易损坏液压系统元件等。

（5）控制液压油箱气压。压力式液压油箱在工作中要随时注意液压油箱气压，其压力必须保持在规定的范围内。压力过低时液压泵吸油不足易损坏；压力过高时会使液压系统漏油，容易造成低压油路爆管。

（6）工程机械作业中要防止飞落石块打击液压油缸，活塞杆、液压油管等部件。活塞杆上如果有小点击伤，要及时用油石将小点周围棱边磨去，以防破坏活塞杆的密封装置，在不漏油的情况下可继续使用。连续停机在24h以上的工程机械，起动前要向液压泵中注油，以防液压泵干磨而损坏。

3. 液压系统的检修

液压系统使用一定时期后，由于各种原因产生异常现象或发生故障。此时用调整的方法不能排除时，可进行分解修理或更换元件。除了清洗后再装配和更换密封件或弹簧这类简单修理之外，重大的分解修理要十分小心，最好到制造厂或有关大修厂检修。

在检修和修理时，一定要做好记录。这种记录对以后发生故障时查找原因有实用价值。同时也可作为判断该设备常常用那些备件的有关依据。

在修理时，要备齐如下常用备件：液压缸的密封，泵轴密封，各种“O”形密封圈，电磁阀和溢流阀的弹簧，压力表，管路过滤元件，管路用的各种管接头、软管，电磁铁以及蓄能器用的隔膜等。此外，还必须备好检修时所需的有关资料；液压设备使用说明书、液压系统原理图、各液压元件的产品目录、密封填料的产品目录以及液压油的性能表等。

在检修液压系统的过程中，具体应注意如下事项：

（1）分解检修的工作场所一定要保持清洁，最好在净化车间内进行；

（2）在检修时，要完全卸除液压系统内的液体压力，同时还要考虑好如何处理液压系统的油液问题；

（3）在拆卸油管时，事先应将油管的连接部位周围清洗干净，分解后，在油管的开口部位用干净的塑料制品或石蜡纸将油管包扎好，不能用棉纱或破布将油管堵塞住，同时要注意避免杂质混入；

(4)在分解比较复杂的管路时，应在每根油管的连接处扎上有编号的白铁皮片或塑料片，以便于装配，不至于将油管装错；

(5)在更换橡胶类的密封件时，不要用锐利的工具，更要注意不要碰伤工作表面；

(6)在安装或检修时，应将与"O"形密封圈或其他密封件相接触部件的尖角修钝，以免使密封圈被尖角或毛刺划伤；

(7)分解时，各液压元件和其零部件应妥善保存和放置，不要丢失；

(8)液压元件中精度高的加工表面较多，在分解和装配时，不要被工具或其他东西将加工表面碰伤。要特别注意工作环境的布置和准备工作；

(9)分解时最好用适当的工具，以免内六角和尖角等弄破损或将螺钉拧断等；

(10)分解后再装配时，各零部件必须清洗干净；

(11)在装配前，"O"形密封圈或其他密封件，应浸放在油液中，以待使用，在装配时或装配好以后，密封圈不应有扭曲现象，而且要保证滑动过程中的润滑性能；

(12)在安装液压元件或管接头时，不要用过大的拧紧力。尤其要防止液压元件壳体变形。滑阀的阀芯不能滑动以及接合部位漏油等现象；

(13)若在重力作用下，油缸等可动部件有可能下降，应当用支撑架将可动部件牢牢支撑住。

第九章　土方工程机械的运用技术

第一节　推土机运用技术

一、概述

推土机具有结构简单、操纵灵活和生产效率高等特点，是机械化施工中最常使用的机械。推土机作业土壤为Ⅰ～Ⅱ级，开挖Ⅲ级以上和推运较硬的土壤、风化岩层和爆破石渣等岩土和散粒材料时应预翻松。推土机在施工准备工作中可以开伐树木，清除乱石和挖掘树根，在辅助作业中可顶推铲运机作助铲用。如土壤中有少量的孤石，应首先破碎再进行作业，如孤石过多时不宜使用推土机，否则将使机械产生剧烈振动和磨损，大大缩短机械的使用寿命。履带式推土机能在工作条件恶劣的采石场上、潮湿松软地区和较陡的横坡上作业。具有加宽履带板的湿地推土机，其接地压力很低（$1\times10^4\sim3\times10^4$Pa），在软土淤泥上也能行驶作业。轮式推土机有良好的机动性，转移工作点方便迅速，但在进行推土作业时容易打滑。在采石场上轮胎磨损很快，故其用途受到限制。

中小型推土机的经济运距一般为30～40m，大型推土机的经济运距约为50～100m，一般不超过100m。推土机的主要工作装置是推土铲刀，铲刀有直铲、角铲（或称斜铲）、U形推土铲和缓冲推铲等形。

二、推土机基本作业方法

推土机的基本作业循环由铲土、运送、卸土和空回四个工作过程组成。

铲土方法有：波浪式铲土法，跨铲铲土法和平铲法。

推土机推送土的方法有三种：深槽式送土法，并进式送土法和分段式（也叫接力式）送土法。其中分段式推土就是把推土距离分成数段，逐次分段堆聚土壤，在运土线路上聚积几堆以后，一次推向填筑地点，如图9-1所示。推甲槽时，先将①的后部土壤推到路堤上。当推②时，

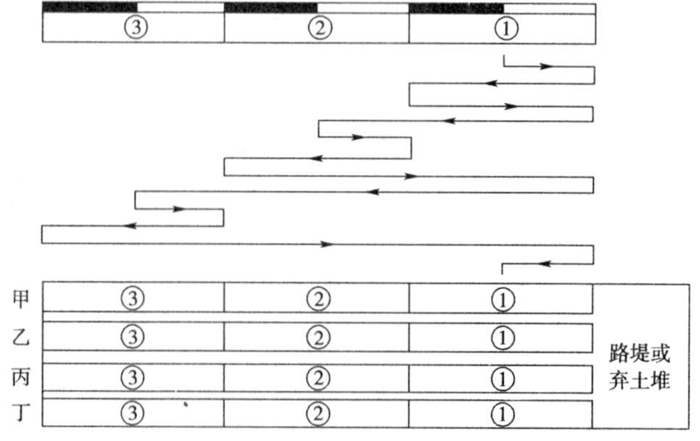

图9-1　分段推土法

先将②的前部土壤推到①的后部，然后推土机后退，将②的后部土壤推向前，连同前次推的土壤，一同推到路堤上，依次类推。这种方法在铲土时可减少推土板底部阻力，在推土时可减少溜土废方，推土板前保持满载土壤，下坡推土时更为有效。

推土机在施工中，应根据地形条件、作业要求、运距长短等，采取合理的施工方法。如在挖河、筑坝、造地、修路等作业时常采用槽推法施工。半挖半填且运距较近的作业，如推填沟坑、推山造田等作业，用下坡分层推土填沟法比较省力，能提高工效。当推土运距较长而土层又较硬，可采取分段式，多次堆集，一次推运法。施工场地狭窄，推土机不能顺坡作业时采用交叉推土法。

三、推土机提高生产率的途径

1. 提高推土机作业效率的途径

要提高生产率应缩短推土机作业的循环时间，铲土时应以最短时间和最短距离铲满土，卸土时应根据施工条件采取不同的卸土方法，以达到施工技术要求和施工安全，空回时应以较快的速度驶回铲土处；消除不必要的非生产时间，提高时间利用系数；运送时应尽量减少土壤漏损，使较多的土在尽短的时间内运送到卸土点。

为了缩短一个循环作业的时间，推土机在铲土时应充分利用发动机的功率以缩短铲土距离，合理选择运距，使送土和回程距离最短，并尽量创造下坡铲土的条件，图 9-2 为推土机生产率与施工条件的关系。此外应提前为下道工序做好准备，尽量做到有机配合。如当推土机推到接近卸土位置时，应边提刀边换挡，而在后退时就应选好下次落刀的位置。一般下坡度应保持在使推土机后退时用Ⅱ挡不感到费劲为佳，若坡度过大也会影响工效。

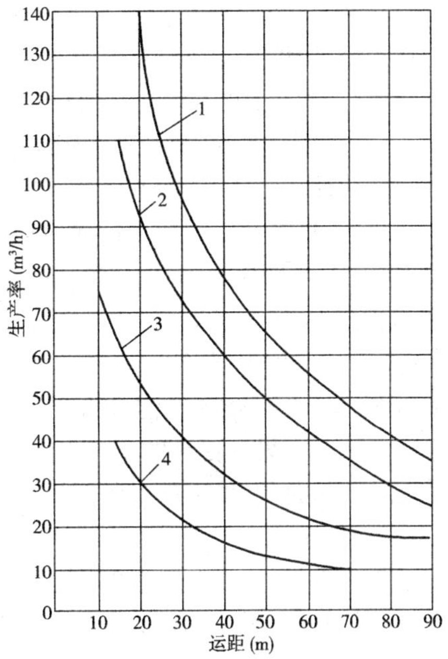

图 9-2　推土机生产率与施工条件的关系
1-下坡 20°；2-下坡 10°；3-水平；4-上坡 10°

缩短作业循环时间应做到：

(1) 选择最佳铲土方式，能尽快铲满土；对于紧密土，可在推土铲后加装松土齿，利用回程进行预松，以缩短铲土时间；

(2) 必须保持运行道路的良好状况，以提高运行速度；

(3) 提高操作熟练程度，尽量缩短换挡、提升和放下刀片时间；

(4) 选择经济线路，最大限度地缩短运距。为了提高时间利用系数，应消除不必要的非生产时间。如少占用或不占用作业时间做好开工前的各项准备工作，避免因准备工作不善而停机；做好机械维护，减少故障停机；合理组织施工，避免工序之间或机械之间发生干扰，以减少非生产时间。

另外，正确地进行施工组织，合理选择机型，以免使用不当而不能发挥机械效能。此外，在施工中对各种施工条件采用正确合理的操作方法，如遇硬土，应先翻松再推运。

在推土机上加装或更换适当的附件，如配置后悬挂松土装置或推土铲背面加装松土装置，可扩大推土机的适应范围。

推土机的设计功率是根据对Ⅱ类土进行水平铲土工作终止前的最大阻力选择的，在松软土或下坡作业时有剩余功率，可增大铲刀容量，在推土铲上加装翼板或顶板，充分利用剩余功率提高生产率。装用“V”形推土铲可大大减少侧边溢土的现象，整个铲刀的运土容量也明显地增加，在铲推松软土层或其他松散物料、运距又合适时，可有效地提高生产效率。

为了减少土壤漏损，在推土铲两侧加装侧板，可减少从两侧漏掉的土。侧板厚一般为8～10mm，底部与刀刃的距离为150mm左右。推送时应采用土槽、土埂或并列推送方式，这样不但可以提高送土效率，也可增大铲刀前土堆的体积。

提高操作人员的技术水平是提高生产率的关键。因为任何机械设备不论本身的技术性能如何先进，施工组织考虑的措施如何周到，最终必须经过人的操作才能体现出实际的工程效果。操作人员的技术水平不仅指操纵机械设备的程序无误，更重要的是需有对机械设备的结构、使用、维护方面的广博的知识。

2. 提高生产率的操作技术

(1)选好起点工作位置。应先推平推土起点位置，让推土机机身放平，然后进行作业，要避免入土角过大或过小，或铲刀随机身倾斜。

(2)掌握入土要领。在推土机慢速前进时，轻压手柄使铲刀强制入土，达到所需切入深度后将手柄推至“中立”位置，推土前进；边前进边下铲，可使铲刀容易切入土中。另外，下铲动作应慢(一般采用“点动”)，使铲刀缓缓切入土中，否则铲刀易啃土，不易推平地面。

(3)及时控制铲刀起落。根据前方地形高低和土质硬度随时调整铲刀的起落。若前方有隆起且估计能铲动时，可在到达前瞬间将铲刀稍许下落一些；若土隆起较高或不能铲去时，应稍升起铲刀，以免铲刀切土过深而使发动机严重过载；若前方有土坑，则应在到达前瞬间提升铲刀，使铲刀臂前的部分土壤落入坑中。由于铲刀的起落有一定的时间，驾驶员必须有预见性，提前操纵手柄。当挖土过程中遇到硬土或树根，发动机有超载趋势时(发动机转速急剧下降，排气带黑色、喘息急)，应稍微提升铲刀。这样由于机械的行进在铲刀后就遗留下一个不平坦的地段(即形成一个土波浪)，而当推土机履带跨上这一土波浪时，履带和铲刀必将抬高，这样便又形成另一更高的土波浪。所以当铲刀被提升后瞬间要立刻将铲刀稍微降下一些。这样反复升降数次，稳定铲刀的挖土深度，才能保持挖土地区的平整轮廓。

(4)控制入土位置。由于机身随地形的起伏而上下颠簸，铲刀也随机身的俯仰而改变其入土角。因此，作业中应根据机头的升降来判断地形，及时调整铲刀的入土位置。

(5)及时调整负荷。铲土时应根据发动机的声响及烟色情况，用“点动”的办法控制铲刀的起落。当发动机超负荷时，应稍提起铲刀减轻负荷，或加大油门越过高负荷区。另外，铲土和运土的距离若超过30m，应分段作业，逐段推进，避免超负荷。

(6)平稳运土。推土机在运土过程中，应该经常使铲刀达到满载负荷，但是松散土壤易从铲刀两侧溢漏，因此运土时往往要进行一些挖土工作，或者在操作技术和方法上采取措施，防止土壤漏失，运土时铲刀沿地面处于“中立”位置，若运土段地面较坚硬，应将操纵手柄扳至“浮动”位置，使铲刀随地面情况自由浮动。运土时应沿一条路线前进，使从铲刀两侧漏出的土在沿途两侧形成土垄，减少土壤的损失。在运送过程中，驾驶员应观察铲刀侧面溢漏土壤的情况，以此来判断铲刀的满载与否，决定铲刀的升降动作，如果看不见漏失，应将铲刀下降一些，如果漏失土壤很多，应提升一些，但必须注意：升降动作应缓慢进行，绝对避免急剧升或降，这样才能使推土机的运土路线保持平坦，不致影响下一次的运土工作。

(7)到达卸土地段后，提起铲刀，即可卸土；若到达卸土地段后，边走边缓升铲刀，则能把土壤铺得均匀，且推土机的履带在薄层土壤上驶过时能把土壤压得很结实，达到分层压实的效果。如图9-3所示。

(8)铲土作业中必须直线行驶，并避免长时间在陡坡上作业。否则发动机油底壳内机油长时间倾向一侧，会使机件润滑不良。还应注意推土中遇较大阻力时，不得猛然结合离合器高速冲越；不得长时间将操纵手柄放在"提升"或"压降"位置，以免高压软管爆裂和液压系统零件损坏。有些推土机推土作业前应从油缸活塞杆上拔出锁定铲刀的锁定板锁，取出锁定板。否则作业中压降过大时易损坏有关零件。

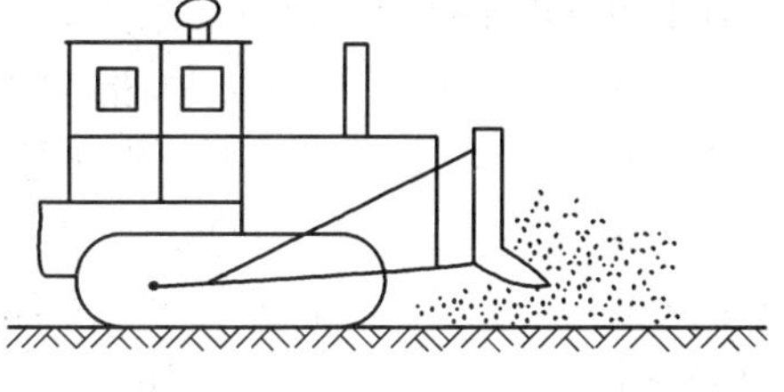

图9-3　卸土工序图

(9)预防履带脱轨。推土作业中若确需转弯，应尽量增大转弯半径，不得急速回转，以免履带夹带石子导致脱轨；尽量避免在机身侧倾情况下作业，以免脱轨。

(10)铲刀刃部应保持锋利。当铲刀刃一面磨损后，可以将铲刀刃翻转过来安装使用；如两面都已磨钝，可卸下铲刀刃打磨或更换新刀刃。

3. 特殊条件下的使用技术

推土机在推除较硬的土壤时，如有松土机，可先用它将硬土破松，如没有松土机也可用推土机进行施工。推土时，铲刀不要平放。因土层硬，铲刀不易切入土内，此时最好将推土机改成侧铲刀，使一个刀角向下，先将土层破开，然后沿破口处逐步将土层排除。如使用正铲推土机推硬土时，可先推取一部分虚土，后再将推土机的一边驶上虚土推，形成推土机一边高一边低，利用地形的不平使铲刀刀角向下，铲刀即可切入土内，将硬土破开一个缺口，然后沿缺口向前推进，使整块硬土层被破除。

在含水量较大的地方或在雨后泥泞地上推土，容易发生陷车现象。故推土时要掌握每刀推土量不要过大，同时每刀土都要推送至指定卸土地点，在行驶中尽量避免停歇、换挡、打方向、制动等。每刀土要一气推出。有时还要用较快的挡(Ⅱ挡)进行推土，依靠机械的惯力将土推出(注意土层加厚、阻力增大而造成推土机动力不足而熄火)。在推土过程中要注意不让履带产生打滑现象，如遇到打滑现象应立即提升铲刀，减小铲刀前面的推土量。若此时推土机仍旧不能前进，则应挂倒挡后退，并注意不要提升铲刀和打方向。因提升铲刀时，机车前面受力，机身向前栽，促使推土机履带前半段下沉，后半段翘起。若打方向只有一边履带受力，会造成推土机陷车。

傍山推土时，常会遇到坡脚土质坚硬，而坡外土质松软，推土机在作业时常向外滑。傍山推土最好使用有斜铲装置的推土机，如无此装置只能用直铲刀推土时，可按下列要点进行操作：

(1)先将推土机开到施工区域并贴边线推出一块平地使推土机摆平；

(2)分段逐步推除，将土推松后再向外把土拨出；

(3)推边时一般用刀角，切土深度不要太大，要均匀切土，拉转向离合时要缓慢，不要猛拉猛放，否则，容易损坏推土机的离合器、半轴和八字架等部件；

(4)保持外面高里面(靠山坡的一边)低的工作面，这样不但能保证所要求的坡度和工作面的大小，而且也比较安全。

如果填土区是悬崖或是深坑，推土时要特别注意安全。操作时铲刀不要悬空到边缘外面去，后退时不要先提起铲刀，应先挂上挡，待起步后再提铲刀，因提铲刀时车头往往会向前栽。送土时可斜铲(与崖边成一角度)，将土送到崖边，用下次送来的土将它挤下去，但在推土前应注意崖下是否有建筑物、器材和人，以免发生事故。

并列推运土（图9-4）时，推土机铲刀之间的距离一般为15～20cm较合适，力量大的推土机放在中间位置为宜，并列运土的推土机类型要基本相似。驾驶员要看相邻推土机的刀角，以控制机车的间距，当车速不一致时，可调整油门使速度一致，开始运土油门不要太大，推运土要互相配合好，不要产生等待现象。推土时，可以各自推土、铲土，并将土分成几堆堆放在推送的途中，送土时要一齐前进。当两侧的推土机将土推送至卸土区1m左右时，即可先退回至挖土区推土，留下中间的一台推土机在卸土区和运送道路上将余土清理掉。

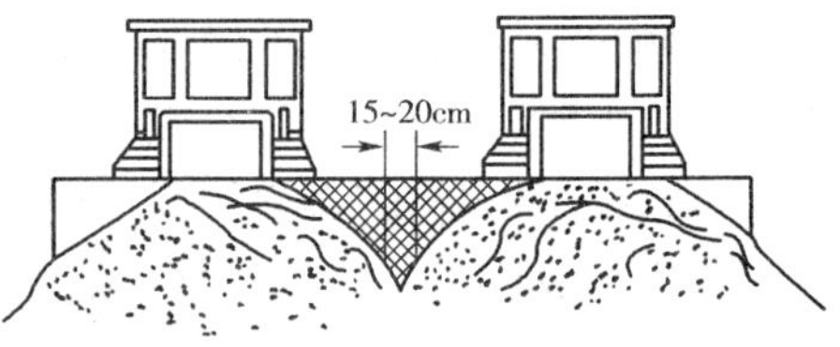

图9-4　并联运土图

平整场地作业要领。首先要削去突出的小土包，填平凹坑，然后沿着平地向外扩展。作业过程中，应根据地面高低调整铲刀的入土厚度，起步时，用Ⅰ挡小油门慢速前进，机手眼视车头，手持升压手柄，见水箱翘头就下压手柄（使铲刀下行），见水箱低头，即上提手柄（使铲刀上行），轻压轻提，稳定掌握，尽量不使铲刀忽上忽下或使铲推地表呈大波浪形。在平整场地时特别注意将推土机置于平地上开始平整，否则极易造成整个平整面发生倾斜，而达不到质量要求。

四、推土机合理操作技术

（1）开始作业时缓缓地拉动主离合器操纵杆，待推土机开始起步后，再将操纵杆迅速向后拉至接合位置，使离合器完全接合，以防止摩擦片早期磨损。

（2）停止作业或改变行走方向时，应将主离合器操纵杆向前推并稍加力以便完全松开离合器，使主离合器主轴完全停止运转。

（3）当推土机需急转弯时，除了分离转向离合器外，还应踏下相应的制动踏板，并且要用低速小油门。转弯完毕后，应先放松制动踏板，再放松转向离合器操纵杆。高速行驶时或在石子路面上、黏土路面上不能急转向。推土作业时，严禁在“压阵”位置（铲刀切入土中）时做急转弯，以免损坏铲刀和梁架，或使油缸支架构件弯曲折裂。

（4）不使用制动器时，不应将脚放在制动踏板上。铲刀切入土中深度过大，致使行进中无法提升时，则应操纵离合器杆或踩下离合器踏板，使离合器分离，保证发动机不因过载而熄火。随后将变速杆放入空挡，操纵离合器杆或放开离合器踏板，使主离合器接合，再提升铲刀。

（5）推土机坡行角度纵向不能大于30°，横向不能大于25°。一般情况下，应避免大角度坡行和横向大角度坡行。必须在陡坡上行驶时，应避免变速，以防意外。避免在陡坡尤其是冰雪斜坡上斜向行驶，以防侧滑翻车。

（6）推土机在陡坡中下坡时，应将推土机铲刀接触地面并倒车下行，用低速挡小油门，降低发动机转速，切勿分离主离合器空挡下行，否则会加速行驶而超过正常行驶速度；应缓慢地踩下制动踏板，防止发动机转速超限。

推土机在下坡时转向操作过程与一般情况下的转向操纵过程相同。但由于坡上推土机有因为本身质量而产生下滑的趋势，所以，拉转向操纵手柄与踩下制动踏板之间的时间间隔不宜太长。拉动离合器操纵杆时，推土机转向与前进时的转向相反（即拉左杆向右转向，拉右杆向左转向）。这一点操纵时必须特别注意，并应注意同时控制两个制动踏板，以防溜车。

（7）推土机在陡坡上前进上坡时，柴油机油门操纵杆应放到大开度的位置上，应用Ⅰ挡缓慢行驶。不宜急转弯，不能将铲刀举得过高，一般高出地面400mm对机械稳定最为适宜；不能倾斜爬越障碍物，绝对禁止推土机横着斜坡行驶。

如果在上坡过程中突然熄火，应采取如下措施：

①立即同时踩下左、右制动踏板，使推土机左、右制动器都处于完全制动状态。将推土操纵杆向外推到“下降”位置，使铲刀落到地面。操纵主离合器操纵杆使主离合器处于分离状态；

②拨动掣子，锁住制动踏板，找到较大物体挡在两侧履带后部下方更好，使推土机不会因为脚的离开而下滑。然后检查熄火原因，及时排除；

③重新起动柴油机，逐渐加大油门，将换向操纵杆放在前进位置，将变速操纵杆放在前进Ⅰ挡位置；操纵铲刀升降操纵杆铲刀抬起（离开地面 400mm 即可，不允许过高）；将油门操纵杆拉到最上端（此时油门开度最大），踩住制动踏板，放开掣子；操纵主离合器操纵杆使主离合器处于接合位置，同时放开制动踏板，则推土机便可以继续前进上坡。

(8)在不平坦路面上或在浅滩中行驶。

在不平坦路面上或在浅滩中行驶应采取的措施有：

①尽可能选用低速挡行驶，避免紧急和频繁回转；

②在碎石路面上行驶时，应将履带张得稍紧，以求履带板磨损减轻；

③铲刀不宜提起过高，一般情况离地面约 400mm 即可；

④越过较大障碍物时，应低速缓行；

⑤避免斜行越过高大障碍物，更不可用“分离”一侧转向离合器的方法作为越过措施；

⑥越过浅滩时，应预先检查浅滩的深度、滩底的土壤性质，并将各放油塞紧固，以免水和污物进入。

(9)停机、熄火操作技术。

①将主离合器操纵杆推到“分离”位置，然后将油门操纵杆推到怠速低转位置，再将变速杆放在空挡位置并将铲刀落到地面。

②紧急情况下停车时，应将主离合器操纵杆推到“分离”位置，同时踏死两制动踏板，然后将油门操纵杆向下推到低速位置，并将变速杆放在空挡位置。

③在坡上停放时，为了防止由于机身自重下滑，必须将制动踏板踩死，将掣子扳到锁紧位置，主离合器手柄仍保持接合。上坡状态可将变速杆放在前进一挡，下坡状态变速杆放在后退一挡位置。

(10)各液压系统换油时，应尽量将旧油排净，并认真清洗，然后按规定加入新油。主离合器润滑系统和转向液压系统可按常规排油、清洗。

工作装置液压系统排油方法为：

①起动发动机，使推土板上升至最高位置；

②关闭发动机，把操纵油箱下部的放油阀卸下，接上放油管，然后再旋松侧面的螺塞进行排油；

③当油箱内油流尽时，再将推土板慢慢放下，以排除油缸及管路中的剩油。排完后将螺塞及放油阀拧紧；

④从加油口注满清洁液压油，再开动发动机并将推土板升至最高位置；

⑤再放下推土板，然后再从加油口注满清洁液压油。

(11)推土机轮胎气压必须符合要求，且各轮胎气压应保持一致。发动机传动部分带有胶带连接的推土机，不得用其他机械推拉起动，以免打坏锁轴。轮胎式推土机用于除冰、除雪作业时，轮胎要加防滑链。用于清除石料作业时，要加戴轮胎保护链。

第二节　轮式装载机运用技术

一、概述

装载机具有作业速度快、效率高、机动性好、操作轻便等优点，主要用于推运和铲装土壤、砂石、石灰、煤炭等散状物料，也可对矿石、硬土等进行轻度铲挖作业。换装不同的辅助工作装置还可进行推土、起重和其他物料如木材的装卸作业，刮平地面和牵引其他机械。

轮胎式装载机是由动力装置、机架、行走装置、传动系统、转向系统、制动系统、液压系统和工作装置等组成。其结构简图如图 9-5 所示。轮胎式装载机的动力是柴油发动机，大多采用液力变矩器、动力换挡变速器的液力机械传动形式（小型装载机有的采用液压传动或机械传动），液压操纵、铰接式车体转向、双桥驱动、宽基低压轮胎、工作装置多采用反转连杆机构等。

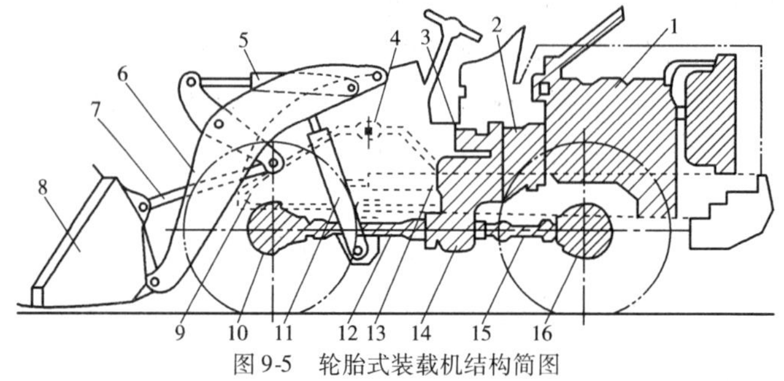

图 9-5　轮胎式装载机结构简图

1-发动机；2-变矩器；3-工作油泵；4-前后机架铰接点；5-转斗油缸；6-动臂；7-拉杆；8-铲斗；9-前机架；10-前桥；11-动臂油缸；12-前桥传动轴；13-转向油缸；14-变速器；15-后桥传动轴；16-后桥

标志装载机性能的主要技术规格有：铲斗斗容量、额定载质量、发动机的功率和转速、整机质量、行驶速度、轮胎规格、整机外形尺寸、最大牵引力、最大掘起力、轴距、轮距、最小离地间隙、最小转弯半径、最大卸载高度、最大卸载距离、动臂升降时间、转斗时间以及各主要部件的型号和规格等。

铲斗切削刃的形状分 4 种，如图 9-6 所示。齿形的选择应考虑插入阻力、耐磨性和易于更换等因素。齿形分尖齿和钝齿，轮胎式装载机多采用尖形齿，履带式装载机多采用钝齿形；斗齿的数目视斗宽而定，一般平齿距在 150 ~ 300mm 比较合适。

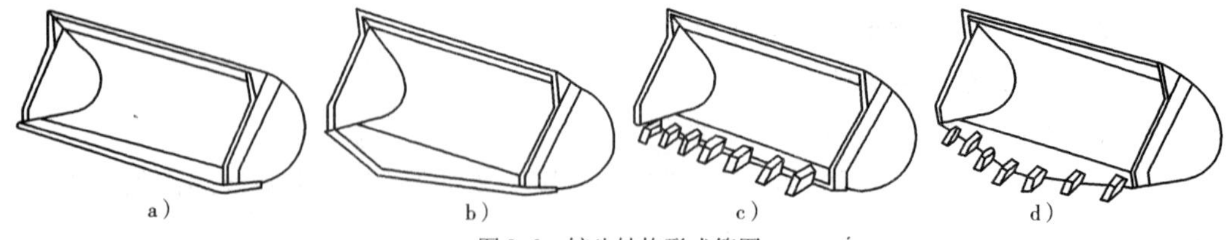

图 9-6　铲斗结构形式简图

a）直形斗刃铲斗；b）V 形刃铲斗；c）直形带齿铲斗；d）V 形带齿铲斗

二、装载机基本作业功能和作业方法

1. 装载机基本作业功能

1）挖掘

装载机停车或低挡前进，铲斗插入沙土、岩石等堆积物，进行物料铲进装载斗的作业过程，可分为铲进和挖土作业工序。

2)搬运

装载机将挖掘进铲斗的物料运输到料斗、卡车、货车、集装箱、料堆或其他需要的地方的过程,称为搬运。搬运方式主要有装载机与运输车配套和只用轮胎式装载机的方式。用轮胎式装载机连续进行铲进、搬运、倒入的,通常适合于30~100m程度的搬运距离。搬运作业时,在以下情况下可采用自行搬运:路面过软,未经平整的场地,不能用载货汽车;搬运距离在500m以内,用载货汽车浪费时间。搬运的车速根据搬运距离和地面条件决定,为使搬运时安全稳定和良好的视线,应上转铲斗到极限位置和保持动臂下铰点距离地面400mm左右。

3)卸载

将装载机动臂提升到使铲斗(前倾到最大倾斜角位置)碰不到车箱和料堆为止,前推斗操纵杆使铲斗前倾全部卸载或部分卸载的作业过程。卸载时要求动作缓和以减轻物料对载货汽车的冲击。当物料粘积铲斗时,可来回搬动转斗操纵杆,使铲斗振动脱落物料。卸载完毕后,可利用铲斗自动放平机构,将转斗杆后拉到后限位置,动臂杆前推到斗下降位置。

4)整地

利用铲斗前尖和底面所成角度,可以进行撒土、平整、打基础等。整地作业过程一般是在装载机后退时进行。

5)推运

铲斗平贴地面,踩加速踏板向前推送物料的作业过程。

6)刮平

铲斗翻转到底,使刀板触及地面,动臂操纵杆应放在浮动位置(硬质土)或中间位置(软质土),接通后退挡用铲刀板刮平地面。

7)填平

将铲斗作推土刮板用时,可以进行填平作业。此时铲斗内满载沙土,使其对地面保持水平状态,进行作业。

8)牵引

用装载机牵引无法起动的机械或车辆,也可配拖板车进行牵引运输。

2.装载机施工作业方法

1)"I"形作业法

自卸汽车平行于工作面适时地做往复前进和后退,而装载机则穿梭地垂直于工作面做前进和后退,所以亦称之为穿梭作业法(图9-7)。

2)"V"形作业法

车辆不动,装载机前后转弯运行完成铲装,如图9-8所示。作业循环时间短,但装载机转向频繁,要求地面紧实。适用于轮式装载机。

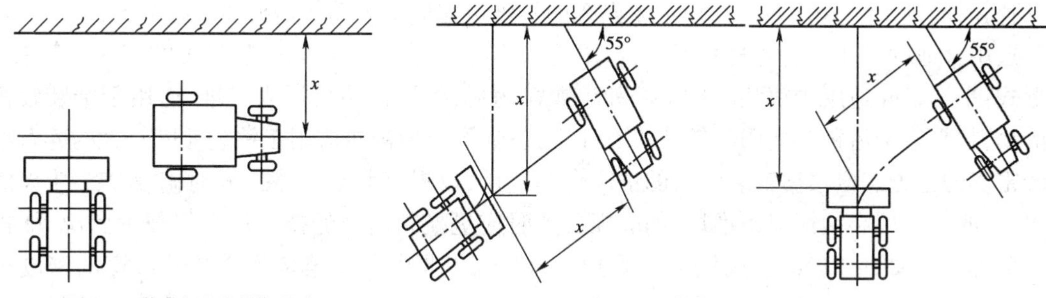

图9-7 装载机"I"形作业法

图9-8 装载机"V"形作业法

3)"L"形作业法

自卸卡车垂直于工作面,装载机铲装物料后,并倒退掉转90°;然后向前驶向自卸卡车卸载,空载的装载机后退并掉转90°,然后向前驶向料堆,进行下次铲装(如图9-9)。这种作业方式在运距较小,而作业场合比较宽广时,装载机可同时与两台自卸汽车配合工作。

4)"T"形作业法

自卸汽车平行于工作面,但距离工作面较远,装载机铲装物料后,倒退并掉转90°;然后再向相反方向掉转90°驶向自卸汽车卸料(如图9-10)。

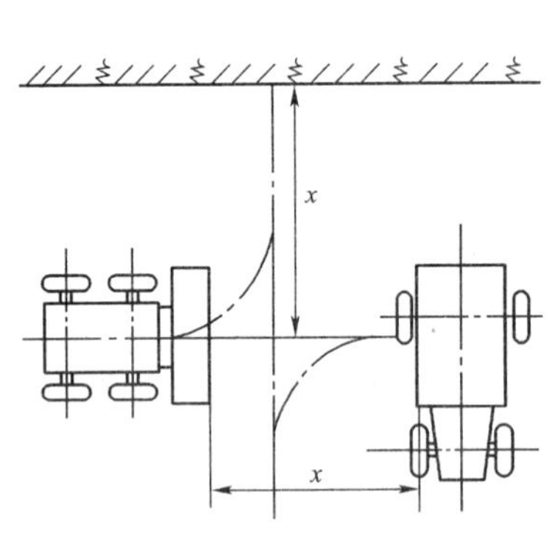

图9-9 装载机"L"形作业法

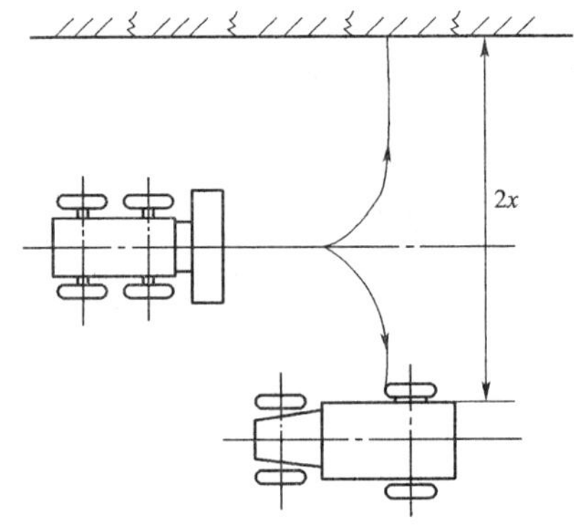

图9-10 装载机"T"形作业法

三、装载机提高生产率的途径

按土方量计算装载机的生产率的公式为:

$$Q = \frac{60qK_H \cdot K_B}{T} \quad m^3/h \tag{9-1}$$

式中:Q——装载机的生产率;

q——装载机额定斗容,m^3;

K_H——铲斗装满系数;

K_B——时间利用系数;

T——每一作业循环所需时间,min。

从上式可以看出装载机的工作效率的高低取决于:操作合理及熟练程度;合适的斗容量及提高铲斗装满系数;缩短装载机作业的循环时间,提高时间利用系数。

装载机驾驶员是一个可变因素,操作熟练程度对工作效率的影响是很大的。如技术娴熟的驾驶员操作合格品的ZL50装载机完成铲斗的上升、前翻、收斗、下降,最后使铲斗平放地面,所需时间为16~16.5s,而操作不太熟练的驾驶员完成上述动作需要20s甚至更长。

选用合适的铲斗。装载材料不同,选用的铲斗类型、容量应不同。装载机的铲斗一般有4种形式:平形铲斗适用于铲装松软土壤和小颗粒物料;尖形铲斗易插入料堆,适用于铲装较密实的物料;平形带齿铲斗适用于铲装碎石和土方;尖形带齿铲斗适用于铲装粒度较大的碎石堆和较密实的土方。应根据铲装物料的情况合理选用,以提高装运效率。及时修复铲斗斗齿的磨损,一般可采用高锰钢焊条堆焊,如磨损严重时应更换新齿。保持斗齿良好技术状况,能提高铲装速度。如用ZL50装载机装煤采用标准铲斗(带斗齿斗容量为2.9m^3),煤的密度按0.9t/m^3计算,每满斗仅能装2.6 t煤,与其额定载重量5t相差近一半,作业生产率必然低。每次装载铲斗装满量不高，同样造成作业生产率低。

装载机的技术状况直接影响作业循环时间。装载机动臂的举升、铲斗的翻转与动臂下降三个时间之和是衡量一台装载机作业效率的重要指标，国家有关标准规定载重量为5t的轮胎式装载机，合格品的三项和 <16s，举升时间 <8.5s，优等品三项和 <12.5s，举升时间 <7.0s。如果机械技术状况较差，作业循环时间变长，且铲装、举升无力，必定会影响装载机的作业效率。

安排适合的施工任务也是提高装载机生产效率的重要因素。装载机主要适用于装载作业和短距离运输，一般50～100m为其最适合的距离。再长距离的运输，则由于装载本身的行驶速度、铲斗容量的限制，以及整机的振动、颠簸等影响，其生产效率会大大下降。装载机适合于装载松散物料，在工程实践中，除非万不得已是极少采用进行岩石和硬土的少量挖掘作业，因为一来其挖掘能力差，工作效率低下，达不到施工目的；二来极易使机械的工作装置部分、轮胎部分产生损坏。

装载机与载货车相配套也是影响生产率的重要因素。选择与装载机配套的载货车有两方面的内容：一是车箱容积（载重）应尽可能为铲斗容积（装载重）的整倍数，铲斗容量与车箱容量应有一个适当的比例。如果用较大斗容的装载机给较小车箱的汽车装车，极易发生因装载物料的冲击，而使汽车悬挂过早磨损或车体损坏，而且也不能充分发挥装载机的效率；二是装载机与汽车配套作业时，应相对汽车有足够的卸载距离和卸载高度。装载机卸料时，铲斗应在车箱中心线上方，卸载距离 $L_z \geq$ 车箱宽度 $L_c/2 - 300\text{mm}$，卸载高度 $H_z \geq$ 车箱高度 $H_c + 150\text{mm}$。装载机给汽车装料时，若卸载距离 L_z 不够，物料不能卸在车箱中心位置，致使汽车偏载，而导致汽车悬挂损坏。装载机卸载高度不足，铲斗卸完料必须转斗后才能后退，影响作业循环时间。

装载机与运输车辆联合铲运物料时，合理组织对提高生产率起决定性作用。主要措施为：

（1）运输车辆的车厢容量和装载机斗容量要配合恰当，使运输车辆达到满载而不超载；

（2）装载机和运输车辆的数量应配合适当，以保证装载机和运输车辆都能连续、均匀协调地工作，不相互等待；

（3）装卸物料时，装载机和运输车辆应紧密配合，运行路线和装卸动作应协调，时间应准确；装载机卸料应均匀，车辆停放应便于装料，彼此互创有利条件，能保证生产率的提高。

1. 提高生产率的操作技术

1）铲装松散物料

装载机在拌和场铲装各种碎石、砂子等松散材料时宜采用直形带齿铲斗，装载机驶至料堆前并将铲斗置于料堆底部，斗底与地面平行，斗口朝前，徐徐加大油门使斗齿插入料堆。铲装时，收斗与提动臂动作协调进行。若铲装阻力较大，可操纵动臂使铲斗上下抖动，这样可降低物料颗粒间的摩擦阻力，加快物料进斗的速度，直至满斗后收斗提臂，使铲斗底部离地面约50cm开始转运卸料。

2）表面土壤剥离

用装载机剥离表层土壤宜采用直形斗刃铲斗。铲装时先放下铲斗并使其底部与地面呈一定的铲土角20°左右，对于松软的土壤铲土角可大些，对于较硬的土壤铲土角要小些；徐徐加大油门使机械前进，斗刃切入土内深度一般保持在15 cm左右。对于难铲的土壤，为了减小铲装的阻力可操纵动臂使铲斗上下抖动或稍改变一下铲土角，直至铲斗装满为止。

3）铲装土堆

公路工程中进行稳定土拌和，可利用装载机装土堆。铲装时，可视具体情况采用以下 3 种不同的方法。

(1)对于土质较为松软的土壤，可采用分层铲装法。分层铲装时，装载机向工作面前进(铲斗稍稍前倾)，随着铲斗插入土堆，慢慢提升动臂，在铲斗刀刃离开料堆后，铲斗转至运输位置。铲斗的运动是连续地向前上方运动。这种作业方法由于插入不深，而且插入后又有提升动作的配合，所以插入阻力小，作业比较平稳。由于铲装面较长，可以得到较高的充满系数。

(2)分段铲装。对于质地较硬的土壤，可采用分段铲装法。作业时，铲斗稍稍前倾，从坡底插入，待插入一定深度后，提升铲斗装入一部分土；接着进行第二插入。如此反复，直至装满铲斗或升到高出工作面为止。有时将铲斗装满后还使铲斗继续向工作面稍稍顶进，将土顶松以利于下一次铲装。这种方法适用于土质较硬的场合，但铲斗依次进行插入和提升操作比较复杂，驾驶员易疲劳。

(3)复合铲装。这种方法是依靠铲斗与动臂的复合动作来实现铲装作业。首先将铲斗下降至坡底，装载机在前进的同时配合转斗或动臂提升的动作进行铲装作业，即当铲斗插入料堆约 0.2 ~0.5 斗深时，在装载机前进的同时，间断地操纵铲斗上翻，并配合动臂提升，直至装满铲斗，在斗齿离了土堆后，将铲斗转至运输位置。采用复合铲装方法，铲斗不需要插得很深。靠插入运动、铲斗转动和动臂提升运动的配合，使插入阻力大大减少，铲斗也容易装满但要求驾驶员有较高的操作水平。在铲装土壤作业时，要注意及时清理铲斗内外黏结的土壤否则不但影响其有效容量，同时也会增加作业的阻力。

4)清理爆破现场的土石方

在路基土石方爆破工程中，常用装载机(或挖掘机)清理爆破现场。利用装载机清理时，宜换装“V”形带齿铲斗以提高其装载和挖掘能力。清理时，爆破后碎石的粒径不能超过铲斗允许的容量，超过时需对石料进行再次爆破。

2. 特殊条件下的使用技术

在土质坚硬的情况下，不宜强行装料，应先用其他机械松动后，再用装载机装料。

推进中发现阻碍机械前进时，可稍稍提升动臂继续前进，操纵动臂升降时，操纵杆应在下降和上升之间进行，不可搬到上升和下降任一固定位置，以保证推运作业的顺利进行。装载时驱动轮如有打滑现象，应微升铲斗再装料，如某些料场打滑现象严重，应使用防滑链条。

用装载机牵引无法起动的机械或车辆时，应将被拖机械牢靠地连接在装载机的牵引销上，装载机工作装置置于运输状态，起步和停止要求动作缓和，下坡前要注意检查制动系统。

装载机也可配拖板车进行牵引运输。在坡度较大的道路上进行牵引运输要注意设置拖板车制动以保证行驶安全。

涉水时，应在发动机正常有力，转向机构灵活可靠的情况下进行，并应对河流的水深、流速及河床情况了解后再通过，涉水深度不得超过发动机油底壳。涉水后应立即停机检查，如发现因涉水造成制动失灵，则应进行连续制动，利用发热蒸发掉制动器内的水分，以尽快使制动器恢复正常。

高速行驶用两轮驱动，低速铲装用四轮驱动，行驶中换挡不必停车，也不踩制动踏板。由低速变高速时，先松一下油门，同时操纵变速杆，然后再踩下加速踏板；由高速换低速时，则加大油门，使变速器输出轴与传动轴转速一致。

山区行驶时接通起动操纵杆(三合一机构)，万一发动机熄火也能保证液压转向。

装载机所用的柴油机功率随着海拔高度、环境温度和相对湿度的增加而降低，为此，用户使用装载机时，必须注意当地的环境情况，按柴油机使用说明书中功率修正表的要求，得出柴油机在当地状况下的实际功率，以便正确地使用装载机。装载机的生产率随海拔高度的变化见图9-11。

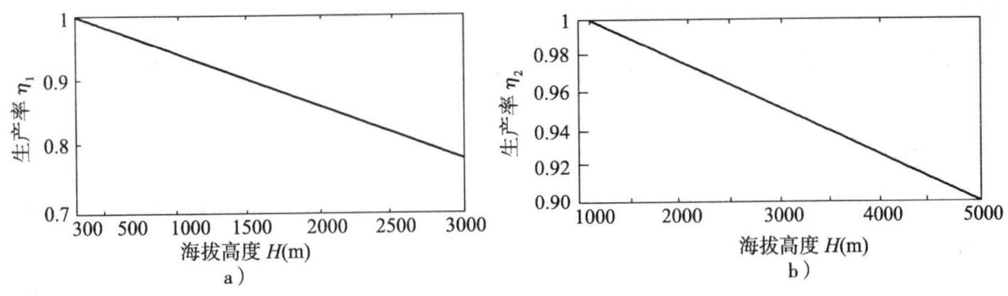

图9-11　装载机的生产率随海拔高度的变化

a)非增压柴油机；b)增压柴油机

四、装载机合理操作技术

1. 装载机出车前的检查

装载机出车前的检查有如下几点：检查水箱水位；检查燃油箱油量；检查发动机油底壳机油量；检查各油管、水管、气管及各部分附件的密封性；检查蓄电池接线；检查液压工作油油量：检查液压系统管路，附件密封性；操纵工作装置检查其动作情况；低速运转中倾听发动机工作是否正常；接合后，各挡运行是否正常。

2. 拖起动

若蓄电池电压不足或低温情况下，可进行拖起动。拖起动步骤：用拖车拖动的钢丝绳长度不小于5m，栓在铲斗的铰点上，装载机前方应有不小于15m的开阔地。拖起动时，不应急转弯硬扭转向盘，以防损坏机件。按下拖起动杆，变速杆置于空挡，拖车徐徐起步，带动柴油机起动，当柴油机发动后注意机械制动。

3. 铲装作业

装载机铲装物料作业时，接通四轮驱动，挂Ⅰ挡向料堆前进，速度应在4km/h以下，动臂下铰接点距地面200mm，铲斗与地面平行。距料堆1m，下降动臂，使铲斗底接地，切进料堆。踩油门使铲斗全力切进料堆，当阻力很大时，采用配合铲装法，即同时间断地操纵铲斗上转及动臂上升，以达到满斗为止。不得采用猛踏加速踏板，高速将铲斗插入料堆的方式进行。装载时铲斗的装料角度不宜过大，以免增加装料阻力。进行挖掘时，使铲斗的两侧均匀负荷，不可只使一侧负荷进行，使装载机直对前方，而不要让前后车架有角度。

4. 运载时应保持动臂下铰点离地400mm，以保持稳定行驶

5. 向车上卸料时，必须将铲斗提升到不会触及车箱挡板的高度，严禁铲斗碰撞车箱

6. 装载机每天作业后的检查

装载机每天作业后的检查有如下几点：检查燃油储量情况；检查发动机油底壳油面及清洁状况，若发现油面过高并且变稀，应找出原因予以排除；检查各油管、水管、气管及各部分附件有无渗漏现象；检查变速器、变矩器、液压油泵、转向机、前后桥的固定密封性以及有无过热现象；检查轮辋螺栓、传动轴螺栓以及各销轴是否松动；工作装置情况是否正常；检查轮胎外观及气压是否正常；气温低于－5℃时，应将冷却水放出。

7. 装载机不能在坡度较大的场地上作业

下坡时,应采用制动减速,不可踩离合器踏板,以防切断动力发生溜车事故。

8. 装载机动力装置的使用,按柴油机使用的有关规程执行

变速器、变矩器使用的液力传动油以及液压系统使用的液压油必须清洁。装载机应按规定进行定期维护和润滑。

9. 使用行车制动器同时自动切断离合器油路,制动前,不必将变速杆置于空挡。改变行驶方向要求在车停后进行。

10. 通过桥涵

通过桥涵时,应先注意交通标志所限定的载重吨位及行驶速度,确认可以通过时再匀速通过,在桥上应避免变速、制动和停车。

五、装载机安全使用注意事项

1. 一般安全注意事项

在使用装载机之前,必须认真仔细地阅读使用维护说明书或操作维护手册,按资料规定的事项去做,否则会带来严重后果和不必要的损失;驾驶员穿戴应符合安全要求,穿戴必要的防护设施;在作业区域范围较小或危险区域,则必须在其范围内或危险点显示出警告标志;绝对严禁驾驶员酒后或过度疲劳驾驶作业;在中心铰接区内进行维修或检查作业时,要装上防转动杆,以防止前、后车架相对转动;要在装载机停稳之后,在有蹬梯扶手的地方下装载机。切勿在装载机作业或行走时跳上跳下;维修装载机需要举臂时,必须把举起的动臂垫牢,保证在维修时动臂绝对不会落下。

2. 发动机起动前的安全注意事项

检查并确保所有灯具的照明及各显示灯能正常显示,特别要检查转向灯及制动显示灯的正常显示;在起动发动机时,不得有人在车底下或靠近装载机的地方工作,以确保出现意外时,不会危及自己或他人的安全;起动前,装载机的变速操纵手柄应扳到空挡位置,不带紧急制动的制动系统,应将手制动手柄扳到停车位置;只能在空气流动好的场所起动或运转发动机,如在室内运转时,要把发动机的排气口接到或朝向室外。除驾驶室外,机上其他地方严禁乘人。向车内卸料时,严禁将铲斗从驾驶室顶上越过。

3. 发动机起动后及作业时的安全注意事项

发动机起动后,等制动气压达到安全气压时再准备起步,确保行车时的制动安全性。有紧急制动的把紧急停车制动阀的按钮按下(只有当气压达到允许起步气压时,按钮才能按下,否则按下去会自动跳起来),使紧急停车制动器松开后,才能挂Ⅰ挡起步。无紧急制动的只需将停车制动手柄放下,放松停车制动器即可起步。

4. 起步前的安全注意事项

清除装载机在行走道路上的障碍物,特别要注意铁块、沟渠之类的障碍物,以免割破轮胎;将后视镜调整好,使驾驶员入座后能有最好的视野效果;确保装载机的喇叭、后退信号灯,以及所有的保险装置能正常工作;在即将起步或在检查转向左右灵活到位时,应先按喇叭,以警告周围人员注意安全;在起步行走前,应对所有的操纵手柄、踏板、转向盘先试一次,确定已处于正常状态才能开始进入作业。要特别注意检查转向、制动是否完好,确定转向、制动完全正常,方可起步运行。行进时,将铲斗置于离地 400m 左右高度。在山区坡道作业或跨越沟渠等障碍时,应减速、小转角,要注意避免倾翻。当装载面在陡坡上开始滑向一边时,必须立即卸载,防止继续滑下。

5. 作业时的安全注意事项

作业时尽量避免轮胎过多、过分打滑；尽量避免两轮悬空，不允许只有两轮着地而继续作业。作牵引车时，只允许与牵引装置挂接，被牵引物与装载机之间不允许站人，且要保持一定的安全距离，防止出现安全事故。

6. 停机时的安全注意事项

装载机应停放在平地上，并将铲斗平放地面。当发动机熄火后，需反复多次扳动工作装置操纵手柄，确保各液压缸处于无压休息状态。当装载机只能停在坡道上时，要将轮胎垫牢；将各种手柄置于空挡或中间位置；先取走电锁钥匙，然后关闭电源总开关，最后关闭门窗；不准停在有明火或高温地区，以防轮胎受热爆炸，引起事故；利用组合阀或储气罐对轮胎进行充气时，人不得站在轮胎的正面，以防爆炸伤人。

第三节　铲运机运用技术

一、概述

铲运机是一种利用装在前后轮轴或左右履带之间的带有铲刃的铲斗，在行进中顺序完成铲削、装载、运输和卸铺的铲土运输机械，是一种理想的生产效率高、经济效益好的土方施工运输机械。

铲运机主要用于中距离（100 ~ 2 000m）大规模土方转移工程。它能综合地完成铲土、装土、运土和卸铺四个工序，并有控制填土铺层厚度、进行平土作业和对卸下的土进行局部碾压等作用。铲运机适用于Ⅰ ~ Ⅲ级土壤的铲运作业，在Ⅳ级土壤或冻土中进行铲运作业时，应预先进行松土。铲运机不能在混有大石块、树桩的土壤中作业。

铲运机广泛用于大规模的工程施工中的土方作业，如在公路施工中，用来开挖路堑、填筑路堤、搬运土方等；在水利工程中，可开挖河道、渠道，填筑土坝、土堤等；在农田基本建设中，进行土地整平、铲除土丘、填平洼地等；在机场、矿山建设施工中，进行土方铲削作业；在适宜的条件下亦可用于石方破碎的软石工程施工。铲运机在井下采掘、石油开发、军事工程等场合，也得到了广泛的应用。自行式铲运机的工作速度可以达到40km/h 以上，充分显示出铲运机在中长距离作业中，具有很高的生产效率和良好的经济效益的优越性。

铲运机主要根据斗容量大小、卸载方式、装载方式、行走机构、动力传递及操纵方式的不同进行分类。按卸载方式分自由式、半强制式和强制式等三种；按装载方式分普通式、升运式等；按行走机构分轮胎式、履带式等；按动力传递分机械、液力机械、电力、液压等；按操纵方式分机械、液压两种。

单发动机的轮胎自行式铲运机，因其附着牵引力不足，铲装时一般都用助铲机。双发动机的轮胎自行式铲运机虽附着牵引力大，铲装时最好还是用助铲机加力，以提高作业效率。

在特别困难的铲装条件下，可采用两台双发动机铲运机串联的方法进行推拉作业。两机首尾连接，后机推动前机装满铲斗后，前机再拉后机装满铲斗，即四台发动机为一个铲斗铲装提供动力。装满后两机脱开，各自运行。

链板装载铲运机适用于运距较短（约 1 000m 左右）的场地，它最大的优点是能自装，不需助铲。链板升运机构铲装的物料、土质不能太黏，石块不能太大，对于粒度均匀的砾石最适宜。

自行式铲运机一般由单轴牵引机和铲运车组成，如图 9-12 所示。轮胎式双发动机铲运机一般由单轴牵引车和单轴铲运车两部分组成，它可利用其前后发动机驱动前、后轮，提高附着牵引力，以便在铲装土方过程中能克服较大的铲土阻力，并增加爬坡的能力，适用于路面条件不好，铲装阻力和行驶阻力较大的场合。

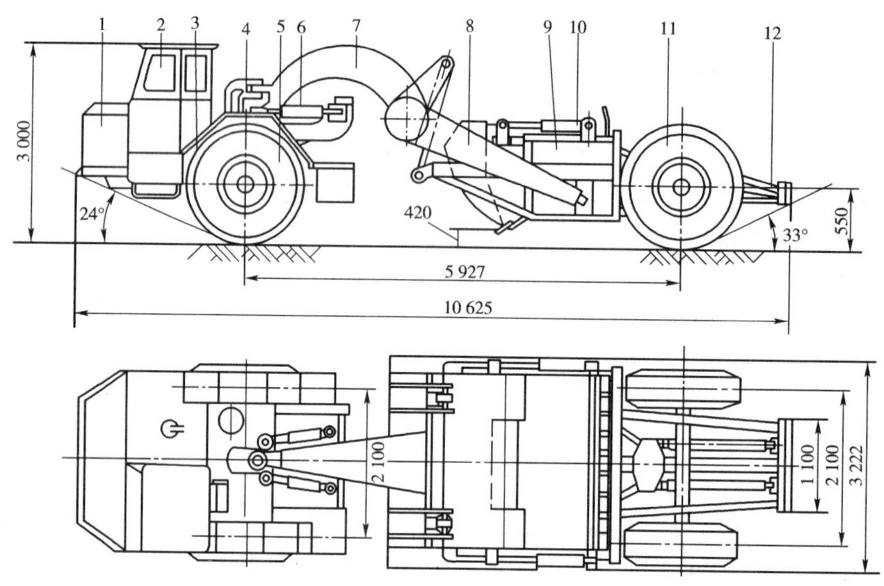

图 9-12　CL7 型自行式铲运机外形

1-发动机；2-驾驶室；3-传动装置；4-中央枢架；5-前轮；6-转向油缸；7-曲梁；8-辕架；9-铲斗；10-斗门油缸；11-后轮；12-尾架

二、铲运机基本作业功能和作业方法及选用

1. 基本作业功能

铲运机横向运土时，一般可以修筑填挖高 6m 以下的路基，如果路堤的底层或路堑的挖方面层先用推土机施工，则效率较高。纵向运土时，填挖高度一般没有限制。

2. 作业方法

铲运机的作业循环是：铲装——运送——卸铺——回程，每完成一个作业循环，就完成一次土方的铲运。图 9-13 中，铲运机的运行路线是环形的，这是最简单而常用的一种运行方式。铲运机的运距是它完成一个作业循环所运行距离的一半。

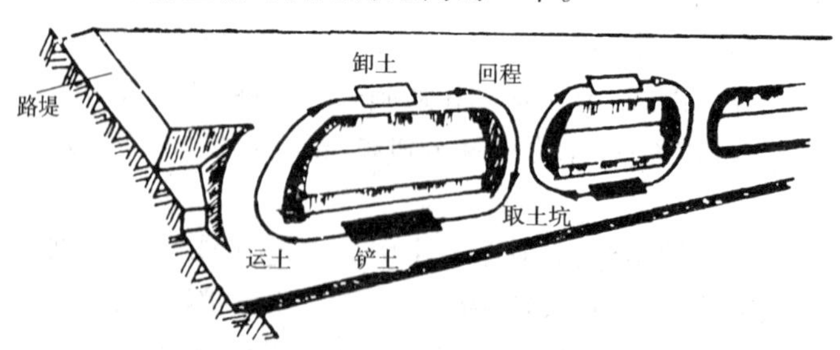

图 9-13　铲运机的作业循环

铲运机铲土、装土是铲运作业循环里很重要的一环，铲运机的生产效率在很大程度上取决于是否能铲得快，装得满。为此，首先在操作上要善于根据土质是否易铲切和进斗，充分利用发动机的能力，适当调节铲斗升降和斗门开启的大小。

铲运机铲土时铲斗的升降情况一般如下：铲土用第一挡速度，开始铲土时打开斗门同时放下铲斗，前进 2 ~ 3m 后达到最大切土深度（约 30cm）。随着土进入铲斗，机械可能要超负荷时（可根据发动机的运转声音判断），及时提升铲斗，逐渐减小切土深度，使机械维持全负荷行驶直到装满铲斗。对于装置前后动力的自行铲运机，可以在铲斗切土时使前后动力同时工作，尽量在最短的时间内装满铲斗。装满后即提升铲斗，关闭斗门完成铲装作业。图 9-14 是地面经过一次铲切后的纵断面示意图。铲土的长度随切土阻力、铲斗容量及牵引能力而定，6 ~ 8m^3 斗容量的铲运机在平地上铲装Ⅰ~ Ⅱ级土常在 20 ~ 30m 即可装满。

对于Ⅱ、Ⅲ级土，如果不经过预松，可以采用起伏式铲土法（又称波浪式铲土法），其铲土纵断面如图 9-15 所示。一般起伏 3 ~4 次即可装满铲斗。

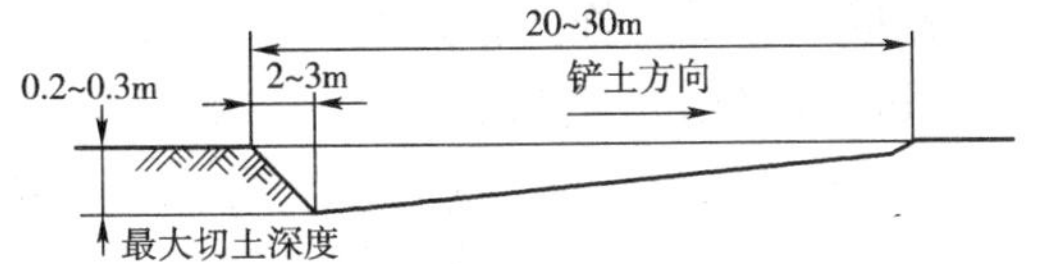

图 9-14　铲运机铲土的纵断面

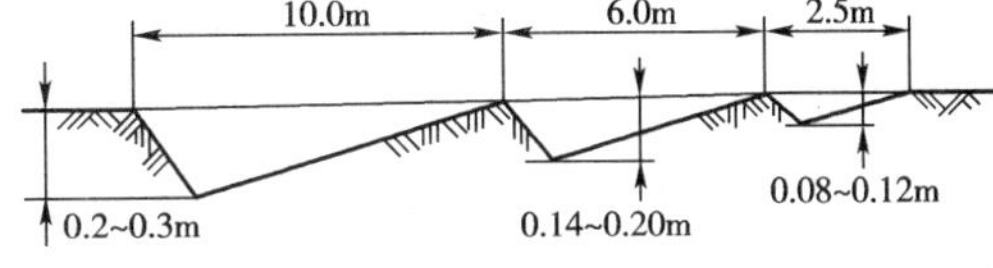

图 9-15　起伏式铲土法

铲运机铲装黏性土时，土进斗后大体上是按图 9-16 所示Ⅰ、Ⅱ、Ⅲ的顺序逐步装成满斗的。按照这样的规律，在铲土开始阶段，相应于装进Ⅰ的那部分土时，斗门应开得大些，使切下的土顺利地向后逐层堆到后壁，在中间阶段（相应于Ⅱ）斗门应适当关小些，使土层便于向斗门方向挤进，到最后阶段（相应于Ⅲ）再稍稍提起斗门，使进土缝隙增大、阻力减小，以便土层向上挤进，推满铲斗。

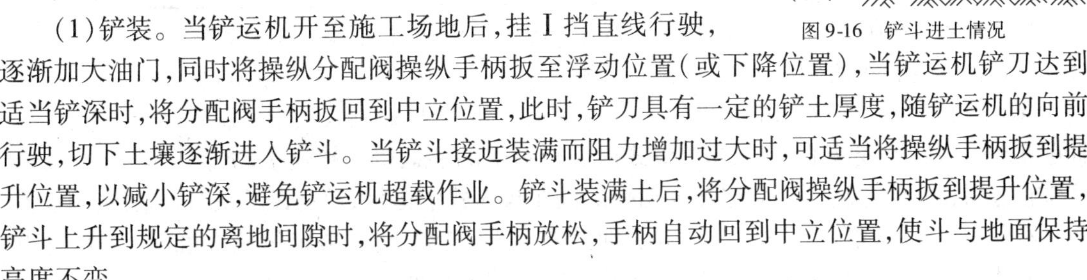

图 9-16　铲斗进土情况

具体操纵步骤如下：

（1）铲装。当铲运机开至施工场地后，挂Ⅰ挡直线行驶，逐渐加大油门，同时将操纵分配阀操纵手柄扳至浮动位置（或下降位置），当铲运机铲刀达到适当铲深时，将分配阀手柄扳回到中立位置，此时，铲刀具有一定的铲土厚度，随铲运机的向前行驶，切下土壤逐渐进入铲斗。当铲斗接近装满而阻力增加过大时，可适当将操纵手柄扳到提升位置，以减小铲深，避免铲运机超载作业。铲斗装满土后，将分配阀操纵手柄扳到提升位置，铲斗上升到规定的离地间隙时，将分配阀手柄放松，手柄自动回到中立位置，使斗与地面保持高度不变。

（2）运土。在铲土结束后，铲斗一般提高离地 210mm 左右，以保证铲运机的稳定性。在运土中应选择卸土区至铲土区最近距离、最佳道路，注意避免急转弯。如道路条件不好，应适当采取铺平、取直等措施，否则会降低生产率。按照道路条件，选择不同车速，达到最佳经济教益。

（3）卸土。当铲运机进入卸土区，迅速减低车速，用Ⅰ挡作业，操作操纵杆提升铲运斗，打开斗门，土壤依靠自重或推动后卸土板从斗门与铲斗间张开处卸出斗外。卸土时辕架左右纵梁受力最大，加之自重卸土，必然使卸土区地势不平，所以必须Ⅰ挡卸土，减慢车速，防止机件损坏。铲斗升高后，铲运机重心上升，造成铲运机翻车机会较多，驾驶员应特别注意，防止事故发生，当土壤全部卸完后应立即将铲运斗下降到离地间隙 210mm 左右（即运输状态）。

（4）返回。选择好道路，根据地形，采用较高速度行驶，一般用Ⅳ挡车速返回，如果地形不好，路面不平整，应先修整好路面后再施工，否则，会损坏机械，降低生产率。

由于铲运机集铲、运、卸、铺、平整于一体，因而在土方工程的施工中比推土机、装载机、挖掘机、自卸汽车联合作业，具有更高的效率与经济性。在合理的运距内一个台班完成的土方量，相当于一台斗容量为 1m^3 的挖掘机配以四辆载重 10t 的自卸车，共完成 5 名驾驶员完成的土方量,其技术经济指标高于5.48倍。

3. 铲运机的选用

铲运机的适用范围主要取决于运距、机种、道路状况和运输材料的性质等,随着运距和速度的变化而变化,而其他因素的影响较小。当运输距离增加时生产效率下降,当速度增加时生产效率提高,速度的大小主要受到现场道路滚动阻力的影响,滚动阻力越大则速度越小生产率越低。

铲运机是根据运距、地形、地质来选用,其中经济适用运距和作业阻力是选择铲运机的主要依据。各种铲运机的适用范围见表9-1。当运距小于70m时,使用铲运机不经济,应采用推土机施工。当运距在70~300m时,可选择小型(斗容量4m^{3}以下)拖式铲运机,其经济运距为100m左右。当运距在600m以内时,可选择中型(斗容量6~9m^3)拖式铲运机,其经济距离为200~350m。当运距超过600m时,可选择自行式铲运机,其经济运距为600~1 500m,最大运距可达5 000m;也可采用挖掘机配自卸汽车挖运;此时,应进行经济分析和比较,选择施工成本最低的方案。

各种铲运机的适用范围 表9-1

类别			推装斗容(m^3)		适用运距(m)		道路坡度(%)
			一般	最大	一般	最大	
拖式铲运机			2.5~18	24	100~300	100~1000	15~30
自行式铲运机	单发动机	普通装载式	10~30	50	200~1500	200~2000	5~8
		链板装载式	10~30	35	200~600	200~1000	5~8
	双发动机	普通装载式	10~30	50	200~1500	200~2000	10~15
		链板装载式	6.5~16	34	200~600	200~1000	10~15

当运距短,场地狭小时,可用履带自行式铲运机。铲运机适宜于含水量为25%以下的松散砂土和含水量较小的砂黏土上作业,而在干燥的粉土、砂加卵石与含水量过大的湿黏土作业时,生产率则大为下降,如土的湿度较大或雨季施工,应选择强制式或半强制式卸土的铲运机。如施工地段为软泥或沙地,应选择履带式拖拉机牵引的铲运机。铲运Ⅰ、Ⅱ类土时,各型铲运机都能适用;铲运Ⅲ类土时,应选择大功率的液压操纵式铲运机;铲运Ⅳ类土时,应预先进行翻松。如果采用助铲式预松土的施工方法,即使遇到Ⅲ、Ⅳ类土,一般铲运机也可以胜任。近年来由于动力的增大和松土装置的改进,从软石直到某种程度的中硬岩都可以用大型松土器进行翻松,翻松后的岩石也可以用铲运机装运。在这种工况下作业的铲运机,行走部分及铲斗刀片磨损很大,要特别注意操作和维护。

按土方数量选择。铲运机的斗容量越大,不仅施工速度快,经济效益也高。如用斗容量25m^{3}自行式铲运机与斗容量8~10m^{3}拖式铲运机相比,使用前者成本可降低30%~50%,生产率提高2~3倍。因此,土方量较大的工程,应尽量选用大容量的自行式铲运机。对于零星土方,选用小容量铲运机较为合算。一般是斗容量小运距短,而斗容量大则运距大。

铲运机的机种选用主要依据土质、运距、坡度和道路条件。目前升运式铲运机在国外得到广泛的应用。因为升运式铲运机可在不用助铲机顶推下装满铲斗,功率负荷在作业对的变化幅度小(仅为15%左右),而普通铲运机需要40%左右。双发动机升运式铲运机能克服较大的工作阻力,因此装运物料的范围较宽,并能在较大的坡度上作业。

三、铲运机提高生产率的途径

铲运机在作业期间,虽然是连续运转,但完成的土方量是间断性的,它们的工作机构要往返一次才能完成一次土方的铲运。

利用下坡铲装和运输可以提高铲运机的生产率。最佳坡度为7°~8°,因此从路旁两侧土坑中取土填筑路堤高度为3~8m,或两侧弃土挖深3~8m的路堑。纵向运土路面应平整,坡度不应小于1:10~1:12(约5°)。大面积平整场地、铲平大土堆、填挖管道沟槽和装运河道土方等工程最为适用。

在特定的机型和土质的情况下,为了提高生产率,除了要提高时间利用系数外,必须尽可能的提高装满系数(一般在砂土中为0.75,其他土为0.85~1.00)和缩短循环时间。

1. 掌握发动机的运转规律,充分利用发动机的能力,提高铲土效率

起伏式铲土法,开始铲土时,发动机发出的功率基本上用在铲切土壤,可以铲切较深的土,进斗的土也多,但由于硬土的阻力较大,随着铲土前进,发动机的负荷越来越大,转速就越来越低,这时应逐渐提斗减少切土深度,使发动机恢复转速,等到转速恢复后再下斗,又可铲切较多的土(深度比第一次要浅些),如此进行几次直到装满铲斗。采用这样的铲土方法可缩短铲土长度和铲土时间。

跨铲法铲土,如图9-17。这个方法的特点是创造条件,改变铲土宽度,以平衡发动机的负荷,提高铲土效率。先在取土场的第一排铲土道取土,在两铲土道之间留出铲运机一半宽度的一条土埂,为第二排铲土创造条件。第二排铲土道的起点与第一排铲土道的起点错开约半个铲土长度,其方向对准第一排取土后留下的土埂。第三、四排比照第一、二排的关系往后错。这样,从第二排起,每次铲土的前半段宽度较大,后半段较窄,铲土时切土阻力将随着进斗土的增加而减小,发动机的负荷比较均衡。在硬土中采用这种方法,铲土效率可提高10%左右。很明显,这种方法需要较大的工作面。工作面较小时,可以采用单排跨铲法,即在每两铲土道之间留出一适当宽度的土埂,使铲装这条土埂时阻力减小。

2. 利用重力、惯性力或者其他机械增加牵引能力,提高铲土效率

如利用地形采用下坡铲土。下坡铲土由于有重力的作用,等于增加了动力(如图9-18),可缩短铲土时间,提高装满程度,效率可提高25%。下坡铲土目前已成为铲运机、推土机的一项基本施工方法,它不仅适用于有坡度的地形,就是在平坦地段也可以通过改变地形创造下坡铲土的条件。铲土的坡度一般为3°~9°。坡度过大时,铲斗满载后对拖拉机的推力很大,下行速度快,容易发生事故,应使铲斗擦地起一部分制动作用,降低车速,坡度过大又会使铲运机回程时上坡阻力增大,使循环时间加长。

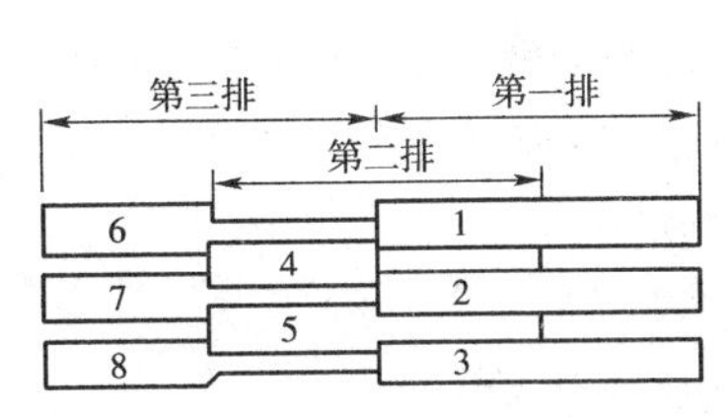

图9-17 跨铲法铲土次序示意图

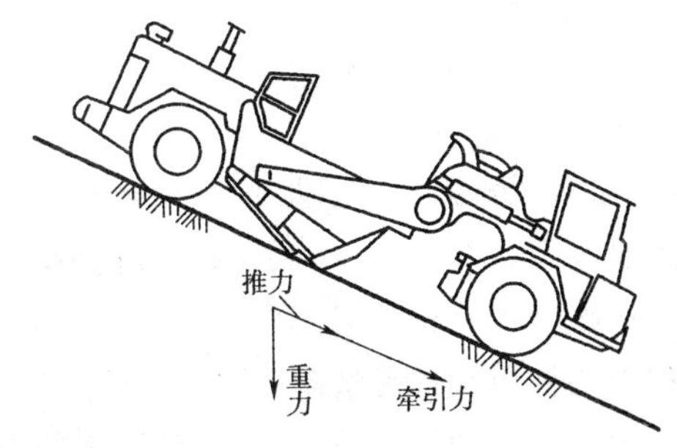

图9-18 铲运机下坡铲土的牵引力

现场采用的另一施工方法是快速铲土法。当铲运机以高速度进入铲土位置时,立即放下铲斗,利用惯性力,使铲斗很快的铲装一部分土,待发动机负荷激增而转速降低时,再换用第I挡速度继续铲装,这样也可以缩短铲装时间。

遇到硬土或砂夹石，用推土机助铲也是经常采用的一种增加牵引能力的办法。采用助铲法施工要有一定的工作面和工程量，使担负助铲的推土机不至于窝工。一般取土场宽度应不小于 20m，长度不短于 80m，铲运机半周程运距不短于 250m。推土机进行助铲的次序可随工点的具体情况采用图 9-19 中所示的方式之一。进行助铲作业时，司机要特别注意有关安全操作规则。

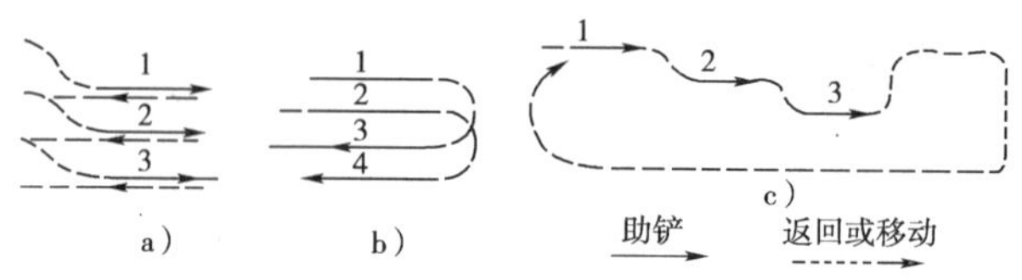

图 9-19　推土机助铲顺序示例

3. 缩短运土，回程和卸土的时间

铲运机行驶时间的长短，取决于其运行路线，行走阻力和行走速度。为了减少运土和回程的行走时间，在确定运行路线时，应尽可能缩短运距，减少转弯次数，并尽量使空车转弯、空车上坡，尽可能采用高速挡。运土道路的行走阻力是用滚动阻力系数来表示的，其数值随道路的种类和状态不同，有很大的差别。表 9-2 列出了几种道路状态的滚动阻力系数的参考数值。由表可见，同样的道路，养护得好坏，其滚动阻力系数是相差很大的。因此，在施工中经常注意保持运土道路处于良好状态，保证铲运机特别是自行式铲运机安全高速行走。

道路状态与滚动阻力系数　　表 9-2

道 路 状 态	低压轮胎车辆（N/t）	履带车辆（N/t）
铺路面的，或维护得好、相当于有路面标准的道路	200	300
路面状态良好的碎石路，且洒水维护得相当好	300	350
路面状态不太好，尘土多，维护得也少	750	700
路面松软，会产生车辙，而没有维护	750	700
由于车辙而有明显的凸凹不平，而且没有维护	900	800
压实不良的砾石质土路或砂土路	1200	900
松软的黏质土、黏土等形成的路，车辆经过的次数很多而稠度指数很低时，就会成为泥泞状态	1600	1100

注：1. 本表是平坡的数值。

2. 稠度指数是土的液限和天然含水量的差与塑性指数的比。

4. 提高铲土斗充满系数

不同的土和不同的铲装方式都影响充满系数。要提高充满系数，可采取的措施有：

（1）铲运Ⅲ类及以上土时，应采用松土机或爆破方法进行预松；

（2）在铲运机上加装松土齿，利用回程行驶时进行松土；

（3）根据土的性质和地形情况，采用合理的铲土方式；

（4）采用顶推助铲的措施，这是提高铲土充满系数最有效的方法。

提高时间利用系数和缩短作业循环时间，其措施和推土机相同。

5. 避免运土过程中土的损失

铲运机在运土途中如漏失土，对运输道路和运输生产率的影响很大，除要求铲运斗关闭严密外，应注意平稳操作，避免机身摇晃和紧急制动。

四、铲运机合理操作技术与安全使用注意事项

为了保证铲运机工作顺利进行，必须按操纵规程进行作业。

(1)铲装和卸铺时，禁止使用减震装置，运土和返程时使用减振式连接装置，可以提高作业效率，改善操作性，提高舒适性和安全性；可使机械部件少受冲击负荷，从而延长其寿命，减少停机时间和修理费用；可在一定程度上防止运土道路形成搓板路，节省养路时间和费用；可以在长距离运土时，容易达到并保持其较高的运行速度；某些结构件可以铸代焊，减少焊接应力以提高强度。

(2)铲运机在取土和卸土时，必须直线前进。助铲时应有助铲装置，助铲推土机应与铲运机密切配合，尽量做到等速助铲，平稳接触，助铲时不准硬推。

(3)根据工作地点地形条件及平面图、先制定铲运机作业行走路线，转弯处应尽可能少。转弯处最好是在回程中，以利机械行驶。

(4)工作段的长度不得小于装满铲斗所必须走的长度(30m 左右)。卸土段的长度应足使铲斗到达终点前将铲斗卸空，运土距离应经济。

(5)应清除铲运机作业地点与道路上的金属、石块、木柴等杂物，取土和卸土间的道路须修平。铲运机在工作时，如发现土壤中有石块或障碍物，必须立即排除。

(6)铲斗铲土及装土时，所经路线应尽量先用向下的斜坡，这样可以减小铲装阻力，降低功率消耗。

(7)铲运机驾驶员必须了解且掌握铲运机性能、操作规程，明确工作地的工作条件(土质、地形、运输距离等)，根据工作条件选择不同车速，以防铲运机过载。一般情况下，用Ⅰ挡进行铲土、装土。在运土和卸土时，根据运行地区之坡度大小可挂Ⅰ挡或Ⅱ挡速度工作，空车返回可用Ⅳ挡以上速度。无论任何作业铲运机的功率都应充分利用。

(8)在铲运机工作期间禁止进行润滑、调整等维修工作。在铲运机发生事故时，禁止开动使用。

(9)铲运机工作时不得有人穿过铲运机之间，不准站在铲运机旁或机架上工作。铲运机未熄火时，驾驶员不准离开铲运机。

(10)禁止在只有链环悬挂的铲斗下作业。如必须在铲斗下工作，则铲斗须用枕木或垫块支撑。铲运机铲斗在未固定于运输状态时禁止行走或运转。修理斗门或在铲斗下作业时，必须先将铲斗提升后用销子或固定链条固定，再用撑杆将斗身顶住，使轮胎处于制动状态。

(11)为避免铲运机倾倒或一侧轮胎受力过大，纵向坡度超过 10°或横向坡度超过 8°的地区，不允许铲运机工作。

(12)绝对禁止铲运机斜坡向下时后退卸土。铲运机在上坡道工作时，必须留心铲刀入土深度，不得过载作业。上下坡时均应挂低速挡行驶。下坡不准空挡滑行，更不准将发动机熄火后滑行。下大坡时，应将铲斗放低或拖地。在坡道上不得进行保修作业，在陡坡上严禁转弯、倒车或停车。斜坡横向作业时，须先填挖，使机身保持平衡，并不得开倒车。

(13)禁止铲运机在积水的黏土中或多雨的天气下工作。

(14)铲运机驾驶员应注意软管及连接处是否完好，软管断裂时应立即停止工作。

(15)两机同时作业时，拖式铲运机前后距离不得小于 10m，自行式铲运机不得少于 20m。平行作业时，两机间隔不得少于 2m。

(16)自行式铲运机的差速器锁，只能在直线行驶遇泥泞路面时作短时间使用，严禁在差

速器锁住时拐弯。

(17)铲运机在运输过程中,分配阀操纵手柄应放在中立位置,将铲斗用挂钩或链环固定,若道路较远,道路不好.还须用钢丝绳捆扎加强保险,以防铲运机降落。

(18)作业后应停放在平坦地面上,并将铲斗落到地面上,液压操纵式的应将操纵杆放在中间位置。确保安全后,再进行清洁、润滑工作。

第四节　平地机运用技术

一、概述

平地机是一种以刮刀为主,并配置有其他多种可更换的作业装置,以完成土地平整和整形作业的施工机械。平地机的刮刀比推土机的铲刀使用更灵活,它能连续改变刮刀的平面角和倾斜角,并可使刮刀向任意一侧伸出。平地机是一种多用途的连续作业式土方机械。

目前国内生产的平地机采用全轮转向,机动灵活,转向轮装有倾斜装置,工作时可提高平地机受侧向载荷时的稳定性。

平地机在公路施工中可以进行路基基底处理,完成草皮或表层剥离;从路线两侧取土,填筑高度小于1m的路堤;整修路堤的断面;旁刷边坡;开挖路槽和边沟;在路基上拌和、摊铺路面基层材料。平地机可以用于整修和养护土路,清除路面积雪。在机场和现代交通设施建设中的大面积、高精度的场地平整工作中,更是其他施工机械所不能代替的。

平地机在作业过程中空行程时间只占15%左右,具有作业范围广、操纵灵活、控制精度高等特点,因此,有效作业时间明显高于装载机和推土机,是一种高效的土方施工作业机械。

二、平地机基本作业功能和作业方法

平地机有多种作业能力,因为它的刮刀能在空间完成6个自由度的运动,即沿空间坐标轴x、y、z的移动和转动可实现:

(1)刮刀左侧提升与下降;

(2)刮刀右侧提升与下降;

(3)刮刀回转;

(4)刮刀侧移(相对于回转圈左移和右移);

(5)刮刀随回转圈一起侧移,即牵引架引出;

(6)刮刀切削角的改变。

这6种动作可以单独进行,也可以同时进行。

刮刀的刀刃与切削平面构成的夹角称为刮刀的切削角,刮刀水平面与纵轴线所成的夹角称为平面角(亦称刮土角),倾斜角是指刮刀在垂直平面内倾斜的角度。上述角度都可根据需要通过操纵杆来实现。刮刀的侧伸是指将刮刀向一侧伸出,若侧伸距离短,只要使用刮刀移动操纵杆即可达到。若需要侧伸距离较长,就要调整刮刀移动油缸活塞杆的固定位置。侧引倾斜是将刮刀引出至平地机的一侧,以便进行刮坡作业。

1.平地作业

平地机的平整场地作业有多种方式,如图9-20所示。

1)正铲平整作业

刮刀垂直于平地机的纵向轴线,平地机直线前进完成平整作业。刮刀以较小的入土深度和最大的切削宽度状态工作(图 9-20a)。

2)刮土和移土作业

平地机斜身直行时,将刮刀置于与前进方向呈某一角度,则刮起的土被移至一侧。这种作业方式可根据作业需要,使刮刀作不同程度的回转(图 9-20b)。对于全轮转向的平地机也可将前后轮向同一侧偏转,使机械在车身倾斜的情况下作业。

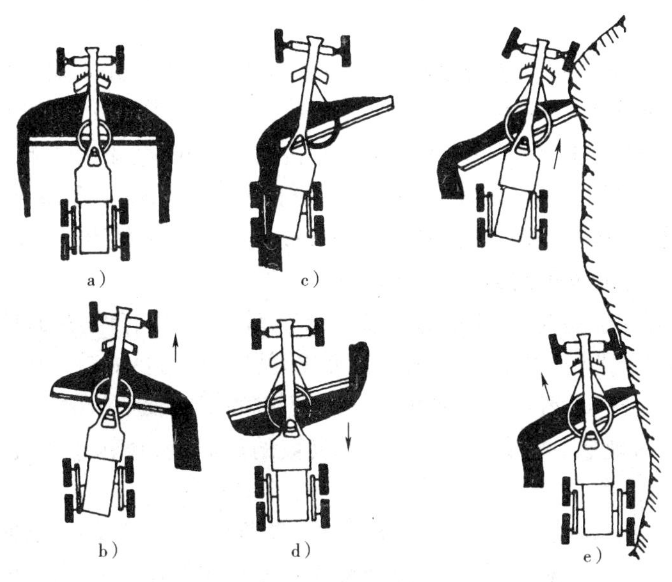

图 9-20　平地机平地作业

a)直线平地;b)斜身刮和移土;c)斜身直行移土;d)退行平地;e)曲折边界平地

3)斜身直行移土

牵引架侧摆,引出刮刀,可对机械侧边较远地方加以平整(图 9-20c)。

4)退行平地

刮刀回转 180°,平地机可在不需调头的状态下实现往返作业。尤其在场地受限的地方,更显得这种作业方式的高效和优越(图 9-20d)。

5)曲折边界平地

如果被平整的平面的边界是不规则的曲线状,驾驶员可以通过同时操作转向和刮刀的收进或伸出,机动灵活的沿曲折的边界进行作业(图 9-20e)。

2. 挖沟及刮坡作业

平地机的挖沟及刮坡作业如图 9-21 所示。

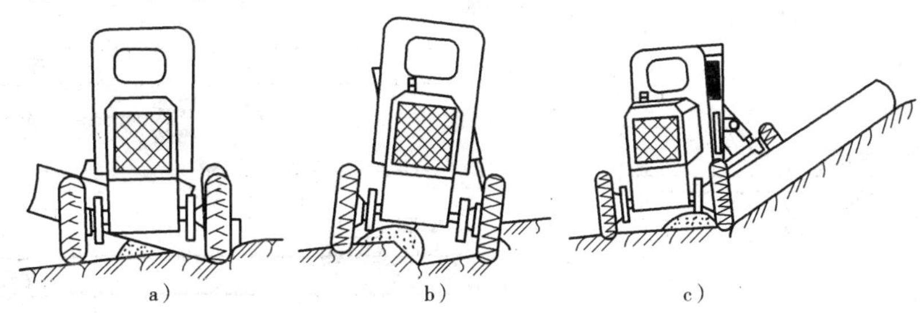

图 9-21　挖沟和刮坡作业

a)挖沟作业;b)清理沟底;c)刮边坡

1)挖沟作业

刮刀侧倾一定角度,利用一角进行开沟(图9-21a)。

2)清理沟底

刮刀斜置,进行沟底的清理(图9-21b)。

3)刮边坡

修筑路堤边坡时,刮刀侧向伸出并倾斜一定角度,进行边坡平整作业(图9-21c)。

3. 除雪

平地机可用于高速公路、专用公路、普通公路、山区砂砾石公路以及大型停车场的除雪作业,清除一般厚度的新降雪、压实雪。若利用平地机上的松土器或安装的破冰装置,还可清除冻结雪和冰辙。平地机进行除雪作业时,通常只占用一个车道,不会影响其他车道的交通秩序。清雪前进时,正常积雪为浮雪时,可使平地机行驶时速为30~35km/h之间,此速度除雪效果最佳;当积雪为略硬厚雪时(厚度约为2cm),最佳行驶速度为20~30km/h;当积雪厚度为3cm以上,此时最佳行驶速度约为10km/h。

清除匝道、互通区积雪时,由于匝道、互通区多为坡路,不仅有纵坡,而且还有横向坡度,因此,既要将积雪清除干净,又要不伤及路面,就要求驾驶人员有良好的驾驶技术及科学的除雪方法。如匝道积雪已压实,清除上坡的积雪时,由于雪的阻力及坡道的原因,会出现牵引力小刮不动压实的积雪的现象,此时应把平地机开到坡的最高处,掉转车头方向,从高处向低处刮雪。

目前多数大中型平地机设有铰接转向机构,转弯半径较小,能适应公路弯道、山区道路等作业面边界呈曲线状路段的除雪作业。驱动桥装有无滑转差速器的平地机,还可以有效地防止打滑丧失牵引行走能力。

切削角的大小应根据冰雪的性质、状态和厚度来确定,一般切削角可取50°~70°。清除松软的新降雪时,切削角可稍大些;清除压实雪或冻结雪时,需用较小的切削角。在铲雪过程中,刮刀切削刃口磨损很快,要及时微调切削角,以保持用锐利的刃口去破除冰雪。

平地机的平面角α(图9-22)增大时,铲雪宽度b减小,刮刀单位铲雪宽度上的切削力增大,可将积雪或冰侧移输送出路面的能力提高。一般平地机平面角可取40°~50°,清除薄雪时,平面角可稍小些,增大铲雪宽度;清除压实雪或厚积雪时,应选用较大的平面角。

当路幅(如双向4车道、双向6车道公路)较宽、降雪量较大,或为了尽快清除路面积雪和缩短对交通的影响时间,可采用联合除雪作业的方法,即通过2~3台平地机一次性将雪运移至路肩。除雪时,平地机按照超车道在前、行车道在后的顺序依次排开(如图9-23),前后两台平地机需保持安全的距离,以免堵塞交通。同时,前后两台平地机铲雪宽度应搭接30~80cm,使后一台平地机对准前一台平地机留下的雪堤。

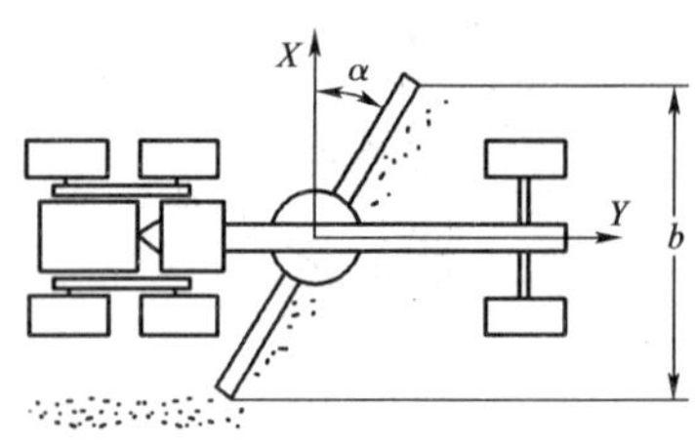

图9-22 平地机平面角运用示意图

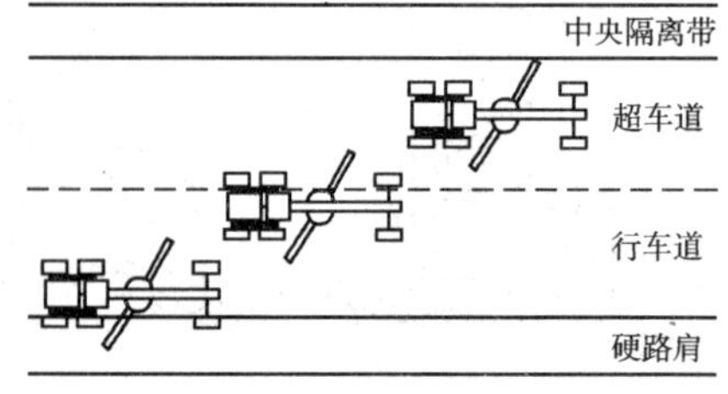

图9-23 平地机联合除雪作业图

平地机若配有松土器，则可先用松土器将冻结雪或冰辙犁松后，再用刮刀将其铲除。或者在平地机刮刀上每间隔一段距离安装一把破冰刀片（如图9-24），以刺破并翻松坚硬的冰雪，同时用刮刀清除。在利用松土器或破冰刀片进行破冰除雪作业时，必须由熟练的驾驶人员来操作平地机，并降低作业速度，避免刀片划伤路面或铲掉道路标线。

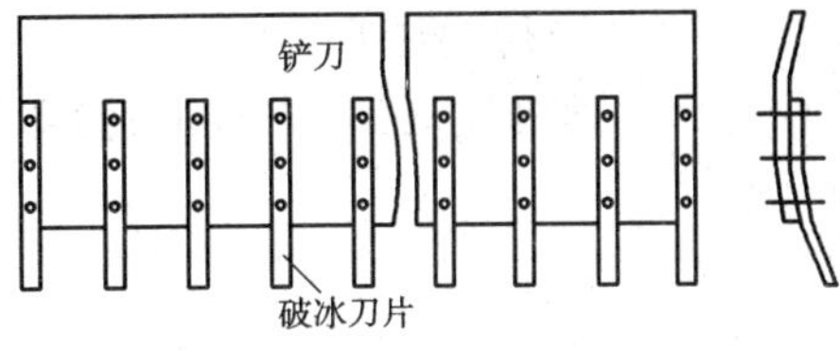

图9-24 刮刀上安装破冰刀片结构示意图

高速公路的分道标线为15～20mm宽、5 mm厚，如清雪时从标线上刮过，不仅会刮坏标线，减少其使用寿命，而且也因为标线具有厚度，使平地机刮刀忽高忽低，有一部分雪刮不干净，影响到刮雪的效果。因此，除雪的时候，尽量在两标线之间刮雪。

在进行道路除雪前，应对作业路段冰雪的性质、状态和数量，以及路面设障和不平整情况有所了解，使平地机除雪作业时，采取恰当的除雪方案和除雪参数（如切削角和平面角）。

三、平地机合理操作技术

1. 刮刀切削角调整合适

对于不同的作业，应改用刮刀的切削角，可以提高生产效率。以推土作业为主时，应用较小的切削角（40°），摊铺及平整作业时，应用较大的切削角（60°）。

2. 调整松土齿的切削角

松土齿与路面的夹角称为松土齿的切削角。坚硬土层采用大切削角，效果较好。

3. 调整刮刀的平面角

根据作业种类的不同，相应地改变平面角，可以提高作业效率。利用平面角，可以把堆积在刮刀前面的材料向左或向右方推移，从而起到减小机械行驶阻力的作用。最佳平面角应根据材料的种类、切削面的状况、作业方式的不同而异，不能保持不变。一般当切削层硬度大时，为了减小切削阻力，应采用较大的平面角。进行摊铺作业时，为减少材料的纵横流失，应采用较小的平面角。不同的平面角，具有不同的作业宽度。

4. 在平地机上安装刮刀自动调平装置

安装有自动调平装置的平地机在建设施工中使用，取得良好的效果。自动调平装置的结构及其工作原理，与沥青摊铺机熨平板自动调平装置相同，可以直接用沥青摊铺机的自动调平装置来控制平地机的刮刀。

四、平地机安全使用注意事项

1. 作业前的准备

（1）详细了解使用内容和施工技术要求，并详细检查作业区内各种桩号的所在位置。

（2）检查平地机四周有无障碍物及其他危及安全的因素，并让无关人员离开作业区。

（3）检查各连接部件的紧固情况。应特别注意车轮轮毂、传动轴等处的连接螺栓有无松动。

（4）操纵手柄、变速器操纵杆必须置于空挡位置，其他各手柄均置于中间位置。

（5）检查转向装置和制动装置是否灵活可靠。

（6）检查各仪表、灯光、喇叭等信号装置是否正常。

（7）检查液压系统是否完好。

（8）将刮刀、齿耙等作业装置置于运输状态，并检查其是否完好。

(9)铰接式平地机应检查铰接转向装置是否完好。

(10)检查轮胎是否完好,气压是否符合规定标准。

2. 作业与行驶要求

(1)平地机发动后,先挂低速挡轻踏加速踏板缓驶,待确认各部一切正常后方可升挡行驶。

(2)行驶在平坦道路上可用高速挡,行驶在条件较差的道路或坡道时宜用低速挡,作业时均采用低速挡。

(3)平地机机身长,轴距大,转弯半径较大,在调头和转弯时,应使用低速挡;在正常行驶时,须用前轮转向,只有在场地特别狭小时才允许使用后轮转向。小于平地机最小转弯半径的地段,不得勉强转弯。在曲折的工线上,可以利用全轮转向,机动灵活地进行工作。

(4)平地机在低速行驶或改变行驶方向时,一般应停车换挡,高速行驶可在行进中换挡。

(5)下坡时须挂挡,禁止空挡滑行。禁止平地机拖拉其他机械,特殊情况也只能以大拉小。

(6)行驶时,必须将刮刀与齿耙升到最高处,并将刮刀斜置,刮刀两端不得超出后轮外侧。平地机在公路上行驶时,应严格遵守交通规则,中速行驶。平地机自重大,制动距离长,高速行驶时要提高警惕,出现险情时应及早制动。

(7)制动时要先踩下离合器踏板,在变矩器处于刚性闭锁状态时,不能用制动器。

(8)不论作业或行驶,都应随时注意各仪表的读数是否正常,变矩器油温超过120℃时,应及时停车,待油温下降后再继续运行。

(9)操纵刮刀引出杆,可以将刮刀引出,对机械侧边较远的地方加以平整。将刮刀斜置,用刮刀前端着地即可进行挖沟作业。修边坡时,应根据边坡坡度调整刮刀倾斜度。

(10)用齿耙破碎旧路基、摊铺石子等作业,遇到较大阻力时,可以减少齿数。遇到土质坚硬需用松土器翻松时,应慢速逐渐下齿,以免折断齿顶。不准使用松土器翻松石渣路及高级路面,以免损坏机件或发生其他意外事故。

3. 作业后的要求

(1)应将平地机停放在平坦安全的地方,不得停放在坑洼有水的地方或斜坡上。

(2)停放时,应将所有作业装置落地或刚性固定。

(3)停机后,如需升起作业装置进行保修作业,该装置必须被牢固固定。

(4)停机后,必须将铰接式平地机的铰接转向机构锁定。

(5)每天完成作业后,清除附留在机身上的泥土、杂物,并进行例行维护工作。

第五节　单斗挖掘机运用技术

一、概述

挖掘机是土方工程机械化施工的主要机械,由于它的挖土效率高、产量大,能在各种土壤(包括厚度在400mm以内的冻土)和破碎后的岩石中进行挖掘作业,如开挖路堑、基坑、沟槽和取土等,还可更换各种工作装置,进行破碎、填沟、打桩、夯土、除根、起重等多种作业,在建设施工中得到广泛应用。

挖掘机根据行走装置的传动形式分为全液压式、半液压式。根据不同的行走方式等又可分为履带式、轮胎式、汽车式和悬挂式。按作业特点分为周期性作业式和连续性作业式两种，前者为单斗挖掘机，后者为多斗挖掘机。建筑型单斗挖掘机多为小型挖掘机，斗容量一般在 $2m^3$ 以下。近年来也有斗容量在 $2 \sim 6m^3$，自身质量达 200t 的建筑型挖掘机出厂。单斗挖掘机多由一台柴油机驱动，行走装置有履带式和轮胎式两种，行驶速度快，能远距离自行转场，机体重心低，运行稳定性好。

履带式单斗挖掘机主要由工作装置、上部转台和行走装置三大部分组成。液压挖掘机与机械式挖掘机不同之处在于动力传递和控制方式，机械式挖掘机靠机械传动装置来传递动力，而液压挖掘机采用液压传动装置来传递动力，由液压泵、液压马达、液压油缸、控制阀及各种液压管路等液压元件组成。

液压式单斗挖掘机工作装置主要形式如图 9-25 所示，除常用的反铲和正铲外，还有抓斗，起重、松土和装载等多种形式。同种装置也有多种不同结构形式，以满足不同工作的需要，提高工作效率。

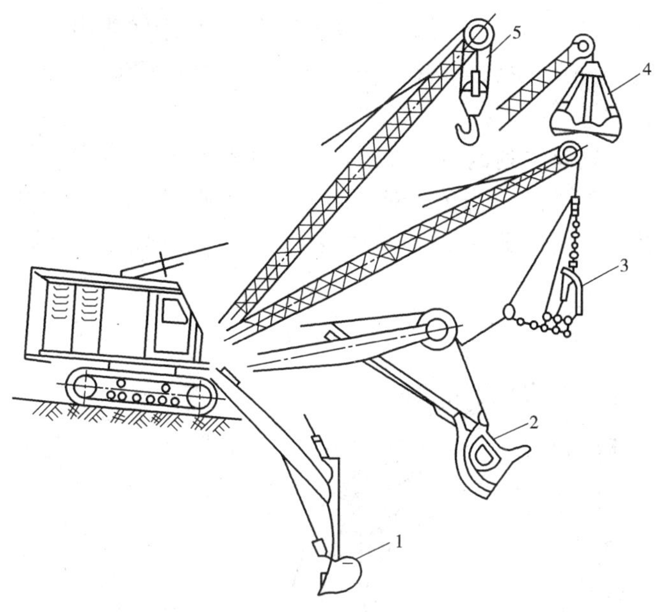

图 9-25　单斗挖掘机工作装置类型

1-反铲；2-正铲；3-拉铲；4-抓斗；5-起重

目前建设工程中运用最广泛的是单斗液压挖掘机，且以反铲（图 9-26 所示）的最为常见。因此，我们下面以反铲单斗液压挖掘机为例，对挖掘机的运用技术进行介绍。

二、挖掘机基本作业过程

1. 挖掘

1）铲斗挖掘

基本方法是动臂斗杆液压缸置于一定的位置不动，只操作铲斗油缸挖掘手柄，使铲斗转动切削土壤。

2）斗杆挖掘

动臂和铲斗油缸置于一定位置，然后操作斗杆油缸控制手柄，使斗杆连同铲斗一同转动切削土壤，用斗杆的拉力进行挖掘，必要时和铲斗的挖掘力复合作用。采用斗杆挖掘时，为了使挖掘阻力更小,更利于斗尖插入土层中,应使铲斗转至斗底线与斗尖推动轨迹圆成切线的位置,才不会产生铲斗切削角度过大或斗底挤压土的现象。

3)复合挖掘

铲斗油缸与斗杆油缸的配合动作进行挖掘。有采取两组液压缸顺序动作的挖掘方式,也有同时动作的挖掘方式。

2. 回转

回转过程是在铲斗装满后工作装置从挖掘面旋转到卸土地点的过程。这一过程要求铲斗底部一经离开挖掘面,便提升动臂(或同时调整斗杆油缸)与调整铲斗转角,以适应所要求的卸土高度。当铲斗回转接近装土车辆时,松开回转手柄,用回转制动器慢慢地制动住转台,并同时卸土。应当注意铲斗回转到装土车辆上空时,回转速度要慢(一般是惯性滑动),制动不能过猛,避免斗中石块抛洒出来砸在车辆上造成事故。

3. 卸土

当工作装置基本停稳后,翻转铲斗卸土。卸土操作时,要求铲斗中的土石卸下时的土堆中心对准车辆车斗中部。要特别注意掌握铲斗的卸土高度,切不可高抛高卸,以防砸坏车辆。

4. 返回

卸土完毕后,工作装置应立刻返回挖掘面。返回过程中,铲斗翻转,然后一边回转一边下降动臂(有时还要调整斗杆油缸),当铲斗对准第二次取土点时,应尽快调整好切削角,使铲斗切入土中,开始重复挖掘动作。返回过程采用复合动作,动作要协调,快而准确。如图 9-26 所示。

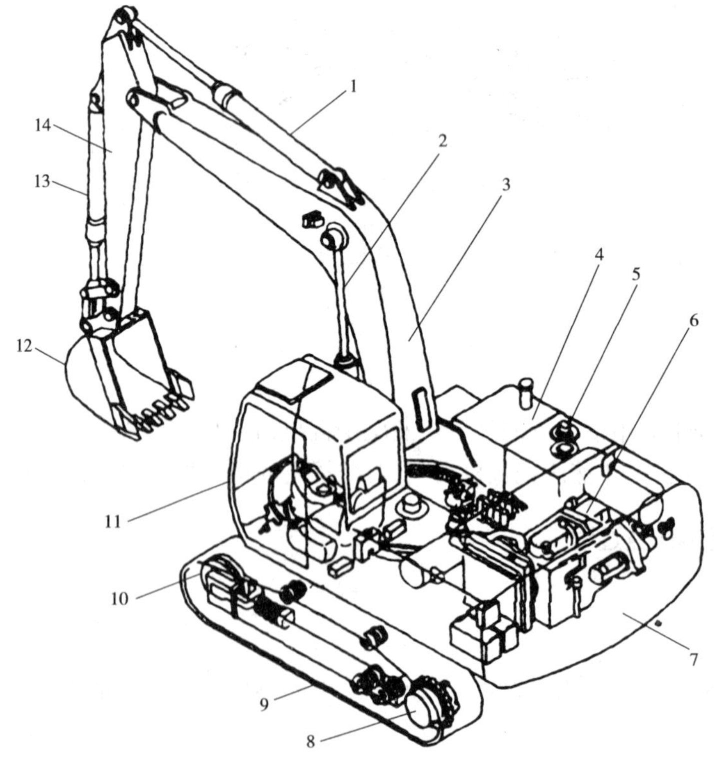

图 9-26 反铲单斗液压挖掘机

1-斗杆液压缸;2-动臂液压缸;3-动臂;4-燃油箱;5-液压油箱;6-发动机;7-配重;8-行走装置;9-履带;10-张紧轮;11-驾驶室;12-铲斗;13-铲斗液压缸;14-斗杆

三、挖掘机提高生产率的途径

1. 提高挖土斗容量

挖掘机的工作性能及挖土斗容量是根据挖掘坚硬土质设计的，如果土质比较松软而机械技术状况又良好时，可适当加大挖土斗容量。

装满挖土斗：

(1)保持挖土工作面适当高度，保证在最大切削深度下一次装满挖土斗；

(2)提高操作人员技术水平，能根据挖掘带高度和切削土层厚度的反比关系操作，力求一次装满，并减少漏损；

(3)当挖掘面较低，挖土斗装不满时，应挖装两次，务必装满后再回转卸土；

(4)应经常清除黏结在挖土斗上的余土。

2. 缩短挖掘循环时间

(1)根据挖土区具体情况，选择最佳的开挖方法和运行路线。采用自卸汽车装土时，运输路线应位于挖掘机侧面，尽量缩小挖掘机运土回转角。一般挖掘机作业回转时间占整个循环时间 1/2 以上，缩小回转角度以缩短循环时间，是提高生产率的有效方法。

(2)缩短卸土时间。自卸汽车应及时停放在卸土位置；挖土斗回转高度应适当，一般高于自卸汽车 0.5m 以上即可；挖土斗应准确停在车箱上方卸土后立即返回。

(3)做好配合工作。根据施工现场情况，用推土机或人工及时将余土推运出挖掘机作业范围内，经常修整场地和道路，为挖装和运输作业创造有利条件。

3. 提高生产率的操作技术

(1)根据作业的负载大小确定挖掘机作业形式。现代的挖掘机大部分都设有功率模式转换功能，表示重载工况时用“H”模式，标准工况用“S”模式，轻载工况用“L”模式，轻载、精细工作时的工况用“F ”模式。

(2)挖掘机与运输车辆配合作用时，所需车辆数，除与挖掘机、汽车的性能有关外，同时与运输距离、道路状况、驾驶员的素质有关，另外也与平整和压实机械的能力有关。因此应合理配套施工机械，使参加施工的机械发挥最大效能。

(3)在挖掘过程中要求装满斗的时间要短，因此，必须落斗合理，增加切削厚度和提高挖掘的速度。增加切削厚度对挖掘阻力的影响不大；但提高挖掘速度会大大增加挖掘阻力。

(4)挖掘时，动臂和斗杆的角度、铲斗斗齿和地面的角度应在合适的范围内，同时使用动臂和铲斗进行挖掘，能提高挖掘效率。

(5)进行装载作业时，机体应处于水平稳定位置，否则回转卸载难以准确控制，从而延长作业循环时间。尽量进行左回转，这样做视野开阔、作业效率高，同时要正确掌握旋转角度，以减少用于回转的时间；卡车位置应比挖掘机低，以缩短动臂提升时间，且视线良好。

(6)作业时，机械的稳定性不仅能提高工作效率，延长机械寿命，而且能确保操作安全(把机械放在较平坦的地面上)。履带在地面上的轴距总是大于轮距，驱动链轮在后侧比在前侧的稳定性好，且能够防止终传动遭受外力撞击，所以朝前工作稳定性好。要尽量避免侧向操作，保持挖掘点靠近机械，以提高稳定性和挖掘性。假如挖掘点远离机械，造成因重心前移，作业就不稳定。侧向挖掘比正向挖掘稳定性差，如果挖掘点远离机体中心，机械会更加不稳定，因此挖掘点与机体中心应保持合适的距离，以便操作平衡、高效。

4. 特殊条件下的使用技术

(1)当挖掘机进行碎石作业或在可能会有石头掉下来的地方作业时，应有驾驶室防护罩，同时戴上安全帽。

(2)避免在峭壁或者在有倾覆危险的软地面上作业。当不可避免地要在峭壁或软地面上作业时，为保证下车容易，需使履带与作业地边缘保持垂直和行驶液压马达操纵放在后退位置。当在软地面上工作时，在地面上设置垫板或木板以防机械下沉。沼泽地区必须先作路基处理或更换专用的履带板。

(3)吊装作业时要考虑挖掘机功率，载荷的重量和宽度。吊装物件不要超过机械起吊能力，否则会损坏机械和造成安全事故。液压挖掘机进行吊装操作前，应确认吊装现场周围状况，使用高强度的吊钩和钢丝绳，吊装时要尽量使用专用的吊装装置，作业方式应选择微操作模式，动作要缓慢平衡；吊绳长短适当，过长会使吊物摆动较大而难以精确控制；要正确调整铲斗位置，以防止钢丝绳滑脱；施工人员尽量不要靠近吊装物，以防止因操作不当发生危险。

(4)在斜坡上作业很危险，因此避免机械在超过10°的坡度上作业。如果一定要在斜坡上作业，则应平整后再操作机械。在斜坡上旋转机械有倾翻的危险。当铲斗有负荷时更不能在斜坡上旋转机械，因为此时机械可能会失去平衡。

(5)斜坡上的行驶(图9-27)。

①确定行走液压马达在正确的位置，保证行驶手柄操纵正确。

②将铲斗降到距地面20～30cm，在紧急情况下它能用于制动。

③如果机械开始滑移或失稳，立即降低铲斗使机械制动。

④当在斜坡上停车时，使用铲斗作为制动同时在履带后放一块东西以防滑移。液压油温低时机械在斜坡上不能有效行驶，因此当机械要在斜坡行驶时，需进行暖机操作。

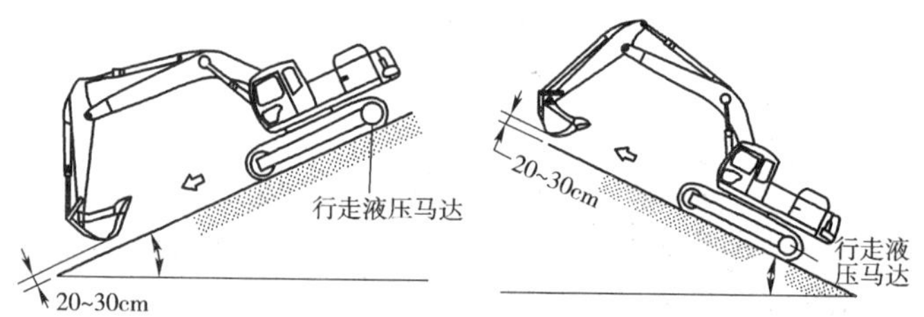

图9-27 斜坡上的行驶

挖掘机在斜坡上行走时转向是危险的，必须要在斜坡上转向时应在无凸凹和硬地面上进行。机械在斜坡上行走时，有制动限速阀防止溜坡，使机械不超过最大行走速度。当机械长时间停留在斜坡上时，行走制动必须进一步采取措施，确保安全。一般不允许机械在斜坡上长时间停留。

(6)在斜坡上斜向行驶会引起倾翻和滑动，应尽量避免。

(7)在水中作业或通过浅水时，要检查河床土壤条件、水的深度和流速，要使水面不超过履带托链轮中心才可工作。如果水平面较高，回转支承内部将因水的进入导致润滑不良，发动机风扇叶片受水击打导致折损，电器线路元件由于水的侵入发生短路或断路。当通过障碍物或不平地面时要慢速行驶。

(8)湿地行驶。在软土地带作业时，应了解土壤松实程度，并注意限制铲斗的挖掘范围，防止滑坡、塌方等事故发生以及车体沉陷较深。

①在可能的情况下，尽量使机械向前运动。

②在湿地操作时注意不要超过能被拖行的深度。

③当不能行驶时，降低铲斗，使用大臂和斗杆推动机械。同时操作大臂，斗杆和行驶手柄

以防止机械下陷。

(9)在装卸岩石等较重物料时,应靠近卡车车厢底部卸料,或先装载泥土,然后装载岩石,禁止高空卸载,以减小对卡车的撞击破坏。

(10)拖行机械。按图9-28所示正确地把钢丝绳绑于车架上后用别的机械拖行。在车架上绑钢丝绳时,在钢丝绳与车架的接触处放支撑物以免损伤机械。只用拖行环拖行机械会造成环的破裂。

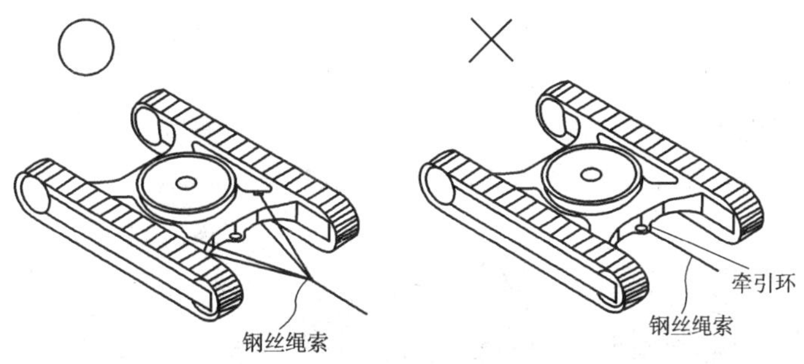

图9-28 挖掘机的拖行

(11)破碎作业。首先要把锤头垂直放在待破碎的物体上。开始破碎作业时,抬起前部车体大约5cm,破碎时,破碎头要一直压在破碎物上,破碎物被破碎后应立即停止破碎操作。破碎时,由于振动会使锤头逐渐改变方向,所以应随时调整铲斗油缸,使锤头方向垂直于破碎物体表面。当锤头打不进破碎物时,应改变破碎位置,在下方持续破碎不要超过1min,否则不仅锤头会损坏,而且油温会异常升高。对于坚硬的物体,应从边缘开始逐渐破碎。严禁边回转边破碎、锤头插入后扭转、水平或向上使用液压锤和将液压锤当凿子用。

四、挖掘机合理操作技术

1. 挖掘机工作装置操作方法

液压挖掘机的作业循环中每一个步骤中都有可能有复合动作,如铲斗转动和斗杆收放,动臂升降和转台回转。大多数液压挖掘机都采用双手柄,以便于各种复合动作。挖掘机工作装置基本作业如图9-29所示。左控制手柄控制斗杆和旋转,右控制手柄控制动臂和铲斗,松开控制手柄时,控制手柄自动回到中位。

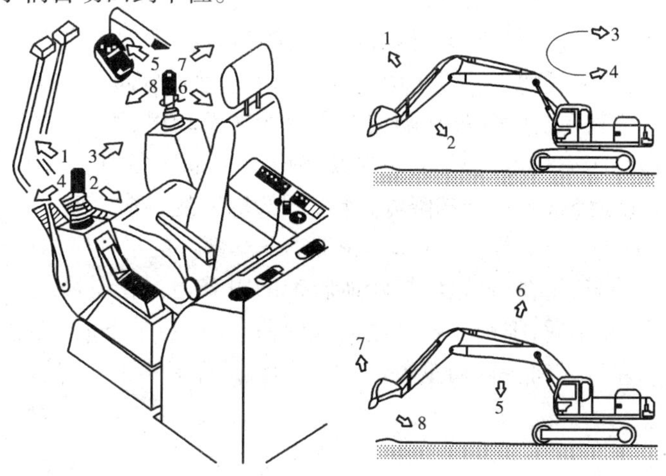

图9-29 挖掘机工作装置操作方法

左控制手柄:1. 斗杆伸出;2. 斗杆缩进;3. 右旋;4. 左旋。

右控制手柄:5. 动臂下降;6. 动臂上升;7. 放斗;8. 收斗。

例如操纵右手柄到6 位置动臂上升,操纵右手柄到5 位置动臂下降。若按45°方向操纵手柄,将会引起相应的两个动作同时进行,例如操作右手柄沿 5、7 的 45°方向移动,则动臂上升,铲斗下翻转。

2. 挖掘机的行走

全液压挖掘机的行走与制动器松开是由并联于左右行走液压马达的梭阀控制的。若左右行走踏板(拉杆)向前或向后踏下,行走制动器则自动松开,并开始前进或后退。标准的行走位置是张紧轮在挖掘机的前部,行走液压马达在后部,如果位置相反则行走踏板的控制作用将相反。行走前一定要核实行走液压马达的位置。挖掘机转向方法如图 9-30 所示。

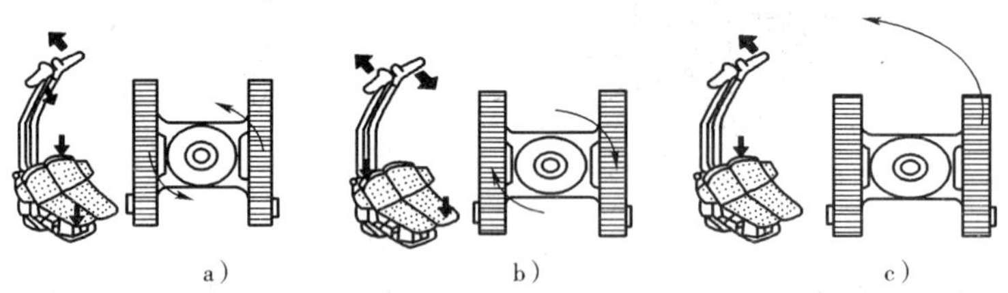

图 9-30 挖掘机转向方法

a)逆时针转向;b)顺时针转向;c)用单边履带转向

(1)向前直线行走:用脚尖同时踏下两个踏板的前部或向前推两个行走杆。

(2)向后直线行走:用脚跟同时踏下两个踏板后部或向后拉两个行走杆。

(3)逆时针旋转:如图 9-30a)所示,用脚尖踏下右踏板前部,同时用脚跟踏下左踏板后部;或向前推右行走杆,向后拉左行走杆。

(4)顺时针旋转:如图 9-30b)所示,用脚跟踏下右踏板后部,同时用脚尖踏下左踏板前部;或向前推左行走杆,向后拉右行走杆。

(5)用单边履带转向:如图 9-30c)所示,用脚尖踏下右踏板前部,向左前方转向;用脚尖踏下左踏板前部(行走杆也可完成),向右前方转向。为了保护履带部件尽量避免向后转向。

行走时动臂应和履带平行,回转台应止住,铲斗离地面 1m 左右;下坡应低速行驶,禁止变速和滑行。

正确的行走操作:挖掘机行走时,应尽量收起工作装置并靠近机体中心,以保持稳定性,把终传动放在后面。要尽可能地避免驶过树桩和岩石等障碍物,防止履带扭曲;若必须驶过障碍物时,应确保履带中心在障碍物上。过土墩时,必须始终用工作装置支撑住底盘,以防止车体剧烈晃动甚至翻倾。应避免长时间停在陡坡上怠速运转发动机,否则会因油位角度的改变而导致润滑不良。机械长距离行走,会使支重轮及终传动内部因长时间回转产生高温,机油黏度下降和润滑不良,因此应经常停机冷却降温,延长下部机体的寿命,禁止靠行走的驱动力进行挖土作业,否则过大的负荷将会导致终传动、履带等下车部件的早期磨损或破坏。

上坡行走时,应当驱动轮在后,以增加触地履带的附着力。在斜坡上行走时,工作装置应置于前方以确保安全,停车后,把铲斗轻轻地插入地面,并在履带下放上挡块。在陡坡行走转弯时,应将速度放慢,左转时向后转动左履带,右转时向后转动右履带,这样可以降低在斜坡上转弯时的危险。

3. 挖掘时注意事项

首先要确认周围状况。回转作业时,对周围障碍物、地形要做到心中有数、安全操作;作业时，要确认履带的前后方向，避免造成倾翻或撞击；尽量不要把终传动面对挖掘方向，否则容易损伤行走液压马达或软管；作业时要保证左右履带与地面完全接触，提高整机的动态稳定性。挖掘时注意事项如图 9-31 所示。

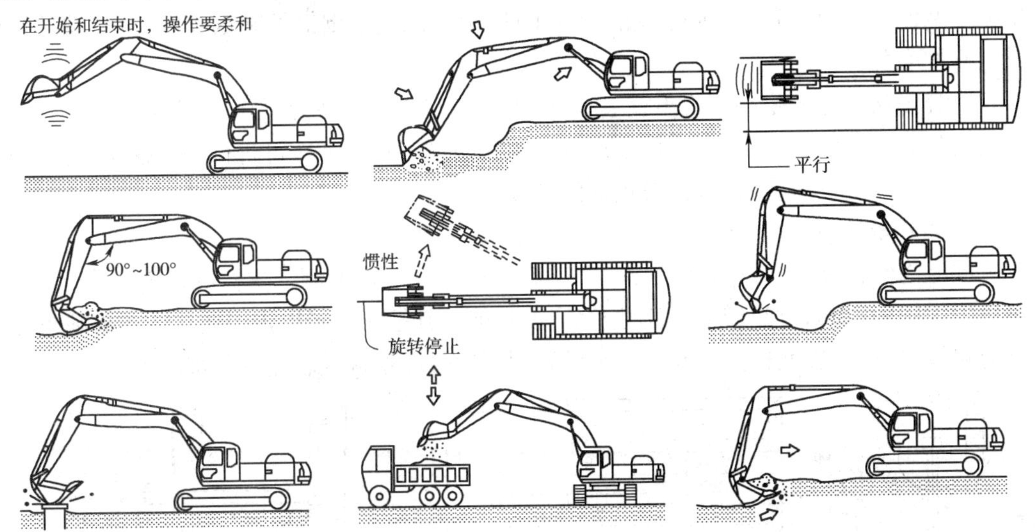

图 9-31　挖掘注意事项

(1)当降低和提升动臂时，在开始和结束的时候操作要柔和。尤其在动臂降低时的突然停止会伤害机械。

(2)把铲齿的顶部对准挖掘方向可以降低挖掘阻力和铲齿的磨损。

(3)挖沟时使履带和沟保持平行，挖掘时不要旋转。

(4)挖掘时使大臂和斗杆的角度保持 90°~110°，这样可以获得最大的挖掘力。铲斗斗齿和地面保持 30°角时，挖掘力最佳即切土阻力最小；用斗杆挖掘时，应保证斗杆角度范围在从前面 45°角到后面 30°角之间。同时使用动臂和铲斗，能提高挖掘效率。

(5)机械工作时在油缸行程两端留一小的安全区域。液压缸内部装有缓冲装置，能够在靠近行程末端逐渐释放背压；如果在到达行程末端后受到冲击载荷，活塞将直接碰到缸头或缸底，容易造成事故，因此到行程末端时应尽量留有余隙。

(6)当从铲斗中卸土时，使铲斗到倾卸位置，斗杆水平。当倾卸比较困难时操作铲斗手柄 2 到 3 次。倾卸时不要使用斗齿撞击。

(7)旋转停止时要考虑手柄回到中位后由于惯性引起的旋转滑移距离。

(8)不允许用挖掘机的工作装置去撞击别的物体。撞击力可能会使机械受到弯扭损伤，会造成回转支承不正常受力状态，同时会对底盘产生较强的振动和冲击，使液压缸或液压管路产生较大的破坏。也不准用回转机械方式使铲斗破碎坚固物体，禁止用挖掘机动臂拖拉位于侧面的重物。

(9)不要用铲斗去破碎坚硬的物体，比如混凝土或石头等。这样可能会使铲齿或销断裂，或使大臂弯曲。必须挖掘时，应根据岩石的裂纹方向来调整机体的位置，使铲斗能够顺利铲入，进行挖掘；把斗齿插入岩石裂缝中，用斗杆和铲斗的挖掘力进行挖掘(应留心斗齿的滑脱)；未被碎裂的岩石，应先破碎再使用铲斗挖掘。

4. 全液压反铲挖掘机开挖的基本方法

1)沟端开挖法(图 9-32)

挖掘机沿着沟端逐渐倒退。当挖窄沟时，装载车辆可停在沟侧，动臂只要回转 44°～45°即可卸料。如果所挖的沟宽为机械的最大挖掘半径的 2 倍时（即在机械每停置一处在 180°的回转范围挖掘），装载车辆只能停置在挖掘机侧面，工作装置要作 90°回转才能卸料。此方法在挖掘更宽的沟渠时，可分段进行，如图 9-32b）所示。机械在倒退挖到尽头后，由该端转换位置反向开挖毗邻一段。

这种分段法每段的挖掘宽度不宜过大，以车辆能在沟侧行驶为原则，这样可减少每一工作循环所用的时间，从而大大提高机械生产率。因为机械每移位一次可进行多次挖掘，这样做耗用于移位的时间要少得多，并可挖成较陡的沟坡。

2）沟侧开挖法（图 9-33）

机械沿沟侧行驶，装载车辆停在沟端，以后就只能停置在沟侧。这样机械需要作 90°回转卸料，每一循环所用的时间较多，每次挖掘宽度只能在其挖掘半径以内。此法的主要缺点是机械沿沟侧行驶，沟的边坡较大。此方法也可采用逐段分次挖掘成较宽的基坑。

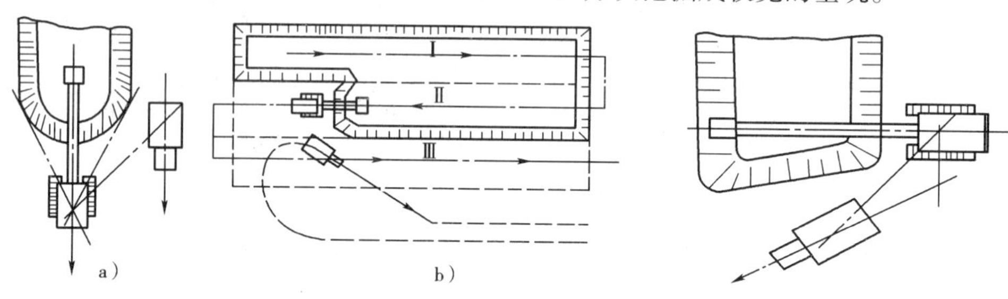

图 9-32　反铲挖掘机沟端开挖

a）沟端开挖；b）分段开挖

图 9-33　沟侧开挖法

反铲工作面有正挖掘工作面和侧挖掘工作面两种，还可以挖掘垂直基坑和修整边坡。挖掘作业时为保证挖掘作业的合理性和科学性，应注意：

（1）根据机型的作业条件设计工作区域范围；

（2）停机位置应保证每次挖掘满斗率高，铲斗行程小，并尽可能减少移机次数；

（3）合理确定运输车辆的停置点，它将决定每一挖掘循环的回转角，直接影响工作周期和生产率；

（4）合理安排工作的推移路线或挖掘面的开挖顺序，充分利用工作面的宽度和高度；

（5）铲斗一般要从挖掘面的根部开始挖掘，并尽量用铲斗挖掘，一定要通过铲斗转动来调整切削角和装满斗。

3）平整作业

斗杆放置在略前垂直位置，并使铲斗转向后方。慢慢升高动臂的同时，操作斗杆收入功能，一旦斗杆移过垂直位置，便慢慢地降低动臂，使铲斗保持稳定的平面运动。

进行平面修整时，应将机械平放地面，防止机体摇动，要把握动臂与斗杆的动作协调性，控制两者的速度对于平面修整至关重要。

五、挖掘机安全使用注意事项

（1）履带式挖掘机在转移工地时，应用平板拖车运送。特殊情况下需要自行转移时，主动轮应在后面，臂杆与履带平行，臂杆、铲斗回转机构等应处于制动位置并加保险固定，铲斗离地面 1m 左右。每行走 500～1000km 对行走机构进行检查和润滑。

(2)操作人员离开驾驶室时，不论时间长短，必须将铲斗落地。机械开始行走前，要鸣喇叭以提醒周围附近的人员注意。前、后行走操作时要确实弄清楚行走电动机的位置。检查挖掘机停机处土壤的坚实情况和平稳性，轮胎式挖掘机应加支撑并保持平稳、可靠。

(3)挖掘基坑、沟槽时，应检查路堑和沟槽边坡的稳定情况，以防止挖掘机坍塌。挖掘基坑时，如坑底无地下水，坑深在5m以内，边坡坡度符合相应土质允许坡度时，可不加支撑；若挖掘深度超过5m或发现有地下水或土质发生特殊变化等情况时，应根据土壤的实际性能，计算其稳定性，再确定边坡坡度。

(4)装车时，在不碰及汽车任何部位的情况下，铲斗要尽量放低，禁止铲斗从汽车驾驶室上越过。在汽车未停稳或铲斗必须越过驾驶室而驾驶员未离开前，不得装车。

(5)作业时，铲斗升、降不得过猛，下降时不得撞碰车架或履带。严禁掏洞挖掘。

(6)在作业或行走时，严禁靠近架空输电线路，机械与架空输电线的安全距离不得小于表9-3的规定。一旦机械接触了电线，坐在座椅上不要动，不要接触机械保证地面上他人的安全直到切断电源。如果急需下车可直接跳下车但不要触及机械。

机械与架空输电线的安全距离 表9-3

输电导线电压(kV)	1以下	1~15	20~40	60~110	220
允许沿输电导线垂直方向最近距离(m)	1.5	3	4	5	6
允许沿输电导线水平方向最近距离(m)	1	1.5	2	4	6

(7)禁止用铲斗杆或铲斗油缸全伸出顶起挖掘机。铲斗没有离开地面时，挖掘机不能作横向行驶或作回转运动。

(8)禁止将挖掘机布置在上下两个采掘段(面)内同时作业。在工作面内移动时，应先平整地面并排除通道内障碍物。不准长时间滞留满载铲斗。

(9)回转平台上部在作回转运动时，回转手柄不能作相反方向的操作。作业时，必须待机身停稳后再挖土，当铲斗未离开工作面时，不得作回转行走等动作；回转制动时，应使用回转制动器，不得用转向离合器反向制动。

(10)挖掘悬崖时，应采取防护措施。工作面不得留有伞沿及松动的大石块，如发现有塌方危险，应立即处理或将挖掘机撤离至安全地带。

(11)挖掘机需在斜坡上停车时，铲斗必须降落到地面，所有操纵杆置于中位，停机制动，且应在履带或轮胎后部垫置楔块。

(12)工作结束后，应将机身转正，将铲斗放落到地面，并将所有操纵杆放到空挡位置，各部位制动器制动，关好机械门窗后，操作手方可离开。

第十章　压实机械的运用技术

压实是通过对被压材料的重复加载，克服材料颗粒之间的黏聚力和内摩擦力，排出气体和水分，迫使颗粒之间产生位移，相互楔紧，增加密实度，使材料构成的构筑物或基础达到规定的强度、稳固性和平整度的要求。

压实机械是利用机械自重、振动或冲击的方法，对被压实材料重复加载，排除其内部的空气和水分，使之达到一定密实度和平整度的作业机械，广泛用于公路、铁路路基、机场跑道、堤坝及建筑物基础等基本建设工程的压实作业。

第一节　压实机械的选型

一、压实机械的类型

图 10-1 是常用的不同类型的压实机械。它包括静力作用光面轮压路机、轮胎压路机、振动压路机、振荡压路机以及振动平板夯、蛙式夯和快速冲击夯等。压实机械种类虽多，但按其压实原理可分为静力式、振动式和冲击式三种类型。

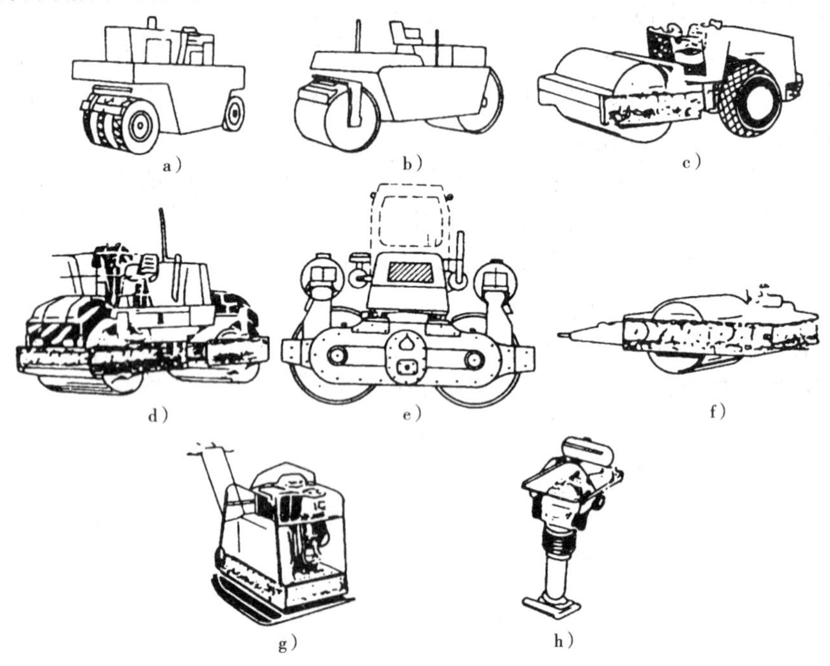

图 10-1　常用压实机械

a）轮胎压路机；b）静力作用光轮压路机；c）轮胎驱动光轮振动压路机；d）两轮串联式振动压路机；e）四轮摆振式压路机；f）拖式振动压路机；g）振动平板夯；h）快速冲击夯

二、压实机械类型的选择

现代工程的施工规范、建筑材料及施工工艺在不断地更新，对压实标准和压实机械提出了越来越高的要求，如在公路建设中普遍采用重型压实标准。如何合理地选择压路机，合理地评价压路机和合理地使用压路机，是实现工程压实施工目标的关键所在。选择何种压实机械进行施工，要通过各方面的比较，在综合分析的基础上做出作业效率最高（生产率高、质量好、经济合理）的选择。

现代压路机的结构形式、规格参数及其辅助功能，都具有很大的选择余地，要在一定条件下选用哪一种型号（包括制造厂商）的压路机更经济合理，并不是一件简单的事。选购压路机时，应考虑诸多因素。

1. 根据工程材料的类别与含水量选择

根据工程填筑材料的不同，可以按表10-1所示的内容进行粗略选择压路机。

压路机选用参考表 表10-1

压路机种类	土壤或材料类型					
	黏土	砂土	砾石	混合土	碎石	块石
静光轮	-	1	+	+	1	-
轮胎轮	1	1	+	+	-	-
振动轮	1	-	+	+	+	+
凸块轮（羊脚轮）	+	-	-	-	-	-
说明	压实效果理想（+）；压实效果一般（1）；压实效果不理想（-）					

砂土和粉土的黏结性差，水易侵入一般不单独作为铺筑材料，需要掺入黏土或其他材料改善处理后使用。压实此类改善土时，应选用压实功能较大的静作用式压路机，而不应选用振动式压路机和羊脚碾。

黏性土壤的黏结性能高，内摩擦阻力大，因此，只有较大的作用力和较长的有效作用时间，才能达到较好的压实效果，一般应尽量选用羊脚碾和轮胎式压路机，若铺层较薄时也可选用超重型静光轮压路机以较低的速度压实。振动压实黏土，容易使土中水分析出，使压实层呈现出"弹簧"现象，难以彻底压实，因此，不宜选用振动式压路机压实（可不起振压实）。

介于砂土与黏土之间的土壤具有较好的压实特性，采用各类压路机进行压实均能获得理想的压实效果，选用振动式压路机更佳。

对于级配碎、砾石铺筑层，选用振动式压路压实，可使石料之间很好地嵌紧，形成稳定性较好的整体。

对于沥青混合料，由于沥青具有一定的润滑作用，且铺层一般较薄，选用中型或重型静作用式压路机即能获得较好的压实效果，为了保证表面平整，应选用光面碾压轮的压路机。

如果被压实材料的类型很明确时，也可以按表10-2所示的内容选择压实机械。

工程材料及其含水量不同，将因其孔隙率大小与力学特性的不同而影响压实效果。铺筑层土壤的含水量是影响压路机选型的重要根据，因为只有在最佳含水量时才能很好地被压实。如果土壤或材料的实际含水量比最佳含水量低3%～5%以下，而施工现场又不易补水时，应选用超重型静作用式压路机和重型振动式压路机；如果实际含水量比最佳含水量高2%～3%，则不宜选用振动式压路机进行压实作业；如果含水量高出3%，则需要采取适当措施，降低含水量后再行作业，如使用静作用羊足压路机进行翻晾。对于岩石填方要用大吨位的振动压路机，以便有足够的能量使那些大石块产生位移。黏土铺层的黏聚力大，颗粒之间有很大的内摩擦阻力，含水量一般也比较高，压实时需要有较大的作用力和足够的作用时间，才能有较好的压实效果。使用振动或非振动的凸块式压路机，其凸块轮对土壤兼有压实、冲击、拌和及糅合的作用，能使黏结土块得以破碎和压实。对于含有砂石、碎石和砾石的土壤及稳定土混合料，用重型振动压路机方能使其大小颗粒相互掺和得好，并获得高的密实度。压实较均匀的砂质土壤，选用轮胎压路机较好。

按照土质种类选择压实机械表　　表 10-2

土质种类 \ 压实机械	静作用压路机	轮胎压路机	大型振动压路机	牵引式凸块压路机	推土机		小型振动压路机	振动平板夯	备　注
					普通型	湿地型			
岩块等，经过挖掘，压实也不容易成细粒化的岩石			△				⊙		硬岩
风化岩、泥岩，已成为细粒化，但很紧密的岩等		○	△	○			⊙		软岩
单粒度砂、碎石、砂丘的砂等			○				⊙	⊙	砂及含砾石砂
含适当量的细粒粉而粒度良好的容易密实的土，细砂，碎石		△	○				⊙	⊙	砂质土及含砾石砂质土
细粒多但灵敏性低、含水量低的罗姆土，容易坍的泥岩等		○		△				⊙	黏性土及含砾石黏性土
含水量调节困难，不容易用来作交通的土，细砂质土等					●				含水分过剩的砂质土
高含水量的罗姆土；灵敏性高的土；黏土；黏性土				△	●	●		⊙	灵敏的黏性土
黏度分布好的土	○	△	△				△	⊙	颗粒材料
单粒度的砂及黏度差混有碎石的砂	○	○	△				⊙	⊙	砂及混有碎石的砂
砂质土 黏性土			○	○	○		△ ○	⊙ ⊙	细料

注：△-有效的；○-可以使用的；●-因行车困难，不得已而使用的；⊙-因施工规模所限而选用的。

2. 根据工程压实的内容与机械化程度选择

工程压实的内容基本上决定了铺筑材料、填土规模、机械施力情况及牵引条件等对压路机选型的限制。对于一般的土石填方，可以选用重型以上的各种压路机。填土坡面应选用拖式振动压路机或专用的斜坡压路机。沥青混凝土路面压实，常选用串联式振动压路机或串联式静碾压路机，并使用轮胎压路机封层压实。狭窄道路需选用小型自行式振动压路机压实，管道电缆埋设构槽可使用构槽压路机或手扶振动压力机压实，港口码头的深层填土应选用重型振动压路机或冲击式压路机进行反复压实。一般可按表 10-3 所提供的内容进行压路机选型。

工程的施工机械化程度也影响了压路机的选型。一般而言，机械化程度高时，应选择压实能力大、作业效率高的压路机；机械化程度较低时，可选用比较经济的压路机，以免浪费压路机的压实功能；静碾压路机通常用在机械化程度很低的小型压实工程中。

按作业内容选定压实机械参考表　　表10-3

作业内容	使用机械	摘要
道路填土，江河筑堤，填筑堤坝等的压实	轮胎压路机 凸块压路机 轮胎驱动振动压路机	适用于大面积而较厚的填土层的压实。振动压路机在砂质成分多的地方使用效果特别好；凸块压路机适用于黏性土质多的地方
填土坡面的压实	夯实机，振捣棒，拖式振动压路机，专用斜坡压路机	没着坡面进行压实时使用。规模小的时候使用夯实机或振捣棒等，规模大的时候用拖式振动压路机
桥、涵的里填侧沟等基础的压实	夯实机，振捣棒	在面积受到限制的地方用来压实
沥青路表层的压实	静碾两轮压路机 轮胎压路机 双钢轮振动压路机	大规模铺路工程，先用轮胎压路机进行粗压，然后用光轮压路机进行辗压，最后用轮胎压路机封层。简易铺路等小规模作业时，只用振动压路机来进行辗压
道路基层与稳定土	振动压路机，三轮压路机，轮胎压路机	大型铺路工程应使用振动压路机和轮胎压路机联合作业，小型工程可用静碾三轮压路分层压实
港口、码头及深层填方	拖式振动压路机，冲击式压路机	填土层深，含水量大，有开阔的作业面积，用履带式牵引车配合施工
人行道，园林小道，边角及小面积修补	冲击夯，振动平板夯，小型振动压路机	小规模压实作业

3. 根据压实机械的适应性选择

对于压实机械本身而言，各种不同类型、不同规格的机械对各种施工条件的适应也各不相同。掌握这些设备的适应性，是合理选购压路机的重要依据，重型静碾光轮压路机常用于路基垫层和路基的施工之中，而中型的多用于路面，轻型的仅用在小型工程及路面养护施工。静碾光轮压路机对黏性薄层土壤的压实尚为有效，但对含水量高的黏土或粒度均匀的砂土压实效果不佳。凸块式压路机常用来做路基或基坑回填土的底层压实，特别是对含水量较大、粒度大小不等的黏性土及其结块、爆破岩石填方压实效果较好，而对表层及砂土的压实则完全不适用。

轮胎压路机能适用各种土质条件的压实工作，特别是能使铺筑层获得均匀的压实度，并且用于压实沥青混凝土路面效果最好。

振动压路机能适应各种工况的压实，特别是对砂质土壤压实效果最好。大型振动压路机对深层的压实效果是其他机型无可比拟的。

小型振动压路机和夯实机械适用于小规模工程和狭窄场合的压实，对构筑物的回填土压实效果也比较好。

4. 根据工程质量要求选择

对于高等级公路，除了应保证路基与路面的刚度、强度和稳定性之外，还要有好的平整度、抗滑和抗渗透性能。使用全驱动重型振动压路机压实，能给定一个平坦而坚实的路面基础。用串联振动压路机压实路面及用轮胎压路机封层，可获得平整而稳定性好的路面结构。为了提高路面的压实质量，除了选择合适吨位的全驱动压路机之外，还应选择较大的滚轮直径，以控制其接触压应力不大于许用值。

三、压实机械重量(吨位)的选择

1.根据被压实的材料许用单位线压力选择

为了高质量的压实路面,压实开始和压实终了的最大接触压力分布不应大于材料压实层表面相应的许用压力或许用单位线压力。

各种石料在接受压实时的许用单位线压力见表10-4,其中振动压路机的线压力可按式(10-1)计算。

各种石料在滚压时的许用线载荷 表10-4

石料性质	石料名称	强度极限(MPa)	许用线载荷(N/cm)
软石料	石灰石、砂岩石	30~60	600~700
中硬石料	石灰石、砂岩石、粗粒花岗岩	60~100	700~800
坚硬石料	细粒花岗岩、闪长岩石	100~200	800~1000
极坚硬石	辉绿岩石、玄武岩石、闪长岩石	>200	1000~1250

$$q_B = K_P(G+F_0)/b \tag{10-1}$$

式中:G——振动轮的分配载荷;

F_0——激振力幅值,$F_0 = m_f r \omega^2$,其中 m_f 为激振器偏心块的质量,r 为偏心距,ω 为振动角频率;

b——振动轮宽度;

K_P——考虑振动作用的超加系数,由图10-2查得。

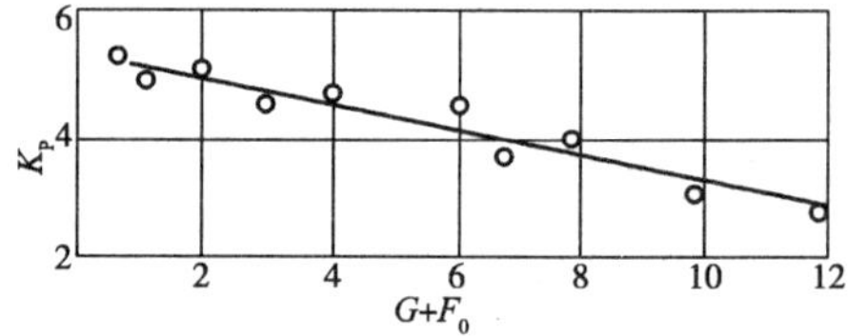

图10-2 振动压实时线载荷的超加系数

另外,为了保护集料还应选择足够大的压轮直径,以限制其最大接触压应力 σ_{max} = (0.8~0.9) 。σ_{max}应按式(10-2)计算。

$$\sigma_{max} = \sqrt{\frac{qE_0}{R}} \tag{10-2}$$

式中:q——圆柱体的线载荷;

R——圆柱体的半径;

E_0——土壤的变形模量。

对光滚轮压路机,试验所得的几种压实层的许用压力见(表10-5)。

压实层表面的许用压力(MPa) 表10-5

压实层的类型	压实开始	压实终了
碎石路面和路基	0.6~0.7	3~4.5
砾石路基	0.4~0.6	2.5~3
热沥青混凝土	0.4~0.6	3~3.5
水泥稳定土	0.3~0.4	4~5
沥青稳定土	0.3~0.4	1~1.5

土和其他材料在终压时所承受的压力为其抗压强度极限的80%~90%,可获得最佳的压实效果。终压时的压力不能大于材料抗压强度极限,否则将发生材料从压实工作机构下压出现象,导致滚压时形成波纹、地面不平或裂纹。

2. 根据压实厚度选择配套设备

根据压路机的作用力最佳作用深度，各种类型压路机均规定有适宜的压实厚度，如：12～15t、18～21t 静光轮压路机适宜的压实厚度为 20～25cm；9～16t、16～20t 轮胎压路机适宜压实厚度为 20～30cm；10t 级振动压路机为 50～100cm。压实厚度小，施工效率低，压实层表面易产生裂纹或波纹；压实厚度大，则铺筑层深处不易被压实。对于大铺层厚度的填方，应使用振动轮分配重量 10t 以上的自行式或拖式振动压路机压实。

在压实沥青混凝土路面时，应根据混合料的摊铺厚度选择压路机的重量、振幅及振动频率。在铺层厚度小于 60mm 的薄铺层上，最好使用振幅为 0.35～0.60mm 的 2～6t 的小型振动式压路机，这样可避免出现堆料、起波和损坏集料等现象，为了防止沥青混合料过冷，压实应在摊铺之后紧跟着进行。对于厚度大于 100mm 的厚铺层，应使用高振幅（可高达 1.0mm）、6～10t的大中型振动式压路机。摊铺机或特殊集料撒布机适应于基础层和底基层材料的布料，用振动轮分配重量 5t 的振动压路机，通常能把铺层 300mm 的混合料压实到规定的压实度。

正确地配套和合理地选择压路机，可以更好地发挥施工设备的整体能力。表 10-6 给出了各种振动压路机在不同应用场合的最大压实厚度。表中对颗粒材料，要求最小达到 90% 的修正葡氏压实度；对黏结性土壤，要求最小达到 95% 的标准葡氏压实度。

压实厚度（压实后）**表**（m） 表 10-6

压路机工作重量（括号内为振动轮分配重量）	路基				基础	次基础
	回填石	砂、砾石	粉土	黏土		
拖式振动压路机						
6t	0.75	●0.60	●0.45	0.25	●0.30	●0.40
10t	●1.50	●1.00	●0.70	●0.35	●0.40	●0.60
15t	●2.00	●1.50	●1.00	●0.50	—	●0.80
6t（带凸块）	—	0.60	●0.45	●0.30	—	0.40
10t（带凸块）	—	1.00	●0.70	●0.40	—	0.60
轮胎驱动振动压路机						
7t（3t）	—	●0.40	●0.30	0.15	●0.25	●0.30
10t（5t）	0.75	●0.50	●0.40	0.20	●0.30	●0.40
15t（10t）	●1.50	●1.00	●0.70	●0.35	●0.40	●0.60
8t（4t）（带凸块）	—	0.40	0.30	●0.20	—	0.30
11t（7t）（带凸块）	—	0.60	0.40	●0.30	—	0.40
15t（10t）（带凸块）	—	1.00	0.70	●0.40	—	0.60
两轮串联振动压路机						
2t	—	0.30	0.20	0.10	●0.15	0.20
7t	—	●0.40	0.30	0.15	●0.25	●0.30
10t	—	●0.50	●0.35	0.20	●0.30	●0.40
13t	—	●0.60	●0.45	0.25	●0.35	●0.45
18t（带凸块）	—	0.90	●0.70	0.40	—	0.60

注：●-表示最适合采用标记。

当土壤在最佳含水量时，静压压实机械最优压实土层厚度及压实次数可参考表10-7，表中下限适合于砂性土壤，上限适合于黏性土壤。在实际作业中，由于上述参数是变化的，因此应预先进行试验，在达到设计密度要求的条件下，确定机械的压实次数。

压实机械最优压实土层厚度及压实次数 表10-7

机械名称	规格(t)	最佳压实土层厚度(m)	压实次数	适用范围
凸块式压路机	5	0.25~0.35	8~10	黏性土壤
光轮式压路机	5 10 12	0.10~0.15 0.15~0.25 0.20~0.30	12~16 8~10 6~8	各类土壤及路面
轮胎式压路机	10 25 50	0.15~0.20 0.25~0.45 0.40~0.70	8~10 6~8 5~7	各类土壤

3. 其他应考虑的因素

1)施工场地的气候条件

冬季施工应加大铺层厚度与摊铺、压实速度。厚铺层采用履带式推土机倾斜摊铺的方法布料(图10-3)，用大吨位的自行式振动压路机进行快速压实。凸块式振动轮能够轧碎冰冻团块，特别是压实粒状土层能取得良好压实效果。

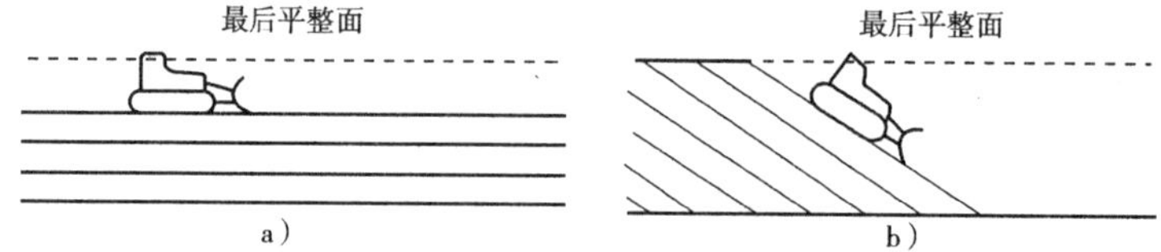

图10-3　冬季用推土机倾斜摊铺填方

a)一般方法(大面积受到冰冻)；b)冬季方法(小面积受到冰冻)

2)压实工艺

正确地制定压实工艺和配备适宜的压路机，可以保证压实质量。例如压实基础层时，采用静碾压路机预压、振动压路机压实、轮胎压路机封顶，可以获得满意的压实质量，并且能适当减少设备投资费用。再如用10t自行式凸轮振动压路机压实黏土路基，光面振动轮的10t自行式振动压路机压实道路基层，具有同样结构而带洒水装置的改型压路机压实沥青混合料，这样既实现了规范化配套，又有利于备件的供应和技术服务工作。

3)技术进步

选购压路机时，必须考虑产品更新换代及现代化工程建设投标的需要。液压传动、全轮驱动、铰接转向及随机检测是现代化压路机的四大标志。

液压传动大大简化了机械传动系统，使得操作灵活方便，能够实现无级调速以优化生产率要素，并且为自动报警和自动控制创造了条件。液压传动还使压路机行走与振动起步平稳，减少给土壤和机械本身带来的冲击，从而提高了压实质量和机械寿命。

全轮驱动压路机克服了被动轮产生弓坡与裂纹的缺点，提高了压实质量与铺装层的稳定性。由于驱动能力大，还提高了压路机在坡道和松土上的通过性能与越野能力。

铰接转向减小了压路机的最小转弯半径，使串联压路机弯道压实的前后轮迹重合，使三轮压路机和轮胎压路机弯道压实的前后轮塔接重合而不致留下空白，并且还减少了弯道压实时材料被搓起的程度。

一些先进的振动压路机配置了频率仪、振幅计及压实度计等，操作人员可以随时测定压实效果及确定压实遍数，从而提高了作业效率与压实质量。

4）可维修性

应尽量选购标准设备与系列设备，使操作人员和技术人员易于熟悉设备，便于维修服务与备件储备，降低压路机使用成本。

系列压路机的发动机、机械传动系统、液压元件与油管、操纵机构及轮胎等都具有很高的通用化程度，可减少备件库存，其操作和维修方法也有着极大的相似性，在熟悉一种规格的压路机之后，就可以很容易地掌握其他规格的同系列压路机。

四、压实机械数量的选择

压路机在各种填方工程中所具有的压实生产率决定了工程进度。压路机的生产率有面积生产率与体积生产率两种计算方法，决定压路机生产率的主要因素是压实宽度、压实速度、压实遍数和工作效率。

面积生产率是单位时间获得达到压实标准的铺层面积，一般用作核算压路机的台班及根据布料能力计算所需压路机的台数。压实面积生产率 Q_A（m^2/h）由式（10-3）计算。

$$Q_A = C \times W \times v \times 10^3 / n \tag{10-3}$$

式中：C——效率因数，一般取 $C = 0.75$；

W——压实宽度，m；

v——压实速度，km/h；

n——压实遍数。

由此而计算的所需压路机台数 N_A 为：

$$N_A = A / Q_A \tag{10-4}$$

式中：A——摊铺机等布料设备的生产能力，m^2/h。

压路机体积生产率是单位时间内获得达到压实标准的填方体积，通常用以评价各种不同型号压路机的作业能力和能耗量对比，或根据填土设备的生产能力计算所需压路机的台数。压实体积生产率 Q（m^3/h）由式（10-5）计算。

$$Q = C \times W \times H \times v \times 10^3 / n \tag{10-5}$$

式中：H——压实后的铺层厚度，m。

图10-4给出了不同类型规格的振动压路机在连续工作时的正常生产率范围。图示数据是以两轮振动压路机压实4～6遍和单轮振动压路机压实6～8遍为基础作出的。图10-5给出了压实基础层和底基层达到最小95%修正葡氏压实度的连续工作正常生产率范围。此二图示数据可供选用压路机时参考。

按体积生产率计算的压路机台数 N 为：

$$N = \mu \cdot Q_b / Q \tag{10-6}$$

式中：Q_b——拌和设备或回填设备的生产能力，m^3/h；

μ——压实状态与松散状态的填方材料体积比；岩填方取0.80，砂和砾石取0.75，粉土取0.65，黏土取0.57。

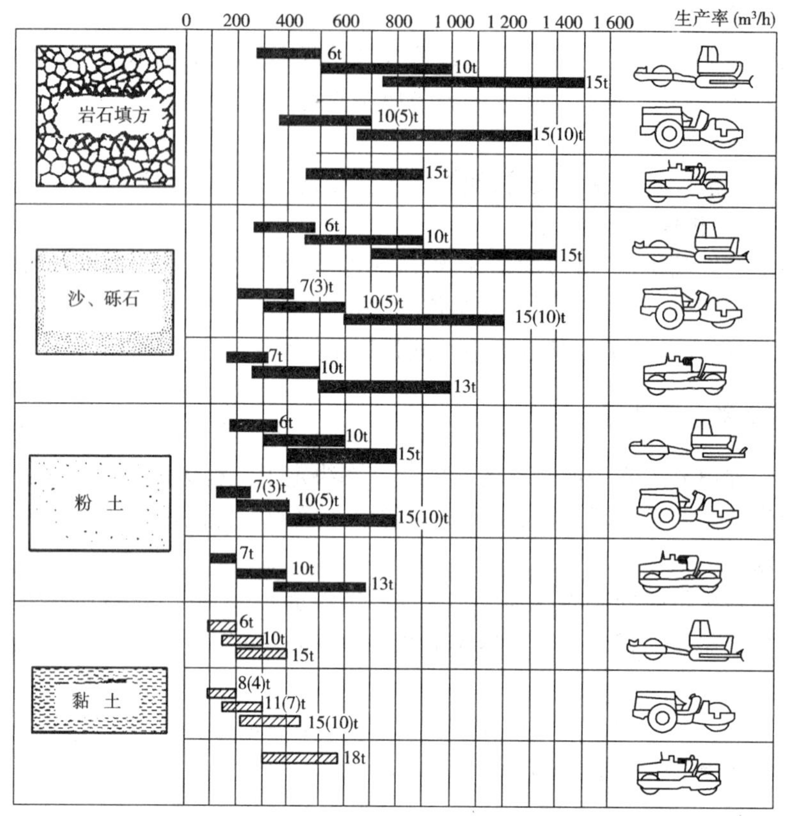

图 10-4 压实路基生产率

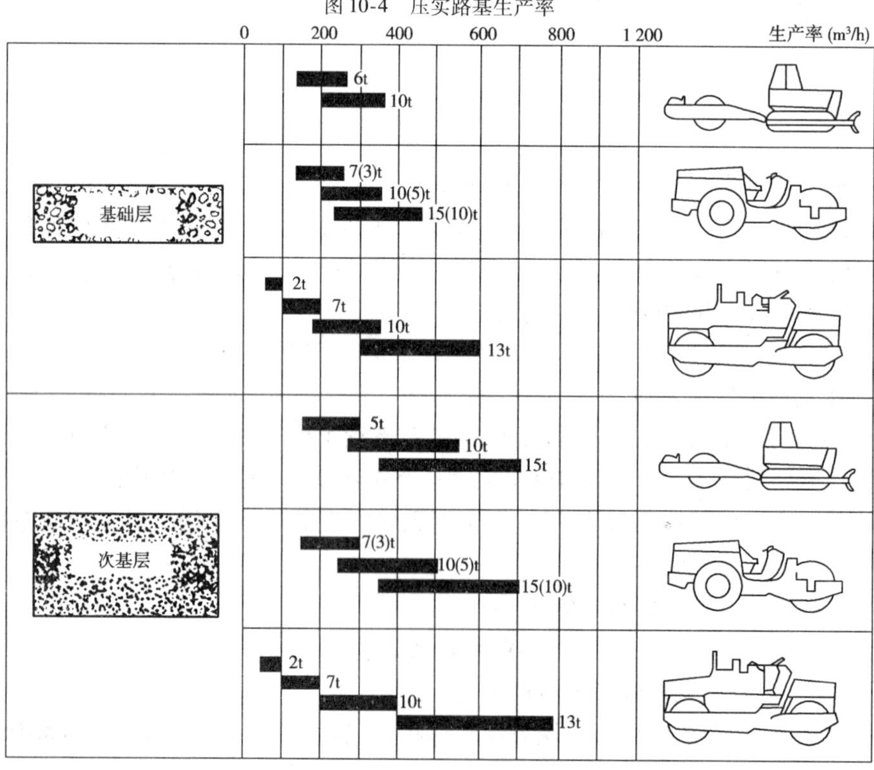

图 10-5 压实基础层和次基础层生产率

第二节 压实材料与压实机械的参数选择

正确选择机械作业参数，使压实作业始终在良好的状态下运行，以保证压实质量和提高生产率。压实机械实际作业时，由于现场的条件错综复杂，作业对象也并非一成不变，因此，在按照理论或计算数据对压实机械的技术参数调整之后，要进行试压，来检验计算和选择的正确性，必要时加以修正。

一、压实材料的参数选择

压实时，注意控制被压实材料应处在最佳含水量状态，压实材料的厚度适当。

1. 含水量

以较小的压实功能（由单位线压力和压实遍数所决定）获得最大的密实度时的含水量，就是所谓的最佳含水量。铺筑层土壤或某些混合料中的水分，主要是以包裹在固体颗粒表面的形式存在于三相体（由固体颗粒及颗粒孔隙间的空气与水分组成）内。在压实过程中，水分在颗粒之间起着润滑作用，使固体颗粒运动阻力减小，有利于压实。但只有土壤或某些材料三相体中水分的比例适宜时，水分所起的作用才能充分体现。

在施工现场可用手捏握泥土的简便方法检验路基土壤的最佳含水量。如果“手捏成团，落地开花”，一般就接近于最佳含水量。当土壤的含水量为最佳时，压实机械消耗定量功所得到的土壤压实密度为最大值。因此施工前必须测定土壤的含水量，并采取措施使土壤含水量达到最佳值。一般填筑土壤的最佳含水量见表 10-8。在施工过程中，要求实际含水量不得超过最佳含水量的 2%，也不低于 3%，否则应采取措施，达到规定范围，才能进行压实。

土壤的最佳含水量和最大密实度 表 10-8

土壤类型	最佳含水量（%）	最大密实度（g/cm³）	土壤类型	最佳含水量（%）	最大密实度（g/cm³）
砂土	8 ~ 12	1.80 ~ 1.88	亚黏土	12 ~ 15	1.85 ~ 1.95
亚砂土	9 ~ 15	1.85 ~ 2.08	重亚黏土	16 ~ 20	1.67 ~ 1.79
粉土	16 ~ 22	1.61 ~ 1.80	黏土	19 ~ 23	1.58 ~ 1.70
粉质亚砂土	18 ~ 21	1.65 ~ 1.74			

2. 压实厚度

土壤离地面越深，所受的压实效果越差。为了达到所要求的密实度，机械在同一位置的压实次数需增加，从而使机械功能的消耗增大。压实厚度应根据压实机械的类型和土壤的性质而定，最优厚度是使用最少的压实功能而达到所需的密度。

材料所需密实度的压实深度取决于压实机械工作机构接触面积的大小，当接触应力相应于最佳值，滚压时有效的压实深度可由接触表面最小边尺寸决定。几种路基和路面材料压实层的最佳深度见表 10-9，土壤压实层最佳厚度计算公式见表 10-10。

几种材料压实层的最佳深度（cm） 表 10-9

压路机类型	碎石、砾石	含有黏性料的碎石和砾石	沥青混凝土
轻型	12 ~ 8	7 ~ 6	4 ~ 5
中型	14 ~ 10	9 ~ 8	5 ~ 6
重型	20 ~ 12	12 ~ 10	6 ~ 8

土壤压实层最佳厚度计算公式 表 10-10

压路机类型	土 壤 类 型	
	黏性土	非黏性土
光轮压路机	$h=0.25\frac{\omega}{\omega_1}\cdot\sqrt{qR}$	$h=0.35\frac{\omega}{\omega_1}\cdot\sqrt{qR}$
轮胎压路机	$h=0.53\frac{\omega}{\omega_1}\cdot\sqrt{0.1G}$	

式中：h——土壤压实层最佳厚度，cm；ω——土的实际含水量，%；ω_1——土的最佳含水量，%；q——压路机滚轮单位线压力，kN/m；R——压路机滚轮半径，cm；G——轮胎压路机气胎轮上的荷载，N

压实厚度可根据压路机的压实厚度特性，合理选择摊铺层厚度。并在压实过程中合理调节压路机的振幅，可经济有效地达到规定的密实度。

二、压实机械的参数选择

振动压路机的主要技术参数有：静重及静线压力；振幅与频率；压实速度；振动轮的宽度与直径；振动轮的数量；机架与振动轮的重量比；振动轮是主动或被动；振动质量等。

1. 振动轮与机架的重量比

机架与振动轮的重量比对压实效果有一定的影响，机架重一些较有利，振动轮可借助机架的重量压向土壤，从而可以取得更有规则的振动。但是，机架重量有一个上限，超过这个限度，机架重量就同一个阻尼器，对振动产生很大的阻尼作用，结果会增强自身振动，使振动轮的振动减弱。当其他条件不变时，减少振动轮的质量，有利于提高振动轮振幅和振动轮对地面的作用力。但在相同的工作振幅条件下，振动轮质量越大，对地面的冲击能量也就越大，压实效果越好，设计和使用时应两者兼顾，选择合适的重量比。振动压路机机架与振动轮质量比可在式(10-7)范围内取值。

$$m_1/m_2 = 0.5 \sim 1.8 \tag{10-7}$$

式中：m_1——机架质量，kg；

m_2——振动轮质量，kg。

2. 压实遍数与压实速度

压实遍数是指相邻压实轮迹相重叠0.2～0.3m，依次将铺筑层全宽压完为一遍。而在同一地点如此压实的往返次数，称为压实遍数。

土壤塑性变形的大小(压实程度)，决定于荷载作用的时间，时间越长，其压实程度越高，因此要求压实机械的速度越慢越好，但太慢则生产率太低。在压实过程中，应先轻后重，先慢后快，最后两遍的速度应放慢些，以保证表面平实的质量。

压实机械在同一地方行程的次数，必须根据土壤含水量和土层厚度而定。一般含水量较低时，应选用较重型的压实机械或增加行程次数。在达到设计要求时，不应过多压实，否则还会引起弹性变形，降低压实强度。压实遍数的确定主要是以压实达到规定的压实度为准。一般压实路基和路面基层时，大约需要压实6～8遍；压实石料时，大约需要压实6～10遍；压实沥青混合料路面时，大约需要压实8～12遍。采用振动压路机时，压实遍数可相应减少。

压路机压实速度的选择，受被压实材料的特性、压路机的压实功能、工程技术和质量要求，以及压实层厚度、作业效率等因素的影响。

一般压路机进行初压作业时，静光轮压路机适宜的压实速度为1.5～2.0km/h；轮胎压路机压实速度为2.5～3.0km/h；振动压路机的压实速度为3.0～4.0km/h。进行复压和终压时，静光轮压路机压实速度可增到 2 ~4km/h;轮胎压路机压实速度为 3 ~5km/h;振动压路机的压实速度为 3 ~6km/h。

在铺层厚度一定时,传递至被压材料的能量与压实遍数成正比,与压实速度成反比。压实速度影响着单位距离内的振击次数。在一定的频率下,压实速度高,单位距离内的振击次数少,冲击间距增加,导致压实性能的降低和表面不平整度的增加(波纹与搓板纹),压实厚度也会降低;压实速度低,单位距离内的振击次数多,压实厚度大,压实度高,压实遍数可减少。振动压路机的工作速度对压实质量和生产率有显著的影响,压实速度与遍数不匹配,就达不到设计的密实度。振动压路机有一个最佳压实速度:压实土壤和岩石填方时,一般为 3 ~6km/h;压实沥青材料时的速度 4 ~6km/h,频率在 45 ~50Hz 比较合适。

试验确定,自行式振动压路机工作速度应为 1 ~6km/h,在不影响压实深度的情况下,振动压路机的极限速度可以按经验公式(10-8)确定。

$$v_g = 0.2f^{1/2} \qquad (\mathrm{km/h}) \tag{10-8}$$

式中:f——振动频率。

压实初始阶段,工作速度尽可能选择高一些,压实终了时,工作速度应偏低一些,振动压路机采用无级变速行走驱动机构,使机械兼顾压实效果和生产率,保持良好的工作状态。

3. 静重和静线压力

如果振动压路机静重增加,而其他参数不变,施加给土壤的静态和动态压力,基本上与静重成正比,影响压实深度大致上与振动轮的重量成正比,所以静线压力是振动压路机重要的参数。压实作用力的近似计算式为。

$$F = f_1 p + f_2 (sf/v) \tag{10-9}$$

式中:f_1、f_2——系数;

p——静线压力,kN/m;

s——振幅,mm;

v——压路机行走速度,km/h;

f——频率,Hz。

线压力是一个垂直力,也是使材料重新分布的剪切力。线压力越大,它的压实势能越高。轴荷载与轮宽、轮径乘积之比用系数 N 表示。系数 N 是压路机推动其轮子前面材料运动趋势的一个指数。研究证明 N 的理想值不大于 0.25。用 N 指数设计压路机时,能减少材料的隆起和裂缝,轮径对隆起和裂缝影响最小。

4. 频率和振幅

振动压路机的振动频率和振幅对压实效果有很大的影响。一般在 25 ~50Hz 之间压实效果最好。如果在频率范围之内增大振幅,将会使压实效果和影响深度显著提高,这对所有类型的土壤或沥青混合料都有显著效果。粒径大的材料如岩石填方及黏结性土壤必须具有大的压力才能有效地压实,振幅应在 1.5mm 以上,频率约在 25 ~30Hz。粒状的基层材料采用上述参数特别有效。压实沥青混合料时的最佳振幅在 0.4 ~0.8mm 之间,而适应的频率在 35 ~50Hz 之间。变幅对改变振动强度有良好的效果,它对薄铺层和厚铺层都有很大好处。目前有 3 ~5 个不同振幅的压路机,扩展了压路机应用范围。

1)振幅

振幅是振动轮轴处的最大运动距离。理论振幅是振动轮在"自由—自由"状态下的振幅,而工作振幅随土壤密实度变化而变化。理论振幅和工作振幅可由式(10-10)和式(10-11)计算。

$$A_0 = m_e/m_2 \tag{10-10}$$

$$A = 1 \sim 2 A_0 \tag{10-11}$$

式中：A_0——理论振幅，mm；

A——振动轮振幅，mm；

m_e——偏心质量，kg；

e——偏心距，mm；

m_2——振动轮质量，kg。

振幅增大，压实效果就好。改变振幅对压实材料的冲击力和影响深度有明显的效果。但是，振幅过大必将导致机架振动增大，引起操作人员疲劳和机械零部件过早的损坏，甚至出现“过压实”现象，形成压实后的路面疏松，碾碎集料，降低路面质量。所以，必须选择一个合适的振幅。现代的振动压路机，一般装有振幅可调的设定装置。变幅对改变振动强度有良好的效果，对薄铺层压实有很大的用处。在软混合料或薄层上施工，采用小振幅可得到最佳的压实效果，也可减少压碎集料的危险。而在硬混合料或厚层上施工，需要调整到相对较大的振幅。对需要较大压实力的材料，如压实光石填方和干黏土，大振幅压实效果非常明显。压实路基时振幅使用范围在0.7～1.8mm压实效果最佳。高振幅能将较大压实能量传递到所压土层的深层，此时上层只能获得较小的压实厚度，但能将较大的压实能量传递给靠近表面的土层。当厚度压实，要求高密实度时，则可采用大振幅。当材料密实度增大、钢轮开始起跳，此时即使增加压实遍数也不能增加密实度，反而会压碎材料，此时可调低振幅，避免反弹跳，密实度也可以继续提高。

2）振动频率

频率是单位时间内振动轮冲击次数。振动频率对压实效果有不同的影响，振动频率在25～50Hz时可获得最大的压实力。理论上讲，如果采用材料的固有频率振动时，材料发生共振，压实效果应最好。通常提高频率和振幅可以提高压实力，改善压实效果。但频率和振幅过高反而会减低压实效果，这是由于在振动运动时，振动轮在太大的振动强度作用下脱离了地面的缘故，土壤受到无规则地严重蹦跳冲击，引起过度的压实而使密实度降低。

振动轮振动加速度振幅和工作频率选定后，应校核振动轮振动加速度 a。

$$a = A_0 f^2/9\,800 \tag{10-12}$$

式中：A_0——理论振幅，mm；

f——工作频率，Hz。

当振动轮加速度超出校核范围时，应对其振幅或频率进行修正，修正的原则：压实路面优先保证工作频率，主要修正振幅；压实路基优先保证振幅，主要修正工作频率。

5. 压轮的直径与宽度

同静力压实一样，振动压实性能与轮径、轮宽有关。大直径滚轮能减小其水平推力和鼓碾压材料的剪切滑移量，可以提高铺层压实的平整度。所以，在其他结构条件相同的条件下，以选用较大的滚轮直径为好。

振动压路机静单位线压力与振动轮直径有关。振动轮的直径越大，线压力越高。通常直径越大，压实效果越好。对于压实沥青混合料要比对压实土壤要求严格一些，振动轮直径不应小于1 000mm。对于重型振动压路机，其线压力可达600～700N/cm，滚轮直径通常为1 600～1 800mm。

压路机压轮的宽度加大可以提高压实面积生产率。但在压轮分配重量一定的条件下，增加宽度就无疑减小了线压力，这又会降低压实效果。因此，压轮宽度也存在一个合理数值问题。振动轮宽度通常决定了压实生产能力，宽度越宽，压实的覆盖面积较大，每一遍的压实生产能力提高，但宽度的增加减低了压路机的线作用力，且振动轮宽度与被压实的路面宽度有匹配问题，振动轮的宽度对压实影响不大。为了保证振动压路机在坡道上或近路边工作的稳定性，压轮宽度不应小于 2.4 ~ 2.8R(压轮半径)。

6. 振动轮与驱动轮的数量

具有双钢轮全振动的振动压路机，压实遍数可以减少，因而生产率高。压实土壤时，双轮振动串联压路机比单轮振动的生产率可提高 80%；压实沥青混凝土时，双轮振动比单轮振动的生产率可提高 50%，并能有效地压实较冷的材料。

具有两个驱动轮的压路机要比单轮驱动好。振动压路机的振动轮是主动轮，要比振动轮是被动轮对铺层材料的推移量倾向少，见图 10-6 所示。在正常压实速度时，被动轮对土壤的推移量约为主动轮的 3 倍。

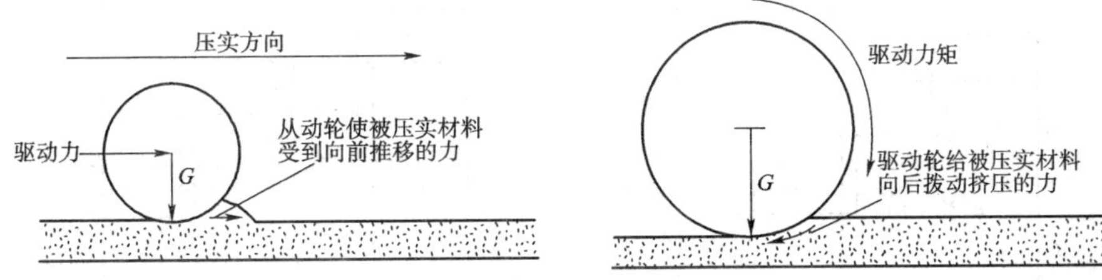

图 10-6　主从动轮对被压实材料的推移

第三节　压实机械的运用技术

一、压路机的基本作业方法

1. 压路机压实运行程序

(1)道路压实程序。压路机压实作业时应以路基或路面中心线为目标，从左右两边线开始逐趟压向中心线(压路机在纵向长度运行一次为一趟)，直至压路机的主轮压到中心线为止，最后在路中加压那些主轮仍未按要求压到的地方。压实程序如 10-7 所示。

(2)坡度压实程序。自低向高处压实。

(3)大面积压实方法。自高向低处压实。

(4)每次压实重叠量。二轮二轴 25 ~ 30cm，三轮二轴 1/3 ~ 1/2 压实轮宽度，三轮三轴 1/3 压实轮宽度。

2. 压路机的调车方法

使用压路机进行压实作业时，为进行下一个压实循环而进行的压路机横向移位叫倒轴。

1)换向前调车

指压路机压实后退运行到接近路段起点时，在一定的距离内将压路机按主轮重叠宽度的要求向左或右移动，以达到倒轴的目的。具体做法是(以向右倒轴为例)：在压路机接近路段起点时，向右打转向盘，待压路机向右侧移到规定距

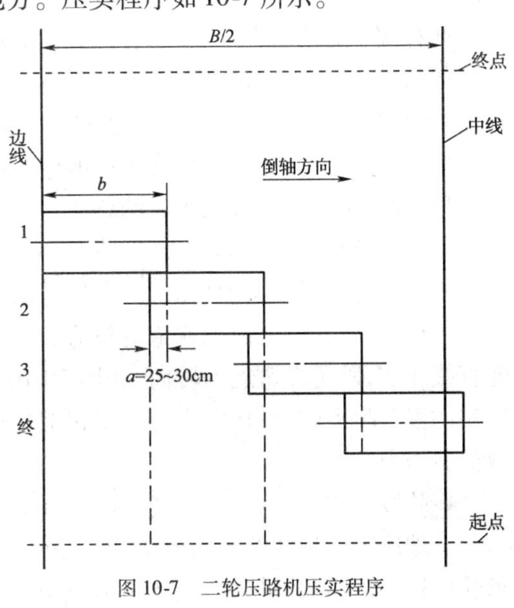

图 10-7　二轮压路机压实程序

离后，向左回转转向盘，直到车身回正后，再向左移动转向盘将转向轮回正。停车之后，车身和转向轮都已经处于直线行驶状态。操纵换挡，起步直线行驶再开始压实作业，即完成了倒轴调车，如图 10-8 所示。

2）换向后调车

换向后调车是指压路机运行至本压实路段起点，先停车变换方向后再经过 3 次调整转向盘使压路机至倒轴位置（图 10-9）。

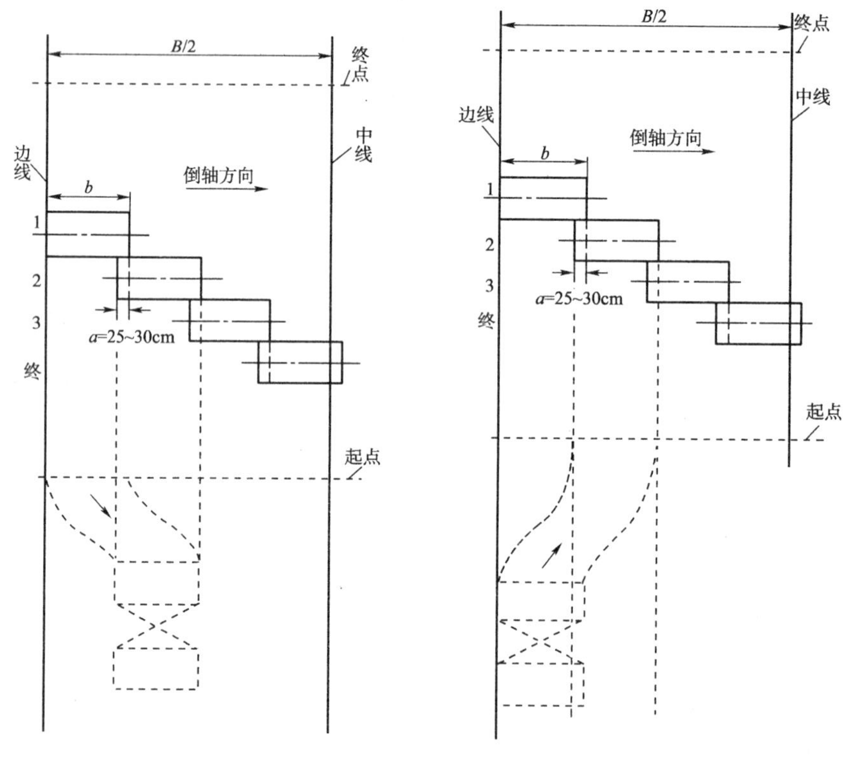

图 10-8　换向前调车　　　　图 10-9　换向后调车

两种调车方法都存在一个共同的问题，就是如何确定调车工作段的长度。实际作业时，要视具体情况定。距离过大则压实效率低；过短则转弯半径过小，对接触面（压路机轮与路面接触面）产生过大的挤压，影响施工质量。一般来讲，压实路基时，其距离可短些，压实路面时，其距离应长些。总的原则是：在不影响施工质量的情况下，其距离尽可能短些，以提高工作效率；另外调车路段应是被压实后的路段。

3. 弯道及交叉路口的压实

在压实弯道或交叉道口时，产生的剪切力将导致压实材料滑移。所以，压实弯道时，应注意如下要求：要在弯道内侧或弯道较低的一边开始压实，利用已形成的一个好的支承面；尽可能直线压实，避免在弯道上转向，如图 10-10 所示；进行缺角式压实，并逐一转换压道；不要在压实的混合料上转向；转向应与速度相配合，行驶很慢时，转向也慢；尽可能使用振动压实，以减少剪切力。

4. 陡坡压实

上坡压实必须注意底层要清洁、干燥。上坡压实时压路机的驱动轮应在后面，这样，就能承受坡道上传递的剪切力，前轮起预压作用，以便能支承后轮产生的剪切力（图 10-11）。起步、停车、加速都要平稳，振动压实沥青混合料时，要使混合料冷却到规定的低限，避免速度过高或过低，先用静力预压，再使用振动压实。

不论上坡或下坡进行压实，均应使压路机的驱动压轮朝向坡底方向，下坡时不得空挡滑行。纵坡度较大的路段作业时，应使用轻型压路机以较低的速度进行预压。

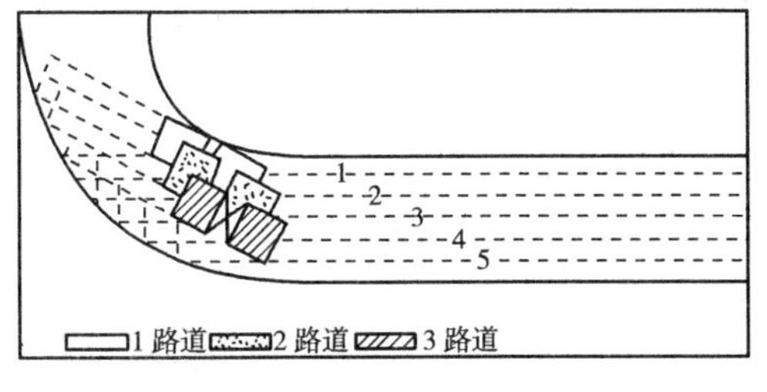

图 10-10　弯道压实

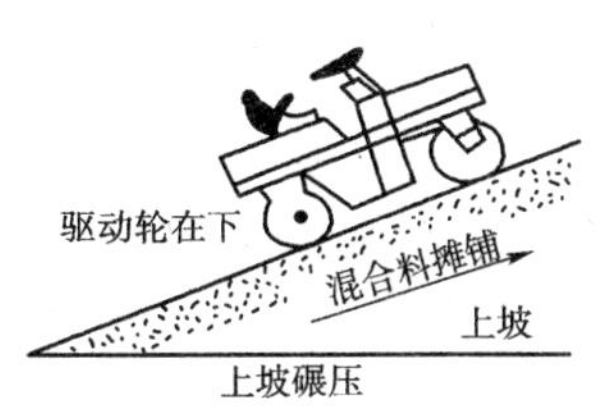

图 10-11　上坡压实

5. 松软路段

在松软路段作业时先用较轻的压路机对作业路段压实 1 ~2 遍后，再用重型压路机或振动压路机进行复压。选择较低的压实速度，并尽量保持压路机直线行驶和运行速度平稳。避免压路机在松软路段内变速、换向、急转弯、停机和原地振动，以免陷车。发生陷车时，不可采取猛踩离合器踏板或频繁地变速、换向的方法驶离陷车地点，应挂上差速锁，采取低速挡、大油门的方法直线驶出陷车地点，以免造成机件损坏。

6. 压实速度与压实新铺材料

压实速度过慢，压实效率过低。压实速度过高，会严重影响压实的表面平整度（图10-12）。同时，应保持压实速度恒定，不能一会快一会慢。压实新铺材料时，驱动轮应在前，以减少波纹和断裂现象（如图 10-13）。

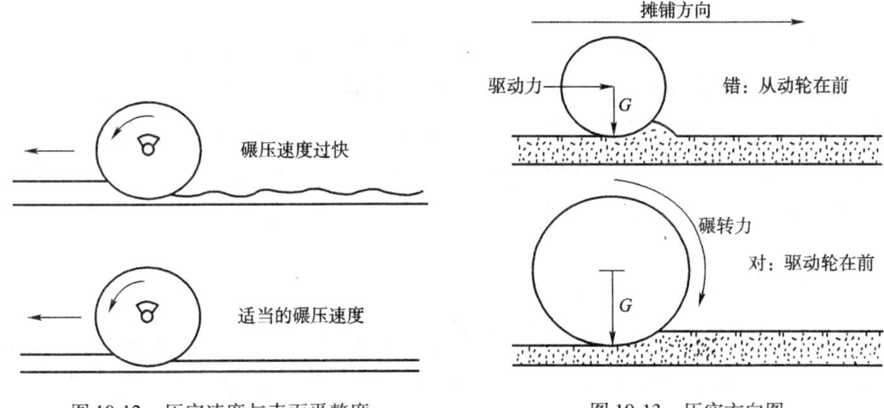

图 10-12　压实速度与表面平整度

图 10-13　压实方向图

二、不同材料的压实工艺

1. 岩石填方的压实

采用中型或重型压路机压实岩石填方是最有效的方法。通过有效的压实，承载能力可提高 10 倍。经大型承载能力试验测定，其变形模量值在 1 000 ~1 500kg/cm^2。在振动压路机压实之前，可用推土机摊铺厚度在 0.5 ~2m 的铺层。由于推土板使材料移位，并经履带的压实，可获得均匀的充填和一个较密实平整便于压路机在上面工作的表面。岩石填方经有效压实后，下沉量为铺层厚的 4% ~8% ，压路机的振动部分重量应在 15t 以上。

2. 砂和砾石的压实

用振动法压实砂和砾石是特别适宜和经济的。用6t振动压路机，可压实0.6m或更厚的铺层。若用15t振动压路机，则可压实1.5m厚的铺层。含水量饱和或低于天然含水量的自流排水砂和厚铺层也能压实到较高的密实度，且雨天也可不停止施工。如果用振动压实很湿的自流排水填料，能达到排水和压实两种作用。砂和砾石一般含有一定数量的细屑尘。当含水量高时，土壤将变成弹性物质，在这种状态下压实，不能得到好的密实度。在压实均匀级配砂和砾石时，由于均匀级配土壤的剪切强度低，压实过程中材料被压向轮子的后面。所以，表面密实度低，如果填方是分层铺设，在压实后来的铺层时，原来密实度不高的顶层就可以被压实。

3. 粉土的压实

粉土是没有塑性的细颗粒。特点是材料在高含水量时，如受到交通或振动的影响，将引起孔隙水压力，易于使材料迅速转化为近似液体状态。粉土和粉质土壤像所有的颗粒土壤一样，压实效果很大程度取决含水量。因此，不应偏离最佳含水量太多。可采用先挖排水沟的取土坑排水法，减少含水量。在最佳含水量时，粉土和易于压实的粉质砂质土有较低的内聚力，压实的铺层可铺厚一些。若用10~15t的振动压路机，铺层厚度可达0.7~1m。

4. 黏土的压实

黏土压实特性取决于含水量。含水量低时黏土是坚硬的，含水量增加超过最佳含水量时，就变成可塑状态。所以含水量不应与最佳含水量相差太多，必须把含水量调节至最佳值。压实黏土时，施加于土壤表面的接触压力必须能克服材料的剪切阻力。轮胎压路机能产生的最大接触压力为0.6~0.8MPa，可使低或中等强度无侧限压力的黏土得到压实。压实具有高强度的黏土或黏土质土壤时，必须用大吨位静作用或振动式羊角碾和凸块式压路机，以便对土壤施加必要的压力。

5. 水泥稳定砂砾的压实

水泥稳定砂砾是由天然砂、砾石和水泥经强制搅拌而成的混合料。施工工艺的特点是加水拌和、运输、摊铺直到压实成型等过程，要在2h内完成。而摊铺作业如果使用具有高强度夯实型摊铺机，密实度可达90左右。用7~10t的单轮或双轮振动压路机压实4遍后，密实度可达到98以上。如果不用摊铺机或不是高强度夯实型摊铺机，应先静压2遍后再振动压实。水泥稳定砂砾层只要混合料保持最佳含水量，压实工作易于进行。

三、路基压实作业

路基的压实一般有路基土方的压实、底基层石灰土的压实和基层水泥稳定砂砾压实等。高等级公路施工中，上述筑路材料的压实工艺流程（铺层厚度、压实机型、压实顺序和遍数）均经试验确定。压路机压实前须经摊铺机或平地机、推土机进行整平和初压。

路基压实作业可按初压、复压和终压三个步骤进行。

初压是指对铺筑层进行的最初的1~2遍的压实作业。初压的目的是使铺筑层表层形成较稳定的、平整的承载层，以利压路机以较大的作用力进行进一步的压实作用。一般采用重型履带式拖拉机或羊脚（凸块）碾进行路基的初压，也可用10~15t中型静压式路机或振动压路机以静力压实方式进行初压作业。初压时，压实速度应不超过1.5~2km/h。初压后，需要对铺筑层进行整平。

复压是指继初压后的5~8遍压实作业。复压的目的是使铺筑层达到规定的压实度。它是压实的主要作业阶段。复压作业中，应尽可能发挥压路机的最大压实功能，以使铺筑层迅速达到规定的压实度,一般用中型振动压路机(自重10t,激振力25t)和重型振动压路机(自重18t,激振41t)振压。复压作业时压实速度应逐渐增大。静光轮压路机取2~3km/h,轮胎压路机为3~4km/h,振动压路机为3~6km/h。复压作业中应随时测定压实度,以便做到既达到压实标准,又不过度压实。

终压是指继复压之后,对每一铺筑层竣工前所进行的1~2遍压实作业。终压的目的是使压实层表面密实平整。分层修筑路基时,只在最后一层实施终压作业。终压作业,可采用中型静压式压路机或振动压路机以静力压实方式进行压实,压实速度可适当高于复压的速度。压实时,防止压实表面出现推移起皮现象,尤其是在最后压实过程中。

采用振动压路机或羊脚(凸块)轮压路机进行分层压实时,由于表层会产生松散现象,因此可将该层表层10cm左右厚度算作下一铺筑层厚度之内进行压实,这样就可不进行终压作业。

振动压实不适合压实级配碎石铺筑层。因为振动中细小石料易降到底层,粗大石料集于表层,使石料嵌紧作用降低,压实层稳定性差。

四、沥青混凝土铺层的压实作业

沥青混合料压实是确保路面质量的最后一道关键工序,目的是达到均匀的压实度、平整度,所以必须有正确的压实工艺和严密的管理措施。

1.沥青混凝土铺砌层的压实原则:紧跟、慢压、高频、低幅,严格控制压实温度、压实速度、压实遍数、工艺工序。

(1)开始第一遍压实的最佳温度石油沥青为120~150℃之间(渣油沥青为90~110℃),若压实温度过高,则会出现沿滚筒边缘膨胀产生横向裂纹的现象,材料黏附于滚筒上,会在滚轮前受到挤压(图10-14)。

(2)压路机要尽量靠近摊铺机压实,并采取先轻后重的施压方法,以确保在混合料冷却到低于所需最低温度前达到密实度要求。压实段每段应在20 m以上,每次靠近摊铺换向时,应与前次压实痕迹尾端纵向错开1~1.5m(成阶梯状),另一端换向应在已压实路面上进行。

(3) 热料面层上不要任意停车,转向或起步时应缓慢,这样可以把压痕减到最小。

(4)振动压路机转移、换向或停驶时要断开振源,等到压实作业时再接通。

(5)压路机要尽可能在已压实好的沥青层面上转向,避免在热沥青料层上停机,压路机停放时要与行驶方向成一角度(图10-15),以便更容易消除压痕。

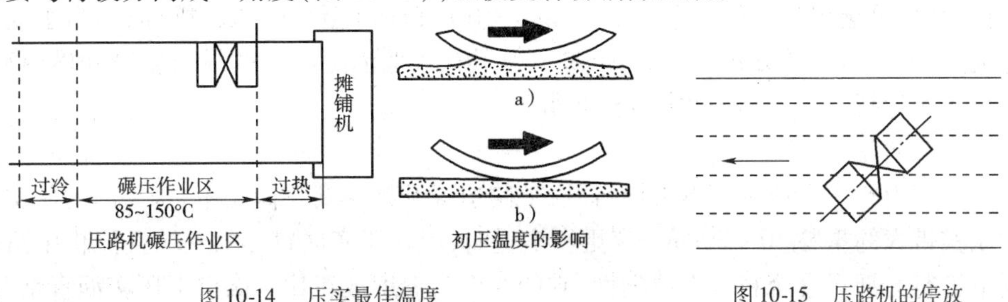

图10-14　压实最佳温度

a)温度过高;b)温度最佳

图10-15　压路机的停放

(6)用振动压路机压实敏感的混合料时,振压前可先静压1~2遍,然后再进行振压。

(7)初压压路机要紧随摊铺机进行压实,复压压路机也要及时跟上,以减缓温度下降的速率。

2. 常规压实方法

1）压实程序

紧随摊铺工序压实完接缝后，即可对面层实施初压、复压和终压。

（1）初压的目的是防止沥青混合料滑移和产生裂纹。初压作业时，应选用单位静线荷载在 290 ~ 390N/cm 的刚性光轮压路机，按照“先边后中”的原则，以 1.5 ~ 2km/h 的压实速度，轮迹相互重叠 0.3 ~ 0.5m，依次进行静力压实 2 遍。

初压作业中，应注意的事项有：

①掌握好始压温度，若混合料温度过高，混合料易被碾压轮从两侧挤出和被碾压轮黏滞或推拥，影响路面的平整度，并且压实后易产生横向裂纹或波纹；若混合料温度过低，会给复压和终压带来困难而不易压实，而且压实后易产生松散和麻坑；

②应使压路机的驱动轮朝向摊铺方向进行压实。这样可以使混合料楔挤到驱动轮下，不容易产生推拥混合料现象，从而可以减轻路面产生横向波纹和裂缝的可能性；

③采用全驱动双轮振动压路机进行初压作业时，可以使前轮振动压实，后轮静力压实，但应以混合料不产生滑移为条件。

初压作业结束后，检查和修整摊铺层的平整度和路型。

（2）复压的目的是使摊铺层迅速达到规定的压实度。复压紧接初压之后立即进行。

复压作业仍应遵循“先边后中、先慢后快”的原则进行压实，一般要压实到路面无明显轮迹为止。对沥青混凝土混合料约需压实 4 ~ 6 遍，而对沥青碎石混合料约需压实 6 ~ 8 遍。

静光轮压路机用 2 ~ 3km/h 的压实速度，轮胎压路机可用 3 ~ 5km/h 的压实速度，而振动压路机可用 4 ~ 6km/h 的压实速度。

复压作业时，除了初压作业时的几点注意事项外，还应注意：

①每次换向的停机位置应不在同一横断线上；

②采用振动压路机压实有超高的路段时，可使前轮振动压实，后轮静力压实，这样可有效地防止混合料侧向滑移；

③采用振动压路机压实纵坡较大的路段时，复压的最初 1 ~ 3 遍不要进行振动压实，以免混合料滑移；

④压实半径较小的弯道时，若沥青混合料产生滑移，应立即降低压实速度。

（3）终压的目的是消除路面表面的压实轮迹和提高表层的密实度。当复压使摊铺层达到压实度标准后，可立即进行终压作业。

终压作业时，可选用 6 ~ 10t 轮胎压路机和 8 ~ 10t 光轮等型号的压路机，以稍高于复压时的压实速度，以静力压实的方式压实 2 ~ 4 遍。为了有效地消除路面的纵向轮迹和横向波纹，可使压路机压实运行方向与路中线成 15°夹角压实 1 ~ 2 遍。

2）普通压实方法

压路机以与道路中心线平行的方向行驶，从路边缘开始逐渐移向路中，每一次的压实应与前一次的压实带大约重叠 10 ~ 20cm。变更压实道时，应在压实区较冷的一端且停止压路机振动的情况下进行。沥青混合料具有热塑性，它的黏度与温度成正比。高温下压实沥青结合料，黏度降低，沥青起了热润滑作用，有助于克服集料的内摩擦阻力。春秋两季要用大的压实力，使压实工作在很短的时间内完成。在路拱和横坡上压实时，压路机一定要从低边开始工作，一直压实到最高边结束。其目的是保证压路机以压实后的材料作为支承边。在没有支承边和厚的铺层上压实时，压路机可在离开 400mm 处开始压实。采用这一方法就能在路边压实之前，压路机轮下形成一条支承侧面,以减少沥青料在铺层边缘塌裂。

3)交替压实方法

交替压实法同普通压实方法基本相同,压路机也是从路边开始向中心线移动,不同的是压实带重叠宽度为压路机滚轮宽度的50%。此种方法可减少混合料的推挤或出现波纹等压实缺陷。由于压好的沥青能起支承作用,压路机的部分重量可由已压好的沥青料支承。

压实施工中,采取何种方法何种参数进行压实,一般都由施工技术人员确定。但无论采用哪种方法,压实时变更碾道(倒轴调车)要在压实区较冷的一端进行,如果是振动压路机的话,则应断开振动机构。在压实过程中,为了确保正常的压实温度范围,每压实一次要向摊铺机靠近一次,这样可防止在整个铺层宽度上相同地段换向造成压痕(图10-16)。

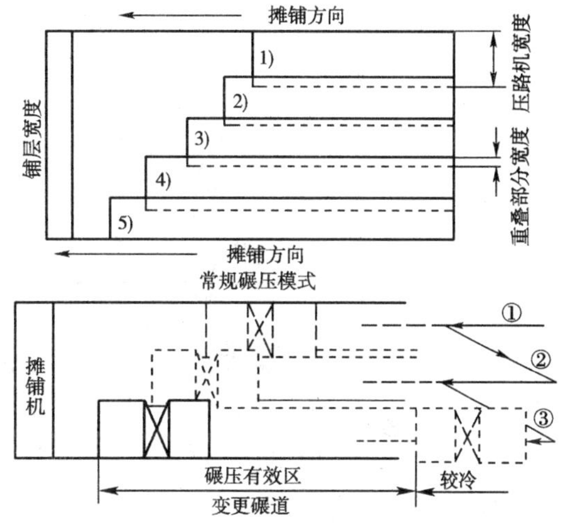

图10-16　压实模式

使用振动压路机压实沥青混合料时应注意:

(1)压实较薄的面层时,一般不采用振动方式(尤其是对于沥青砂之类的混合料);

(2)压实25mm以下层厚的沥青铺层应该用静压。层厚为20~50mm难以压实的混合料,可采用前轮振动,后轮静压方式。如果铺厚度大于50mm,最好采用双轮振动压实。压路机应始终跟在摊铺机后10~20 m,其驱动轮应朝前进方向;

(3)振动压路机的振动频率和幅度必须加以控制,为了保证路面的平整度,压实速度与振动频率应当相互匹配,一般铺层厚度较大,要求振幅也大。

3. 接缝的压实

1)横向接缝

进行横向接缝压实应在开始时断开振动机构,此时压路机的大部分重量支承在旧料上,只有压路机主轮宽的100~200mm位于新料上,然后压路机逐步横移直到全部轮宽进入新料,快要完成进入新料时方可接通振动机构,可采用搭板使压路机驶离铺层(图10-17)。

2)纵向接缝的压实

热料层与冷料层接缝的压实可采用不同类型的压路机,其相应压实方法也不同,但压路机的压实速度都应该较低,并且结合面都应很清洁,没有松散颗粒。

如果采用静光轮压路机压实,则在压实开始时应将压路机的大部分支承在冷料层上,只以100~200mm的轮宽压在热料上进行压实,随后逐渐压向热料。如果采用振动压路机进行压实,必须使压路机尽可能多地位于热沥青层上,只有100~200mm的轮宽压在冷料层上,然后进行振动压实。目的是把热混合料压入相对的冷结合面内,达到提高结合密实度的要求,或者只用轮宽处100~200mm压在热料层上,其余部分在冷料层上。压实时,多余的料从未压实中挤出,减少了结合边缘的混合料量。这种方法的结合密度较低(图10-18)。另一种方法是,首先压实中心结合缝部两边各为200mm以外的地方,然后再压中间剩下的一条混合料带。这种压实法的优点是混合料不会从边面挤压出,形成良好的结合。还可以采用错轮压实,重叠量应为 30 cm,在全幅宽度内向中心压实,最后主轮一次完成骑缝压实。

热料层与热料接缝的压实方法是:首先压实离中心结合缝两边约 200mm 以外的地方,然后压实中间剩余下来的混合料带。

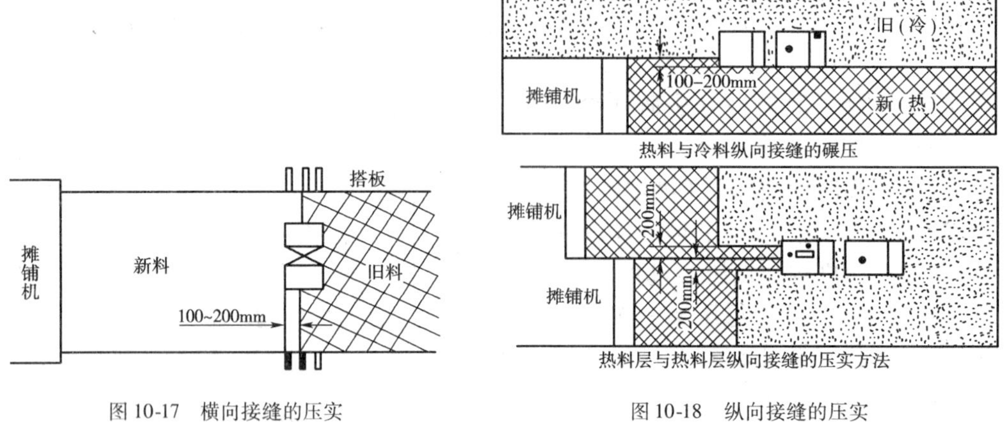

图 10-17　横向接缝的压实　　　图 10-18　纵向接缝的压实

第四节　压实机械的操作规程与使用注意事项

一、压路机操作规程

1. 作业前的准备

(1)检查各工作机构及紧固部件是否完好,排除漏油(柴油、机油和液压油等)污染可能性,尤其是压实沥青混合料路面时要特别注意。

(2)起动发动机经试运转确认正常,且制动、转向等工作机构性能完好,压路机方可进行作业。

(3)轮胎式压路机轮胎气压调整到规定作业压力范围,全机各个轮胎气压应一致,检查各轮胎的磨损是否相等,防止因轮胎软硬不一而影响横向平整度。

(4)静力压路机用增加或者减少配重的方法,将作业线压力调整到规定数值。

(5)对松软的路基及傍山地段的初压,作业前须勘查施工现场,确认安全后压路机方可驶入作业。

2. 作业中要求

(1)作业时,操作人员应始终注意压路机的行驶方向,并遵照施工人员规定的压实工艺进行压实。在压实能力允许的范围内应尽量拉长每次压实的路段,即尽量减少压路机在未成形路面上的换向次数,减少不可避免的推移现象。

(2)作业时应注意各个仪表的读数,发现异常,必须查明原因并及时排除,严禁带病作业。

(3)作业时应将振动压路机的振幅及频率控制在规定的范围内。轮子振动时切勿改变其振幅,只能在关掉振动开关后,等振动器停振后才能转动振幅选择器。

(4)振动压路机在改变行驶方向、减速或停驶前应先停止振动。严禁压路机在坚实的地面上进行振动,不允许压路机原地振动。不允许在基础不实、结构不牢的建筑物附近进行振动压实作业。

(5)多台压路机联合作业时,应保持规定的队形,其间距至少保持在 3m 以上,并应建立相应的联络信号。

(6)必须在规定的压实段外转向,应平稳地改变运行方向,不允许压路机在惯性滚动的状态下变换方向。进行压路机换向时,应待其停稳后,再拉动操纵杆使其换向,禁止利用换向机构制动运行中的压路机。

(7)必须遵照规定的压实速度进行压实作业,在压实过程中,不得随意改变压实速度及方向,不得中途停机。全液压振动压路机速度的快慢与换向操纵杆离开中间位置的距离成正比,其运行速度始终是由换向杆来控制的,不要用加大油门改变发动机的转速来调节压路机的运行速度。

(8)三轮压路机在正常情况下禁止使用差速锁止装置,特别在转弯时严禁使用,只有在一边轮子打滑时,才可将差速锁死装置接上。当压路机停车后,特别是停在坡道上时必须拉紧驻车制动器。

(9)压路机在坡道上行驶时禁止换挡,禁止脱挡滑行。

3. 作业后的要求

(1)作业后压路机应停在安全、平坦、坚实的场地,不要停在土路边缘或斜坡上,如遇特殊情况必须停放时,除拉紧驻车制动器外,还应将下坡一侧的轮子下塞以楔木,以防溜滑。

(2)每班作业后,应清洗全机污物。沥青路面作业后,应用煤油擦洗碾压轮表面。

(3)按规定进行例行维护。

二、压实机械的使用注意事项

(1)在危急情况下制动压路机(使用行车制动器或紧急制动开关)过程中,要牢牢掌握转向盘,待压路机停稳后再松开紧急制动,严禁用换向离合器作制动用。

(2)在坡道上禁止纵队行驶,以防制动器失灵或溜坡造成互撞事故。

(3)吊装压路机前,检查钢丝绳或铁链等是否必须符合使用要求,锁死铰接头以防在吊装时压路机转动。将吊装铁链装在压路机的吊耳上,保证当通过吊链起吊时,压路机上所有零件将不被挤压。吊装结束后,起动发动机前不要忘记把锁紧件松开。

(4)压实热沥青混合料时,为了阻止碾轮上粘有沥青混合料,必须给碾轮喷适量的水保持足够的湿度,过量的洒水又会导致混合料不必要的降温,过少起不到防粘的作用。必须保持水箱和喷洒器良好的状态,喷洒水之前应确保水箱装满干净水。

(5)因摊铺能力较大难以在有效时间内达到压实的遍数和压实度时,应增加压路机的数量,而不能以增加压路机的吨位来减压实遍数。

(6)对压路机无法压实到的作业面,例如桥梁、挡墙接头处、拐弯死角处及某些边缘处,应采用振动夯板压实或人工夯锤压实。

(7)在新铺筑的路基上作业时,必须放慢压路机的行驶速度,碾压轮迹距路基边缘距离不得少于0.5m,并随时注意路基边缘的变化以防塌陷。在山区道路施工时,必须由靠山坡一侧向沟崖一侧依次低速压实,最终轮迹距路基边缘不小于1m。

(8)拖式凸块压路机应根据压实土料性质及填土层厚度选择适宜的凸块端面接触压力,可通过往碾轮中增减配重的办法来调整凸块的单位压力,使之与土料的接触压力相适应。如压实的工作面凹凸过大时,要事先予以适当平整。凸块磨损到超过高度的25%时,应换新或堆焊修复。

(9)工作地段的纵坡不能超过额定的爬坡能力,横坡不应大于20°。若需在大于20°的横坡上行驶、作业时,必须采用安全的牵拉措施。上、下坡时,都不得使用高速挡。在急转弯时,包括铰接式振动压路机在小转弯绕圈压实时,严禁使用高速挡。压路机在高速行驶时不得接合振动。

(10)禁止用拖拉、顶推或溜滑压路机的方法起动发动机,也不允许用压路机拖拉其他机械或物件。

(11)轮胎式压路机的压实和行走速度,必须视加载和路面情况按规定进行。当压路机在泥泞地带后轮发生打滑时,可使用联锁装置。在拉动联锁操纵杆时,要使发动机低速运转,并与主离合器操作相配合。

(12)轮胎式压路机长期停放时,应使轮胎离地面架起或卸下保存。

(13)对于可调振频的振动压路机,应先调好后再作业,严禁在没有起振情况下调整振动频率。换向离合器、起振离合器和制动器的调整,必须在主离合器脱开后进行。

(14)压路机调转工地距离不超过35km时,可采用自行方式,超过35km时,应用平板车运输,不允许压路机长距离自行转移。

(15)夜间作业时,压路机自身灯光应齐备有效,作业区内应有良好的照明。

第十一章　沥青路面机械运用技术

第一节　沥青混凝土拌和设备运用技术

沥青混凝土是将各种规格的集料(砂、石)、黏结剂(沥青或渣油)和填料(矿粉)按一定级配和比例均匀混合,并具有一定温度的沥青混合料。用于拌和这种混合料的机械设备称为沥青混凝土拌和设备。

沥青混凝土拌和设备是沥青路面施工工程的一项关键设备,其性能与运用的好坏,直接影响工程施工的质量、进度和生产效益。

沥青混凝土拌和设备应完成的基本工作有:

(1)集料的初步配料、加热烘干、重新筛分与计量;

(2)沥青的加热、保温、输送与计量;

(3)填料的输送与计量;

(4)将计量好的热集料、矿粉与热沥青均匀地拌和成具有一定温度的成品料。

沥青混凝土拌和设备按生产工艺划分为间歇式(循环式)和连续式(滚筒式)两种。

间歇式沥青混凝土拌和设备是将分批计量好的组成成分投入拌和器进行拌和,拌和好的成品料从拌和器卸出后,接着投放下一批料进入拌和器拌和,形成周而复始的循环作业过程,其工艺流程如图 11-1。强制间歇式沥青混合料拌和设备的基本结构组成如图 11-2 所示。

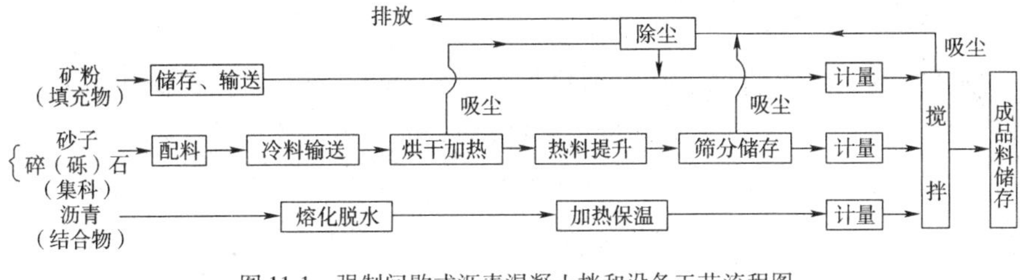

图 11-1　强制间歇式沥青混凝土拌和设备工艺流程图

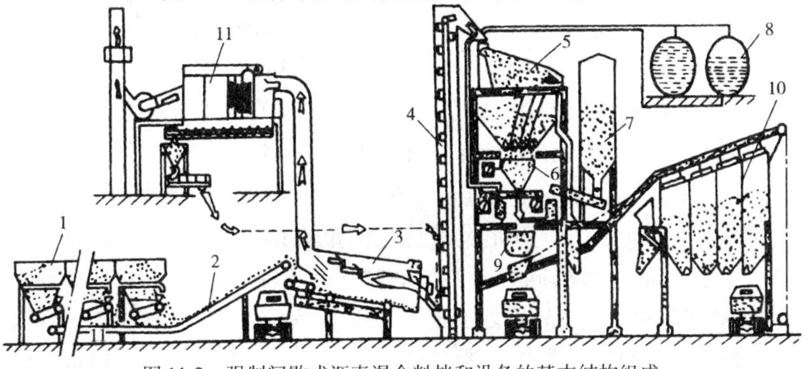

图 11-2　强制间歇式沥青混合料拌和设备的基本结构组成

1-冷集料储存及配料装置;2-冷集料输送机;3-冷集料烘干滚筒;4-热集料提升机;5-热集料筛分及储存装置;6-热集料计量装置;7-矿粉储存仓;8-沥青供给系统;9-拌和器;10-成品料储存仓;11-除尘装置

连续式沥青混凝土拌和设备是将各种组成成分连续送入拌和器中，拌好的成品料不断地从拌和器中卸出。这种设备的结构特点是集料烘干和拌和在同一个滚筒中进行，所以也叫滚筒式沥青混凝土拌和设备。其工艺流程如图 11-3 所示。

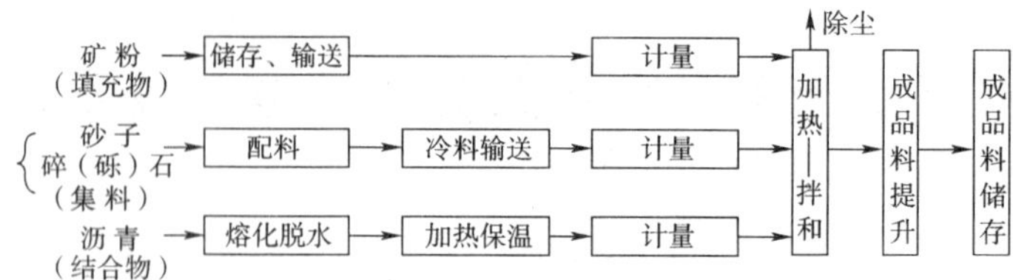

图 11-3　连续滚筒式沥青混凝土拌和设备工艺流程图

滚筒式沥青混凝土拌和设备的基本结构组成如图 11-4 所示。

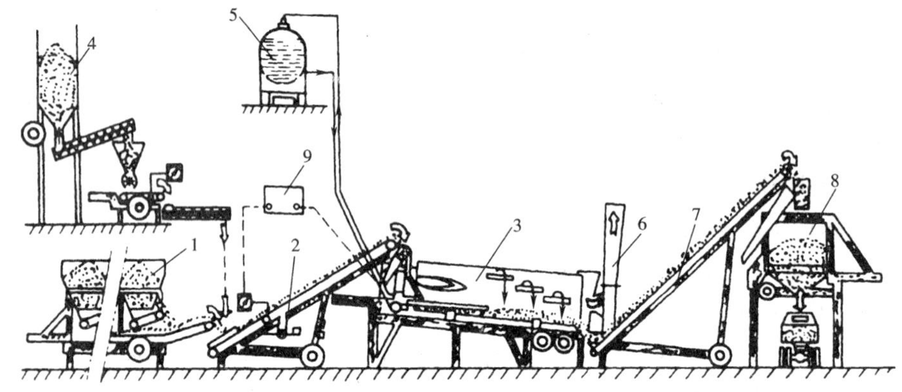

图 11-4　连续滚筒式沥青混凝土拌和设备结构图

1-冷集料储存和配料装置；2-冷集料输送机；3-干燥拌和筒；4-矿粉供给系统；5-沥青供给系统；6-除尘装置；7-成品料输送系统；8-成品料储存仓；9-控制系统

一、沥青混凝土拌和设备的选型

间歇强制式拌和设备将冷料的烘干加热与混合料拌和分开进行，冷湿集料在烘干滚筒内加热后，需经筛分、储存，再经热集料计量装置精确计量，然后才输入强制式搅拌器内，与一定配合比的矿石粉和热态沥青强制拌和，形成级配均匀的沥青混凝土。采用间歇强制式沥青混凝土拌和设备拌和沥青混合料，虽然工艺流程较连续式拌和要长，耗能较大，除尘困难，但强制式拌和的配合比和级配精度高，含水量低，能完全满足高等级路面对铺筑材料的要求。我国高等级沥青路面所用的沥青混凝土普遍采用强制式拌和工艺进行生产。

国内生产的连续滚筒式烘干拌和设备无论是从性能指标还是从自控程度等方面与间歇强制式烘干拌和设备相比仍有一定差距，加之我国的集料加工企业的规模普遍较小，生产的集料规格差异性大，因而现行施工规范尚不允许在使用这种设备。在修筑高等级公路沥青混凝土路面的。

沥青混凝土设备的拌和楼生产率是设备选型的重要指标，选型时应根据工程任务，计算出摊铺机械每小时所需的混合料量，同时还要考虑料场砂石集料含水量对加温脱水时间的影响。集料含水量过高，加温时间过长，无疑会降低拌和设备的生产能力，因此应对不同类型的集料及堆放场地的封闭程度分别取样测试。通过试验，选用最佳含水量的集料进行配比拌和，以满足对混合料生产率的要求。

先进的拌和控制技术对稳定沥青混合料的质量、提高生产效率、降低能源消耗、确保系统安全生产有着十分重要的作用。所选拌和设备应能对沥青混凝土拌和循环的全过程进行自动控制,包括燃烧器火焰的监测与控制、集料和沥青温度的控制、热沥青喷洒装置的定时启闭、混合料精确计量配比等。

成品料卷扬提升驱动系统有电力直接驱动和电液联合驱动两种形式,其中电液联合驱动形式的优点是:

(1)液压元件比电动元件体积小、重量轻,其单位功率重量指标约为电机调速驱动系统的1/10;

(2)液压回转件转动惯量小,正反转换向迅速,冲击小,可实现高频换向;

(3)不仅可实现无级调速,而且扩大了调速范围,运转平稳,不易受负载的影响;

(4)系统设有安全阀,具有过载自动保护功能;

(5)系统采用自卸荷回路,可有效地降低空载功率损失。

沥青混合料拌和设备的选型的具体要求有:

1. 整机性能要求

(1)生产能力符合要求;

(2)所拌制沥青混合料的级配组成应符合要求;

(3)油石比允许误差 ±0.3% 以内;

(4)湿拌和时间不应超过要求(一般不超过 30s),因搅拌器中的集料温度高达 170℃ 左右,沥青以薄膜状态喷于集料表面,同时与空气的接触面积增大,与加热、运输、储存保温、升温等过程相比,沥青在搅拌器中老化得最快;

(5)必须佩戴二级除尘器,满足环保要求;

(6)当集料含水量为 5%、出料温度 130 ~ 160℃时,拌和设备能以其额定生产率工作。

2. 主要总成

(1)配备的冷料仓数量应符合配合比要求,并能进行初级级配和计量。

(2)主燃烧器,要求风油比大、调节方便、工作可靠、点火容易迅速、雾化可靠、燃烧充分、火焰稳定、升温快、耗油率低。

(3)振动筛,能对加热后的集料再按设计进行筛分,要求全封闭,双振动电动机代替偏心轴式振动,各层筛网易于快速装配。

(4)干燥滚筒,动力部分的使用寿命不小于 6 000h,滚筒能充分利用热量,料帘均匀流畅,要求倾斜度可调。

(5)拌和器,要求叶片寿命应不小于 3 000h,叶片正、反面均能装置,以延长其使用寿命;所拌成品料应均匀一致,无花白、离析、结团等现象,并要保证一定的出料温度。拌和时间不应超过 30s,否则沥青在搅拌器中的针入度损失过多,易老化。

(6)沥青供给系统,要求用导热油保温,并设有显示温度的自动控制装置。

(7)电子称重传感器进行称重,其称重误差不应超过 ±0.3%。

(8)主控制台,一般应有手动、半自动及全自动(程控器)控制方式,要求有电子计算机控制功能(即 PLC 逻辑电脑 + 工业计算机);称量/拌和时尽量用全自动控制方式并打印每批混合料的配合比、加入数量、拌和时间、每天产量。

(9)除尘装置,必须佩戴二级除尘器,在烟囱出口处烟气林格曼黑度不超过 2 级。除尘后烟尘排放浓度≤50mg/m^3,符合环保要求。

(10)沥青混凝土拌和设备的诸多系统工作要可靠,协调一致,拌和质量要稳定,能实现安全高效的生产。

3. 其他配套装置

沥青混合料拌和设备一般由以下部分组成:冷料级配机、皮带给料机、干燥筒、热料提升机、振动筛、热料仓、拌和器、粉料系统、沥青供给系统、电子秤、布袋除尘器等。另外,成品料提升机、成品料仓、导热油炉、沥青加热设施为可选件。一般情况下,当根据工程量、工程进度和其他要求选定沥青拌和楼主机后,应立即计算并选配沥青加热设施、脱桶机、沥青储存设施、导热油炉和燃油罐。沥青导热油加温装置要能保持在规定的150℃温度24 h恒温不变。为提高设备生产率,应选择成品料提升机和成品料仓。

沥青站辅助设施的选型配套,主要是指沥青罐的容量及数量,脱桶机的产量及形式,导热油炉发热量、形式等的确定。沥青罐、脱桶机可用卧式,沥青罐容量不超过50kL,否则搬迁困难。导热油炉卧式、立式均可采用,卧式易安装,但占地面积大,立式占地面积小,吊装相对困难。如果拌和站主机产量超过300t/h以上,脱桶机的导热油炉需增加台数。一味地加大其产量和发热量,设备的体积会很庞大,将造成调迁安装费用的增加。因此,根据主机的用油量应合理选型调配。特别在选择脱桶方式,不管哪种方式,只要装桶时间短,就会提高效率和生产率。另外,脱桶机按脱桶方式分有连续式和间歇式,这两种方式没有严格的界限。实践证明:自然温度偏低时宜采用间歇式,即按批次脱,一次一批;自然温度偏高时,宜采用连续式,即连续上桶,一边进桶,经过一定的行程后,空桶从另一边被连续推出。

二、沥青拌和站的选址

大型沥青拌和站的设备种类较多,主要有:拌和主机、沥青储存设施、成品料仓、导热油炉、脱桶机、配电房、电缆沟槽、双层沥青管道的布置、汽车电子秤以及所有工程机械与车辆停放处、机修间、试验室和十多种原材料和成品料进出拌和站。

拌和设备选址,应作为一个重要问题予以研究,在经济、便利、环保等方面统筹兼顾,科学论证,合理定位,遵循位置恰当、布置合理、费用小的原则。

1. 场址的自然条件要求

(1)场地的环境应干爽,地势要稍高,地下水位要低。

(2)场地选择应尽量避开地面水汇集的地方,要特别考虑洪水季节的防洪、排洪问题,完善排水系统。

(3)设计与建设设备的基础时,还要了解场地的地质情况。场地的地质情况好,可减少设备安装基础施工费用,并避免沉降带来的设备变形及损坏。滑坡、泥石流等不稳定的地质区域,禁止安装拌和设备。

2. 场地选址应与机型选择相关联

固定式沥青拌和设备形式多样,拌和及除尘方式各异,对场地要求也就各不相同。如对生产空间的要求,强制间歇式比连续式所占空间大;湿式除尘比干式除尘所需场地面积大;离居民区和商业区较近的应选择振动污染小、噪声较低的机型等。另外还应考虑当地自然环境条件和可供选择的场地状况。

3. 材料加权平均运距计算

同时向连续的几个路面标段供应沥青混合料的情况下,设备安装位置合适与否,最简单的办法是将各种费用换算成材料的加权平均运距进行比较后确定。材料加权平均运距计算按式

(11-1)计算。

$$L_{CP}=\frac{\sum_{i=1}^{n}Q_iL_i}{\sum_{i=1}^{n}Q_i}+\frac{A+B}{\sum_{i=1}^{n}Q_i}\cdot\frac{1}{T} \tag{11-1}$$

式中:L_{CP}——原材料及沥青成品料运输过程名义加权平均运距,km;

Q_i——第 i 个路面工程沥青混凝土用量,t;

L_i——第 i 个路面工程原料及成品料加权平均运距,km;

A——拆装拌和设备费用;

B——新场地建设费用;

T——单位平均重量运费,元/t·km。

4. 选址对交通状况的考虑

选场地时,应采用原材料及成品料进出拌和站最便利的交通,水、电来源方便。

(1)固定式沥青混凝土拌和设备选址必须兼顾原材料及成品料的运输。在原材料到铺筑现场运距一定的情况下,从降低运输成本方面考虑,拌和场应尽量靠近原材料生产场地。从施工现场便利的角度,拌和场应尽可能靠近施工现场,使拌和料迅速运抵施工现场及时摊铺。

(2)成品料的运输应选择等级高、交通量相对较小的道路作为运输线,如果是交通不畅容易发生堵车的路段,应尽量放在原材料的运输线上,原材料的运输没有特殊条件限制,可以昼夜抢运。成品料的运距以到达施工现场时不低于施工要求的最低限度而定,一般情况下,运输时间不要超过 2h。

(3)原材料及成品料运输,还应考虑一些特殊因素,如运输线路中有无限载的路桥地段;车辆运输过程中漏洒有无限制;交通量大能否使一般交通受阻;通过城区时有无交通限制;因运输量大造成的道路损坏责任及修补办法,路桥收费等。这些因素可使运距增大,成本增加,甚至有可能造成施工的停顿。在拌和场选址时,需对以上情况进行详细调查,并进行量化分析,纳入经济比较的内容中。

5. 拌和场地的防污染

随着公众环保意识的增强和国家环保法规的日趋完善,对拌和场地选址的要求也日趋严格。为尽量减少污染,在选址时注意:

(1)场地应远离住宅区和人口稠密区,实在无法做到,也应选在住宅区和人口稠密区 300m 以外;

(2)详细调查本地区气象情况,弄清施工季节的主要风向,拌和场最好建在主要风向的下风方向且背风;

(3)场地不应选择在地表水丰富和用来饮用、灌溉的水源、河流的上游,避免因局部区域污染造成下游生产、生活的困难;

(4)新建短距离的专用道路或利用原有的道路为场地运输主线时,应尽量提高防尘等级。

三、影响沥青拌和设备生产质量的因素

合格的沥青混合料应该是:级配符合要求,沥青含量适中,温度适当,拌和均匀。要生产出合格的沥青混合料必须从人、机、料三个方面的各个环节严格把关。这里的人指的是操作人员,要求责任心强,不违章违规,是保证质量的核心;料指的是拌和需要的各种材料,必须均匀合格,符合有关标准,这是保证质量的前提;机指的是拌和设备,必须性能可靠,各项指标达标,

工作正常，这是保证质量的基础。除此以外还必须建立健全各项使用管理制度，做到分工明确，责任明确，有章可循，有章必依。

我们可以从沥青混凝土加工工序及对应的装置（表 11-1 ）分析出造成沥青混合料级配不符合要求的因素有：集料不合格或变异性大、冷集料的粗配不合格或供给不均匀、热集料的筛分不符合要求、筛网破损、热料仓板破损造成混仓、热料仓中上次剩积的残余料过多、二次称量不准、操作人员补仓操作、搅拌器搅拌不均匀、成品料提升后放入成品储仓及从成品储仓往运输载货车卸料时造成混合料的颗粒离析等。

沥青混凝土加工工序及对应的装置 表 11-1

拌 制 工 序	各工序所对应的装置
冷集料的粗配与供给	冷集料的定量供给和输送装置
冷集料的烘干与加热	集料的烘干、加热与热集料输送装置
热集料的筛分、存储与二次称量、供给	热集料筛分装置及热集料储仓及称量装置
沥青的熔化、脱水及加热	沥青储仓、保温罐、沥青脱桶装置
石粉的定量供给	石粉储仓、石粉输送及定量供给装置
沥青的定量供给	沥青定量供给系统
各种配料的均匀搅拌	沥青混凝土混合料搅拌器
沥青混凝土混合料成品储存	沥青混凝土混合料成品储仓

再比如冷料供给系统在运行中要保证供料的均衡性，杂质及超规格的料会造成冷集料供应的不均匀供料甚至中断供料，还会造成热料提升机、振动筛分装置的损坏；装载机在料堆铲装冷集料时方法不对时造成冷集料的级配变化；冷料斗冷集料的含水量变化幅度大既造成供料不均匀，同时还造成烘干与加热温度过高、过低或忽高忽低，不但影响拌和质量，而且影响拌和设备的生产率等等。

沥青混凝土拌和设备的组成部件多，影响产品质量的因素多，只有认真深刻了解其结构、工作原理、工作过程的基础上，严格管理，规范操作，才可能避免影响产品质量和生产率的情况发生。

四、沥青混凝土拌和设备施工控制技术

对沥青混凝土拌和设备进行控制主要有配合比设定、设备生产能力的设定、点火、冷料加热、热集料提升、筛分、计量、拌和等环节。生产时这些环节是相辅相成，每个环节都对成品料的质量有影响。

1. 设备生产能力的设定

设备生产能力与集料含水量、出料温度、集料级配组成等因素有关。设定设备生产能力时要考虑到天气、集料含水量等因素的影响。具体设置时可参照前几天的生产情况、冷料混杂程度，配合比要求等情况调整各冷料斗电机的转速，而达到设定生产能力的目的。设备生产能力的设置受天气情况影响很大，天气干燥，冷料含水量比较小，容易加热，生产时可适当提高产量；天气潮湿或雨后，冷料的含水量增大，加热困难，需要减小产量。因此，如果最近几天的天气情况变化不大，产量设置以前一天正常生产时的产量为参照，若生产的天气情况与前一次生产时有较大变化，产量设置就需作适当调整。调整得当，设备能够连续稳定生产，否则出现待料或溢料情况，严重影响设备的生产能力。每次开始生产时，产量设置要比正常生产时略低，这样有助于集料的迅速升温，保证加热效果。待生产逐步正常时，逐渐增至标准产量。

2. 配合比精度的控制

沥青混凝土拌和设备拌出的混合料能否达到质量要求，配合比的执行情况是非常重要的。对于沥青拌和设备，所执行的配比是热配比，即经过筛分后的石料配比。一般来说，开机前，操作手将沥青混合料配合比输入微机，工业控制机将按照配比单就混合料中集料、沥青和粉料的数值进行称重，但实际上经试验员对拌制的成品料实验时，可以观察到有时试验结果与提供的配合比有较大的误差。原因在于配比通知单要求的是热配比（经过热料筛筛分后的配比），热料筛筛网的孔径分为几个区间，每一个区间内石料在实验上又需要分为若干区间，如果配合比精度只实现了热料筛筛网的孔径区间的控制，不注意每一个区间内石料粒径组成的精度控制，配合比误差较大就不可避免。只有冷集配比例控制和热配比控制都精确进行，拌出的混合料方能与实验提供的曲线相符。

3. 点火操作

刚刚点火时不宜马上进料，因为这时的干燥滚筒内的温度还未达到均匀一致，并且干燥滚筒、烟道、除尘箱及布袋内温度也较低，若此时进料，冷料不能均匀受热，集料温度将得不到保证。同时除尘布袋的进气温度过低，含尘气体中的水蒸气可能在布袋中结露，使灰尘黏附在布袋上，影响除尘效果。并且灰尘中的氮、硫氧化物与水蒸气发生化学反应对除尘布袋也有腐蚀作用，这时候排气温度是一个比较关键的参考数据。排气温度指示的是由干燥滚筒内排出气体的温度，所以当排气温度达到 100℃ 时，干燥滚筒内平均温度要大于 100℃，此时可开始进料，使冷料在刚刚进入干燥滚筒时便得到预热，利于其快速升温。进料前，燃烧器油门开度不要太大，控制在全开度的 10% 以下为好，否则，排气温度过高会影响除尘布袋的使用寿命，容易发生火灾。进料后，可通过各集料皮带电机电流和干燥筒电机电流的变化（即由空载电流逐渐增大至额定电流）来获取冷料运行轨迹的信息。当干燥滚筒电机电流由空载电流逐渐上升时，说明冷料已进入干燥滚筒，这时要逐渐加大油门，增加燃烧器的喷油量，但油门增加的幅度不要太大，若集料温度上升明显，以不大于五个百分点的变化幅度为宜，否则可适当加大油门的调节幅度，直到集料温度有明显的上升趋势。把集料温度逐渐升高到要求的温度，并暂时维持在这一温度上。

气温较低、湿度较大的情况下生产时，点火进料这一步要发生一些变化。因为气温低、湿度大，所以干燥滚筒预热时间要长一些，按正常程序进行控制，集料温度上升的很慢，把油门开到最大也来不及使集料温度达到生产要求，即使达到要求，排气温度会太高，给除尘布袋带来损害。此时应采取两次预热方法，即第一次点火后，当排气温度升到 100℃ 左右时便熄火，关闭燃烧器，待排气温度下降到 60℃ 左右时（防止再次点火后排气温度上升太快、太高），重新点火，排气温度再达到 100℃时开始进料，这样使干燥滚筒在进料前经过了两次预热，能很好地保证热集料的温度。冷料湿度大时产量设置应减小。

气温非常高、冷料非常干燥时可在各部电机负荷能力允许条件下，适当增加产量，甚至可以超过设备的额定生产能力。

4. 成品料温度的控制

成品料温度是衡量拌和料质量的一个重要指标。温度过高，导致沥青老化；温度偏低，使石料、沥青包裹不均匀出现花白料，混合料的残余含水量过大。最佳温度应控制在要求的范围内。成品料温度不稳定，通常是由于干燥滚筒内集料数量或含水量的变化造成的，频繁调节油门也会造成集料温度上下跳动过大。因此必须保证冷集料量供给的稳定性和连续性，控制集料含水量的差异。

在刚开始生产时集料的加热温度应稍高一些，被加热的集料经过提升机提升、振动筛筛分、热料计量等过程后，使设备预热损失一部分热量后仍能达到生产合格成品料所需的温度。拌出第一锅成品料后，便要通过对燃烧器的油门控制把干燥滚筒加热的热集料的温度降低到要求的范围内，因为此时设备已充分预热，热集料在被提升、筛分等过程中不会再损失太多热量，此后把这一温度维持住，进入正常控制。

检测热集料温度的传感器一般设置在干燥滚筒出料口处，温度传感器显示温度有一个滞后过程，因此控制集料温度要有一个提前的反应，当集料温度有上升或下降趋势时便要开始调节燃烧器油门。因为温度反应的滞后性，若在集料温度已发生明显变化时再调节油门，会引起集料温度的剧烈变化，影响拌和质量。对集料的温度控制在沥青混合料拌和生产中是保证成品料质量的最重要的环节。

另外，添加矿粉的多少，沥青温度的高低都会影响到成品料的温度。

5. 溢料的控制

将不合规格的热集料溢出对控制混合料配比是有益的，可保证级配的合理性，但规格石料的溢出就意味着浪费，不仅浪费燃油，而且大大降低了生产率。造成溢料的原因是石料不规格或几种石料供料失衡，也可能是石粉和沥青供给出现暂时等待导致整个系统供给失衡，从而溢料。有些情况下，溢料是由于实验室提供配比不够合理造成的。控制溢料的方法是注意热料仓的料位显示，随时调节各种规格冷料的进料量，减少溢出石料的供给量或者增加等待石料的供给量。调节的目的是使进入各热料仓中不同规格集料的数量与计量用量配合好，防止出现某种集料过剩或跟不上计量等情况。这样做的好处是既保证生产连续，又使生产结束时剩余废料尽可能少。调节的宗旨是：在调节料位时保证热集料温度基本不变化，不影响成品料的质量。因此，可采取小幅度勤调的办法进行调节，调节时可把显示屏中冷料进料速度作为参照。现举例说明：若当1号热料仓中料位上升较快，而4号热料仓料位的变化相对来说很慢，有“缺料”的迹象，这时便应降低供给1号热料仓的相应规格冷料的进料速度，而提高供给4号热料仓的冷料进料速度，但要使调节之后的干燥滚筒的进料量维持不变，热集料的温度便可相对稳定，以维持生产的稳定。但当要改变的两种规格的冷料含水量相差很大时，便要提前增减油门以适应其中的微小变化。

调整的时候要考虑到整个设备系统的负荷，切忌盲目进行调整，从而使整个设备系统运转失衡。

6. 计量控制

当热集料到达热料仓后便可开始计量，但计量的时机很重要，不能太早计量，也不宜太晚计量。计量执行的太早，由于热集料从干燥滚筒到达热料仓的时间（约2min）要长于计量时间（约45s），计量时会发生“等料”现象，使生产不连续，影响产量；若太晚计量，由于热料仓中集料量的变化滞后于冷集料的供给量的变化，容易发生“溢料”现象。而根据工程要求，二次加热的集料不宜使用，因此就造成了原材料的浪费。选择开始计量的恰当时间以热料仓中储料量作为参照比较合适，当热料仓中累积热集料达到热料仓储存量的30%左右时开始计量，可保证计量顺利进行，不会出现“溢料”或“等料”的情况。当然也要考虑到进料速度的快慢，若快则提前计量，慢则推迟计量。

7. 沥青拌和设备关键机械部位的控制

1）排风机风门的控制

排风机是强制拌和设备中较大的动力消耗部件，电机功率很大。为保证其轻载启动，一定要把启动风机作为整机开机的第一步，而且要时刻关注其运行情况。为减少其压力，风门的开度应调至最佳，同时，也可用目测法确定其开度，以主燃烧器下不倒烟为宜。由于风机转速高，为防止叶片上积灰尘，造成转动的不平衡，应每天清除叶片上的黏附物，延长风机寿命。

2）烘干滚筒电流的控制

烘干滚筒的工作电流要尽可能控制好，如果超负荷会增加烘干筒和热料提升机的负担，使热集料提升不及，即使热集料提升到振动筛，也会加重振动筛电动机的负荷，使其过度磨损，造成烧坏电动机或烧死振动筛轴承。要保证烘干滚筒、热料提升机和振动筛的正常运行，就必须控制好烘干滚筒内集料的量。另外，尽可能不要在烘干滚筒内有较多沉积料时频繁启动，这样会使烘干滚筒受到冲击，缩短联轴器和电机的使用寿命。

3）成品料提升系统的控制

斗车的运行是成品料提升的核心。斗车运行中经常出现的现象为“过位或不到位”，解决此问题应从斗车控制器着手，把控制信号位置调整准确。每锅混合料重量偏差较大是造成不到位或过位的根本原因。成品料温度较低，致使斗车在卸料时，不能将料卸净，有一些料黏附在车门上，致使有沉积料，若不及时清除，势必会越来越多，从而超出斗车提升的正常重量，造成过载。还有尽可能不要在斗车上升过程中调节成品料温度，这样会使提升信号受到影响，且温度调节不准。斗车在顶端过位，易跑槽，更危险的是如果斗车停在顶端，而此时程序控制出现混乱，可能会出现钢丝绳被拉断的现象。有效的控制方法是，在顶端适当的位置设置一个行程开关，这样及时断电后就能够防止上述现象的发生。同理，对于底端过位也是如此。

8. 生产过程中要注意的问题

（1）生产时发现等待拌和的集料称量仓称重增加，说明热料仓仓门关闭不严，有集料漏入称量仓内，这会造成生产配合比发生变化，油石比减小，成品料质量受到影响。若集料称量仓称重减小，说明称量仓门关闭不严，有集料漏入拌和锅内，使成品料油石比发生变化，严重的会出现“花料”现象。

（2）设备各部电动机的电流，是反映设备运转情况的一个及时而准确的参数，通过对电动机电流的观察，即可清楚知道设备的运转情况，又可反映出集料和沥青的一些情况，因此生产时要时刻注意各电动机的电流变化。如生产时发现沥青泵电动机电流有上升的趋势，则大多数的原因是由于沥青温度有所下降，沥青黏滞性增大，使电动机负荷增大，电流上升。冷料输送皮带、干燥滚筒、热料提升机及振动筛的电流变化则可反映出集料的一些情况。当它们中任意一台电动机有过流趋势，说明进料量过大了，这时就要适当减少冷料的输送量，以保护设备和保证干燥效果。另外，振动筛电动机电流的变化还可能是由于筛网固定部位松动、筛网卡料等原因改变了电动机负荷而引起的。影响冷料输送皮带电动机电流的因素有集料的含水量、刮料板是否清洁等。综合考虑各种情况，便可迅速发现问题。若是矿粉供给器的电动机电流超过正常工作电流，说明矿粉较潮，这种情况下也要减少冷料的供给量，因为这时矿粉黏度变大，计量会比较慢，若不减少进料量，容易发生热集料的“溢料”，同时还要增加混合料的拌和时间，才能保证成品料质量。搅拌机的工作电流可间接反映成品料的质量，尤其对拌和第一锅料时的情况反映比较直观，而且对操作人员来说也很实用。若在拌和第一锅料时发现搅拌机电流超过额定电流，说明热集料温度较低，需要增加拌和时间以保证第一锅料不出“花料”。通过对设备电动机电流的观察，可更好的保证成品料质量，又为设备维护人员提供了许多可靠信息。

五、沥青拌和设备的操作规程

1. 运转前的准备工作：

设备安装好之后要进行全面检查，使电、液、气路连接正常；机械固定连接安全可靠；传动部件无干涉、锁死现象。

1）填充工作液体

确保各润滑部位注入指定牌号的润滑油，达到规定的高度；起动前要将气动系统润滑杯和润滑管路中的残留气体排除干净；各油嘴打满指定牌号的润滑脂；在沥青加热系统的导热油加热炉中，注入指定牌号的导热油，达到规定的液面高度；向输送混合料到成品料仓的斗车喷洒抗黏剂（一般用柴油），将喷洒罐中注满柴油；导热油炉和烘干筒的燃烧器一般用柴油或渣油作燃料，试运转前要在油箱中注入指定牌号的燃油。

2）检查

各固定连接装置防松元件连接是否可靠；松开振动筛和称量装置上用于运输的固定装置；检查重力传感杠杆系统是否运动自如，刀口有无损坏；检查称量斗与机架有无干涉；检查各皮带运输机的皮带有无跑偏现象；检查传动皮带和链条的张紧度；检查振动筛偏心块是否运动自如。

3）电气检查

检查配电房是否有良好的接地装置；确认电缆沟中的电缆线有钢管或其他可靠的护套保护；各处导线接头接触良好，电动机电源接线方式符合规定。

2. 试运转

（1）确定电动机的转向。按下启动按钮，并马上按下停止按钮，监视电动机的转向，如果电动机转向不对，调换接线盒中任意两根线的连接端子。

（2）检查烘干筒的对中性。

（3）检查压缩空气的工作压力。可调节减压阀的输出压力，来满足工作压力的要求。

（4）预设称量装置。为了正确地设置每批料中各成分的数量，混合料配比中的百分数要换算成千克数来计量。

沥青拌和楼各热料仓级配是否稳定，拌和过程中是否溢料，直接影响着混合料的质量及工程单位的效益，在试生产前应对拌和楼各冷料仓的流量进行计算和测定。

每一冷料斗的出料量由皮带给料机的变频电动机转速和冷料斗的出料闸门开度大小决定。集料的密度和尺寸将改变其理论输出量。做现场测试，是在冷料斗的出料闸门开度一定时测试输出量与旋钮位置的关系，如图 11-5 所示。

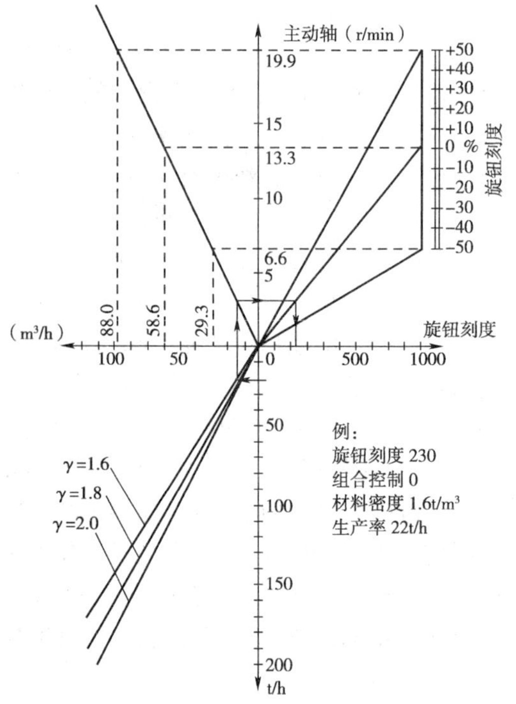

图 11-5　生产率与控制旋钮位置关系

图线坐标和射线的含义如下：

图线横轴右方代表控制旋钮的刻度；横轴左方代表每小时输进冷集料的立方数；纵轴上方代

表皮带出料机的主动轴转速(r/min);纵轴下方代表每小时所需的冷集料吨数。第一象限的射线对应于联合控制开关的位置,第三象限的射线代表不同的集料密度;第二象限的射线代表皮带出料机主动轴转速与每小时供料立方数的函数关系。

图线用法举例:假定拌和站的产量为160t/h,中集料(6~12mm)含量为14%,折合22.4t/h,考虑到集料含水5%,实际要求中集料供料速度为23.8t/h。从纵轴下方找到每小时所需的集料供应量,作水平线与集料的密度射线相交,由交点作垂直线交横轴,得到每小时集料的立方数,交转速—立方数射线得第二点,由第二交点作水平线交纵轴,得到皮带出料机主动轴转速,交联合控制开关位置线得第三点,由该点作垂直线交横轴,即得到对应于22.4t/h的控制旋钮位置数。

在生产过程中,还要对各种冷集料输出量进行复调,最简单也是最快的办法是,检查热料储仓中热料的数量。如果各热料仓储料不均衡,则要调整相应的冷集料供应控制旋钮,使热料仓充盈平衡,以避免热集料溢料或缺料。

3. 调试

(1)辅助设施的调试。调试空气压缩机,检查管道是否漏气,并及时排除;对所有油路管道试压,确保管道密封性良好;调试导热油炉,首先应用高压气体将管道内的杂物和水吹干净,再把导热油加至油位计2/3处,先开启循环泵,使管道充满油,然后再逐渐加热脱水。

(2)拌和楼的调试。拌和楼的调试是核心,主要有冷料级配的调试;烘干筒的调整;集料及粉料提升机的调整;燃烧器主要是调整风油比及回油压力;除尘器的调整;电子称的调试(调试电子称时,应使电子称的三个传感器安装在同一水平面且受力均等);搅拌时间和斗车接料、放料时间的调整;斗车位置的调试;热集料、沥青和粉料在称量时落差值的调整。

4. 开机生产

经过上述各项检查无误后,便可开机生产。开机生产时应遵循开机顺序,搅拌器、引风机、烘干筒燃烧器鼓风机(关闭阻风门)、烘干筒燃烧器供油泵、排风机、振动筛、热料提升机、烘干筒驱动电动机、冷集料倾斜皮带输送机、冷集料水平皮带输送机、回收粉尘提升机、矿粉螺旋输送器、矿粉提升机、烘干筒燃烧器、冷集料皮带出料机等电动机每间隔几秒钟依次启动。

拌和时间取决于混合料的种类,一般在45~60s之间,拌和分为干拌(把称量好的热集料搅拌均匀)和湿拌(喷入沥青后的拌和)。

沥青拌和设备可以在不中断生产的条件下,更改混合料配方。操作手必须明确前后配方中各种规格材料的数量变化,及时调整冷集料流量,确保各热料仓充盈均衡,否则将造成某种规格材料缺料或另一种规格材料溢流,既带来能量损失,又恶化拌和站工作环境。拌和设备配套的计算机控制系统可以记忆上千种混合料的配方,各种成分材料的数量和对应冷集料仓的供料流量预先输入计算机中,采用程序控制的方式,来实现不同配方混合料的交替生产。

5. 停机

和开机生产一样,停机也要根据拌和站作业的原理,遵循一定的顺序,逐一关闭各工作装置的驱动电机。首先关停冷集料出料电机→关闭烘干装置燃油供应系统的电磁阀,而熄灭燃烧器→将沥青控制开关拨到“排除”位置→矿粉控制开关也同时拨到“排除”位置→解除自动控制,手动称量一批集料(如果剩余集料足够拌一次的话,将这一批料拌完,否则将这些剩余的少量集料干拌后卸掉)。

按以下顺序停机:燃油泵→斗车卷扬机→沥青泵→拌和装置→矿粉螺旋输送器→矿粉链斗提升机。燃烧器停机至少20min之后,关停下列电动机:冷集料倾斜皮带机→引风机→振动筛→粉尘回收螺旋输送机→粉尘回收提升机构→热集料提升机→烘干筒→空压机。

关机顺序在互锁电路的控制下具有半自动性,即只有在互锁链前面的电动机停机后,才能通过按键关闭下一环节的电动机。

六、沥青拌和设备使用注意事项

1. 基础施工

基础施工质量的好坏对设备安装及进度有很大的影响,基础施工应以主机中心为基准,其他均以此为基准测量、放线、钉桩。桩位测设完成后应进行必要的复核以防出错,在混凝土灌筑时,基础工程要用水平仪测量并将误差控制在允许的范围内(±3)。

2. 对料仓地面做硬化处理

原材料(石料)的堆放对混合料的质量和均匀性有很大的影响,为了防止石料串料、污染、离析等,应修建各种料仓,进行地面硬化处理,对不同规格的集料分别堆放。

3. 不同源与不同规格集料的堆放

对不同来源,不同规格的集料应分别堆放,防止不同规格料混杂,堆放时应避免发生离析,离析现象是造成路面潜在损失最严重的问题,混合料一旦发生离析,使铺出的路面不同区域的级配比例,路面结构和组织发生变化,严重影响路面密实度、平整度与使用寿命。要减小离析的影响,就要从材料管理、施工设备选型和施工管理上严格控制。为了减小集料离析现象,各种规格料应分层堆放(图 11-6),每层厚度不应超过 1m,这样可以减小由于粒径的差别造成的离析现象。在进行集料检验时,取样方法十分复杂,我们不可能对整堆材料进行分析检验,因此要求取样具有代表性,取样应分别从料堆的上、中、下进行,且不要在同一条线上取样,取样点上方应使用挡板,以防止上面的料滚入取样斗内。

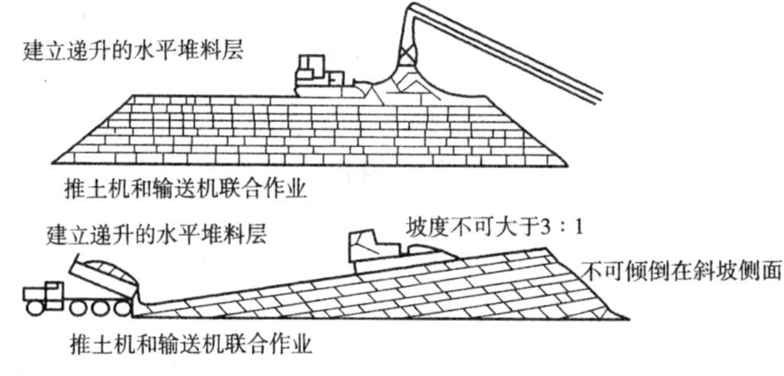

图 11-6　原材料分层堆放

4. 集料的堆放场地应洁净坚实、利于排水细集料的含水率变化很大(最高可达 10% 以上),因此存放的细集料要求有防雨设施。集料含水率高会带来很多问题:首先是影响搅拌设备干燥筒的烘干能力,使混合料残余含水率增加,影响混合料中沥青与集料的黏结力;其次是搅拌设备温度自动控制失灵,造成成品料温度大幅波动;三是使燃油消耗率增加。在标准状态下,集料平均含水率每增加 1%,燃油消耗率增加约 10%;一般强制间歇式拌和设备,在标准状态下,1t 热集料耗油约 7kg,由于集料含水率增加 1%,油耗将增加 0.7kg/t。

矿粉在使用过程中,首先应按施工技术规范的要求检验,其次要特别注意袋装矿粉堆放,堆放时一定要避免雨淋和潮湿,否则矿粉会结块变硬而不能使用,有条件时尽量采用罐装矿粉。

5. 经常检查各冷集料材料的级配和含水率,保持各冷料斗中材料规格的一致性同一料仓材料规格不一致，不仅会影响混合料级配的波动，而且还会导致沥青膜厚度的变化，使其偏离最佳值，从而影响成品料的质量。严格控制进料规格，加强对料堆的管理，特别注意避免各种材料的混合尤为重要。

6. 正确调整各冷料仓门的开度和皮带给料机的速度

斗门的开度用于对冷集料的流量进行粗调，其流量的精调是通过改变皮带给料机的速度来实现的。应该在中等的皮带速度下首先调整好斗门的开度，使该仓材料的流量基本上达到设定的流量，然后再用调节皮带速度的方法进一步细调。这样皮带速度升高或降低，均有较大的调节范围，标定也应该在这样的斗门开度下进行。不允许斗门全开，用大幅度降低皮带速度的方法来适应冷集料低流量的要求。

7. 不同来源沥青的存放

不同来源的沥青要分别存放，不能混杂，其储存温度在施工期不高于170℃，不低于150℃，长期存放时应在80～90℃。应采取措施防止沥青污染，例如沥青若混入0.1％柴油，会使闪点降低2.7℃，而针入度升高10℃。夏季应防止沥青从破损处流失进入雨水中造成污染。

8. 沥青混合料要在严格条件下拌制

例如：各种粗细集料中泥土含量不能超标；冷料配合要准确，集料、沥青都要达到规定温度。观察成品料是否均匀一致，颜色是否正常。经常要检测沥青混合料的质量。

9. 为减少混合料粗细集料离析现象，应缩短下落距离，自卸车在受料过程中应变换位置

10. 利用计算机的控制数据，经常保持对混合料质量的监控

计算机打印砂石料、矿粉、沥青的控制数据，是为了用户对搅拌过程进行监控而提供的一种先进手段，应当充分加以利用。每天搅拌设备开工并稳定生产后，可打印半小时的监控数据，通过对这些数据的分析，可考虑所生产的成品料质量是否稳定，如发现问题应及时查找原因，予以纠正。集料的流量是最重要的监控参数，其波动一般应控制在15％的范围内。

七、拌和设备的维护

沥青混凝土拌和设备均在露天场地工作，粉尘污染很大，许多部件又在140～160℃的高温中工作，而且每班工作时间长达12～14h，因此，设备的日常维护关系到设备的正常运转和使用寿命。开机前，应清除输送带附近散落的物料；先空载起动，待电动机正常运转后方可带负荷工作；设备带负荷运转中，需设专人对设备进行跟踪巡查，及时调整皮带，观察设备运行状态，看有无异响和反常现象，外露的仪表显示器工作是否正常等。若发现异常，应及时查明原因并予以排除。

1. 出料皮带的调整

如图11-7，出料皮带既不能在驱动辊上打滑，也不能碰到导向侧滚轮。松开从动辊支座固定螺栓，用支座两侧的调整螺钉，调整支座位置，使皮带整体松紧适中，并且两侧松紧均匀。如果皮带跑向一边，应增大支座这一边距离，或减小支座另一侧距离。

更换出料皮带时，先拆下皮带托辊支承板8，卸掉驱动电机对面的主、从动辊支承螺栓，从两个卸下的支座下边抽去皮带。按同样的途径装上新皮带，重新装上支承板，调整皮带松紧度后，固定支座。

皮带输送机的调整方法与出料皮带的调整方法基本相同。各皮带打滑、跑偏或难以启动。应重新调整皮带张紧程度。

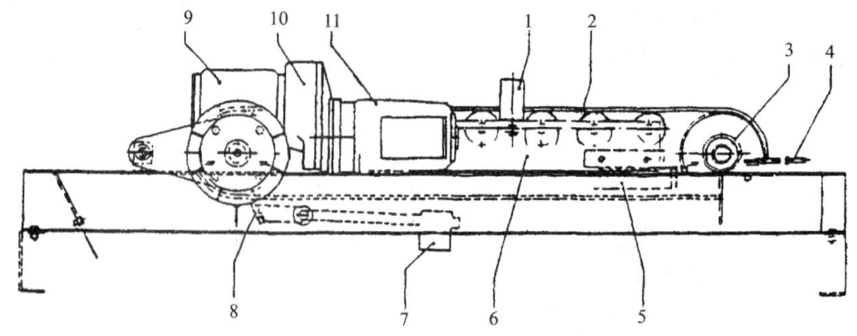

图 11-7　出料皮带调整

1-导向侧滚轮;2-皮带;3-支座;4-调整螺栓;5-防溢栅;6-托辊支承板;7-配重;8-下防溢栅;9-蜗杆减速箱;10-齿轮箱;11-变速电动机

2. 烘干筒调整

1)烘干筒的空间定位

如图 11-8,用调整螺栓 5 来调整烘干筒相对于支座的对中性,调整量可通过指针 2 和刻度 3 监视。烘干筒的正常工作位置有 5°的倾斜角,以便筒内材料流向出口。由于倾角和重力的作用,烘干筒有向下滑的趋势,为了补偿这种向下的滑动,每个支承滚轮必须安装成与烘干筒旋转轴线成一定的夹角,使烘干筒有一种浮力来平衡,但要注意避免工作时烘干筒向上移动。为了解决这一矛盾,上端滚道的导向滚轮(限位滚子)要调整到二者不同时工作,当一个滚子处于滚道上时,另一滚子必须距滚道 4 ~ 5mm。在正常工作条件下,滚道必须落在导向滚子上,但压得不能太紧。一个简易的检测办法是,用一块高强度的木块抵住滚子,如果能使滚子停住,说明松紧适中。调整时根据烘干筒转向的不同,改变一对滚子的偏角,如图 11-9 所示。

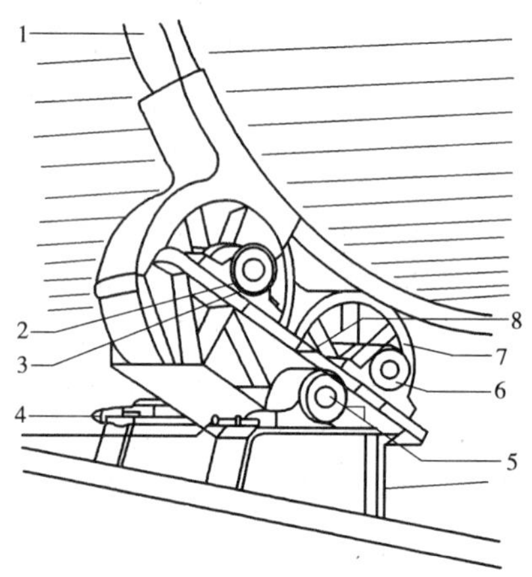

图 11-8　烘干筒空间定位

1-滚道;2-调整量指示;3-刻度;4-横向和竖向对中调整器;5-摆动支承;6- 滚子支座;7-滚子;8- 对中调整装置

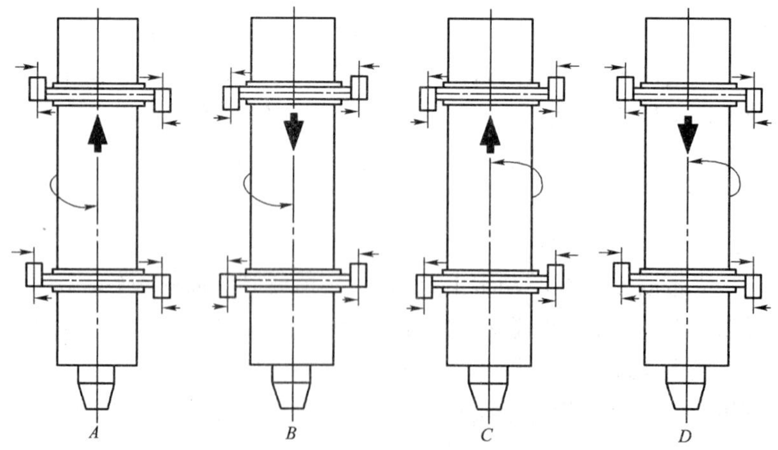

图 11-9　滚子调整与烘干筒空间位置关系

烘干筒必须相对于燃烧器和密封装置的轴线对中。如果要使烘干筒横向移动,所有支承滚轮的支座必须朝同一方向移动相等距离;如果要使烘干筒上下平移,则每一道滚道下的一对滚轮支座应朝里或朝外移动同样距离；如果上一滚道的一对滚轮内移，而下一滚道的滚轮外移，可增大烘干筒的倾角。由于每个滚轮支座是独立可调的，通过调整滚轮支座，可以实现烘干筒在空间的任意定位。

2）传动装置的间隙调整

如果采用齿圈与小齿轮传动结构，如图11-10所示，在常温下烘干筒齿圈与小齿轮之间的间隙应为7～8mm，以避免在工作温度下机构胀死。调整时，松开驱动机构的支座固定螺钉，用调整螺钉移动支座，但要保持齿圈与小齿轮的轴线平行。调整完之后，要转动小齿轮，使滚筒旋转一圈，确保间隙处均匀。

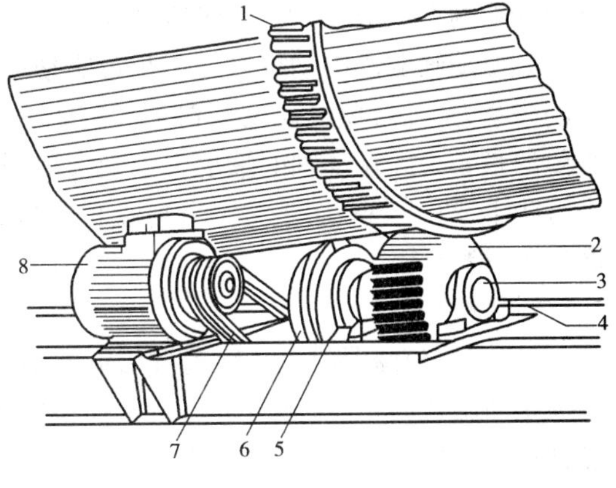

图 11-10　齿轮传动装置的调整

1-齿圈；2-主动齿轮；3-支座；4-固定螺钉；5-传动间隙调整器；6-减速箱；7-传动皮带；8-电动机

如果采用链传动机构（图11-11），松开紧固螺钉，用调整螺钉7移动张紧链轮支座8，使链条在滚筒一周中保持张紧。当弹簧导向销突出20mm时，调整合适。过分张紧将导致断链或链条的早期磨损。链条的松边由托链装置托起，其高度可以调整。

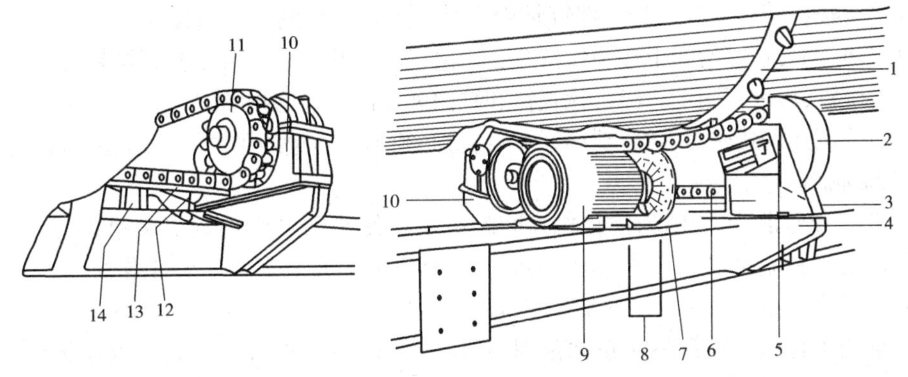

图 11-11　链轮传动装置的调整

1-齿圈；2-链条张紧装置；3-弹簧；4-可动指针；5-刻度；6-传动链；7-链条张紧螺栓；8-传动链张紧装置；9-电动机；10-减速箱；11-主动链轮；12-链轮导向装置调整器；13-链轮导向装置；14-紧固螺栓

驱动滚轮表面剥痕、一侧导向滚轮磨损严重、滚筒转动不平稳时，应正确调整滚筒定位，处理或更换磨损的滚轮。

3. 燃烧器火焰形状的调整

火焰罩相对于锥头的位置，影响火焰直径和火焰长度。当火焰罩靠近喷嘴时，火焰变小变长。轻轻移动整个喷枪，而不必改变火焰罩到喷嘴的距离，就可以调节火焰的形状。如果火焰分散，要及时纠正。一般情况下清洁和调整喷头组件就可以解决问题。如果达不到预期效果，则要调整燃烧器的空气叶片。每次调整后，都要再次检查火焰效果。

喷嘴需保持清洁，可用有机溶剂和非金属工具清洗，喷油柱塞内不应有异物。

4. 振动筛的调整

由于混合料的配方经常变化，生产中不可避免地要更换筛网，以适应不同混合料的生产需要，每次更换筛网之后，都要重新对振动筛进行调整。新装筛网在用了几小时后，筛网尚处于工作高温下时，重新张紧一次拉杆，检查启动振动筛，观察筛面上的集料振动是否均匀，有没有不动的或跳得过高的石料，如果没有这些现象，说明筛网的张紧力合适。每天生产结束后，都要检查筛网有无破损并检查张紧情况。

如振动筛驱动电动机通过三角带驱动振动轴时，允许皮带在振动轴移动的情况下，保持所需的张紧力，并避免电动机受到有害振动。必须每天检查根据需要调整张紧装置使皮带获得必要的张紧力。振动轴的轴承要耐受强烈的热应力和机械应力，因此，要采用迷宫式密封端盖进行防尘，每个台班加注一次耐高温润滑剂。热料仓下料缓慢原因可能是筛网堵塞，应打开筛网护盖，检查清洁筛网。

5. 热料仓的检查

如某热料仓积料严重，除清理溢流通道外，特别要注意检查是否相应筛网破损。热料仓壁破损是高温粒料摩擦、冲击所致，会造成筛分后的热集料混仓，需要及时补焊。过大粒料堆积时，应打开过大粒料通道控制阀门，清理通道，并应在冷料进给过程中严格控制料粒径，防止过大粒料进入。

6. 称量装置

集料称量装置在安装调整好之后，一般不需再调整。但秤体上的支点(刀)应保持正确地搁在刀口上。

7. 搅拌器的调整维护

经常检查搅拌臂和桨叶的紧固螺钉是否松动。磨损严重的叶片可以卸下，掉一头使用。重新安装时，桨叶端与缸壁的间距必须保持合适距离，如果间距不对，可以松开螺钉，使叶片在糟内伸缩到合适位置，再重新固定。经常检查拌和缸内和斗门衬板磨损情况，磨损严重时及时更换。

轴一般采用迷宫式密封，防止泄漏，每个台班必须加注适量的耐高温润滑脂。常清洁沥青喷洒管，确保喷嘴不堵塞。

搅拌机声音异常，可能因为搅拌机瞬间超负荷致使驱动电机固定支座错位，需重新复位、固定。搅拌机出料温度显示异常，应清洁温度传感器并检查其是否正常工作。

8. 沥青供应系统

沥青泵的工作压力需调整在正常范围内，保持沥青泵的密封填料始终处于最佳状态。螺母用于压紧密封填料，密封填料不宜压得过紧，否则将增大驱动电机的功率消耗。更换新密封填料后，先稍稍上紧螺母，启动沥青泵，让其运转一小时后，再进一步旋紧。按规定时间给沥青泵轴承上的油嘴适量的耐高温润滑脂。

9. 导热油炉

如果导热油炉长期闲置后再次使用，要像初次使用一样加热导热油。燃烧器关闭后，循环泵还要继续工作30min。任何情况下，沥青罐的进油阀和回油阀不得同时关闭。

每周必须检查一次导热油膨胀罐，导热油的液面高度不得低于标定刻度；否则要补充导热油。初次启用导热油炉，工作几天后要清洁一次滤油器。正常情况下，每2 000h要清洁一次滤油器。

燃烧器无法点燃时，应检查导热油流量指示装置的显示压差是否达规定值，如没有，则应：检查热油量，如不足需添加；检查和清洁热油过滤装置；调整旁通阀；清洁燃油滤清器；清洗或更换柴油喷嘴。

排烟浓度及温度异常升高时应调整空气匹配装置，清理烟道，防止堵塞，清理加热装置内部堆积的烟尘。

10. 成品料储存系统的调整

根据所生产的混合料的类型不同，调整斗车卸料时间（一般为4～6s）。

成品料仓限料位的报警器，要调整到料仓尚未装满而有一定余量时报警，否则，会造成溢仓，因为即使冷集料供应系统马上停机，从干燥筒到称量斗的热集料也需拌和成成品料送到成品料仓中。

经常检查斗车在轨道上运行是否正常，调整两钢索的松紧度使斗车平衡。当斗车处于拌和缸下时，后轮不应碰到轨道止块；当斗车处于卸料位置时，缓冲弹簧应被部分压缩，以免斗车开始下降时，钢索松弛。

11. 布袋除尘器

通过布袋的废气温度不可太高，也不可太低。太高易使布袋老化，甚至着火；太低则废气中的二氧化硫溶于冷凝的水，形成稀硫酸，对布袋有腐蚀作用。温度一般应该控制在90～180℃。如果二氧化硫成分含量高，应提高低限温度10℃。

布袋外面的粉尘积累过厚，气体将无法通过布袋，而使布袋纤维过载，也增大了引风机阻力。如果布袋的内外压差过大，就要检查脉冲清洁装置工作是否正常，找到堵塞的原因。除尘效果下降时检查和更换除尘布袋。

反向脉冲高压空气的气阀，在定时器控制下周期性地向每一组布袋内腔供应高压空气，从而使布袋外侧的粉尘抖落。脉冲周期在试运转时调好后一般不需再调整。但工作一段时间后。引风机的叶片可能因不规则地黏附粉尘而产生振动。每星期都要对引风机进行检查，必要时进行清洗。

12. 空压机

空压机的维护见表11-2。空气压缩机油温过高时应清洁散热器表面灰尘；检查油位，如不足需补充；检查节温器，如损坏需更换；若环境温度高，采取遮阳和通风措施；定期更换油料和油滤芯。

空压机的维护　　表11-2

维护项目	实施间隔	维护项目	实施间隔
手动排除压缩空气储罐的冷却水	每天	检查非正常噪声、振动	每天
检查润滑油量	每周	手动打开安全阀	每月
检查机油污染，必要时更换	每月	传动皮带张紧	每月
冷却器外部清洁	每月	进气滤清器芯清洁	每月
检查空气泄露	每月	电动机轴承清洁、润滑	每月（多尘工地每周）
气缸散热片清洁	每月	空气冷却器外部清洁	每月（多尘工地每周）
检查安全阀	每月	进气卸荷活塞润滑	每2 000h或9个月
紧固螺栓	每月	气阀检查、清洁、更换	每2 000h或一年
检查低油位开关	每500h		

油异常消耗、空气滤芯内有油时，应检查油气分离装置的排油电磁阀工作是否正常，更换油气分离滤芯。

压缩空气储气罐内气压正常，但工作装置动作异常时应正确调整减压阀到工作压力，检查油雾器内油量，并调整供油量，检查精细过滤器，保持其内部积液不超过规定上限并及时更换滤芯。

13. 石粉料箱故障

粉料螺旋收集装置无法正常工作是粉料在仓内过量堆积，导致超负荷无法启动，打开粉料排出通道，将部分粉料排出。粉料潮湿结块的原因是雨水浸入或潮湿天气粉料冷热变化，致使水蒸气凝结成水所致。所以，应避免粉料过量堆积，在下雨天要采取防雨措施。

八、沥青拌和设备拌制 SMA 混合料的运用技术

(1)SMA 混合料的拌和温度高，正常施工温度如表 11-3 所示，因此加热集料及沥青的温度比拌和普通沥青混合料时的温度要高。采用改性沥青后，沥青黏度曲线是温度控制不可缺少的重要参数，一般拌和集料温度比选定的拌和温度高出 5 ~ 15℃，沥青加热温度可比选定拌和温度低 0 ~ 10℃。

SMA 路面的正常施工温度范围(℃) 表 11-3

工 序	不使用改性沥青	使用改性沥青			测量部位
		SE 类	SBR 类	M、PE 类	
沥青加热温度	150 ~ 160	160 ~ 165	160 ~ 165	150 ~ 160	沥青加热罐
集料加热温度	185 ~ 195	190 ~ 200	200 ~ 210	180 ~ 190	热料提升斗
混合料出厂温度	160 ~ 170	175 ~ 185	175 ~ 185	170 ~ 180	运料车
混合料最高温度(废弃温度)	195	不高于 195			运料车
混合料储存温度	降低不超过 10				储料仓及运料车
摊铺温度	不低于 150	不低于 160			摊铺机
初压温度	不低于 140	不低于 150			碾压层内部
复压温度	不低于 120	不低于 130			碾压层内部
终压温度	不低于 110	不低于 120			碾压层内部
开放交通温度	不高于 50	不高于 60			路面内部或表面

(2)SMA 与普通密级配沥青混凝土最大不同之处是为间断级配，粗集料粒径单一、量多，细集料很少，矿粉用量多。因此应合理安排冷仓热仓的配置，增加粗集料料斗(同样规格的粗集料可能需要两个冷料仓)，减少细集料的供给，避免按照通常的方法设置振动筛和热料仓而发生粗集料仓经常不足(亏料)、细集料经常溢仓的情况发生。

(3)SMA 所需的细集料数量很少，必须使细集料(尤其是石屑)始终保持干燥状态，保证细集料量的数量准确。细集料露天存放，下雨受潮，小的冷料仓料口漏不下来，开大了细集料量就过量。因此细集料就不可露天堆放，需加盖棚布。

(4)SMA 的矿粉需要比一般热拌沥青混合料要增加 2 倍，要求在矿粉设备及人力安排上保证满足供应量。我国集料中含土量一般较高，除尘回收的粉尘必须废弃，不能取代矿粉作为填料使用。

(5)拌和使用 SE 的 SME 混合料时，应使用机械投入纤维。由人工从搅拌器侧面的观察窗，直接将纤维投入的方法无法保证做到按时按量投入。因为人工投入颗粒纤维时采用一个容器定量投入，每拌和一锅倒入一桶，松散纤维必须预先加工成塑料小包，每拌和一锅投入一包或二包，而且必须在粗集料放料的同时投入纤维，利用粗集料拌和的打击力将纤维打散，所以很难做到精确、准时。为了使纤维充分分散均匀，纤维的添加必须在沥青喷入搅拌器前完成。一般需要增加干拌时间 5 ~ 10s，湿拌可不再增加时间。

(6)SMA 混合料拌和以后，不能像普通沥青混合料那样储存太长的时间。SMA 的沥青用量要比普通沥青混合料沥青用量多，时间长了，会发生沥青的析漏，造成沥青用量不均匀。而

且储存时间太长将使混合料表面结硬成一个硬壳。SMA 混合料不能过夜储存,即当天拌和的必须当天使用完。

(7)SMA 混合料拌和质量主要在温度控制和级配控制上,外观应色泽光亮,无离析、结团。

第二节　沥青混凝土摊铺机运用技术

沥青混凝土摊铺机广泛应用于高速公路 、汽车专用路、等级公路、飞机场、城市道路 、修补道路、铁路路基、水利工程等路面的摊铺作业,可以用来摊铺各种沥青混合料、稳定土材料、级配集料、砂、石、碾压混凝土(RCC)、铁路道砟等材料。具有速度快、摊铺质量高等特点,沥青混凝土摊铺机在路面施工中,既可以大大增加铺筑路面的速度和节省成本,又对提高道路平整度、密实度和道路的外观质量起到关键的作用。是加快工程建设,提高工程质量的关键手段。

沥青混凝土拌和设备生产的热拌沥青混合料运到施工现场后,自卸车直接从摊铺机前部倒入料斗,随着摊铺机向前行驶,刮板输送机将混合料输送至摊铺室,螺旋布料器将混合料横向均匀摊开,熨平装置将混合料摊铺和进行初步的压实,由自动找平系统保证将沥青混合料按照一定的要求(截面形状和厚度)迅速而均匀地摊铺在已经整好的基础上。

沥青混合料摊铺机按行走装置不同分为轮胎式和履带式(见图 11-12、图 11-13),按传动系传动形式的不同分为机械传动、半液压半机械传动和液压传动,按熨平板的加宽形式不同分为液压无级伸缩式和机械有级加宽式,按振捣装置的不同分为单振捣梁式和双振捣梁式。

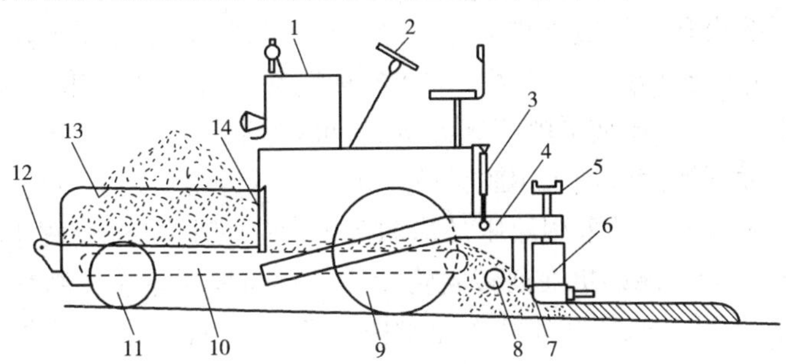

图 11-12　轮胎式摊铺机

1-控制台;2-转向盘;3-悬挂油缸;4-侧臂;5-熨平板调整螺旋;6-熨平板;7-振捣器;8-螺旋摊铺器;9-驱动轮;10-刮板输送器;11-方向轮;12-推辊;13-料斗;14-闸门

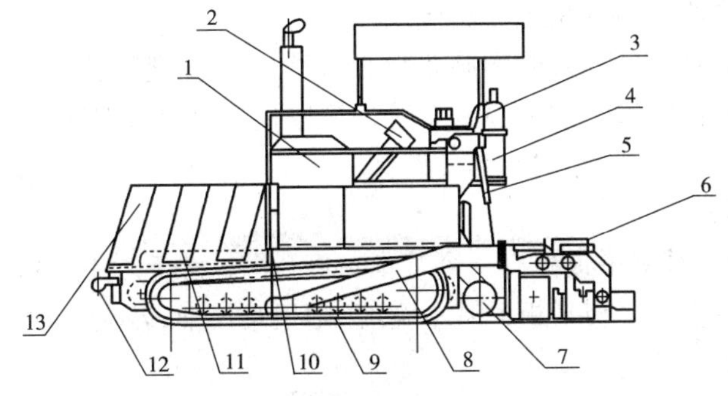

图 11-13　履带式摊铺机

1-柴油机及动力传动装置;2-驾驶控制台;3-坐椅;4-加热丙烷气罐;5-悬挂油缸;6-熨平装置;7-螺旋摊铺器;8-牵引臂;9-行走机构;10-调平液压油缸;11-刮板输送器;12-推辊;13-料斗

一、沥青混凝土摊铺机的选型

摊铺机的形式涉及结构、性能、应用、维护等方面,应根据各个施工条件的不同选用合适的结构形式。选择技术性能优越、可靠性强、适用性好、经济性好的沥青混凝土摊铺机在沥青路面施工中尤为重要。

沥青混凝土摊铺机的选形就是根据道路的设计宽度、摊铺工艺及摊铺质量等要求,综合选择沥青混凝土摊铺机的最大摊铺宽度、最大摊铺厚度、摊铺速度、摊铺机的生产率(t/h)、摊铺成型精度和摊铺成型质量等。即充分考虑沥青混凝土摊铺机的主参数和基本参数满足工程设计的要求,在高效、稳定区域工作,并且与沥青混凝土搅拌设备的生产率(t/h)相配套。

摊铺机的选配要考虑机械设备之间的能力匹配。就摊铺质量而言,摊铺作业速度是否均匀、摊铺作业是否连续、摊铺宽度及厚度能否满足工艺要求等,都是选择摊铺机时必须考虑的问题。摊铺作业速度的均匀连续,主要取决于摊铺机的有效摊铺能力与拌和设备的实际拌和能力是否匹配,而摊铺能力又是由摊铺作业速度、单机熨平板的最大组合宽度、厚度、沥青混凝土碾压密实度以及料斗容量等决定的。这就要求在选择摊铺机时,要综合考虑道路的设计宽度、摊铺密实厚度、摊铺机作业速度的可调范围以及找平、分料效果。同时应了解摊铺机的自动调平装置、参照基准和跟踪传感元件的技术性能。

1. 行走装置

(1)履带式沥青混凝土摊铺机具有的特点:较长的接地长度,接地面积大、接地比压小;对不平整的路面适应性好(在稍作预压实的不平整路面上即可进行高质量的摊铺);采用专用的柔性橡胶履带,静摩擦力和整机质量较大,附着性能好,使履带式沥青混凝土摊铺机在摊铺作业过程中附着牵引力性能良好,不易打滑,可在各种路面上进行摊铺作业;可起到更好的摊铺滤波作用;具有行驶噪声低、摊铺平整度好等特点,可在高低不平的道路上平稳行驶。正因具有这些特点,国内外大型摊铺机均采用履带行走机构。行走驱动装置,过去都采用液压马达加链条或减速器组合形式,现在都采用液压马达加行星齿轮减速器,配套驱于一致。

(2)轮胎式沥青混凝土摊铺机在前转向轮加装具有同步与差速控制功能的独立液压驱动机构,可使前轮既驱动又转向,能在摊铺作业时提高牵引力,有效地防止摊铺机打滑,而在摊铺机高速行驶时还可使前转向轮不驱动。轮胎式摊铺机轮胎变形对工作有影响,达到摊铺要求比履带式摊铺机困难,在路基较差的情况下工作时滑转问题突出,对于摊铺的基层和配套摊铺设备有较高要求。轮式摊铺机具有高机动性能、低摊铺幅度作业的高效性,适用于城市道路和已有道路的罩面,在中小型摊铺机上广泛应用。

沥青混凝土摊铺机的行走转向、螺旋布料、刮板输送及其他辅助系统的液压系统控制由初始的开环式发展到闭环式控制,闭环控制系统逐渐取代不易无级调速、元件分散、效率低、不易连续控制的开环系统。

2. 熨平板加宽形式

各种型号的摊铺机其熨平板都有一个基本宽度(最小宽度),小型机约2m,大型机则略大于3m。若摊铺层的宽度小于熨平板的基本宽度,则很难摊铺;若大于基本宽度,则可以通过加宽熨平板的办法摊铺。

液压无级伸缩式熨平板的摊铺宽度在一定范围内可任意调节,从工作状态变成运输状态或者从运输状态变成工作状态都比较方便。可连续伸缩式摊铺机通过液压油缸无级改变摊铺宽度,当活塞杆伸出后,熨平板刚度变小,所以摊铺宽度不能太大,一般不超过9m。特别适合于宽度经常变换的高速公路匝道、市区街道和复杂地形的摊铺作业。其缺点是调整范围小,而且结构复杂,铺筑精度不高。

机械有级加长式摊铺机铺筑精度较高,除配置标准的熨平板外,还可以根据施工需要选择其他规格的熨平板。但熨平板宽度不能连续变化,摊铺宽度一般最小只能以0.25m的间距来调整,无法实现无级调节,铺筑宽度不能和摊铺机的可组装宽度系列一致时就不能由摊铺机铺筑一次性成型,剩余部分要采用人工补添方式铺筑,相对而言要花费较多的人工费用。适合在新道路工程的大规模施工中使用。

3. 摊铺能力的选择

沥青混凝土摊铺机的理论摊铺能力一般很大,实际摊铺量取决于摊铺速度、宽度、厚度等三个方面。沥青混凝土摊铺机的生产率是以每小时摊铺的沥青混凝土重量来计算的,如式(11-2)所示。

$$Q = pbvh \tag{11-2}$$

式中:b——摊铺带的宽度,m;

h——摊铺层的厚度,m;

v——摊铺机的行驶速度,m/h;

p——每单位体积沥青混凝土的重量,kg/m^3。

摊铺机摊铺速度、宽度、厚度指标的选择与实际工况、技术指导原则有密切关系。

1)摊铺宽度

我国现有高等级公路路面施工中,单幅路面宽度一般在10~14m,匝道加宽段可达到17~20m,且路面结构设计中常用超高返坡,宽度在2.75~3m之间,对于有固定式熨平板的摊铺机来说,双机并行作业是解决问题的较好办法。

单机作业宽度太大,熨平板两外端受力过大易变形,摊铺阻力大,机械易打滑,且易造成沥青混合料的离析。一般建议摊铺机选型时的熨平板宽度不大于9m,这样也能满足一般路段双机并行作业的要求。路宽大于9m时采用纵向接缝的办法分次摊铺,或采用多台摊铺机呈梯队同时作业。当使用单机摊铺需分两次或两次以上铺完全宽路面时,熨平板宽度的组合原则是:在该组合宽度下铺成的路面纵缝最少且剩下的最后一道铺幅要略大于熨平板基本宽度。这样,既能保证路面质量,又能节省工时,还避免了因剩下的最后一幅太窄而不得不采用人工摊铺的缺点。纵向接缝最好能位于路面的纵向标志线上,尽量不要设在主车道的中间位置。加宽熨平板时还要遵从对称的原则,即组合后的熨平板要尽量对称于摊铺机的纵轴。在进行多层路面施工时,摊铺机熨平板宽度的组合还应注意避免上下层间纵缝的重合。

过分强调和选用摊铺宽度超过12m的大型摊铺机,一次性大宽度全幅路面无纵向接缝的摊铺方式,造成了摊铺材料的过度离析,摊铺质量有严重的缺陷,原因是:

(1)摊铺宽度大,螺旋分料器运送混合料距离长,不可避免粗细料的离析,影响路面质量,造成早期损坏;

(2)在摊铺机质量和功率一定的情况下,宽度越大,平均到料层上的振捣力越小,预压实密度越小,增大了压路机的碾压工作量;

(3)由于初压密实度小,在重型压路机不能紧密跟进碾压情况下,严重影响平整度,物料降温后还影响压实度,而小型压路机容易产生推拥,影响平整度。

采用多台摊铺机多幅阶梯作业方式,可有效避免材料严重离析,而纵向接缝质量是能够控制的成熟技术,不会影响路面摊铺质量。

2)摊铺速度

由于我国通常采用高密实度熨平板,故宜使用较低的摊铺速度。国内高速公路的每个结构层厚度一般为4～6cm,在实际施工过程中发现4～8m/min的作业速度可使结构层有较好的平整度和较高的作业效率。摊铺质量和摊铺效率不仅与摊铺速度有关,还与摊铺机是否连续作业、压路机的碾压情况、路面机械配套协调有关,所以摊铺速度的选择还要考虑拌和设备、运输车辆、压路机等各方面的因素来综合考虑。

摊铺机的恒速通过控制发动机的油门或手动控制行走变量泵来进行,是不能保证摊铺速度的精确控制。目前采用电子控制装置可以实现摊铺时应恒速进行的要求。电子控制装置控制液压泵,使其按电位器预先设定的行驶和转向数值供给所需流量,速度传感器能不间断地检测实际速度值,并通过电信号传递给电子控制装置,再与电位器装置自动改变变量泵的流量,以符合设定的行驶速度。即使在超载的情况下,恒功率控制系统也能保证在负荷突然增大时发动机不掉速,即各系统自动分配功率。当出现发动机掉速时,螺旋和振捣消耗功率大的系统,自动调整螺旋转速及振捣频率,降低液压系统功率,避免掉速,实现匀速摊铺,保证平整度。行驶系统备有一套应急控制装置,可保证在电子控制装置或速度传感器出现故障时仍可以继续作业。

目前我国沥青路面施工中沥青混凝土搅拌设备配套能力低,因此施工采用的摊铺机产品绝大多数是低速高密实度形式的。采用低速高密实度摊铺机,具有可提高摊铺平整度,减少材料浪费和减少压实遍数等优势,在有效保证质量的同时,还能适当降低成本。

3)摊铺厚度

每层沥青混合料铺筑厚度一般小于150mm,摊铺厚度在0～300mm的摊铺机就能完全满足施工要求,这与目前摊铺机的产品性能相吻合,没有必要对摊铺厚度作太高的要求。摊铺厚度大(大于250mm)的工况仅用于基层稳定材料的摊铺,因此有少数摊铺机(如德国的VOGELE1800型、ABGTITAN525型等)的摊铺厚度达到400mm。要注意的是,在这种摊铺厚度下施工预压实度很小,施工层的平整度和压实度根本无法保证。

4.关键部件选择

1)供料系统

摊铺机供料系统的驱动功率占发动机总功率的50%以上,输料量与生产率之间的匹配影响路面的平整度。要实现在设定的摊铺速度、宽度、厚度情况下的连续稳定供料,并且保证液压系统负荷稳定,就需要对左右刮板输料系统和左右螺旋输料系统采用的变量泵及非接触式料位器,分别进行比例控制。有的摊铺机可实现螺旋分料器正反向旋转,使料槽内混合料可向两边集中或推向单边,不会导致产生离析的阻料现象;螺旋高度快速可调;料斗两侧翼板可单独控制等。

在工程施工中,要保证摊铺的平整度、均匀度、预压实度,料槽内料位必须高度稳定,因此必须选择性能良好的料位器。由于机械式料位器粘料后料位计量不准确,超声波、红外线料位器应是最佳选择。

2)熨平板

熨平板是摊铺机的关键部件,它直接关系到摊铺路面的质量。机械加长是传统的结构形式,近年来为克服其拆装比较麻烦的缺点,在快速连接和拆开的机构方面作了许多改进。由于其整体刚度好,抗形变能力强,在进行宽幅摊铺时与液压伸缩式熨平板相比还是具有优越性的,因此在宽幅摊铺和基层大负荷摊铺时,应选择机械拼装式熨平板。液压伸缩熨平板具有安装、调整方便的特点，适合在摊铺宽度多变、障碍物较多的场合使用，一般市政工程和高速公路的养护工程中运用较多。

应选用具有防爬和防降双重功能的熨平板，以尽可能避免停机、开机使铺出的路面形成台阶这种情况的发生。

电加热以加热便捷、均匀著称，但增加发动机负荷，易出故障。液化气加热，快速但不够均匀，熨平板易变形。两种形式的熨平板各有利弊。

3）振捣器

振捣梁的作用是将横向铺开的料带进行初步捣实，将大集料压入铺层内部。振捣梁可以大大加快熨平板下混合料的流动性，减小熨平板的磨损，实现物料均匀性和高平整度。摊铺机大部分都设有振捣器，用于摊铺层的初步振实。单振捣梁式结构简单，预压实效果较差，双振捣梁式有很好的预压实效果。振捣梁的振幅及振动频率要根据摊铺层厚度、混合料类型、温度及要求的初始压实度等不同进行任意调节。

4）振动器

摊铺机的熨平板内部一般设有振动器，用来激振熨平板，使之产生不同的振幅与频率，从而对摊铺层进行再一次的振实。振动器的振幅和频率应容易改变和调整。

5）自动找平系统

自动找平系统从数据源的类型可分为模拟信号和数字信号。

数字式控制器不仅提高了系统的控制精度，也提高了系统的综合性能，如能进行故障报警、故障诊断、显示运行状态等，已得到广泛的应用。

数据的采集方式分为接触式和非接触式。接触式找平有拉钢丝绳和拖长滑靴的方式，比较易于实现，简单易行，投资少，可实现纵向的、接触范围内的有限平整度。非接触式找平有超声波和激光两种形式，能高精度、高可靠性、全面补偿校正偏差，实现了自动调平系统的网络化、智能化控制。以超声波检测技术为核心的非接触式平衡梁，其技术成熟，多组多探头智能控制系统，探测范围大，精度高，全面补偿校正偏差，能交替使用面基准和线基准，可实现大范围的平整度控制。

自动找平系统按照自动找平方式不同可以分为挂线控制找平、机械式浮动梁找平、声呐非接触平衡梁找平和 RSS 非接触式激光扫描自动找平方式。应根据施工路况综合选择自动找平系统。在狭窄区域、小范围施工，滑靴因不会出现碰撞，是一种理想的选择；在障碍物较多的施工路段，使用机械式纵坡传感器探测钢纤是常用、易行的选择；而对于大范围长距离的摊铺，多探头超声波数字找平仪和长距离激光纵坡传感器则可以保证较长路段整体的平整度。选择自动找平系统主要应考虑找平精度、配备的电气元件的质量和配套厂家、配备的找平装置基准类型、控制装置的方式等因素。德国的 VOGELE、美国的 BLAW-KNOX 和意大利的 MARINI 公司的自动找平装置均是自行开发研制的，其他绝大多数均是向美国或瑞典专业电器生产厂家购置的自动找平电传感元件，控制的精度和灵敏性均可满足高速公路的平整度和路面的几何形状要求。

5. 使用新技术的水平

1）抗离析摊铺技术

离析是摊铺机大宽度摊铺很难解决的问题。摊铺机摊铺路面时物料离析有 4 种形式：横向、竖向、纵向带状、窝状离析。其中横向离析出现虽多、危害最大。目前有多家公司结合自身摊铺机结构特点，开发了多种抗离析技术：

(1)采用螺旋叶片全埋输料方法,大小粒料能被均匀输送,减少了横向离析;

(2)螺旋高度多级、无级调整,可对摊铺层粒料再次连续搅拌,在厚度方向上避免竖向离析;

(3)合理设计螺旋直径,螺旋输料通道可根据摊铺厚度相应加大,改善物料阻滞现象,避免纵向带状离析。

2)机电液一体化技术

现代化的沥青摊铺机已发展成为机械、电控、液压传动与人工智能为一体的先进设备,依靠电控可以实现恒速摊铺、直线行走、圆滑转向、输料比例控制、振捣频率预选、熨平装置的浮动、提升、下降、锁定、增压、减压、延时、平整摊铺、电气故障报警和故障部位识别等功能。

3)数字化控制技术

由于机电液一体化在摊铺机上的广泛运用,电控系统已成为衡量摊铺机先进与否的一个重要标志。新一代微机控制、CAN 系统总线设计、全电子管理系统(EPM 系统)、液晶显示屏技术和故障自动诊断系统等,为摊铺机扩展了功能空间,管理、使用与维修更加方便、快捷。

6. 配套运输车辆的选型

沥青摊铺机选型配置后,还需分析计算确定自卸运输车的车型和配备数量。由于自卸运输车的卸料是依靠摊铺机在连续摊铺作业顶推行进中完成的,因此确定自卸车额定载质量时,应计算出自卸车满载时在摊铺路段沿纵坡的最大行驶阻力,验证摊铺机在最大纵坡上的最小推力是否满足摊铺顶推作业的要求。同时还应根据沥青混合料的运距、载运量、行驶线路、载运和返回拌和场所需平均时间确定所需自卸运输车的台数。

二、影响摊铺平整度因素的分析

影响摊铺机摊铺质量的主要因素有:摊铺速度能否恒定;物料能否连续适量输送;物料能否摊铺均匀;路况和物料的干扰能否有效控制。

沥青混合料摊铺机工作时,不考虑振动器振动力的情况时,熨平板的受力状况如图 11-14 所示。在熨平板自重力 G 的作用下,给予混合料一个接触压力以初步压实混合料,同时熨平板在混合料表面浮动并向前滑行,熨平板底平面与运行方向构成仰角 α,α 角的存在是熨平板能够压实混合料和正常工作的前提,而熨平板底平面所受法向合外力 E 的大小与混合料的最大料径、级配、黏度、温度、摊铺室混合料的数量、摊铺机运行速度等都有关系。在摊铺宽度一定的情况下,牵引臂拖动熨平板克服混合料的阻力向前滑行的牵引力 F 的大小,主要与摊铺机运行速度、混合料温度、黏度、摊铺室混合料的数量有关系。

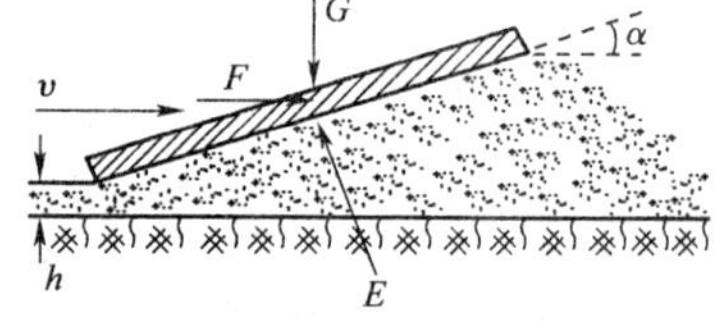

图 11-14 熨平板的受力状况分析

熨平板的自重 G 可看作是一个定值。由于进入熨平板底部的混合料数量有前部的刮料板控制,因此熨平板底平面所受法向合外力 E 的大小受混合料温度的高低、摊铺机运行速度影响最大。熨平板向前滑行的牵引力 F 大小受摊铺机运行速度 v、混合料温度、混合料黏度影响最大,而且混合料的温度与混合料的黏度变化关系相关性很大,温度高时混合料黏度降低。

在路基平整的情况下,α 增大、摊铺机运行速度 v 增大、混合料温度降低中任何一种状况发生,都会引起熨平板底平面所受法向合外力 E 变大,牵引力 F 变大,垂直向上的分力增大,熨平板被抬高,摊铺层厚度 h 增加。例如摊铺机的工作条件稳定的情况下,角 α 增大时,熨平板下混合料的进给量增加,导致混合料对熨平板的法向合外力增加,而法向合外力的增加打破了熨平板原有的力学平衡,使熨平板抬高,摊铺层厚度 h 随之增加,直到 α 角减小到力学平衡恢复为止。所以摊铺层厚度会随着熨平板仰角的增大而增大,随着熨平板仰角的减小而减小。铺层厚度随熨平板仰角变化有一较大的滞后。一般要在机械驶过3倍侧臂长的距离后,才能稳定地工作在新的摊铺厚度上。

综合上面的分析,可以得知:要保证摊铺平整度必须做到摊铺机运行速度恒定,混合料温度不变,熨平板底平面与运行方向构成的仰角 α 稳定。仰角 α 的控制在沥青混凝土摊铺机上由自动找平系统来完成,摊铺机运行速度和混合料温度的控制是保证摊铺平整度的关键因素。当然还有其他因素也会影响摊铺平整度,如运料车卸料时倾斜过度,压住摊铺机料斗底板,使熨平板被抬高,引起摊铺厚度变化,造成摊铺不平整。

施工中许多因素直接对摊铺机产生影响,例如:集料级配、混合料温度及均匀性、混合料运输、路基质量、钢丝基准线的架设与测量、摊铺起步与暂停、摊铺速度、摊铺层搭接、混合料离析及碾压等。因此影响沥青混凝土摊铺质量的影响因素具有系统性,任何一个环节发生问题,都会影响铺层质量。

三、沥青混凝土摊铺机结构参数的调整

沥青混凝土摊铺机结构参数是指熨平板的宽度、拱度、工作角、螺旋分料器的长度及位置、振捣器和振动器的振幅、频率等。当同一台摊铺机选用了不同的结构参数时,所铺筑出的摊铺层的性质就不同。因此,合理地调整与选用各结构参数值,是保证摊铺层均匀一致、平整密实的重要前提。

1. 熨平板宽度的调整

选好摊铺机后,根据摊铺路面的宽度,计算所需摊铺带数和每条摊铺带应有的宽度,以此来选择不同长度的加宽装置。熨平板宽度的确定应以尽量减少纵向接缝和提高路面平整度为原则。在机械宽度小于幅宽的情况下应采用两台摊铺机联合作业,创造一条同时被压实的接缝。确定每台摊铺机熨平板宽度时应按照这样一个思路进行:靠近中间分隔带的摊铺机应尽量采用摊铺宽度较大的摊铺机,且将熨平板组合到最大值,剩余的另一部分用另一台摊铺机摊铺。这样虽然有一条纵向接缝,但其靠近路肩的部位行车相对较少,即使接缝处理不够理想,接缝对行车的影响也不大,从而保证了主线的平整度。选摊铺带宽度时,两条相邻摊铺带的纵向接缝处应重叠30~50mm。为使纵向接缝厚薄均匀,必须保证机械直线和弯道行驶方向的正确性。

2. 熨平板工作角的调整

为正确地确定摊铺层厚度,熨平板必须具有一定的工作角。工作角的取值,一般都是通过试铺来确定。在每条摊铺带新开铺之前,先在摊铺机熨平板每节熨平板下都垫一块长约为熨平板的宽度,宽取20~30cm,厚度为路面该层设计厚度乘以所用沥青混合料的松铺系数的同厚木板,或至少在板宽三分点处各放一块,作为基准高度,如图11-15所示。当熨平板加热完毕呈平直状后,转动厚度调节螺杆手柄,使熨平板前缘略微抬起呈一个小的仰角(即工作角,其变化范围一般在0°15′~0°40′之间),保证行驶时熨平板的"浮力"适中,然后进

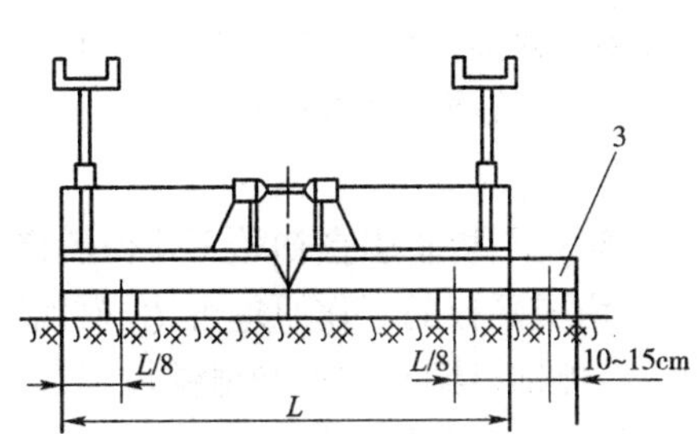

图11-15 摊铺厚度的确定方法

1-垫木;2-熨平板;3-熨平板加宽节段;α-熨平板标准仰角;L-熨平板标准宽度

料开始摊铺,待摊铺机走出一段距离后,测量一下摊铺层厚,若厚度小于要求的松铺厚度时,再适当转动厚度调节螺杆手柄加大工作角,反之则适当减小工作角。这样反复调整,直到摊铺层厚度与要求的松铺厚度相等,此时的工作角角度即为正式摊铺该层时应取用的工作角数值。

每调节一次至少让摊铺机走出 5 ~ 6m 后,再在熨平板后缘附近测记厚度。因为此时厚度方才稳定,否则所测厚度无代表性。

3. 拱度的调整

摊铺机上一般都设有拱度调节机构,并刻有拱度值,通过转动拱度调节器,可将熨平板调节至路面设计的拱度,如图 11-16 所示。调整好的拱度,应该在首次摊铺过程中,用水准仪器来检测。如果不符合标准应重新调整,直到符合为止。高等级公路,尤其是高速公路都设有中央分隔带,无须进行拱度调节。

4. 螺旋分料器的调整

螺旋分料器的调整,主要是指其长度、位置和叶片直径的调整。螺旋分料器的长度应与摊铺机熨平板的宽度相适应,当熨平板较宽时,螺旋分料器亦应较长,反之亦然。长度的调整方法,依机型的不同而异。通常对于机械有级加长式熨平板的摊铺机,其螺旋分料器一般是靠人工借助螺栓将一节节叶片依次固定在横轴上的,叶片越多,螺旋分料器就越长;而液压无级伸缩式熨平板的摊铺机,其螺旋分料器的长短是通过液压系统实现自动延伸或缩短的。

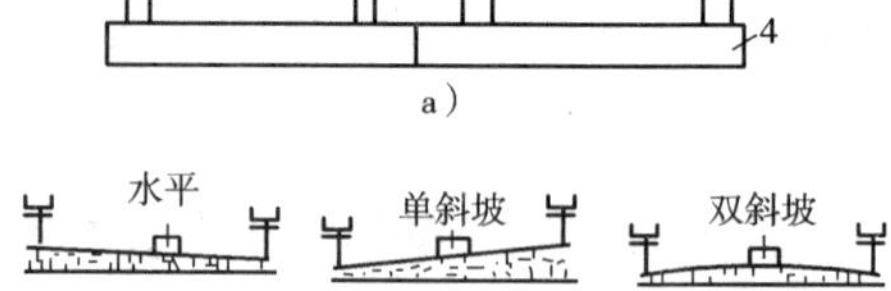

图 11-16 沥青混合料摊铺机拱度调节机构

a)拱度调节机构;b)铺层拱度

1-锁紧螺母;2-调节螺杆;3-栅板;4-振捣梁

调整后螺旋分料器的长度,应小于熨平板的宽度。通常熨平板宽度两侧的挡板间各留约 50cm 的空当,以减少混合料的挤压和叶片的磨损。

螺旋布料器的高度有的是固定不变的,有的摊铺机可以调整,能调整者虽然结构稍微复杂,但使用性能好。根据所铺筑的混合料种类和铺筑厚度的不同,分别对螺旋布料器的高度进行调节。当铺筑沥青混凝土材料时,因为沥青混凝土层的厚度较小,一般小于 10cm,所以螺旋布料器的高度应调到最低。当铺筑混合料厚度在 10 ~ 25cm 时,螺旋布料器应调到中间位置。当铺筑材料厚度大于 25cm 时,螺旋布料器的高度应调到最高位置。

在混合料集料粒径较大,摊铺层较厚的情况下,螺旋布料器的高度和离熨平板前缘的距离都应稍大;反之可适当调小。

螺旋布料器离熨平板前缘的距离,在保证供料充分,满足摊铺层厚度要求的前提下,宜尽量调小。否则,熨平板前缘易形成“死料”。这堆“死料”在“活料”的不断挤压下,逐渐变得密实,且随着温度的不断降低逐渐固结、变硬,一旦有团块进入摊铺层,既影响压实,又影响平整度,还让摊铺机额外增加部分牵引力。

有的摊铺机备有两种不同直径的叶片,在摊铺较宽的路面时,宜选用大直径叶片,反之用小的。

5. 熨平板牵引点初始工作位置确定

由熨平板的工作原理可知,摊铺厚度由熨平板的工作角和受力状态以及牵引点的高度决定,在摊铺机调整完毕和摊铺材料级配、沥青含量以及施工温度确定后,摊铺厚度主要决定于牵引点的高度,摊铺厚度与牵引点高度的对应情况应在试验路段上进行确定。在起步时根据实测厚度,乘以松铺系数,然后将大臂牵引点调至与其对应的高度上,在工程上比较适用的办法是在前一天摊铺结束前将大臂牵引点的位置记录下来,在下一次进行接缝摊铺时,恢复到原来的工作位置，此方法在下承层不平整时尤为有效。

6. 振动参数的确定

摊铺机对沥青混合料进行预压实，有利于提高摊铺路面平整度，减小压路机的压实工作量，提高工作效率。一般摊铺机熨平板均配备振动装置，其振动频率大约为 0～60Hz 连续可调，振幅大约在 0～4mm（随材料的特性和频率的大小而变化）。由于沥青混合料自身的固有频率为 40～50Hz，将熨平板的振动频率调整到此范围内，可使颗粒处于振动状态，减小摩擦阻力，提高对沥青混合料的压实密度。振幅是由材料的抗变形能力和熨平板频率大小自动生成，不需人工调节。

7. 振捣参数的调整

为了获得更高的预压密实度，大部分摊铺机都在熨平板前装有振捣梁（也称夯锤）。振捣梁是设在熨平板前面的一种梁式装置，它是通过液压电动机驱动一根偏心轴转动，然后带动振捣梁作上下往复运动对混合料产生捣固。振捣梁的振幅一般为 0～4mm，最大的能达 12mm。

振捣梁的振幅应根据摊铺层厚度、混合料类型、温度及要求的初始压实度等因素决定。当摊铺层较厚，混合料集料粒径较大、温度较低，要求的压实度较高时，选用较大振幅；反之，则用较小振幅。由于目前我国路面具有结构中每层厚度均较薄，而摊铺宽度较大，摊铺速度较慢等特点，因此振捣梁的振幅不宜过大，在摊铺路基较差的沥青下面层时可适当将振幅调大。

振捣梁振动频率的选用，类似于振幅的选用，当摊铺层较厚，混合料较粗时，选用较高的频率。通常铺筑沥青上面层时，可根据摊铺机每前进 5mm 振捣梁振动一次的原则，选用振动频率。为了避免与振动振源之间相互干扰、叠加，一般振捣频率较低，在 0～25Hz 范围内作有级或无级调节。

8. 加热熨平板

开始摊铺前对熨平板进行充分预热是十分必要的，这主要表现在两个方面；一是由于热胀冷缩的原因。在正常摊铺时，熨平板下表面有较高的温度，而上表面则温度较低，两个表面具有不同的热胀现象，在起步时若不对熨平板充分预热，则铺出路面会出现中间较厚，两边较薄的现象，在摊铺一段时间。熨平板热平衡以后，摊铺路面横坡才会恢复正常；另外若熨平板不充分预热，温度较高的混合料接触到熨平板就会形成粘连。在起步过程中，将铺层表面拉毛，拉松，使起步处初压密实度降低，即使起步处的厚度很准确，由于密实度低，碾压后，此处也不能保证平整。因此在摊铺机起步前应将熨平板充分预热，加热温度应不低于 120℃，并清除干净底板上黏附的沥青料，否则铺出的路面不平整。

9. 自动找平装置的使用

自动调平系统包括纵向调节和横向调节两个子系统。每一子系统都包括误差信号传感装置、信号处理及控制指示装置和终端执行装置三大部分。整个系统的工作是靠系统中的机械、电控和液压三者形成合理的匹配关系来进行的。

1）正确选择和安装参照基准和传感跟踪元件

常用的纵向参考基准有浮动拖梁、张紧钢丝或已完工的摊铺层。

浮动拖梁随摊铺机同步在基面上滑动或滚动，是一种相对基准件。随着梁的结构不同，可将基波均化、分解或部分消除。长度稍大于路基波长的滑动拖梁，可将波长拉大。但不能减小波幅高度，只能达到“均化”目的，故称“平均梁”。两点或多点支承（支承轮或弹性支承垫）的拖梁，不仅能将基波分解，而且能降低波幅，效果比滑动拖梁好得多；但结构复杂，重量大，不便于安装和运输。

张紧钢丝或钢绳是以地球为参照系的绝对基准，从理论上讲是绝对精确的，但也存在人为的误差、测量误差和器材的变形。所以在使用时要严格遵守张拉长度、张拉载荷、支柱间距等方面的规定，并严格检测，细心保护和管理，在摊铺时不得碰撞基准线。如果张紧钢丝还兼作摊铺机行进导向基准时，钢丝本身的走向必须与路面设计中心线保持平行。如果路基平整度不好，或摊铺机两侧地带不适于拖梁滑行，应选用张紧钢丝绳作基准。

用已完工的摊铺层或旧构筑物作基准，只有在具备条件时才能使用，如旧构筑物本身的精度和摊铺机传感装置的可及性，而且要使用特殊的跟踪件（如滑靴）。

多层摊铺时，最下面的一层摊铺选用张紧钢丝作为基准。第一层铺完后，这时可用已完工的摊铺层作为基准并配以浮动拖梁。最上面的一层摊铺，不应使用自动调平装置，只靠摊铺机本身的自调平功能去工作，其平整度往往比使用自动调平装置好得多，摊铺机越大，效果越明显。如使用轻型或自调平功能不佳的摊铺机，应尽量使用长拖梁作基准，切勿使用张紧钢丝。这是因为经过几次摊铺之后，原来的基坡已被均化、分解或消除，摊铺机在平整的新铺基面行驶，其自调平功能得到充分地发挥。

2）正确选用纵向和横向坡度传感器，使之形成最佳匹配，有助于提高摊铺质量

当摊铺宽度不大于7.5m时，摊铺宽度接近摊铺机的基本宽度，熨平板的组合刚度大，应使用一侧纵向基准和一个横坡调平装置，达到调平的目的；当摊铺宽度大于7.5m时，结构刚度下降，在复杂的受力状态下，容易发生变形。如采用纵向—横向组合调平，纵向动作油缸不可能将熨平板一侧抬高或放下，容易产生振荡使横坡传感器所传递的信号严重失真，势必产生误调，调平系统不能正常工作。这时应采用双侧高度控制装置，即在摊铺层两侧各设一条基准线，用两纵向基准线的标高差来控制横坡，在机械两侧各安装一个纵向高度传感器分别跟踪，达到调平目的。

在弯道上摊铺时。横坡随着道路曲率半径的变化而变化。如果使用纵向横向调平组合，则在曲率半径发生变化处，摊铺厚度会产生增值。这一现象在整个弯道内，每当横坡发生变化时都会发生，从而使平整度恶化。

沥青混凝土摊铺机由于其作业环境十分恶劣，环境温度高，温度变化大，灰尘多，故检测路面高度传感器的选取非常重要。

四、沥青混凝土摊铺机使用技术

1.摊铺机的起步

摊铺机的起步在整个摊铺过程中是技术性最强、要求最高、难度最大的工作，起步的好坏关系到接缝的平整度，压实度和连接质量。特别是整条路段修建的越平整，接缝的质量显得越重要，因此摊铺机起步对整条路段的铺筑具有重要意义。

1）起步前的准备工作

路基质量对沥青铺层的平整度起着决定性的作用。由于路基的较大凹陷和凸起无法通过摊铺机自动找平系统一次性消除，特别是当凸起接近或高于以标高为基准的铺层厚度时，熨平板因其具有浮动作用被凸起抬高，使平整度产生较大的超差。因此除以专用摊铺机完成的稳定层外，应对路基进行测量。当局部与基准标高差距较大时，必须进行处理，凸起不得大于铺层厚度的1/2。

2）垫板厚度和熨平板结构角的确定

无论采用何种起步方式，各个参数的调整顺序应该是首先测量切缝处压实路面厚度，用此

厚度乘以松铺系数，而决定垫板厚度、牵引点的工作位置或熨平板结构角。摊铺机的起步有两种情况：某一沥青层第一次摊铺时的起步和在已铺层上对接时的起步。前者须将摊铺机驶至始铺处，让熨平板前缘位于起铺线后约10cm处，并在其下至少垫两块厚度与该层松铺厚度相同的木板支撑住熨平板；后者须将熨平板置于已铺层上，并让熨平板前缘与接口平行，其下应垫厚度等于已铺层的松铺厚度与压实厚度之差的木板。

3）熨平板就位后要进行预热

根据机型不同，加热方式有燃气加热、燃油加热和电加热三种。不管哪种加热方式，都要注意加热均匀，防止局部过热和熨平板底板变形。加热温度以达到与所铺混合料的温度相同或略低为度。

熨平板未加热前，在宽度方向上略呈拱形，加热后因膨胀拱形消失。这时可用拉线检验熨平板是否平直，否则应予调整。

4）初步确定横坡度（有些熨平板可根据水平尺预垫出横坡度）

按照测量架设好的钢丝准线及所要求的横坡，将纵坡仪安装在布料器的轴线略向前的位置上，打开并初步调好自动找平仪的纵坡仪及横坡仪；初步确定层厚标尺高度。由于预定标尺高度涉及到牵引臂的长度、熨平板的尺寸及本身调定的初始仰角角度、调平液压缸的速度、摊铺层厚度等多种因素的影响，而各制造商的产品设计又有所区别，因此这些参数不可能相同。如两台牵引臂长度不同的摊铺机，如果调平液压缸提升同样的标尺高度，则牵引臂长的机械的熨平板产生的仰角小，所形成的铺层薄；反之，牵引臂短的机械的熨平板产生的仰角大，铺层厚。因此，对不同的摊铺机标尺高度与实际形成铺层厚度的关系应通过试验确定。

5）找平系统误差检测器的设备

将找平系统的误差检测控制器的传感器在准备状态下调整到平衡位置。由于自动找平系统检测到的是一个相对值，其绝对值是通过测量确定的，此时先将其设置于手动状态。约摊铺1m后，在不停机状态下及时进行厚度、横坡度及平整度的测量。根据测量结果及时对横坡仪及纵坡仪进行调节，对于伸缩熨平板必要时还要进行伸出部分的高度调节以满足平整度要求。之后，再次重复测量、调节，直至使各个参数达到设计要求后，将自动找平系统设置到自动状态进行连续摊铺。自动找平系统将按照依此确定的新的相对位置进行调节，就能使整个路段的摊铺达到规定的厚度及平整度要求。

上述工作准备完毕即可开机送料，并启动振捣器和振动器开始摊铺。

2. 熨平板仰角的调整

熨平板的仰角影响摊铺层的厚度和表面质量，若要增加摊铺层的厚度，则需要逐渐调整熨平板仰角。仰角不能一次调整太大，否则在熨平板前会形成混合料的堆积，若此时熨平板温度偏低，沥青混合料容易形成冷锲，部分沥青混合料不仅难以进入摊铺层，而且还会黏结、撕裂摊铺层，使摊铺质量下降。

在工作过程中，如果摊铺机运行的路基表面是平整的，并且在熨平板上的外力不发生变化，熨平板将以不变的工作倾角向前移动，此时摊铺的路面是平整的。反之如果路基表面起伏不平，两大臂牵引铰点在摊铺过程中也会上下波动，使熨平板上下偏移；或者作用在熨平板上的外力发生变化（如供料数量、温度、粒度、摊铺机行走速度等发生变化），则都将引起熨平板与路基基准之间工作仰角的变化，从而造成铺层表面的不平整。但这种摊铺厚度的变化，不是简单地再现地基的不平。在其他结构参数、运行参数及材料规范不变的情况下，改变工作角可以调整摊铺厚度；反之，也可用改变工作角的方法，来调整因其他因素变化对摊铺厚度的影响。

铺层厚度调节手柄的正确使用。由于浮式熨平板本身具有一定的自调平能力，一般在厚度调整过后，施工时可不必多去调整，只是在确有凹凸处才进行调整。由于浮式熨平板的仰角改变要驶过3倍牵引臂长的距离后处，需要调节时，按摊铺机每前进1m转动1/4圈调整，这样经多次调节后方得到较为平整的铺层。每次这样的调整过后。在铺过凹凸处后，要注意按上述同样方式调整回来，以保证铺层厚度。

3. 控制熨平板前混合料的料位高度

熨平板前混合料的料位高度影响摊铺层的厚度及密实度。料位高度与刮板输送机的供料速度、螺旋布料器的布料速度、摊铺层的作业速度、基层表面质量有关。由于供料速度、作业速度之间存在不协调性，基层表面的凹凸起伏，摊铺机内混合料的数量变化等，使摊铺层厚度、密实度和表面质量也发生变化。例如，当摊铺机内混合料的料位高时，摊铺层厚度增加，密实度增加，熨平板被抬起；反之，摊铺层变薄，密实度下降，熨平板下沉。在摊铺过程中，应尽量保证摊铺机内混合料的数量，及时调整刮板输送机的送料速度，左右螺旋布料器的旋转速度及其均匀性。摊铺机的作业速度应使摊铺室内混合料的高度始终略高于螺旋布料器轴线，大概为混合料覆盖整个螺旋布料器叶片的2/3左右，以保证摊铺机的均匀摊铺。ABG423沥青混合料摊铺机采用超声波料位传感器，通过电控系统自动调节刮板输送机和螺旋布料器的速度。

4. 搭接

由于混合料会产生离析等原因，施工规范中已明确提出了限制性条款，大宽度铺层不允许一次摊铺成形，因此搭接摊铺技术的应用将越来越广泛。

1）接缝的产生

在沥青混凝土摊铺施工中，接缝分为纵向接缝和横向接缝。纵向接缝通常由于两幅或多幅摊铺形成，有两台摊铺机梯队作业时热料对热料的“热接缝”和一台摊铺机作业时热料对冷料的“冷接缝”之分。横向接缝产生于暂停铺筑的地方，横向接缝一般为冷接缝。纵向接缝应尽可能采用热接缝，由于梯队作业时两幅的混合料温相差不大，铺层接缝处材料尚可挤压并能较好黏结，只要选择合适的搭接量即可获得良好的搭接质量。万不得已采用冷接缝时，应使用熨平板的平端板或冷却后用切割机切齐，使其形成平接缝以使后来的搭接易于控制。

2）纵向冷接缝的施工

接缝施工的许多错误发生在摊铺第二幅时，在接缝处要获得好的效果选择的搭接量应为2cm，最大3cm。搭接过大会对整个铺层及接缝造成两种负面影响：一种是由于碾压会产生沉降，尽管沉降量小于沥青混凝土的粒料，但搭接过大将导致粒料破碎并可能使冷层边缘的组织结构受到破坏；另一种是熨平板的浮动将受到干扰，熨平板在这一侧不是由沥青混合料支撑而是由搭接区域的高度迫使其抬高，如图11-17所示。显而易见，即使经过碾压，此区域的密实度也必然降低或出现压痕。因此，接缝的正确摊铺方法应当是将搭接量控制到尽可能最小，而不是过去普遍认为的10cm以下。实际施工中用人工控制搭接量均匀一致非常困难。目前已经研究出一种称为边缘跟踪仪的自动控制装置。它的跟踪臂由第一幅铺层的边缘引导，摊铺过程中与跟踪仪预置的搭接量进行比较，产生偏差时，跟踪仪发出电脉冲信号调整液压伸缩熨平板，实现搭接量的自动控制。

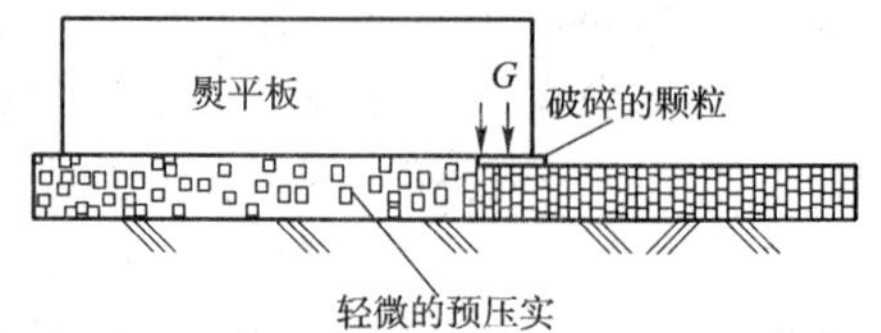

图11-17　搭接量对铺层质量的影响

5. 摊铺速度的确定与控制

现代沥青混凝土摊铺机均有一个比较宽广的速度范围，以适应不同工况的要求，一般最大摊铺速度在每分钟十几米，有些可达到每分钟几十米，试验研究表明，预压实度与摊铺速度有密切关系，摊铺速度在2～5m/min时，预压实度随速度的增高而降低比较明显，而当速度大于6m/min时压实度变化很小。

我国使用沥青混凝土摊铺机时大都在3 m/min左右速度下作业。行走系统采用变量泵液压传动的摊铺机在低速时泵的使用排量很小(泵的正常工作转速在$0.5n_H \sim n_H$时泵处于高效转速区，负荷额定压力取$0.6p_H$左右)，泵的容积效率随工作压力的变化特别大，遇到外界阻力变化大时，摊铺速度不稳定。目前摊铺机上几乎都采用双速液压马达，即摊铺作业时为最大排量，非作业工况时为最小排量，实现负荷增大时液压马达为大排量低转速，但最大排量时液压马达也要求有一个最低稳定转速(实际使用时受泵的流量和作业速度所限定)，液压马达在最低稳定转速工作时，其压力脉动量超过40%，抗外载荷干扰能力下降，速度极不稳定。研究表明：个别摊铺机在3 m/min左右速度下作业时液压马达工作在邻近低速非稳定状态，效率偏低，工作能力变弱；变量泵排量在最大排量的1/4左右，甚至更低。在这种情况下，液压系统的工作效率极低，同时液压系统也不稳定。解决这一问题的方法是要么增大液压马达减速比或改变液压系统配置，从设计上降低摊铺机最高作业速度；要么改变作业环境和条件，提高摊铺作业速度，以使机械工作在液压系统比较稳定和效率比较高的区域。因此沥青混凝土摊铺机的作业速度应在选型时给予充分考虑，避免选型不当，摊铺机以低速作业时施工作业质量难以保证情况的发生。

在3m/min左右速度下作业的主要原因是与拌和设备产量的匹配问题，拌和能力低于摊铺能力是目前沥青路面施工中普遍存在的现象。因此搅拌站的产量和摊铺机的摊铺速度应有一个较好的协调关系，见公式(11-3)。

$$Q = K \cdot v \cdot b \cdot h \cdot \rho \tag{11-3}$$

式中：Q——搅拌设备产量，t/h；

v——摊铺机摊铺速度，m/min；

b——摊铺宽度，m；

h——摊铺厚度，m；

ρ——材料密度(一般取2.45t/m^3)；

K——系数，取0.86。

由于摊铺质量与摊铺速度有着重要关系，不允许摊铺机时快、时慢，应该有一个稳定的作业速度。速度的频繁变化将导致熨平板受力平衡系统被破坏，从而导致熨平板离地距离的变化。速度变化时，单位面积的沥青混合料受到振捣、振动次数也随之变化，这势必导致路面初始密实度的不同。另外，正常工作过程中，频繁地停机、开机将使铺出的路面形成台阶，这些均会造成路面平整度降低。因此在生产施工中应按连续工作原则来选择摊铺速度，速度一经选定必须保持稳定。所谓"连续工作原则"，就是按沥青混合料的供应能力来确定摊铺机的作业速度，保证摊铺机在绝大部分工作时间内连续工作，把停机待料次数减少到最低限度。要做到这一点，其前提必须是供需基本适应，同时，应对摊铺层的宽度、厚度、摊铺材料种类和理化性能指标加以综合考虑确定工作速度。摊铺速度太慢了，作业效率低下，机件磨损严重；太快了，既增加供料难度，又不能保证摊铺层的初始压实度。在摊铺过程中，不宜随便改变摊铺机的行进速度，否则必殃及摊铺质量，导致平整度恶化。摊铺层的初始压实度就分布不均匀，经碾压后路面平整度就欠佳。在其他条件不变的情况下，摊铺机速度的变化，还会带来进入熨平板下面混合料数量和密度的变化。当速度变快，单位时间内进入熨平板底部混合料的数量就增加，熨平板将被抬高；同时又因熨平板前的混合料多，密度变大，当进入熨平板底部后，密度大的混合料变形率小，熨平板亦相对抬高，导致摊铺层变厚。相反，当速度变慢，将导致摊铺层变薄。在摊铺作业中，那种见料车排成长队就加快摊铺速度，见供料不足时又放慢摊铺速度的做法是不可取的。

由于生产组织及设备等原因会使摊铺机暂时停机时，在热铺层状态下，未加防沉降锁的熨平板会因其浮动作用和自重形成沉降压痕。而一旦暂停时间较长，将使未加防爬升锁的浮动熨平板因铺层变凉变硬被抬起形成凸痕。由此产生的压痕或凸痕无法通过压路机碾平。频繁地停机、开机将使铺出的路面形成台阶，这些均会造成路面平整度降低。

6. 防止离析

混合料在拌和、装料、卸料、分料等过程中，各种粒径级配集料的滑落速度不同，粗粒料相对细粒料因黏结面积小而黏结力较小，同时粗粒料又因其重力大于粒料之间黏结力的机会较大，而较细料更快滑落，从而产生离析，这是离析发生的内因。拌和分料过程中，粒料受力方向和大小的改变是离析发生的外因。内外因的共同作用使混合料形成离析的倾向。集料的离析其实有很多原因，如混合料配比、运输方式、摊铺机具体结构、操作手技术水平、摊铺宽度等等。

离析使铺层产生不良结构，整体强度和稳定性降低。粗料集中时，铺层的粒料间沥青黏结面积小，而使黏结力减小导致粒料相互易于脱离，并使道路的防水功能大大降低。细料集中时，由于缺乏集料，而使铺层的强度不足，弯沉偏大，易于产生泛油及拥包等现象。

避免混合料离析的方法有：

(1)减少混合料在运动过程中的下降高度和时间是减少离析的关键，自卸车接料时应分堆接料，切忌一次完成；

(2)运输过程中，尽量减少颠簸；

(3)摊铺过程中，自卸车向料斗中卸料应分几次完成举升完成，同时要求混合料进入料斗前进行一次拌和；

(4)每摊铺完一车混合料，摊铺机料斗两侧板应收拢一次；

(5)在螺旋布料仓内，由刮板输送带输送的混合料的高度应稳定地保持在螺旋叶片的2/3处；

(6)在满足材料供给量的条件下，尽可能降低螺旋布料器的高度；

(7)控制摊铺机的摊铺宽度，超过 8 m 易离析。摊铺作业过程中是否出现离析，与熨平板的结构(包括螺旋分料器)以及参数的选择有很大关系。

7. 正确使用自动找平仪和料位传感器。

自动找平仪和料位传感器是两个非常重要的部件，工作的正常与否直接影响了摊铺的路面质量，其要求在断电状态下连接。

在实际现场摊铺作业中，传感器处于各种复杂干扰条件下工作，如机械振动、温度变化等。因此，它必须具有识别真伪偏差信号的能力，把真正的路基偏差信号和其他由于振动、加速度而产生的输入信号区别。严重振荡会使仪器精度降低，由此而产生误调动作(误调或调整不足)，因此，安装传感器时要使其振动影响保持在最低程度。自动找平装置各元件的安装，应严格按规定执行。一般地说，不论熨平板处于何种角度，纵横坡传感器都应安装在熨平板前方。纵坡传感器的跟踪点至少距熨平板前缘0.5m。如果摊铺厚度不大(6cm 或更小)，熨平板工作角变化很小，这一距离还可增大。这样，厚度的校正将及时而准确，大大减弱机械振动的影响。在可能的情况下，参照线应尽可能距熨平板侧面近一些，不得超过制造厂规定的距离。

拖梁各铰接点应能灵活转动,牵引件尽可能安装得平一些,防止将拖梁抬离地面。

横坡传感器安装在熨平板中部,安装接触面应加清理,同时注意传感器前后方向是否正确。如果方向弄错,仪表上将显示反向横坡值,从而产生误调。安装误差以不超过0.1%为宜。

纵坡传感器的跟踪件应妥善保管,防止变形。跟踪件与基准线的接触范围应与熨平板底板平行,否则,也会产生误调。

安装好的自动找平装置,在使用之前要进行校正。施工中应根据不同的使用条件,选用不同的灵敏度挡位,然后根据情况设置好纵横控制器的位置与方向,在停机待料期间,柴油机可以熄火,但整机不能断电,否则容易引起横坡发生变化。以钢丝绳拉线为基准时,拉线不能高于40cm,与要摊铺的路面应有30~50cm的距离。

当用改变熨平板牵引点垂直高度来调整摊铺厚度时,调整必须在3m行进距离的范围内进行,切勿急剧升降。每调整一次,需要行驶一段距离后方可再进行检测,此距离不得小于该摊铺机的全长。

自动找平装置由精密的机械、电子和液压元件组成,价值昂贵,在使用中应保持清洁,避免意外碰撞,严防潮湿,工作结束后要妥善保管。冬季应放在干燥洁净的环境中保存,并进行必要的检测和维护,以延长其使用寿命,确保其精度。

超声波料位传感器应对准分料槽中对分料速度和摊铺机前进速度最敏感的位置,这个位置一般在分料槽两端的开口中间。只有这样,才能保证输分料平稳。连续运行,从而保证平整度和密实度。料位传感器的高度调节范围很大,但位置固定好后,调整范围往往很小,调整好后一般不需要动。

8. 摊铺机与运料车之间的配合

摊铺机与运料车配合的好坏,直接影响施工质量。运料车要倒正车辆,靠摊铺机的推力前行。运料车与摊铺机正确的接触方式,是运料车后车轮倒至距摊铺机推辊30cm左右处停车,迅速换入空挡,停止使用制动器,等待摊铺机接近,平稳地顶推料车前进,要坚决杜绝料车倒退时去碰摊铺机,使铺层出现熨平板条痕。另外,在摊铺机顶推料车过程中,不要使用紧急或强力制动,必要时可轻拉手制动器,以能控制料车不致滑溜脱离摊铺机为度。严禁冲撞摊铺机或制动过死。单侧车轮接触推滚轴,另侧脱空,会造成摊铺机的位置和速度改变,使铺层出现凸起,产生波浪。运料车与摊铺机的行进方向要始终保持一致,避免频繁调整摊铺机的行驶方向。料车卸料要均匀平稳,运料车起斗卸料应分几次卸料,不能一次卸完,防止料斗内混合料的离析,不要把车箱尾部插入料斗的混合料内。卸完料后,应待料斗落下后再离开摊铺机,避免残余料洒落在轮胎行进线上而影响摊铺质量,下一车应在前一辆车离开后就迅速给摊铺机供料,以保证供料均匀、连续。

运料卡车应尽量考虑使用15t以上自卸汽车。车辆的性能和车况要好,禁止使用带"病"车辆,以避免因车辆故障使混合料降温废弃。要等摊铺机前停有3~4辆运料车时,再开始每天的摊铺施工。

受料斗翼板的正确操作。汽车在卸料时易使粗粒料聚集在斗的两侧,如果待中部较多细料的部分输送到差不多时,才输送侧边的粗料较多的部分,则显然会使得该处铺层的粗粒料较多,外观出现"倒V形"质量缺陷。因此,在料车驶离料斗后,应及时缓慢地翻转料斗翼板,只要不使料斗内混合料外漏即可。另外,当料斗内存料不多时,所剩下的混合料往往也是粗料较多部分,因此,在料斗内混合料尚有一定的存量,不到能看到刮板输送器时,就有下部料车及时地卸料。

9. 弯道与坡道摊铺

摊铺机在弯道作业时应断开差速锁,及时操纵调平装置和铺层的宽度增量。使用纵坡和横坡传感器的自动找平装置时,要提前计算好横坡的坡度,在路面上标记出坡度记号,专人调节横坡坡度仪,照标定的数值连续、平稳地转动设定器。操作人员要根据弯道半径逐渐转向,避免急转弯,使弯道铺层形成圆滑边缘,料斗内混合料要充足,保证熨平板前端的摊铺用料和前轮具有足够的转向附着力,熨平板侧边与路缘石间距不小于10cm,以免发生碰撞。

摊铺机在较大的坡道(纵横坡度为15% ~20%)上工作时,要采用特殊安全措施,确保工作正常,防止事故发生。在大坡道上作业时,要减少料斗中的混合料量,按额定摊铺能力的60%进行作业,同时控制行驶速度和转向半径。在横坡道上摊铺时,由于混合料自动流向下坡的一侧,应将下坡侧熨平板接长,为防止混合料自动流向下坡的一侧,可在左右两侧使用相同方向的螺旋叶片。为防止摊铺机倾翻,必要时可作用一台重型拖拉机或推土机用钢丝与摊铺机连接,在坡顶平行与摊铺机等速行驶。在正常纵坡上作业时,应由低处向高处摊铺,如必须下坡作业时,要与汽车驾驶员紧密配合,力求速度稳定。

10. SMA 摊铺施工

由于SMA的沥青玛蹄脂黏性较大,运料车的车厢底部要涂刷较多的油水混合物。而且为了防止表面混合料结成硬壳,运料车运输过程中必须加盖篷布,运料车数量也要适当增加。运输车辆、找平仪轮等应喷刷防粘液。

为了保证路面的平整度,要按照规范要求做到缓慢、均匀、连续不间断地摊铺。在摊铺过程中,不得随意变换速度及中途停顿。由于SMA生产时拌和机生产效率降低等原因,摊铺机供料不足的问题比较突击,很难保证摊铺机不间断的均匀地摊铺,所以摊铺机的摊铺速度要选择得低一些。对SMA混合料可压实余地很小,松铺系数要比普通沥青混合料要小得多,有时甚至不超过1.05。

摊铺温度不能低于规定的成型温度。使用改性沥青的沥青混合料拌和与摊铺温度通常较高,所以运输时必须覆盖保温,以防止表面温度骤降。摊铺前熨平板的加热时间要相对延长,以提高预热温度。施工时的最低环境温度应不低于10℃。

11. 防止摊铺机轮胎打滑

由于附着力不足,造成轮胎打滑,以致摊铺机顶推力不够时,可接合差速装置,并打开减载开关,以增加地面附着力和减小熨平板的自重接地压力。为避免打滑,混合料不能送得太多以螺旋高度的2/3为宜。当出现打滑时,可轻抬熨平板,待摊铺机前移时迅速落下,熨平板铺层出现的凸起波浪可人工处理平顺。

12. 正确使用和安装熨平板

要保证路面摊铺平整度,首先要求整个熨平板底板本身为一个平面。用户在加装加长熨平板时往往只注意熨平板后端对齐,而忽略前端对齐,这是需要改正的。

五、沥青混凝土摊铺机维修

1. 使用中应注意的事项

1)经常注意调整和检查支重轮及履带

摊铺机因其上的熨平板太重,使整机的重心偏后,所以摊铺机在工作过程中后部支重轮的受力最大,易损坏。损坏后可使摊铺机在行走时一起一伏,熨平板一高一低,导致摊铺的路面呈波浪形，直接影响路面的平整度。支重轮在长时间快速行驶过程中，会产生高温，其润滑油黏度变小而发生外漏，造成润滑不良，引起支重轮磨损损坏。一旦发现某个支重轮损坏时，应及时更换，否则其邻近的支重轮也会因受力过大而加速磨损。更换支重轮时应考虑其磨损情况，若磨损程度较小，可单一更换，否则应全部更换，以免加速新换支重轮的磨损。

两边履带的张紧度应适中并保持一致，以免摊铺机行走时跳齿、跑偏，影响路面的平整度。履带的驱动轮轮齿和履带板都应完好，否则会产生跳齿和行走颠簸，影响路面的平整度。

2)经常注意和检查提升液压缸的闭锁阀

摊铺机的提升液压缸在工作中时浮动的，停机时，其下油腔是闭锁的，以防止熨平板下沉，使路面出现凹凸不平。尽管提升缸是浮动的，但其上油腔仍存有压力，因为机械在待料时料温会下降，使机械重新起步时增大了熨平板的阻力，路面易出现凸起现象。所以，在日常工作中应经常检测闭锁阀的状态、油腔的闭锁压力以及液压缸的密封性能，以免在摊铺过程中影响摊铺质量。

2. 摊铺机的维护

(1)新机的使用一定要重视磨合期的维护，不能因抢工程进度而忽视磨合期的维护，否则将会加速部分元件的异常磨损，为机器发生故障留下隐患。磨合期满，必须进行磨合后的维护。平时使用一定要严格按照维修手册进行及时的维修。采用集中润滑系统的摊铺机的自动润滑泵和递进式分配器内有柱塞副，配合非常精密，所以对润滑脂的清洁度要求很高，不能有任何固体杂质。否则会造成润滑泵柱塞磨损、单向阀卡滞、柱塞弯曲、电机烧毁、分配器卡死等故障。

(2)按使用说明书进行发动机的日常维护检查。工作时特别注意发动机应达到规定的输出功率和调速器工作正常，随时观察发动机的运转状况、燃烧状态、排气颜色，检查无负荷和有负荷时的转速变化。在摊铺作业时，如果调速器工作不稳定，摊铺机势必行驶速度不稳。发动机输出功率低，输料装置工作与不工作时摊铺机行驶速度明显不同，这样都会造成铺筑面产生波浪式的搓板现象。

(3)摊铺机的行驶装置，不论是履带式和轮胎式，在作业之前，都要按使用说明书，进行认真检查调整。对于履带式，主要是履带的张紧度，不仅单侧履带的张紧度要符合要求，而且左右两侧履带的张紧度要一致。轮胎式需特别注意轮胎保持使用说明书所规定的内压，如果轮胎内部压力过低，机械在作业中会随着料斗内混合料的多少变化发生上下波动现象，由此引起熨平装置牵引臂与车体连接的枢轴上下波动，会使铺筑面产生搓板现象。内压过高，轮胎则容易发生侧滑现象，由于接地压力变大，引起路面基层变形，甚至因轮胎侧滑破坏已铺好的基层，影响施工质量。

(4)熨平装置。熨平装置是沥青混凝土摊铺机各装置中对路面平整度影响最重要的部分，其性能及其维护的好坏，将直接影响到铺筑面的质量。

牵引臂与枢轴连接销子或销孔磨损严重时，即使转动摊铺厚度控制器，也不会使熨平板达到所要求的作业角度从而使摊铺厚度失调。另外，由于固定销已出现磨损即使不使用厚度控制器，熨平板的作业角度却自由变化，使摊铺厚度不均，而出现搓扳现象。必须定期检查牵引臂的固定销及枢轴四周有无磨损等异常发生，同时要保持良好的润滑状态，防止发生磨损。万一出现磨损，应及时修整销孔，或更换尺寸使用合适的固定销。

熨平板是确保和提高摊铺质量最关键的部件，其维护应按下述要点进行：首先在每天作业结束后，喷洒柴油，洗掉黏附到上面的混合料，其次要定期测定其是否发生磨损或变形，严重时应及时更换。

(5)刮板输料链的润滑。刮板输料链和料接触,工作环境恶劣,如果得不到润滑,会导致锈蚀、进料黏结、输料链和底板磨损加速,甚至输料链卡死、断裂等。

刮板输料链的润滑建议采用各种废润滑油和柴油的混合物,柴油渗透性强,利于进入链条内部。润滑前应先打开分料装置,将间隙内的料清理一下,然后揭开料斗前的盖板,将混合油浇在链条上,每1~3天润滑一次,每次施工后进行。

(6)摊铺机每天工作完毕,必须进行清洗,尤其是与摊铺材料相接触的各运动部件,如刮板输送器、振捣梁、料斗、熨平板底部,应加入适量柴油予以清理。

经常检查各工作装置在摊铺运转过程中有无异常声响,摊铺机的发动机、机械传动系统、液压系统有无过热现象,摊铺机的作业行驶有无打滑现象。

3. 技术维护要点

日常技术维护要特别注意清除摊铺机表面堆积的泥块、黏沙和沥青等,检查加热系统的喷头、连接管、气罐和各开关,检查摊铺机各零部件的连接和紧固情况,特别是左右履带梁和机架、熨平板、分料装置和刮板输送装置的连接螺栓是否松动或断裂,必要时予以紧固或更换。检查螺旋分料装置的叶片是否有裂纹,如有应更换。

工作500h技术维护要特别注意检查机架、油箱等各重要部件的焊接处有无裂纹,履带梁有无变形,检查各操作开关、操纵监视装置的电气线路是否正常,如损坏须立即修复。检查分料装置的磨损情况。

摊铺机停放3个月以上,按长期停放的要求进行技术维护,并作防锈处理。必须将机械内外表面、料斗、熨平板、螺旋分料装置和刮板输送装置等清洗干净。尽量停放在库房,若露天存放,应放在通风处,并用帆布盖好,将熨平板用木块垫起来,料斗、找平缸要全部收回,并涂上润滑脂。主机上只能装有熨平装置、分料装置的基本段部分。摊铺机的随机附件清洗后做好防锈处理,并放在干净通风的房内。对摊铺机各润滑点加注新润滑油或润滑脂。

六、摊铺机操作规程

1. 作业前的准备

(1)了解有关施工技术、质量要求,并根据要求安装、调整摊铺机的熨平板、螺旋摊铺器等,调整摊铺机工作装置的各个部位,使其符合施工要求。

(2)摊铺机上所有的安全防护装置必须配备齐全,熨平板、螺旋布料器接长后应将防护罩、踏板安装齐全。驾驶台和熨平板的脚踏板应保持清洁,不能有油污和混合料,不得堆放杂物等。驾驶台要保持视野开阔,清除摊铺机周围一切有碍工作的障碍物。

(3)检查传动链条、传动皮带应完好,张紧度应适当;刮板送料器、料斗闸门、螺旋摊铺器处于良好工作状态;履带式摊铺机检查履带松紧应适度,轮胎式摊铺机检查轮胎气压应达到规定的气压,且左右均匀;熨平板、振捣器安装正确;检查各部螺栓连接应紧固。

(4)各部液压系统不得漏油;检查电器系统导线绝缘应良好,连接应牢固。将各操纵杆、主传动开关置于中间位置,液压系统各调节阀门调到零位,各电器开关处于断开位置,液压传动系统处于不供油状态。

(5)发动机起动后应对摊铺机各个部位进行全面的检查;发动机应工作均衡,运转平稳,动力性能良好,调速器动作正确。

(6)预热熨平板,加热时要特别观察振捣梁上黏附的沥青,待其完全融化且振捣梁可以运转自如后方可停止加热。加热时间不宜过长,防止熨平板过热变形。

(7)使用燃气加热熨平板时应检查燃气装置各阀门、管路不应漏气。燃器喷嘴加热应使用专用的点火器具点燃,防止操作人员烧伤。预热时要加强观察,若火焰熄灭,应及时点燃,如经过多次都不能点燃,应将阀门关闭,找出原因,排除故障,待弥漫的未燃烧的可燃气体排净后,方可重新通气点燃。电加热摊铺机要仔细检查连接导线的应绝缘完好,没有漏电现象。使用电加热摊铺机,应将发动机调到额定转速,然后接通预热开关。

熨平板的预热和保温注意事项:

①作业前20~30min,应对熨平板进行预热,使其接近混合料的温度;

②因故暂停作业时,须使用预热系统进行保温,防止熨平板冷却;

③用燃烧轻油或燃气进行预热熨平板时,应注意控制热量,防止局部过热而使熨平板变形。加热时,应采用间歇燃烧多次加热操作法,使其靠自身热传导均匀预热,有热风循环系统的,可采用点火燃烧和熄火热风循环交替进行加热,无论采用何种方式,每次点燃时间不得大于10min;

④使用压缩空气压力喷射燃油的燃烧系统,其压力必须达到规定值,必须在燃烧点燃以后,才允许点燃鼓风机,并调节风门,使之完全燃烧;

⑤对设有多点燃烧加热装置的,应逐个分别点燃;

⑥严禁在加热过程中,熨平板处于无人看管状态和向摊铺机各部喷油清洗。

(8)作业前,应用喷油器向摊铺机料斗、推滚、刮板送料器、螺旋摊铺器、行走传动链以及熨平板各部喷洒柴油。但严禁在熨平板预热时喷洒柴油。

(9)按照作业要求,合理选择摊铺机工作速度、螺旋摊铺器转速、料斗闸门开度等参数。

(10)自动找平装置安装正确,纵向、横向控制器及电器系统工作正常,操纵系统灵活可靠。

(11)作业前应空载运转,检查接料斗,刮板输送器,螺旋输料器,振捣梁,振捣器,熨平板伸缩机构应工作良好,无冲击、振动、异响等异常现象。自动、手动控制应有效、操作应灵敏、方可正式投入使用。

2. 作业与行驶要求

(1)按照作业要求,合理选择摊铺机摊铺速度和工作装置的运转参数。作业时应使输料装置工作协调,随时进行修正,使熨平板前混合料料位合适。

(2)摊铺机接受运料车卸料时,应使摊铺机推辊贴紧运料车轮胎,运料车挂空挡,摊铺机顶推自卸车卸料,两者协调动作,同步行进,须防止运料车冲撞摊铺机或运料车车厢倾斜过度压住摊铺机料斗底板。换挡必须在摊铺机完全停止时进行,严禁强力挂挡。

(3)作业时严格控制各机构协调工作,并进行必要的修正,作业速度一经选定,要保持稳定,并尽可能减少停车起动次数,以保持摊铺机连续均衡的作业。禁止在坡道上换挡或以空挡滑行。

(4)严禁驾驶员在摊铺机工作时离开驾驶台,无关人员不得在作业中上、下摊铺机或在驾驶台上停留。

(5)轮式摊铺机的差速装置,应在地面附着力不足时使用,接合或断开差速锁时应停机,在接合差速锁时,只允许直行,不得转向。

(6)自动找平装置的使用:

①在已压实的底层上摊铺时,其不平度应不大于5mm,不平度波长小于所选用的拖梁长

度时,可采用拖式浮动梁作基准;

②用摊铺层邻近的车道、路缘石、边沟和新摊铺层等构筑物作基准时,传感器必须使用滑靴作跟踪件,采用拖式平稳梁时,不允许以未经压实的摊铺层作基准。用作基准的车道或摊铺层,其横坡值必须与新铺层的横坡值相等;

③当自动找平系统控制系统使用高度控制装置和横坡控制装置联合工作时,在摊铺层的一侧(一般在左侧设张紧线)作基准。如一次摊铺宽度大于6m,则应采用双侧高度控制装置工作;

④停止作业时,应先断开找平系统开关,使调整油缸处于静止位置;

⑤自动找平装置各元件,应小心使用,须防止碰撞和雨水、尘土的损害。

(7)振捣器频率应由低渐高,逐步增加,摊铺面层时,每前进5mm,捣固次数不小于1次,并随时检测摊铺层的密实度。

(8)在弯道区段作业,要及时操作找平装置,控制摊铺层的厚度增量。

(9)作业中的检查与调整:①在摊铺过程中,要经常对摊铺机的行驶速度、供料能力、闸门开度、螺旋摊铺器的匹配情况进行检查;②检查摊铺层的平整度、厚度是否符合设计要求。

(10)履带式摊铺机不得长途行驶,其行驶距离不应超过1km,特殊需要作长距离行驶时,行走装置应注意加油,并采取有效的降温措施。行驶时,熨平板应恢复标准宽度,升起并用挂钩挂牢。

(11)摊铺机用其他车辆牵引时,只允许用刚性拖杆,不得使用钢丝绳,其变速手柄应处于空挡,并解除自动装置的工作。禁止用摊铺机牵引其他机械。

3. 作业后的要求

(1)摊铺机驶离工作地点,使工作装置继续运转,将混合料完全排出,对工作装置进行清洁,清除残余混合料,使之运转自如,转动灵活。在运动的部位喷洒柴油,防止黏连。将自动调平装置拆下来,擦拭干净,收入保存箱内。

(2)擦拭液压伸缩熨平板的导向柱表面和油缸活塞杆表面。

(3)清洁并检查高度传感器支座各部元件,并对转动零件加注机油润滑。

(4)清洁工作应在作业场地以外进行,防止混合料掉在沥青路面上污染路面。用柴油清洁时防止柴油污染腐蚀路面,禁止明火接近。

(5)驾驶员在离开驾驶台前,要将摊铺机停稳,停车制动必须可靠,料斗两侧壁完全放下,熨平板放到地面或用挂钩挂牢。

(6) 摊铺机应停放在不妨碍交通的地方,摊铺机停稳,拉紧驻车制动器,驾驶员方可离去。摊铺机停放在交通车道附近时,须在周围设置明显的安全标志,夜间设灯光信号并设专人守护,防止机械及机械上的零件被盗,保证安全。

(7)施工结束后,按照维修规程对摊铺机进行必要的维修。

参考文献

[1] 中国公路学会筑养机械学会. 公路筑养路机械机务管理手册. 北京:人民交通出版社,2004.

[2] 陈新轩,许安. 工程机械状态检测与故障诊断. 北京:人民交通出版社,2002.

[3] 郑忠敏. 公路施工机械化与管理. 北京:人民交通出版社,2002.

[4] 杨士敏. 工程机械设备现代管理. 北京:人民交通出版社,2004.

[5] 许安. 工程机械维修. 北京:人民交通出版社,2004.

[6] 尹继瑶. 压路机设计与运用. 北京:机械工业出版社,2000.

[7] 朱则刚等. 工程机械车辆的使用与维修. 北京:中国电力出版社,2007.

[8] 展朝勇等. 公路施工机械. 北京:人民交通出版社,2006.

[9] 陈新轩等. 现代工程机械发动机与底盘构造. 北京:人民交通出版社,2002.

[10] 胡邦喜. 设备润滑基础(第2版). 北京:冶金工业出版社,2001.

[11] 王毓民等. 润滑材料与润滑技术. 北京:化学工业出版社,2004.

[12] 张滨友. 汽车燃料和润滑剂. 北京:北京理工大学出版社,2003.

[13] 关子杰. 润滑油与设备故障诊断技术. 北京:中国石化出版社,2002.

[14] 邵明建. 沥青路面机械化施工技术与质量控制. 北京:人民交通出版社,2001.

[15] 荆农. 沥青路面机械化施工. 北京:人民交通出版社,2005.

[16] 郭小宏等. 公路工程机械化施工与管理. 北京:人民交通出版社,2005.

[17] 许洪国. 汽车运用工程基础. 北京:清华大学出版社,2004.

[18] 赵显新. 液压系统故障诊断与维修技术. 辽宁:科学技术出版社,2000.

[19] 张铁. 现代汽车与工程机械运行材料实用技术. 北京:机械工业出版社,2005.

[20] 何挺继等. 现代公路施工机械. 北京:人民交通出版社,2002.

[21] 宋金华等. 高等级道路施工技术与管理. 北京:中国建材工业出版社,2005.

[22] 朱齐平. 进口工程机械使用维修手册. 辽宁:辽宁科学技术出版社,2001.

[23] 徐金龙等. 柴油机油标准的发展及对我国标准制订的启示. 润滑油. 2008,23(2):56-60.

[24] 汤仲平等. 美国内燃机油规格发展新动向. 润滑油. 2007,22(1):56 -59.

[25] 焦生杰等. 沥青混凝土摊铺机作业速度研究. 中国公路学报. 2003,16(3):124-126

[26] 习伟东. 推土机在沙漠环境中的使用. 建设机械技术与管理. 2006,2:105-106.

[27] 陈继文等. 工程机械新技术和发展趋势. 现代制造工程. 2006,4:144-146.

[28] 许国军. 液力机械传动装置的正确使用及预防性维护. 工程机械与维修,2000,1:80-82.

[29] 李晓华. 制动液的全面认识与正确使用. 润滑与密封. 2004,162 (2):87-88.

[30] 孙重祥. 电喷发动机的维护. 客车技术与研究. 2006,3:58-59.

[31] 司葵卯,许安. 固定式沥青混凝土拌合设备场地选址的技术经济分析. 筑路机械与施工机械化. 1997, 14-67(2):32-34.

[32] 姜林. 我国合成制动液的技术和质量状况. 润滑油. 2007,22(3):11-14.

[33] 尹继瑶. 振动压路机的振动参数及其取值. 建设机械技术与管理. 2007,2:55-58.

[34] 张景民. 工程机械在沙漠环境中的使用. 建筑机械化. 2006,2:50-52.